普通高等教育"十二五"规划教材

运筹学教程

（第2版）

运筹学教程编写组　编

国防工業出版社
·北京·

内 容 简 介

运筹学的根本目的是寻找解决形形色色的实际问题的一个“最优解”. 运筹学是软科学中“硬度”较大的一门学科,兼有逻辑的数学和数学的逻辑的性质;运筹学的学习和入门不需要艰深的数学知识做基础,仅需微积分、线性代数和概率论的一些基本知识.

本书共分13章,内容包括线性规划、对偶理论、整数规划、运输问题、多目标规划、目标规划、动态规划、非线性规划、图论、决策论、对策论、存贮论、排队论、统筹方法等.各章都附有练习题,并提供了较详细的参考答案. 附录介绍了当今世界上最流行的计算最优化问题的LINGO软件.

本书可作为财经类专业本科生、研究生的必修或选修运筹学课程的教材,也可作为相关领域读者学习运筹学的参考书.

本书配有教学PPT,需要的教师可发邮件至89636966@qq.com索取.

图书在版编目(CIP)数据

运筹学教程/《运筹学教程》编写组编.—2版.—北京:国防工业出版社,2022.2重印

普通高等院校“十二五”规划教材

ISBN 978-7-118-09497-8

Ⅰ.①运… Ⅱ.①运… Ⅲ.①运筹学-教材 Ⅳ.①O22

中国版本图书馆CIP数据核字(2014)第106630号

※

国防工業出版社出版发行

(北京市海淀区紫竹院南路23号 邮政编码100048)

北京虎彩文化传播有限公司印刷

新华书店经售

*

开本787×1092 1/16 印张18 字数415千字

2022年2月第2版第2次印刷 印数4001—4500册 **定价**35.00元

国防书店:(010)88540777 发行邮购:(010)88540776

发行传真:(010)88540755 发行业务:(010)88540717

再版说明

本书出版后，作为教材，已在我校经济、管理、金融、理工等专业的“运筹学”课程教学中使用了两年多. 在此过程中，我们对有关具体知识点有了一些新的理解，对知识系统的表述方式有了一些新的认识，当然也发现书中存在一些科学性或文字性的错误；同时，兄弟院校的专家和同仁们也热情来电、来信指出书中的谬误. 这一切都促使我们决心对本书进行深入的修订和完善，以期更符合教学的要求和读者的期待.

本次修订主要包括以下几个方面：改正了一些科学性的错误，如基和基本解之间的关系、旅行售货员问题的名称；重新构画了部分插图和表格；统一和规范了大量排版格式问题，如线性规划问题中变量的对齐，矩阵和向量符号的字体；补充了部分例题和习题；附录中追加介绍了 LINGO 软件在数据拟合、解方程组、内外部数据之间的传递等方面的功能；等等.

在此，我们谨向使用本书的广大读者、指出本书谬误的专家同仁以及国防工业出版社的领导和编辑们表示衷心的感谢！我们热切企盼再版的《运筹学教程》能继续为国内财经类院校“运筹学”课程的教学实践和改革工作做出应有的贡献.

《运筹学教程》编写组

2014 年 6 月

前　言

“运筹”的思想古已有之，但现代运筹学概念和方法的系统提出却是在第二次世界大战期间，1956 年传入我国．就本质而言，运筹学是用定量化方法为管理决策提供科学依据的一门应用学科，它首先把实际问题归结为数学模型，然后利用现有的科学技术知识和数学方法进行定量分析和比较，以求得最优方案，供管理者和决策者参考．

运筹学分支众多，主要包括线性规划、非线性规划、整数规划、目标规划、多目标规划、动态规划、图论、对策论、决策论、存贮论、排队论、统筹方法等．

运筹学的根本目标是为管理者提供科学的决策依据，其追求解决实际问题的最优方案的特质注定了其理论和方法在经济和社会生活的方方面面都有着极为重要的应用．

作为财经类院校的专任教师，我们在长期的运筹学教学和研究过程中，积累了一些深切的体会和心得，撰写了详实的教学讲义，并越发感到有必要将其出版成书，以飨读者．

本书共分 13 章，各章都附有练习题，并提供了较详细的参考答案．附录介绍了当今世界上最流行的计算最优化问题的 LINGO 软件．

本书由王继强任主编，编写绪论、第 1 章 ~ 第 4 章、第 6 章、第 8 章和附录，并统筹和审核全书；宋浩编写第 5 章和参考答案；姜计荣编写第 7 章和第 9 章；郝秀梅编写第 10 章和第 11 章；陈晓兰编写第 12 章和第 13 章．

本书各章之间有一定的相对独立性，读者在使用时可根据需要自行取舍．

本书的编写参考了众多国内外介绍运筹学的文献资料，我们在此表示衷心感谢．

鉴于我们学识浅薄，书中如有不妥之处，恳请广大读者不吝指正！

《运筹学教程》编写组

目　录

绪　论

溯源

“运筹”二字语出西汉司马迁著《史记》第八卷刘邦论“汉初三杰”:“夫运筹策帷帐之中,决胜于千里之外,吾不如子房. 镇国家,抚百姓,给饷馈,不绝粮道,吾不如萧何. 连百万之军,战必胜,攻必取,吾不如韩信. 此三者,皆人杰也,吾能用之,此吾所以取天下也.”

“运筹学”的英、美译名分别为“Operational Research”和“Operations Research”,简称为“O. R.”.

1956 年,钱学森、许国志、刘源张、许志杰、周华章等将“O. R.”引入我国,并译名为“作业研究、运用研究、运用学”等. 1957 年,许国志和周华章借成语“运筹帷幄”的内涵,译“O. R.”为“运筹学”. 这一称谓既显示其军事起源,也表明其在我国已早有萌芽. 在我国台湾地区,“O. R.”被译为“作业研究”,简称“作研”.

定义

钱学森的定义:系统工程的前身,即运行分析(Operations Analysis)和运筹学(Operations Research)到 20 世纪 40 年代才出现. 在国外常常把复杂工程系统的工程工作和大企业组织的经营管理工作并为一门科学系统,叫做运筹学. 老的运筹学不包括系统工程的内容,而只包括了系统工程的特殊数学理论,即线性规划、非线性规划、博弈论、排队论、库存论、决策论、搜索论、可靠性理论等. 运筹学是属于技术科学范畴的.

中国运筹学会理事长章祥荪的定义:运筹学是使用科学的方法去研究人类对各种资源的运用、筹划活动的基本规律,以便发挥有限资源的最大效益,来达到总体全局优化的目标.

美国学者 P. M. Morse 和 G. E. Kimball 的定义:运筹学是为决策机构在对其控制下的业务活动进行决策时,提供以数量化为基础的科学方法.

美国运筹学会的定义:运筹学所研究的问题通常是在要求分配有限资源的条件下,科学地决定如何最好地设计和运营人机系统.

英国运筹学会的定义:运筹学是把科学方法应用在指导和管理有关的人员、机器、物资以及工商业、政府和国防方面资金的大系统中所发生的各种问题,帮助主管人员科学地决定方针和政策.

《中国管理百科全书》的定义:运筹学是应用分析、试验、量化的方法,对经济管理系统中人力、物力、财力等资源进行统筹安排,为决策者提供有依据的最优方案,以实现最有效的管理.

以上定义的共同点是量化、决策、最优,即用量化的方法为决策提供定量依据.

一般定义:运筹学是用定量化方法为管理决策提供科学依据的一门应用学科. 它首先把实际问题归结为数学模型,然后利用现有的科学技术知识和数学方法进行定量分析和比较,以求得最优方案,供管理者和决策者参考.简言之,运筹学是一门根据给定的目标和条件,从若干个可行方案中选择最优方案的最优化技术. 也可以说,运筹学是一种给出问题的坏的答案的艺术;否则,问题的结果会更坏.诙谐之余,揭示运筹学之本质亦可谓深刻.

研究对象

社会、经济、生产管理、军事等活动中的决策问题.

研究目的

决策问题的优化理论研究和依据研究结果提出决策方案.

研究方法(步骤)

提出问题、建立模型、模型求解、解的检验与控制、解的实施.

简史

现代运筹学的兴起可以追溯到20世纪初期,但其概念和方法的系统提出却是在第二次世界大战期间.第二次世界大战期间,盟军运输船队在大西洋上常常遭到德国潜艇的袭击.英国海军为研究如何使商船在遭到德国潜艇袭击时最大程度地减少损失等问题,成立了一些专门小组,是为最早研究运筹学的小组. 后美军亦成立了类似组织.

第二次世界大战后,运筹学的研究中心从英国转移到了美国,研究的范围也渐趋扩大.运筹学在继续为军事和战争服务的同时,也逐渐转向企业、商业和政府部门等.

1948 年,美国麻省理工学院率先开设了运筹学课程,许多大学群起效法.

1949 年,线性规划理论建立.

20 世纪 50 年代,计算机技术的提高对运筹学的研究起了巨大的推动作用.如 1951 年时,国际水平仅能解约束条件为 10 个的线性规划问题,而 1963 年时,就能解约束条件为 1000 ~ 10000 个的线性规划问题;再如解一个约束条件为 67 个的线性规划问题,1956 年时需要 1h,而 1963 年时仅需 28s!

1950 年,英国出版了第一份运筹学杂志《运筹学季刊》(O. R. Quarterly).目前,国际上著名的运筹学刊物主要有 Management Science, Operations Research, Journal of Operations Research Society 等.

1951 年,非线性规划理论创立. 同年,Morse 和 Kimball 出版了《运筹学方法》(Methods of Operations Research)一书,这是第一本以"运筹学"为名的专著.

1952 年,美国咯斯(Case)工业大学第一次设立了运筹学硕士、博士点.

1954 年,网络流理论建立.

1955 年,随机规划理论创立.

1958 年,整数规划理论创立.同时,排队论、存贮论和决策论也得到了迅速发展.

20 世纪 60 年代,运筹学的各分支逐渐形成且日臻完善.

20 世纪 70 年代,运筹学开始进入高校,数学系本科高年级及研究生、管理、工商、财政、经济、统计、计算机、工科类本科生也开始开设运筹学课程.

20 世纪 80 年代,运筹学被用于解决人口、粮食、能源、裁军、经济、教育、环境、交通等世界性问题.

20 世纪 90 年代至今,运筹学的研究更是呈现出一派欣欣向荣的景象,并且一日千里地向前发展着.

运筹学会

1948 年,英国成立了世界上第一个运筹学会,后美国(1952 年)、法国(1956 年)、日本(1957 年)、印度(1957 年)也分别成立了自己的运筹学会.

1980 年,中国运筹学会(ORerations Research Society of China,ORSC)成立,网址为 http://www. orsc. org. cn.

1959 年,英美发起成立国际运筹学联合会(International Federation of ORerations Research Societies,IFORS),现有 44 个成员国,网址为 http://www. iforms. org.

1982 年,中国加入国际运筹学联合会.

1984 年,亚太运筹学会联合会(Asia - Pacific Operations Research Society,APORS)成立.

运筹学在中国

1956 年,运筹学被引入我国,后于 1957 年正式定名. 同年,在钱学森、华罗庚、许国志等的指导与参与下,我国第一个运筹学研究小组在中国科学院力学研究所成立,并招收了我国第一批运筹学研究生.

1958 年,中科院在运筹学研究小组的基础上组建成立运筹学研究室,研究的著名问题之一是"打麦场的选址",即在当时以手工收割为主的情况下如何节省人力和时间,是现在的物流学(logistics)的雏形.

1960 年,毛泽东视察山东,参观数学科研成果时,翻阅了《公社数学》,并特别详细询问了"线性规划"的应用等问题.

1962 年,管梅谷首次提出并研究中国邮递员问题,在世界上引起了强烈反响.

1963 年,中国科学技术大学应用数学系第一次在中国大学里开设了运筹学专业,由中科院运筹学研究室的运筹学先驱们授课.

1965 年,身为中国数学会理事长的华罗庚响应毛泽东的号召,提出"生产工艺上搞优选,生产管理上搞统筹"的口号,并亲自到全国约 20 个省的农村、厂矿推广统筹方法和优选法,开展广泛的运筹学启蒙运动.

"文化大革命"期间,运筹学的研究完全陷入停滞状态.

1980 年 4 月,中国运筹学会第一届代表大会在山东济南召开,华罗庚当选为任第一任理事长,中国运筹学会成立.

1982 年,中国运筹学会加入国际运筹学联合会.

1984 年,中国运筹学会参与了亚太运筹学会联合会的筹建工作,是 8 个创始国之一.

目前,中国大陆和港澳台等地的运筹学研究工作都在国际上占有举足轻重的地位,但中国的运筹学研究多侧重"运筹数学",而对"运筹科学和运筹学应用"重视不够(美国前运筹学会主席 S. Bonder 语).

面临的挑战

(1) 教育问题:缺少真正的不附属于管理、工程和数学的运筹学课程.

(2) 软件问题:缺少面向用户的各种运筹学软件.

(3) 交流问题:运筹学的学术会议仍是一种封闭式的、学术程度很高的会议,只有从数学体系中培养出来的人才能在会上向同行们作学术报告,不懂如何面向管理人员做报告.

(4) 理解的误区:部分人认为运筹学就是数学,这是由于运筹学还缺少非数学理论.

分支

运筹学分支众多,简介如下:

线性规划(linear programming):在一组线性不等式或等式约束条件下,求一个线性目标函数的最值,是最基本的运筹学分支.

非线性规划(nonlinear programming):与线性规划相对,目标函数或约束条件中含有非线性函数,内容体系更庞大,种类繁多,方法多样.

整数规划(integer programming):全部或部分变量要求为整数的线性或非线性规划问题.

目标规划(goal programming):线性规划的一种变异形式,容许存在不同层次的相互冲突的多个目标.各目标是分等级的,按优先级处理.

多目标规划(multiobjective programming):研究具有多个目标的规划问题.

动态规划(dynamic programming):研究多阶段决策问题.

参数规划(parametric programming):目标函数或约束条件中含有参数的规划问题.

随机规划(random programming):目标函数或约束条件中含有随机变量的规划问题.

几何规划(geometric programming):目标函数和约束条件都是广义多项式的非线性规划问题.

模糊规划(fuzzy programming):含有模糊概念的规划问题.

以上合称数学规划(mathematical programming)或规划论.

图论(graph theory):图论是离散数学(discrete mathematics)的重要分支之一,研究图与网络最优化问题及其应用,是网络技术的基础.

对策论(game theory):亦称博奕论,研究具有对抗性质的问题.

决策论(decision theory):与对策论相反,研究非对抗性问题,其最终目的是从若干可行方案中决定选择某一最优方案.

存贮论(storage theory, inventory theory):即库存管理理论,研究库存问题,合理选择存贮方案,以使得各项费用的总和最小.

排队论(queueing theory):即随机服务系统理论,研究排队系统的运行效率、服务质量,确定系统参数(排队长度、等待时间等)的最优值,以决定系统结构是否合理及是否采取改进措施等.

其他:如模拟(simulation)、可靠性理论(reliability theory)、统筹方法(planning method)、质量控制(quality control)、搜索论(search theory)等.

应用领域

运筹学理论和方法已渗透到诸如服务、库存、搜索、人口、对抗、控制、时间表、资源分配、厂址定位、能源、设计、生产、可靠性等各个方面. 我们深信,方兴未艾的运筹学研究必将为有中国特色的社会主义现代化建设做出更大的贡献.

第 1 章　线性规划

线性规划是运筹学中研究较早,理论和算法都比较成熟的分支之一.

线性规划问题的数学模型最早是 1939 年由苏联经济学家、数学家康托罗维奇(Kantorovich)在研究铁路运输组织问题和工业生产管理问题时提出的,他在《生产组织与计划中的数学方法》中提出了"解乘数法".

1975 年,康托罗维奇和另一美国经济学家库普曼斯(T. C. Koopmans)共同获得诺贝尔经济学奖. 之后,美国经济学家阿罗(K. J. Arrow)、萨缪尔森(P. Samuelson)、西蒙(A. Simon)等都因在这一领域的突出贡献而获得诺贝尔经济学奖. 1947 年,美国数学家旦茨基(G. B. Dantzig)提出单纯形法(simplex method). 1953 年,旦茨基提出改进单纯形法(revised simplex method). 1954 年,美国数学家兰姆凯(Lemke)提出对偶单纯形法(dual simplex method). 1979 年,苏联数学家哈奇扬(Khachian)提出椭球算法(ellipsoid method). 1984 年,印度数学家卡马卡(Karmarkar)提出内点法(interior - point method).

除上述算法外,LINGO 软件也是一个求解包括线性规划问题在内的诸多最优化问题的有力工具(见附录).

1.1　线性规划问题

先来看一个实际问题.

例 1.1.1　(生产计划问题)某厂计划利用 A、B、C 三种原料生产Ⅰ、Ⅱ两种产品,有关数据见表 1.1.1.

表 1.1.1

生产单位产品所需原料的数量 \ 产品 / 原料	Ⅰ	Ⅱ	原料的供应量
A	1	1	300
B	2	1	400
C	0	1	250
产品的单位利润	50	100	

问:应如何安排生产计划,才能既满足原料的供应量,又获利最大?

不难知道,若设生产产品Ⅰ、Ⅱ的数量分别为 x_1, x_2,则可建立如下数学模型:

$$
\begin{cases}
\max \quad z = 50x_1 + 100x_2 \\
\text{s. t.} \quad x_1 + x_2 \leqslant 300 \\
\quad 2x_1 + x_2 \leqslant 400 \\
\quad x_2 \leqslant 250 \\
\quad x_1, x_2 \geqslant 0
\end{cases}
$$

上述模型是微积分学中常见的条件最值问题，只不过条件和求最值的函数都是线性的，在运筹学中称为线性规划问题(linear programming problem)，其中变量 x_1、x_2 称为决策变量(decision variable)，函数 $z=50x_1+100x_2$ 称为目标函数(objective function)，条件 $x_1+x_2\leqslant 300$，$2x_1+x_2\leqslant 400$，$x_2\leqslant 250$，x_1、$x_2\geqslant 0$ 称为约束条件(constrant condition)，符号 s. t. 是"subject to"的简写，意为"受约束于、受限制于".

定义 1.1.1 线性规划问题是在一组线性的等式或不等式约束条件下，求一组决策变量的值，使一个线性的目标函数达到最大(小)值.

注 线性规划和后续章节将要讲到的非线性规划、整数规划等统称为数学规划(mathematical programming).

据例 1.1.1，可写出线性规划问题的一般形式(general form)：

$$
\begin{cases}
\max(\min) \quad z = c_1x_1 + c_2x_2 + \cdots + c_nx_n \\
\text{s. t.} \quad a_{11}x_1 + a_{12}x_2 + \cdots + a_{1n}x_n \leqslant (\geqslant, =) b_1 \\
\quad a_{21}x_1 + a_{22}x_2 + \cdots + a_{2n}x_n \leqslant (\geqslant, =) b_2 \\
\quad \vdots \\
\quad a_{m1}x_1 + a_{m2}x_2 + \cdots + a_{mn}x_n \leqslant (\geqslant, =) b_m \\
\quad x_1, x_2, \cdots, x_n \geqslant 0
\end{cases}
$$

简记为

$$
\begin{cases}
\max(\min) \quad z = \sum\limits_{j=1}^{n} c_jx_j \\
\text{s. t.} \quad \sum\limits_{j=1}^{n} a_{ij}x_j \leqslant (\geqslant, =) b_i, i = 1,2,\cdots,m \\
\quad x_j \geqslant 0, j = 1,2,\cdots,n
\end{cases}
$$

为便利后续表述，引入以下术语：

令集合 $K=\left\{(x_1,x_2,\cdots,x_n)^{\mathrm{T}} \,\middle|\, \sum\limits_{j=1}^{n} a_{ij}x_j \leqslant (\geqslant, =) b_i, i=1,2,\cdots,m; x_j\geqslant 0, j=1,2,\cdots,n\right\}$，称为线性规划问题的可行域(feasible region)，可行域中的任一向量称为可行解(feasible solution)；使目标函数达到最值时的可行解称为线性规划问题的最优解(optimal solution)，最优解对应的目标函数值称为最优值(optimal value).

除非特别说明，本书约定可行解和最优解等向量都是列向量.

1.2 图解法

线性规划问题的求解有许多方法，但对于仅有两个变量的线性规划问题，可采用图解法(graphical method)来求解.

图解法的基本思想:在坐标平面 x_1Ox_2 内,作出线性规划问题的可行域 K 及目标函数直线簇 $x_2=-\frac{a}{b}x_1+\frac{z}{b}\left(\text{由直线 } x_2=-\frac{a}{b}x_1 \text{ 平行移动得到}\right)$,从图上直接找出最优解和最优值.

例 1.2.1 利用图解法求解线性规划问题

$$\begin{cases}\max \quad z=2x_1+3x_2 \\ \text{s.t.} \quad x_1+2x_2\leqslant 8 \\ \quad 4x_1\leqslant 16 \\ \quad 4x_2\leqslant 12 \\ \quad x_1,x_2\geqslant 0\end{cases}$$

解 在坐标平面 x_1Ox_2 内,作出可行域 K 和目标函数直线簇 $z=2x_1+3x_2\Rightarrow x_2=-\frac{2}{3}x_1+\frac{z}{3}$,如图 1.2.1 所示.

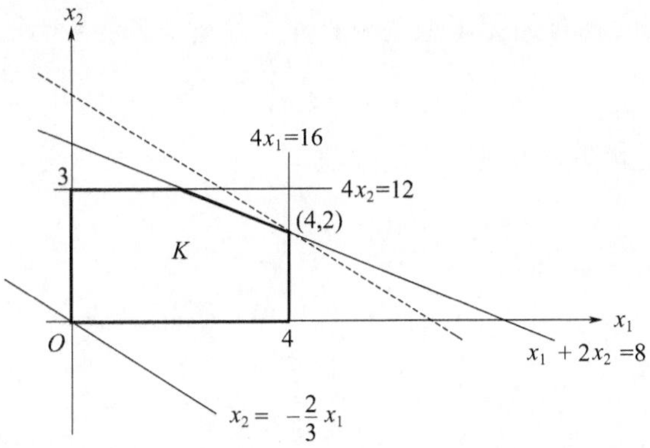

图 1.2.1

易见,当目标函数直线簇平移到点(4,2)时,截距$\frac{z}{3}$最大,当然 z 也最大.

因此,原线性规划问题的最优解为$(4,2)^{\mathrm{T}}$,最优值为 14.

例 1.2.2 利用图解法求解线性规划问题

$$\begin{cases}\max \quad z=x_1+2x_2 \\ \text{s.t.} \quad x_1+2x_2\leqslant 6 \\ \quad 3x_1+2x_2\leqslant 12 \\ \quad x_2\leqslant 2 \\ \quad x_1,x_2\geqslant 0\end{cases}$$

解 在坐标平面 x_1Ox_2 内,作出可行域 K 和目标函数直线簇 $z=x_1+2x_2\Rightarrow$

$x_2 = -\frac{2}{3}x_1 + \frac{z}{3}$, 如图 1.2.2 所示.

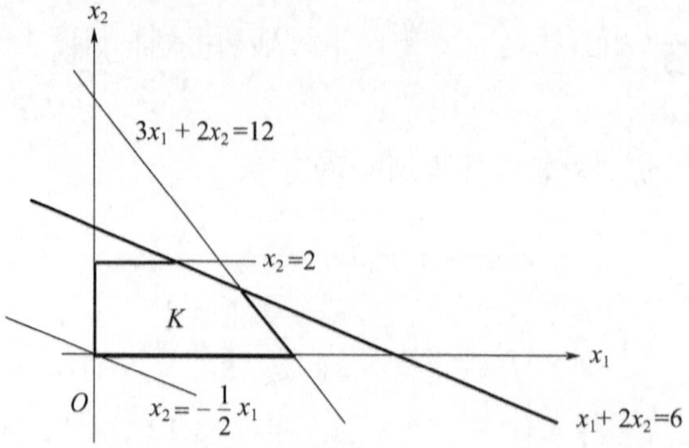

图 1.2.2

易见,当目标函数直线簇平移到与直线 $x_1+2x_2=6$ 重合的位置时,截距$\frac{z}{2}$最大,当然 z 也最大.

因此,原线性规划问题有无穷多最优解:$\left\{\begin{pmatrix}x_1\\x_2\end{pmatrix}\middle| x_1+2x_2=6, 2\leqslant x_1\leqslant 3\right\}$,最优值为6.

例 1.2.3 利用图解法求解线性规划问题

$$\begin{cases}\max \quad z = x_1 + x_2 \\ \text{s.t.} \quad x_1 + 2x_2 \geqslant 2 \\ \quad -x_1 + x_2 \leqslant 1 \\ \quad x_1, x_2 \geqslant 0\end{cases}$$

解 在坐标平面 x_1Ox_2 内,作出可行域 K 和目标函数直线簇 $z=x_1+x_2 \Rightarrow x_2=-x_1+z$,如图 1.2.3 所示.

易见,当目标函数直线簇逐渐向上平移时,截距 z 可无限制地增大.

因此,原线性规划问题的目标函数无上界,当然无最优解.

注 若将本例的目标函数改为"min $z=-x_1-x_2$",则该线性规划问题的目标函数无下界. 无上界和无下界统称为无界(unbounded).

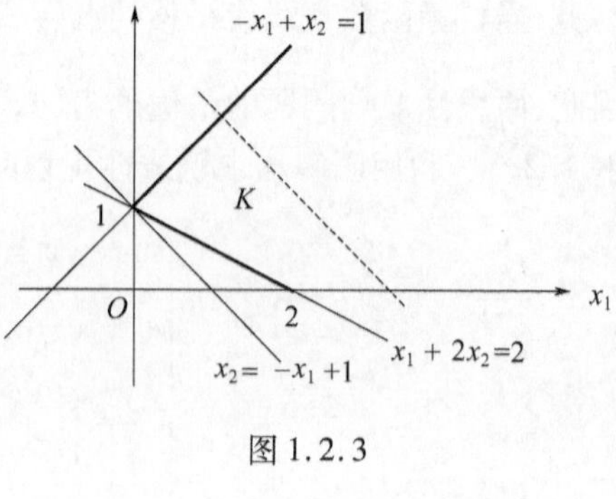

图 1.2.3

例 1.2.4 利用图解法求解线性规划问题

$$
\begin{cases}
\min \quad z = -3x_1 + 2x_2 \\
\text{s.t.} \quad x_1 + x_2 \leqslant 1 \\
\qquad 2x_1 + 3x_2 \geqslant 6 \\
\qquad x_1, x_2 \geqslant 0
\end{cases}
$$

解 在坐标平面 x_1Ox_2 内,作出可行域 K,如图 1.2.4 所示.

易见,$K=\Phi$. 因此,原线性规划问题不存在可行解(简称为不可行),当然无最优解.

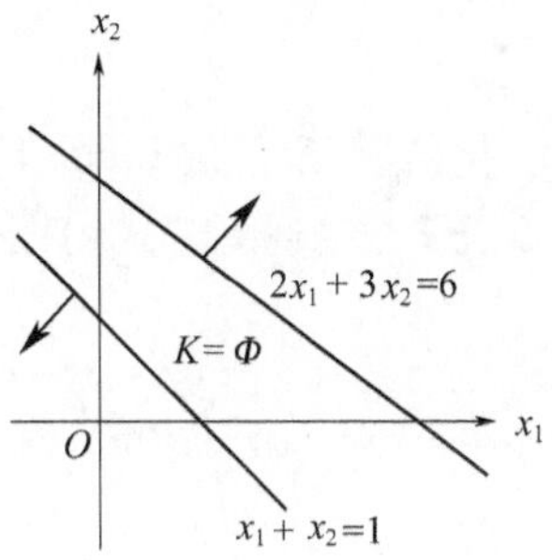

图 1.2.4

综合上述 4 个例子,可以直观地得出如下结论:

(1) 线性规划问题的最优解的各种情况:

$$
\begin{cases}
\text{不可行(当然无最优解)} \\
\text{可行}\begin{cases}\text{有唯一最优解} \\ \text{有无穷多最优解} \\ \text{无(上、下)界(当然无最优解)}\end{cases}
\end{cases}
$$

(2) 线性规划问题的可行域为有界或无界的凸集.

(3) 线性规划问题的任意两个可行解对应的点的连线段上的点亦均为可行解,任意两个最优解对应的点的连线段上的点亦均为最优解.

(4) 若线性规划问题有最优解,则必可从可行域的顶点中找到一个.

以上结论详见 1.5 节.

1.3 线性规划问题的标准形

在线性规划问题的一般形式的基础上,给出其标准形(standard form):

$$
\begin{cases}
\min \quad z = c_1x_1 + c_2x_2 + \cdots + c_nx_n \\
\text{s.t.} \quad a_{11}x_1 + a_{12}x_2 + \cdots + a_{1n}x_n = b_1 \\
\qquad a_{21}x_1 + a_{22}x_2 + \cdots + a_{2n}x_n = b_2 \\
\qquad \vdots \\
\qquad a_{m1}x_1 + a_{m2}x_2 + \cdots + a_{mn}x_n = b_m \\
\qquad x_1, x_2, \cdots, x_n \geqslant 0
\end{cases}
\tag{1.3.1}
$$

简记为

$$
\begin{cases}
\min \quad z = \sum_{j=1}^{n} c_jx_j \\
\text{s.t.} \quad \sum_{j=1}^{n} a_{ij}x_j = b_i, i = 1,2,\cdots,m \\
\qquad x_j \geqslant 0, j = 1,2,\cdots,n
\end{cases}
\tag{1.3.2}
$$

在后续表述中,标准形(1.3.1)和(1.3.2)常常记为 LP. 显然,LP 具有如下特点:

(1) 目标函数取最小化.

(2) 决策变量均取非负值.

(3) 除变量约束外的其余约束条件均为等式.

命题 1.3.1 任何形式的线性规划问题均可化为标准形.

证明 分三种情况分析.

情况 1 目标函数取最大化

$$\max z = \sum_{j=1}^{n} c_j x_j \rightarrow \min f = \sum_{j=1}^{n} (-c_j) x_j$$

转化前后,最优解相同,但最优值异号.

情况 2 出现不等式约束

$$\sum_{j=1}^{n} a_{ij} x_j \leqslant b_i \xrightarrow{\text{引入松弛变量 } x_{n+1}} \begin{cases} \sum_{j=1}^{n} a_{ij} x_j + x_{n+1} = b_i \\ x_{n+1} \geqslant 0 \end{cases}$$

$$\sum_{j=1}^{n} a_{ij} x_j \geqslant b_i \xrightarrow{\text{引入剩余变量 } x_{n+1}} \begin{cases} \sum_{j=1}^{n} a_{ij} x_j - x_{n+1} = b_i \\ x_{n+1} \geqslant 0 \end{cases}$$

松弛变量(slack variable)和剩余变量(surplus variable)常笼统地称为松弛变量.

情况 3 存在自由变量(free variable)

x_j 无限制 $\xrightarrow{\text{引入人工变量 } u_j, v_j} \begin{cases} x_j = u_j - v_j \\ u_j, v_j \geqslant 0 \end{cases}$,并将 $x_j = u_j - v_j$ 代入各约束条件.

例 1.3.1 将下列线性规划问题化为标准形:

$$(1)\begin{cases} \max \quad z = x_1 - 3x_2 + 4x_3 \\ \text{s.t.} \quad x_1 + 2x_2 - x_3 \leqslant 4 \\ \qquad 2x_1 + 3x_2 + x_3 \geqslant 5 \\ \qquad x_2 + x_3 \geqslant 3 \\ \qquad x_1, x_2, x_3 \geqslant 0 \end{cases}$$

$$(2)\begin{cases} \min \quad z = -x_1 + 2x_2 - 3x_3 \\ \text{s.t.} \quad x_1 + x_2 + x_3 \leqslant 7 \\ \qquad x_1 - x_2 + x_3 \geqslant 2 \\ \qquad -3x_1 + x_2 + 2x_3 = 5 \\ \qquad x_1, x_2 \geqslant 0 \end{cases}$$

解 (1)引入松弛变量 x_4, x_5, x_6,并修改目标函数,将原线性规划问题化为标准形:

$$\begin{cases} \min \ f = -x_1 + 3x_2 - 4x_3 \\ \text{s.t.} \quad x_1 + 2x_2 - x_3 + x_4 = 4 \\ \qquad 2x_1 + 3x_2 + x_3 - x_5 = 5 \\ \qquad x_2 + x_3 - x_6 = 3 \\ \qquad x_1, x_2, x_3, x_4, x_5, x_6 \geqslant 0 \end{cases}$$

（2）因 x_3 为自由变量，故令 $x_3 = x_4 - x_5 (x_4, x_5 \geqslant 0)$，并引入松弛变量 x_6, x_7，将原线性规划问题化为标准形：

$$\begin{cases} \min & z = -x_1 + 2x_2 - 3x_4 + 3x_5 \\ \text{s. t.} & x_1 + x_2 + x_4 - x_5 + x_6 = 7 \\ & x_1 - x_2 + x_4 - x_5 - x_7 = 2 \\ & -3x_1 + x_2 + 2x_4 - 2x_5 = 5 \\ & x_1, x_2, x_4, x_5, x_6, x_7 \geqslant 0 \end{cases}$$

下面，继续介绍标准形的向量和矩阵形式.

引入符号：

$$\boldsymbol{A} = \begin{pmatrix} a_{11} & a_{12} & \cdots & a_{1n} \\ a_{21} & a_{22} & \cdots & a_{2n} \\ \vdots & \vdots & \ddots & \vdots \\ a_{m1} & a_{m2} & \cdots & a_{mn} \end{pmatrix} \text{（约束方程组的系数矩阵）}$$

$$\boldsymbol{P}_j = \begin{pmatrix} a_{1j} \\ a_{2j} \\ \vdots \\ a_{mj} \end{pmatrix}, j = 1, 2, \cdots, n \text{（}\boldsymbol{A}\text{ 的第 } j \text{ 个列向量）}$$

$$\boldsymbol{c} = \begin{pmatrix} c_1 \\ c_2 \\ \vdots \\ c_n \end{pmatrix}, \boldsymbol{x} = \begin{pmatrix} x_1 \\ x_2 \\ \vdots \\ x_n \end{pmatrix}, \boldsymbol{b} = \begin{pmatrix} b_1 \\ b_2 \\ \vdots \\ b_m \end{pmatrix}, \boldsymbol{0} = \begin{pmatrix} 0 \\ 0 \\ \vdots \\ 0 \end{pmatrix}$$

则标准形式(1.3.1)和式(1.3.2)即为

$$LP: \begin{cases} \min & z = \sum_{j=1}^{n} c_j x_j \\ \text{s. t.} & \sum_{j=1}^{n} \boldsymbol{P}_j x_j = \boldsymbol{b} \\ & x_j \geqslant 0, j = 1, 2, \cdots, n \end{cases}$$

或

$$LP: \begin{cases} \min & z = \boldsymbol{c}^{\mathrm{T}} \boldsymbol{x} \\ \text{s. t.} & \boldsymbol{A}\boldsymbol{x} = \boldsymbol{b} \\ & \boldsymbol{x} \geqslant \boldsymbol{0} \end{cases}$$

对标准形 LP 的两个规定：

（1）$\boldsymbol{b} \geqslant \boldsymbol{0}$，即 $b_i \geqslant 0, i = 1, 2, \cdots, m$.

若有某个 $b_i < 0$，只需在其对应的约束方程两侧同时乘以 -1 即可.

（2）$r(A_{m \times n}) = m < n$.

此规定是为了保证约束方程组 $\boldsymbol{Ax} = \boldsymbol{b}$ 有无穷多解，从而才有必要去研究相应的线性规划问题.

1.4 线性规划问题的"解"

根据线性代数中的分块矩阵理论及1.3节引入的符号知,$\boldsymbol{A}$可表示为分块矩阵的形式:$\boldsymbol{A}=(\boldsymbol{P}_1,\boldsymbol{P}_2,\cdots,\boldsymbol{P}_n)$.

定义1.4.1 矩阵$\boldsymbol{A}_{m\times n}$的任意一个$m$阶的非奇异的子矩阵称为$LP$的一个基(base),记为$\boldsymbol{B}$.

不难知道,矩阵$\boldsymbol{A}$的任意m个线性无关的列向量均可取为LP的一个基,且基的个数不超过C_n^m.

定义1.4.2 若$\boldsymbol{B}=(\boldsymbol{P}_{j_1},\boldsymbol{P}_{j_2},\cdots,\boldsymbol{P}_{j_m})$为$LP$的一个基,则称变量$x_{j_1},x_{j_2},\cdots,x_{j_m}$为基变量(basic variable),其余$n-m$个变量称为非基变量(nonbasic variable).

不失一般性,设LP的一个基为$\boldsymbol{B}=(\boldsymbol{P}_1,\boldsymbol{P}_2,\cdots,\boldsymbol{P}_m)$,令

$$\boldsymbol{N}=(\boldsymbol{P}_{m+1},\boldsymbol{P}_{m+2},\cdots,\boldsymbol{P}_n),\boldsymbol{x}_B=\begin{pmatrix}x_1\\x_2\\\vdots\\x_m\end{pmatrix},\boldsymbol{x}_N=\begin{pmatrix}x_{m+1}\\x_{m+2}\\\vdots\\x_n\end{pmatrix}$$

则

$$\boldsymbol{Ax}=\boldsymbol{b}\Leftrightarrow(\boldsymbol{B},\boldsymbol{N})\begin{pmatrix}\boldsymbol{x}_B\\\boldsymbol{x}_N\end{pmatrix}=\boldsymbol{b}\Leftrightarrow\boldsymbol{Bx}_B+\boldsymbol{Nx}_N=\boldsymbol{b}\Leftrightarrow\boldsymbol{x}_B=\boldsymbol{B}^{-1}\boldsymbol{b}-\boldsymbol{B}^{-1}\boldsymbol{Nx}_N \quad (1.4.1)$$

定义1.4.3 在式(1.4.1)中,令$\boldsymbol{x}_N=\boldsymbol{0}$,则$\boldsymbol{x}_B=\boldsymbol{B}^{-1}\boldsymbol{b}$,从而得约束方程组$\boldsymbol{Ax}=\boldsymbol{b}$的一个特解$\boldsymbol{x}=\begin{pmatrix}\boldsymbol{x}_B\\\boldsymbol{x}_N\end{pmatrix}=\begin{pmatrix}\boldsymbol{B}^{-1}\boldsymbol{b}\\\boldsymbol{0}\end{pmatrix}$,称为$LP$关于基$\boldsymbol{B}$的基本解(basic solution).

注 (1)一个基确定一个基本解,但不同基也可以确定一个基本解,因此基本解的个数≤基的个数≤C_n^m(请读者自行思考个中原因).

(2)基本解的求法:①套用公式$\boldsymbol{x}=\begin{pmatrix}\boldsymbol{B}^{-1}\boldsymbol{b}\\\boldsymbol{0}\end{pmatrix}$;②解方程组$\begin{cases}\boldsymbol{Ax}=\boldsymbol{b}\\\boldsymbol{x}_N=\boldsymbol{0}\end{cases}$.

(3)因$\boldsymbol{x}_B=\boldsymbol{B}^{-1}\boldsymbol{b}\geqslant\boldsymbol{0}$未必成立,故基本解未必是可行解;同时,可行解也未必是基本解(基本解是约束方程组$\boldsymbol{Ax}=\boldsymbol{b}$在$\boldsymbol{x}_N=\boldsymbol{0}$时的特解,可行解仅是其一般意义上的解而已).因此,基本解和可行解之间无必然联系.

例1.4.1 试找出线性规划问题$\begin{cases}\min & z=4x_1+x_2\\ \text{s.t.} & x_1+3x_2+x_3=7\\ & 4x_1+2x_2+x_4=9\\ & x_1,x_2,x_3,x_4\geqslant 0\end{cases}$的一个基,并求相应的基本解.

解 $\boldsymbol{B}=(\boldsymbol{P}_1,\boldsymbol{P}_3)=\begin{pmatrix}1&1\\4&0\end{pmatrix}$显然是一个基.

(1) $B^{-1}=\frac{1}{|B|}B^{*}=\frac{1}{-4}\begin{pmatrix}0 & -1\\ -4 & 1\end{pmatrix}=\begin{pmatrix}0 & \frac{1}{4}\\ 1 & -\frac{1}{4}\end{pmatrix}$

$$x_B=B^{-1}b=\begin{pmatrix}0 & \frac{1}{4}\\ 1 & -\frac{1}{4}\end{pmatrix}\begin{pmatrix}7\\9\end{pmatrix}=\begin{pmatrix}\frac{9}{4}\\ \frac{19}{4}\end{pmatrix}$$

因此,基本解为 $x=\begin{pmatrix}\frac{9}{4}\\0\\ \frac{19}{4}\\0\end{pmatrix}$.

(2) 解方程组 $\begin{cases}x_1+3x_2+x_3=7\\4x_1+2x_2+x_4=9\\x_2=x_4=0\end{cases}$,得 $x_1=\frac{9}{4},x_3=\frac{19}{4}$.

因此,基本解为 $x=\begin{pmatrix}\frac{9}{4}\\0\\ \frac{19}{4}\\0\end{pmatrix}$.

注 若取 $B=(P_3,P_4)=\begin{pmatrix}1 & 0\\0 & 1\end{pmatrix}=I_2$(单位矩阵)为基,则基本解的求解将变得很简单,可见择基之重要。

定义 1.4.4 若 $x_B=B^{-1}b\geqslant 0$,则基本解 $x=\begin{pmatrix}x_B\\x_N\end{pmatrix}=\begin{pmatrix}B^{-1}b\\0\end{pmatrix}$ 也是 LP 的可行解,称为 LP 关于基 B 的基本可行解(basic feasible solution),并称 B 为 LP 的一个可行基(feasible base).

例如,在例 1.4.1 中,$x=\begin{pmatrix}\frac{9}{4}\\0\\ \frac{19}{4}\\0\end{pmatrix}$ 即为所给线性规划问题的基本可行解,$B=(P_1,P_3)=\begin{pmatrix}1 & 1\\4 & 0\end{pmatrix}$ 为可行基.

定义 1.4.5 至少有一个基变量的值为 0 的基本可行解称为退化的(degenerate),否则称为非退化的(nondegenerate). 所有基本可行解均非退化的线性规划问题称为非退化的(nondegenerate),否则称为退化的(degenerate).

不难知道,最优解一定是可行解,但未必是基本解,当然也未必是基本可行解.

定义 1.4.6 本身是基本可行解的最优解称为基本最优解(basic optimal solution),基本最优解对应的基称为最优基(optimal base).

注 定义 1.4.6 中"可行"二字可略去.

上述概念在后续内容中将陆续用到,其相互关系可用图 1.4.1 描述.

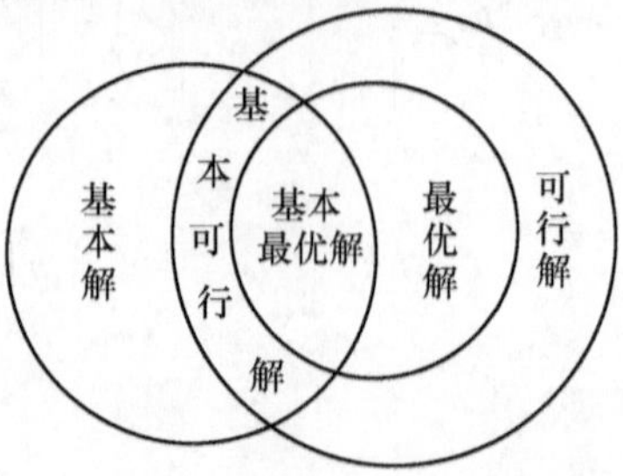

图 1.4.1

1.5 线性规划问题的几何特征

由线性代数的知识知,所有 n 维实向量关于向量的加法与数乘两种运算构成 n 维实向量空间 $\boldsymbol{R}^n$,其中 $\boldsymbol{R}$、$\boldsymbol{R}^2$、$\boldsymbol{R}^3$ 在几何上分别对应于一维坐标轴、二维坐标平面和三维坐标空间.

定义 1.5.1 设 $\boldsymbol{x}^1,\boldsymbol{x}^2\in\boldsymbol{R}^n$,记连接 $\boldsymbol{x}^1,\boldsymbol{x}^2$ 的闭线段(closed segment)、开线段(open segment)分别为 $[\boldsymbol{x}^1,\ \boldsymbol{x}^2]=\{\boldsymbol{x}=\lambda\boldsymbol{x}^1+(1-\lambda)\boldsymbol{x}^2\mid\lambda\in[0,1]\}$,$(\boldsymbol{x}^1,\ \boldsymbol{x}^2)=\{\boldsymbol{x}=\lambda\boldsymbol{x}^1+(1-\lambda)\boldsymbol{x}^2\mid\lambda\in(0,1)\}$(图 1.5.1).

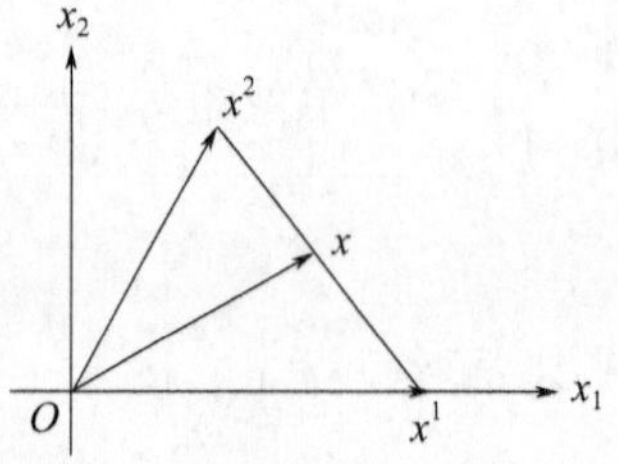

图 1.5.1

定义 1.5.2 设集合 $\Omega\subseteq\boldsymbol{R}^n$,若 $\forall\boldsymbol{x}^1,\boldsymbol{x}^2\in\Omega$,有 $[\boldsymbol{x}^1,\boldsymbol{x}^2]\subseteq\Omega$,则称 Ω 为 $\boldsymbol{R}^n$ 中的一个凸集(convex set).

注 从直观上看,凸集无凹入部分,内部无"洞";全平面、半平面、圆面、球、实心立方体、凸多边形区域等都是凸集;规定空集、单点集也是凸集.

不难证明,凸集具有以下性质:

性质 若干个凸集的交集也是凸集.

定义 1.5.3 在 R^n 中,方程 $a_1x_1+a_2x_2+\cdots+a_nx_n=b$ 表示的集合称为一个超平面(hyperplane),不等式 $a_1x_1+a_2x_2+\cdots+a_nx_n\geqslant b$ 和 $a_1x_1+a_2x_2+\cdots+a_nx_n\leqslant b$ 表示的集合称为半平面(half-plane),其中 $a_1,a_2,\cdots,a_n,b$ 为常数.

注 超平面是二维空间中的直线、三维空间中的平面在 n 维空间中的推广；超平面和半平面都是凸集.

定义 1.5.4 由超平面和半平面围成的集合称为多面凸集(polyhedral convex set)，非空有界的多面凸集称为多面体(polytope).

注 多面体是二维空间中的多边形、三维空间中的多面体在在 n 维空间中的推广.

定义 1.5.5 设 Ω 为 $\boldsymbol{R}^n$ 中的一个凸集，$\boldsymbol{x}\in\Omega$，若不存在 $\boldsymbol{x}^1,\boldsymbol{x}^2\in\Omega$，且 $\boldsymbol{x}^1\neq\boldsymbol{x}^2$，使 $\boldsymbol{x}\in(\boldsymbol{x}^1,\boldsymbol{x}^2)$，则称 $\boldsymbol{x}$ 为 Ω 的一个顶点(vertex).

注 多面体作为凸集，其顶点恰为其几何顶点.

下面不加证明地给出5条刻画线性规划问题 LP 的基本特征的重要性质，合称为线性规划基本定理.

定理 1.5.1 可行域 K 是凸集—多面体.

推论 1 连接可行域内任意两点的闭线段上的点亦均为可行解.

推论 2 连接任意两个最优解对应的点的闭线段上的点亦均为最优解.

定理 1.5.2 x 是 LP 的基本可行解$\Leftrightarrow x$ 对应可行域 K 的顶点.

定理 1.5.3 若 $K\neq\Phi$，则 K 至少有一个顶点.

定理 1.5.4 若 LP 有可行解，则必有基本可行解.

定理 1.5.5 (1)若 K 非空有界，则 LP 必有最优解；(2)若 LP 有最优解，则必有基本最优解，即可从 LP 的基本可行解(K 的顶点)中找到一个最优解.

注 请读者思考定理 1.5.3 和定理 1.5.4、定理 1.5.4 和定理 1.5.5 之间的关系.

有了线性规划基本定理，现做如下思考：

既然基本可行解的个数≤基本解的个数 = 基的个数 $\leqslant C_n^m<+\infty$，那么，能否从至多 C_n^m 个基本解中找出全部基本可行解，再从全部基本可行解中找出一个最优解呢？

上述"朴素的"想法实际上是一种枚举法(enumeration)，它在理论上似乎可行，但实际操作起来并不现实. 例如，当 $n=60,m=30$ 时，$C_n^m=\dfrac{60!}{30!\cdot 30!}\approx 10^{17}$. 要将 10^{17} 个"可能的最优解"都遍历一遍，即便使用运算速度为 10^9 次/秒的计算机来做，也将耗时 3 年！

因此，线性规划问题的其他解法的引入甚有必要. 下面几节将集中介绍线性规划问题的重要解法之一——单纯形法(simplex method).

1.6 例谈单纯形法

单纯形法是 1947 年美国数学家、"线性规划之父"旦茨基(1915—2005)在研究美国空军资源优化配置问题时提出来的，是几十年来求解线性规划问题的最主要、最实用而又非常有效的方法，其基本思想是：如图 1.6.1 所示，当可行域 $K\neq\Phi$ 时，从 K 的某一顶点(基本可行解)开始，转到另一个相邻顶点(基本可行解)，且使目标函数值增大(减小)……. 如此做下去，直至目标函数不再增大(减小)，即得到最优解或判明无最优解.

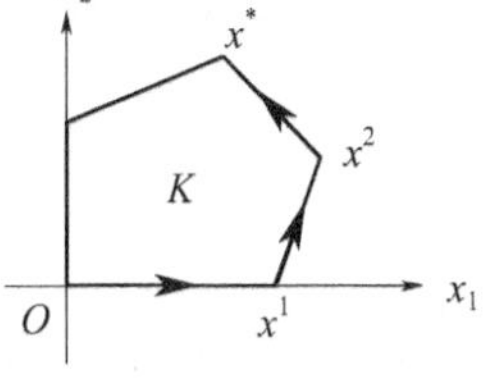

图 1.6.1

通过下面的例子可大体了解单纯形法的概貌.

给定线性规划问题 $\begin{cases} \max \quad z = 20x_1 + 15x_2 \\ \text{s. t.} \quad 5x_1 + 2x_2 \leqslant 180 \\ \qquad\quad 3x_1 + 3x_2 \leqslant 135 \\ \qquad\quad x_1, x_2 \geqslant 0 \end{cases}$，首先利用图解法求解，如图 1.6.2 所示.

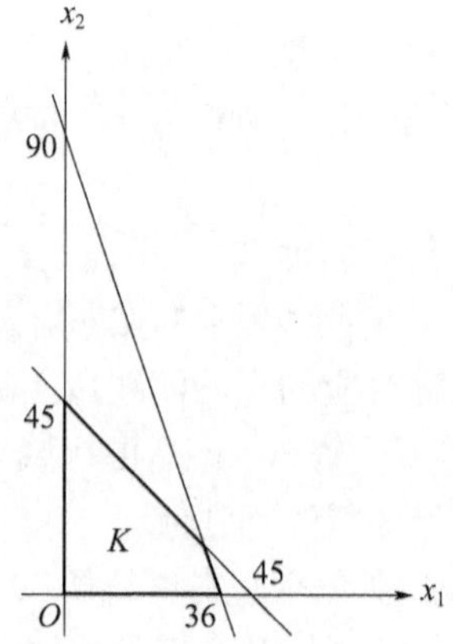

图 1.6.2

由图 1.6.2 知，该线性规划问题的最优解为 $(30,15)^{\mathrm{T}}$，最优值为 825.

其次，利用单纯形法求解，如图 1.6.3 所示.

x_B	x_1	x_2	x_3	x_4	$\bar{b}$
x_3	(5)	2	1	0	180
x_4	3	3	0	1	135
z	20	15	0	0	0

→

x_B	x_1	x_2	x_3	x_4	$\bar{b}$
x_1	1	$\frac{2}{5}$	$\frac{1}{5}$	0	36
x_4	0	($\frac{9}{5}$)	$-\frac{3}{5}$	1	27
z	0	7	−4	0	−720

→

x_B	x_1	x_2	x_3	x_4	$\bar{b}$
x_1	1	0	$\frac{1}{3}$	$-\frac{2}{9}$	30
x_2	0	1	$-\frac{1}{3}$	$\frac{5}{9}$	15
z	0	0	$-\frac{3}{5}$	$-\frac{35}{9}$	−825

图 1.6.3

由图 1.6.3 中最后一张表知，该线性规划问题的最优解为 $(30,15)^{\mathrm{T}}$，最优值为 825.

显然，两种方法得到的最优解是一致的，而且根据图 1.6.3 中三张表写出的基本可行解恰好分别对应图 1.6.2 中可行域的三个顶点，且对应的目标函数值不断增大.

至此，读者可能产生几个疑问：第一张表是如何作出来的？如何由第一张表得到第二张表，进而得到第三张表？为何第三张表对应着最优解？这个过程何时终止？会一直进行下去吗？我们将在后续内容中逐一回答这些疑问.

1.7 初始可行基

如 1.6 节所述，为求解线性规划问题，单纯形法要求从某一初始基本可行解开始，转到另一基本可行解，直至求得最优解或判明无最优解. 为此，应首先找到线性规划问题的一个初始可行基(initial feasible base). 对一般的线性规划问题，其初始可行基的寻找可

采用大 M 法和两阶段法（见 1.12 节和 1.13 节），而对某些特殊情形，则可很方便地找到其初始可行基.

情形 1 若线性规划问题的约束方程组的系数矩阵 $\boldsymbol{A}$ 中含有一个子矩阵是单位矩阵 $\boldsymbol{I}_m$，则可取 $\boldsymbol{I}_m$ 为初始可行基. 详言之，对线性规划问题

$$\begin{cases}\min \quad z = c_1x_1 + c_2x_2 + \cdots + c_nx_n \\ \text{s.t.} \quad x_1 \quad + a_{1,m+1}x_{m+1} + a_{1,m+2}x_{m+2} + \cdots + a_{1n}x_n = b_1 \\ \qquad x_2 \quad + a_{2,m+1}x_{m+1} + a_{2,m+2}x_{m+2} + \cdots + a_{2n}x_n = b_2 \\ \qquad\qquad \ddots \\ \qquad\qquad x_m + a_{m,m+1}x_{m+1} + a_{m,m+2}x_{m+2} + \cdots + a_{mn}x_n = b_m \\ \qquad\qquad x_1, x_2, \cdots, x_n \geqslant 0\end{cases}$$

其约束方程组的系数矩阵为

$$\boldsymbol{A} = \begin{pmatrix} 1 & 0 & \cdots & 0 & a_{1,m+1} & a_{1,m+2} & \cdots & a_{1n} \\ 0 & 1 & \cdots & 0 & a_{2,m+1} & a_{2,m+2} & \cdots & a_{2n} \\ \vdots & \vdots & \ddots & \vdots & \vdots & \vdots & \ddots & \vdots \\ 0 & 0 & \cdots & 1 & a_{m,m+1} & a_{m,m+2} & \cdots & a_{mn} \end{pmatrix}$$

显然，可取初始可行基为 $\boldsymbol{B} = (\boldsymbol{P}_1, \boldsymbol{P}_2, \cdots, \boldsymbol{P}_m) = I_m$.

如线性规划问题 $\begin{cases}\min \quad z = 2x_1 - x_2 \\ \text{s.t.} \quad x_1 + 3x_2 + x_3 \qquad = 7 \\ \qquad 4x_1 + 2x_2 \qquad + x_4 = 9 \\ \qquad x_1, x_2, x_3, x_4 \geqslant 0\end{cases}$ 的初始可行基可取为 $B = (P_3, P_4) = I_2$.

情形 2 若线性规划问题的不等式约束均为“$\leqslant$”型，则可先引入松弛变量将其化为标准形，再将系数矩阵 $\boldsymbol{A}$ 中松弛变量对应的单位矩阵取为初始可行基. 详言之，对线性规划问题

$$\begin{cases}\min \quad z = c_1x_1 + c_2x_2 + \cdots + c_nx_n \\ \text{s.t.} \quad a_{11}x_1 + a_{12}x_2 + \cdots + a_{1n}x_n \leqslant b_1 \\ \qquad a_{21}x_1 + a_{22}x_2 + \cdots + a_{2n}x_n \leqslant b_2 \\ \qquad\qquad \vdots \\ \qquad a_{m1}x_1 + a_{m2}x_2 + \cdots + a_{mn}x_n \leqslant b_m \\ \qquad x_1, x_2, \cdots, x_n \geqslant 0\end{cases}$$

可引入松弛变量 $x_{n+1}, x_{n+2}, \cdots, x_{n+m}$，化为标准形

$$\begin{cases}\min \quad z = c_1x_1 + c_2x_2 + \cdots + c_nx_n \\ \text{s.t.} \quad a_{11}x_1 + a_{12}x_2 + \cdots + a_{1n}x_n + x_{n+1} \qquad = b_1 \\ \qquad a_{21}x_1 + a_{22}x_2 + \cdots + a_{2n}x_n \qquad + x_{n+2} \qquad = b_2 \\ \qquad\qquad \vdots \\ \qquad a_{m1}x_1 + a_{m2}x_2 + \cdots + a_{mn}x_n \qquad + x_{n+m} = b_m \\ \qquad x_1, x_2, \cdots, x_n, x_{n+1}, x_{n+2}, \cdots, x_{n+m} \geqslant 0\end{cases}$$

其约束方程组的系数矩阵为

$$A = \begin{pmatrix} a_{11} & a_{12} & \cdots & a_{1n} & 1 & 0 & \cdots & 0 \\ a_{21} & a_{22} & \cdots & a_{2n} & 0 & 1 & \cdots & 0 \\ \vdots & \vdots & \ddots & \vdots & \vdots & \vdots & \ddots & \vdots \\ a_{m1} & a_{m2} & \cdots & a_{mn} & 0 & 0 & \cdots & 1 \end{pmatrix}$$

显然，可取初始可行基为 $\boldsymbol{B} = (\boldsymbol{P}_{n+1}, \boldsymbol{P}_{n+2}, \cdots, \boldsymbol{P}_{n+m}) = I_m$.

如线性规划问题 $\begin{cases} \max & z = 2x_1 - x_2 \\ \text{s.t.} & x_1 + 3x_2 \leqslant 7 \\ & 4x_1 + 2x_2 \leqslant 9 \\ & x_1, x_2 \geqslant 0 \end{cases}$ 的初始可行基可取为 $B = (\boldsymbol{P}_3, \boldsymbol{P}_4) = I_2$.

1.8 单纯形表

不失一般性，设标准形

$$LP: \begin{cases} \min & z = \boldsymbol{c}^{\mathrm{T}}\boldsymbol{x} \\ \text{s.t.} & \boldsymbol{Ax} = \boldsymbol{b} \\ & \boldsymbol{x} \geqslant \boldsymbol{0} \end{cases}$$

的一个基为 $\boldsymbol{B} = (\boldsymbol{P}_1, \boldsymbol{P}_2, \cdots, \boldsymbol{P}_m)$，则由 1.4 节知，$\boldsymbol{x}_B = \boldsymbol{B}^{-1}\boldsymbol{b} - \boldsymbol{B}^{-1}\boldsymbol{N}\boldsymbol{x}_N$. (1.8.1)

令

$$\boldsymbol{c}_B = \begin{pmatrix} c_1 \\ c_2 \\ \vdots \\ c_m \end{pmatrix}, \boldsymbol{c}_N = \begin{pmatrix} c_{m+1} \\ c_{m+2} \\ \vdots \\ c_n \end{pmatrix}$$

则

$$z = \boldsymbol{c}^{\mathrm{T}}\boldsymbol{x} = \begin{pmatrix} \boldsymbol{c}_B \\ \boldsymbol{c}_N \end{pmatrix}^{\mathrm{T}} \begin{pmatrix} \boldsymbol{x}_B \\ \boldsymbol{x}_N \end{pmatrix} = (\boldsymbol{c}_B^{\mathrm{T}}, \boldsymbol{c}_N^{\mathrm{T}}) \begin{pmatrix} \boldsymbol{x}_B \\ \boldsymbol{x}_N \end{pmatrix} = \boldsymbol{c}_B^{\mathrm{T}}\boldsymbol{x}_B + \boldsymbol{c}_N^{\mathrm{T}}\boldsymbol{x}_N$$

将式(1.8.1)代入，得

$$z = \boldsymbol{c}_B^{\mathrm{T}}(\boldsymbol{B}^{-1}\boldsymbol{b} - \boldsymbol{B}^{-1}\boldsymbol{N}\boldsymbol{x}_N) + \boldsymbol{c}_N^{\mathrm{T}}\boldsymbol{x}_N = \boldsymbol{c}_B^{\mathrm{T}}\boldsymbol{B}^{-1}\boldsymbol{b} + (\boldsymbol{c}_N^{\mathrm{T}} - \boldsymbol{c}_B^{\mathrm{T}}\boldsymbol{B}^{-1}\boldsymbol{N})\boldsymbol{x}_N. \quad (1.8.2)$$

联立式(1.8.1)和式(1.8.2)，得

$$\begin{cases} \boldsymbol{x}_B = \boldsymbol{B}^{-1}\boldsymbol{b} - \boldsymbol{B}^{-1}\boldsymbol{N}\boldsymbol{x}_N \\ z = \boldsymbol{c}_B^{\mathrm{T}}\boldsymbol{B}^{-1}\boldsymbol{b} + (\boldsymbol{c}_N^{\mathrm{T}} - \boldsymbol{c}_B^{\mathrm{T}}\boldsymbol{B}^{-1}\boldsymbol{N})\boldsymbol{x}_N \end{cases}$$ （用非基变量表示基变量和目标函数）

(1.8.3)

改写为

$$\begin{cases} \boldsymbol{x}_B + \boldsymbol{B}^{-1}\boldsymbol{N}\boldsymbol{x}_N = \boldsymbol{B}^{-1}\boldsymbol{b} \\ z + (\boldsymbol{c}_B^{\mathrm{T}}\boldsymbol{B}^{-1}\boldsymbol{N} - \boldsymbol{c}_N^{\mathrm{T}})\boldsymbol{x}_N = \boldsymbol{c}_B^{\mathrm{T}}\boldsymbol{B}^{-1}\boldsymbol{b} \end{cases} \quad (1.8.4)$$

式(1.8.4)称为 LP 关于基 $\boldsymbol{B}$ 的典式(canonical form),式(1.8.3)称为典式的等价形式.

构造 LP 关于基 $\boldsymbol{B}$ 的单纯形表(simplex table):

表 1.8.1

$\boldsymbol{x}_B$	$\boldsymbol{x}_B$	$\boldsymbol{x}_N$	$\bar{\boldsymbol{b}}$
$\boldsymbol{x}_B$	$\boldsymbol{I}_m$	$\boldsymbol{B}^{-1}\boldsymbol{N}$	$\boldsymbol{B}^{-1}\boldsymbol{b}$
z	$\boldsymbol{0}$	$\boldsymbol{c}_B^{\mathrm{T}}\boldsymbol{B}^{-1}\boldsymbol{N}-\boldsymbol{c}_N^{\mathrm{T}}$	$\boldsymbol{c}_B^{\mathrm{T}}\boldsymbol{B}^{-1}\boldsymbol{b}$

由表 1.8.1 可知,LP 关于基 $\boldsymbol{B}$ 的基本解为 $\boldsymbol{x}=\begin{pmatrix}\boldsymbol{x}_B\\\boldsymbol{x}_N\end{pmatrix}=\begin{pmatrix}\boldsymbol{B}^{-1}\boldsymbol{b}\\\boldsymbol{0}\end{pmatrix}$,对应的目标函数值为 $z=\boldsymbol{c}_B^{\mathrm{T}}\boldsymbol{B}^{-1}\boldsymbol{b}$.

为使单纯形表中的数据更具体和直观,令

$$\boldsymbol{B}^{-1}\boldsymbol{N}=\begin{pmatrix}b_{1,m+1} & b_{1,m+2} & \cdots & b_{1n}\\ b_{2,m+1} & b_{2,m+2} & \cdots & b_{2n}\\ \vdots & \vdots & \ddots & \vdots\\ b_{m,m+1} & b_{m,m+2} & \cdots & b_{mn}\end{pmatrix},\boldsymbol{B}^{-1}\boldsymbol{b}=\begin{pmatrix}b_{10}\\ b_{20}\\ \vdots\\ b_{m0}\end{pmatrix}$$

$$\boldsymbol{c}_B^{\mathrm{T}}\boldsymbol{B}^{-1}\boldsymbol{N}-\boldsymbol{c}_N^{\mathrm{T}}=(r_{m+1},r_{m+2},\cdots,r_n),\boldsymbol{c}_B^{\mathrm{T}}B^{-1}\boldsymbol{b}=z_0$$

则典式的等价形式(1.8.3)即为

$$\begin{cases}x_1=b_{10}-(b_{1,m+1}x_{m+1}+b_{1,m+2}x_{m+2}+\cdots+b_{1n}x_n)\\ x_2=b_{20}-(b_{2,m+1}x_{m+1}+b_{2,m+2}x_{m+2}+\cdots+b_{2n}x_n)\\ \qquad\vdots\\ x_m=b_{m0}-(b_{m,m+1}x_{m+1}+b_{m,m+2}x_{m+2}+\cdots+b_{mn}x_n)\\ z=z_0-(r_{m+1}x_{m+1}+r_{m+2}x_{m+2}+\cdots+r_nx_n)\end{cases}$$

或

$$\begin{cases}x_i=b_{i0}-\sum\limits_{j=m+1}^{n}b_{ij}x_j,i=1,2,\cdots,m\\ z=z_0-\sum\limits_{j=m+1}^{n}r_jx_j\end{cases}\tag{1.8.5}$$

典式(1.8.4)即为

$$\begin{cases}x_1 \qquad\qquad +b_{1,m+1}x_{m+1}+b_{1,m+2}x_{m+2}+\cdots+b_{1n}x_n=b_{10}\\ \quad x_2 \qquad +b_{2,m+1}x_{m+1}+b_{2,m+2}x_{m+2}+\cdots+b_{2n}x_n=b_{20}\\ \qquad\ddots \qquad \vdots \qquad\qquad \vdots \qquad\qquad \vdots \quad \vdots \quad \vdots\\ \qquad\quad x_m+b_{m,m+1}x_{m+1}+b_{m,m+2}x_{m+2}+\cdots+b_{mn}x_n=b_{m0}\\ z \qquad\qquad\quad +r_{m+1}x_{m+1}+r_{m+2}x_{m+2}+\cdots+r_nx_n=z_0\end{cases}$$

或

$$\begin{cases}x_i+\sum\limits_{j=m+1}^{n}b_{ij}x_j=b_{i0},i=1,2,\cdots,m\\ z+\sum\limits_{j=m+1}^{n}r_jx_j=z_0\end{cases}\tag{1.8.6}$$

单纯形表 1.8.1 即为表 1.8.2：

表 1.8.2

x_B	x_1	x_2	$\cdots$	x_m	x_{m+1}	x_{m+2}	$\cdots$	x_n	$\bar{b}$
x_1	1	0	$\cdots$	0	$b_{1,m+1}$	$b_{1,m+2}$	$\cdots$	b_{1n}	b_{10}
x_2	0	1	$\cdots$	0	$b_{2,m+1}$	$b_{2,m+2}$	$\cdots$	b_{2n}	b_{20}
$\vdots$	$\vdots$	$\vdots$	$\ddots$	$\vdots$	$\vdots$	$\vdots$	$\ddots$	$\vdots$	$\vdots$
x_m	0	0	$\cdots$	1	$b_{m,m+1}$	$b_{m,m+2}$	$\cdots$	b_{mn}	b_{m0}
z	0	0	$\cdots$	0	r_{m+1}	r_{m+2}	$\cdots$	r_n	z_0

由表 1.8.2 知，LP 关于基 $\boldsymbol{B}$ 的基本解为 $\boldsymbol{x}=(b_{10},b_{20},\cdots,b_{m0},0,\cdots,0)^{\mathrm{T}}$，对应的目标函数值为 z_0.

定义 1.8.1 $r_{m+1},r_{m+2},\cdots,r_n$ 称为检验数(criterion number).

注 单纯形表的构造不必要求 $\boldsymbol{B}$ 为可行基，但如使用单纯形法，则要求 $\boldsymbol{B}$ 必须为可行基.

下面介绍一种特殊形式的线性规划问题的单纯形表.

对线性规划问题

$$\begin{cases}\min \quad z=\sum_{j=1}^{n} c_j x_j \\ \text{s.t.} \quad \sum_{j=1}^{n} a_{ij}x_j \leqslant b_i, i=1,2,\cdots,m \\ \qquad x_j \geqslant 0, j=1,2,\cdots,n\end{cases}$$

可引入松弛变量 $x_{n+1},x_{n+2},\cdots,x_{n+m}$，化为标准形

$$LP:\begin{cases}\min \quad z=\sum_{j=1}^{n} c_j x_j \\ \text{s.t.} \quad \sum_{j=1}^{n} a_{ij}x_j + x_{n+i} = b_i, i=1,2,\cdots,m \\ \qquad x_j \geqslant 0, j=1,2,\cdots,n,n+1,n+2,\cdots,n+m\end{cases}$$

取初始可行基为 $\boldsymbol{B}=(\boldsymbol{P}_{n+1},\boldsymbol{P}_{n+2},\cdots,\boldsymbol{P}_{n+m})=\boldsymbol{I}_m$，则 LP 关于基 $\boldsymbol{B}$ 的典式为

$$\begin{cases}\sum_{j=1}^{n} a_{ij}x_j + x_{n+i} = b_i, i=1,2,\cdots,m \\ z+\sum_{j=1}^{n}(-c_j)x_j = 0\end{cases}$$

单纯形表为

x_B	x_1	x_2	$\cdots$	x_n	x_{n+1}	x_{n+2}	$\cdots$	x_{n+m}	$\bar{b}$
x_{n+1}	a_{11}	a_{12}	$\cdots$	a_{1n}	1	0	$\cdots$	0	b_1
x_{n+2}	a_{21}	a_{22}	$\cdots$	a_{2n}	0	1	$\cdots$	0	b_2
$\vdots$	$\vdots$	$\vdots$	$\ddots$	$\vdots$	$\vdots$	$\vdots$	$\ddots$	$\vdots$	$\vdots$
x_{n+n}	a_{m1}	a_{m2}	$\cdots$	a_{mn}	0	0	$\cdots$	1	b_m
z	$-c_1$	$-c_2$	$\cdots$	$-c_n$	0	0	$\cdots$	0	0

由上述单纯形表知,LP 关于基 $\boldsymbol{B}$ 的基本解为 $\boldsymbol{x}=(0,\cdots,0,b_1,b_2,\cdots,b_m)^{\mathrm{T}}$,对应的目标函数值为0.

例 1.8.1 作线性规划问题 $\begin{cases}\min\ z = -2x_3+x_4+1\\ \text{s.t.}\ x_1+3x_3+2x_4=18\\ x_2-x_3+4x_4=8\\ x_1,x_2,x_3,x_4\geqslant 0\end{cases}$ 关于基 $\boldsymbol{B}=(\boldsymbol{P}_1,\boldsymbol{P}_2)$ 和 $\boldsymbol{B}=(\boldsymbol{P}_1,\boldsymbol{P}_4)$ 的单纯形表.

解 (1)易知原线性规划问题关于基 $\boldsymbol{B}=(\boldsymbol{P}_1,\boldsymbol{P}_2)=\boldsymbol{I}_2$ 的典式为

$$\begin{cases}x_1+3x_3+2x_4=18\\ x_2-x_3+4x_4=8\\ z+2x_3-x_4=1\end{cases}$$

因此,单纯形表为

x_B	x_1	x_2	x_3	x_4	$\bar{b}$
x_1	1	0	3	2	18
x_2	0	1	-1	4	8
z	0	0	2	-1	1

(2) 易知原线性规划问题关于基 $\boldsymbol{B}=(\boldsymbol{P}_1,\boldsymbol{P}_4)$ 的典式为

$$\begin{cases}x_1-\dfrac{1}{2}x_2+\dfrac{7}{2}x_3=14\\ \dfrac{1}{4}x_2-\dfrac{1}{4}x_3+x_4=2\\ z+\dfrac{1}{4}x_2+\dfrac{7}{4}x_3=2\end{cases}$$

因此,单纯形表为

x_B	x_1	x_2	x_3	x_4	$\bar{b}$
x_1	1	$-\frac{1}{2}$	$\frac{7}{2}$	0	14
x_4	0	$\frac{1}{4}$	$-\frac{1}{4}$	1	2
z	0	$\frac{1}{4}$	$\frac{7}{4}$	0	2

1.9 最优性的检验

如1.8节所述，当 $\boldsymbol{B}=(\boldsymbol{P}_1,\boldsymbol{P}_2,\cdots,\boldsymbol{P}_m)$ 为标准形

$$LP:\begin{cases}\min & z=\boldsymbol{c}^{\mathrm{T}}\boldsymbol{x}\\ \text{s.t.} & \boldsymbol{A}\boldsymbol{x}=\boldsymbol{b}\\ & \boldsymbol{x}\geqslant\boldsymbol{0}\end{cases}$$

的一个可行基时，LP 关于基 $\boldsymbol{B}$ 的典式为

$$\begin{cases}x_i+\sum\limits_{j=m+1}^{n}b_{ij}x_j=b_{i0},i=1,2,\cdots,m\\ z+\sum\limits_{j=m+1}^{n}r_jx_j=z_0\end{cases}\tag{1.9.1}$$

典式的等价形式为

$$\begin{cases}x_i=b_{i0}-\sum\limits_{j=m+1}^{n}b_{ij}x_j,i=1,2,\cdots,m\\ z=z_0-\sum\limits_{j=m+1}^{n}r_jx_j\end{cases}\tag{1.9.2}$$

单纯形表为

由表1.9.1知，LP 关于基 $\boldsymbol{B}$ 的基本可行解为 $\boldsymbol{x}=(b_{10},b_{20},\cdots,b_{m0},0,\cdots,0)^{\mathrm{T}}$，相应的目标函数值为 z_0.

表1.9.1

$\boldsymbol{x_B}$	x_1	x_2	$\cdots$	x_m	x_{m+1}	x_{m+2}	$\cdots$	x_n	$\bar{b}$
x_1	1	0	$\cdots$	0	$b_{1,m+1}$	$b_{1,m+2}$	$\cdots$	b_{1n}	b_{10}
x_2	0	1	$\cdots$	0	$b_{2,m+1}$	$b_{2,m+2}$	$\cdots$	b_{2n}	b_{20}
$\vdots$	$\vdots$	$\vdots$	$\ddots$	$\vdots$	$\vdots$	$\vdots$	$\ddots$	$\vdots$	$\vdots$
x_m	0	0	$\cdots$	1	$b_{m,m+1}$	$b_{m,m+2}$	$\cdots$	b_{mn}	b_{m0}
z	0	0	$\cdots$	0	r_{m+1}	r_{m+2}	$\cdots$	r_n	z_0

下面分三种情形分析.

情形1 若 $r_j\leqslant0(j=m+1,m+2,\cdots,n)$，则 LP 的最优解为 $\boldsymbol{x}=(b_{10},b_{20},\cdots,b_{m0},0,\cdots,0)^{\mathrm{T}}$，最优值为 z_0.

证明 由式(1.9.2)知，当 $r_j\leqslant0$ 时，$z=z_0-\sum\limits_{j=m+1}^{n}r_jx_j\geqslant z_0$，且当 $x_j=0(j=m+1,m+2,\cdots,n)$ 时，$z_{\min}=z_0$. 此时，$x_i=b_{i0},i=1,2,\cdots,m$. 故 $\boldsymbol{x}=(b_{10},b_{20},\cdots,b_{m0},0,\cdots,0)^{\mathrm{T}}$ 为 LP 的最优解，z_0 为最优值.

情形2 若 $\exists r_s>0(m+1\leqslant s\leqslant n)$，且 $b_{is}\leqslant0(\forall i=1,2,\cdots,m)$，则 LP 无下界(表1.9.2).

表 1.9.2

x_B	x_1	$\cdots$	x_m	x_{m+1}	$\cdots$	x_s	$\cdots$	x_n	$\bar{b}$
x_1						b_{1s}			b_{10}
$\vdots$						$\vdots$			$\vdots$
x_m						b_{ms}			b_{m0}
z						r_s			z_0

证明 $\forall \lambda > 0$,令 $x_j = \begin{cases} \lambda, & j = s \\ 0, & j \neq s \end{cases}$ $(j = m+1, m+2, \cdots, n)$,则由式(1.9.2)得 $x_i = b_{i0} - b_{is}x_s = b_{i0} - \lambda b_{is}, i = 1,2,\cdots,m$.

因 $b_{i0} \geqslant 0, \lambda > 0, b_{is} \leqslant 0$,故 $x_i = b_{i0} - \lambda b_{is} \geqslant 0, i = 1,2,\cdots,m$.

令 $\boldsymbol{x}^0 = (b_{10} - \lambda b_{1s}, b_{20} - \lambda b_{2s}, \cdots, b_{m0} - \lambda b_{ms}, 0, \cdots, 0, \lambda, 0 \cdots, 0)^{\mathrm{T}}$,则 $\boldsymbol{x}^0 \in K$.

由式(1.9.2)知,$\boldsymbol{x}^0$ 对应的目标函数值为 $z = z_0 - r_s x_s = z_0 - \lambda r_s \to -\infty \ (\lambda \to +\infty)$,故 LP 无下界.

情形 3 其他(表 1.9.3).

令 $r_k = \max\limits_{m+1 \leqslant j \leqslant n} \{r_j > 0\}, \dfrac{b_{r0}}{b_{rk}} = \min\limits_{1 \leqslant i \leqslant m} \left\{ \dfrac{b_{i0}}{b_{ik}} \mid b_{ik} > 0 \right\}$,以 b_{rk} 为枢轴元(*pivotal element*)转轴(*pivoting*).

表 1.9.3

x_B	x_1	$\cdots$	x_r	$\cdots$	x_m	x_{m+1}	$\cdots$	x_k	$\cdots$	x_n	$\bar{b}$
x_1	1	$\cdots$	0	$\cdots$	0	$b_{1,m+1}$	$\cdots$	b_{1k}	$\cdots$	b_{1n}	b_{10}
$\vdots$	$\vdots$	$\vdots$	$\vdots$	$\vdots$	$\vdots$	$\vdots$	$\vdots$	$\vdots$	$\vdots$	$\vdots$	$\vdots$
x_r	0	$\cdots$	0	$\cdots$	0	$b_{r,m+1}$	$\cdots$	$\textcircled{b_{rk}}$	$\cdots$	b_{m}	b_{r0}
$\vdots$	$\vdots$	$\vdots$	$\vdots$	$\vdots$	$\vdots$	$\vdots$	$\vdots$	$\vdots$	$\vdots$	$\vdots$	$\vdots$
x_m	0	$\cdots$	0	$\cdots$	1	$b_{m,m+1}$	$\cdots$	b_{mk}	$\cdots$	b_{mn}	b_{m0}
z	0	$\cdots$	0	$\cdots$	0	r_{m+1}	$\cdots$	r_k	$\cdots$	r_n	z_0

证明 此时,需改变当前的可行基 $\boldsymbol{B}$,以改进当前的基本可行解,在保证新基本解的可行性的前提下,使目标函数值减小. 具体做法是:转轴——从基 $\boldsymbol{B}$ 中退出一个列向量,而换以 $\boldsymbol{N}$ 中的一个列向量,即一个基变量变为非基变量,而一个非基变量变为基变量.

以 b_{rk} 为枢轴元转轴,得新的单纯形表 1.9.4.

表 1.9.4

x_B	x_1	$\cdots$	x_r	$\cdots$	x_m	x_{m+1}	$\cdots$	x_k	$\cdots$	x_n	$\bar{b}$
x_1	1	$\cdots$	$-\frac{b_{1k}}{b_{rk}}$	$\cdots$	0	$b_{1,m+1}-b_{1k}\frac{b_{r,m+1}}{b_{rk}}$	$\cdots$	0	$\cdots$	$b_{1n}-b_{1k}\frac{b_{rn}}{b_{rk}}$	$b_{10}-b_{1k}\frac{b_{r0}}{b_{rk}}$
$\vdots$	$\vdots$		$\vdots$		$\vdots$	$\vdots$		$\vdots$		$\vdots$	$\vdots$
x_k	0	$\cdots$	$\frac{1}{b_{rk}}$	$\cdots$	0	$\frac{b_{r,m+1}}{b_{rk}}$	$\cdots$	1	$\cdots$	$\frac{b_{rn}}{b_{rk}}$	$\frac{b_{r0}}{b_{rk}}$
$\vdots$	$\vdots$		$\vdots$		$\vdots$	$\vdots$		$\vdots$		$\vdots$	$\vdots$
x_m	0	$\cdots$	$-\frac{b_{mk}}{b_{rk}}$	$\cdots$	1	$b_{m,m+1}-b_{mk}\frac{b_{r,m+1}}{b_{rk}}$	$\cdots$	0	$\cdots$	$b_{mn}-b_{mk}\frac{b_{rn}}{b_{rk}}$	$b_{m0}-b_{mk}\frac{b_{r0}}{b_{rk}}$
z	0	$\cdots$	$-\frac{r_k}{b_{rk}}$	$\cdots$	0	$r_{m+1}-r_k\frac{b_{r,m+1}}{b_{rk}}$	$\cdots$	0	$\cdots$	$r_n-r_k\frac{b_{rn}}{b_{rk}}$	$z_0-r_k\frac{b_{r0}}{b_{rk}}$

易知，在表 1.9.4 中，$\frac{b_{r0}}{b_{rk}}\geqslant 0, b_{i0}-b_{ik}\frac{b_{r0}}{b_{rk}}\geqslant 0(i=1,\cdots,r-1,r+1,\cdots,m)$（分 $b_{ik}\leqslant 0$ 和 $b_{ik}>0$ 两种情况分析）.

因此，新的可行基为 $B=(P_1,P_2,\cdots,P_{r-1},P_k,P_{r+1},\cdots,P_n)$，新的基本可行解为

$$x=\left(b_{10}-b_{1k}\frac{b_{r0}}{b_{rk}},b_{20}-b_{2k}\frac{b_{r0}}{b_{rk}},\cdots,b_{r-1,0}-b_{r-1,k}\frac{b_{r0}}{b_{rk}},0,b_{r+1,0}-b_{r+1,k}\frac{b_{r0}}{b_{rk}},\cdots,b_{m0}-b_{mk}\frac{b_{r0}}{b_{rk}},\right.$$

$$\left.0,0,\cdots,0,\frac{b_{r0}}{b_{rk}},0,\cdots,0\right)^{\mathrm{T}}$$，对应的目标函数值为 $z=z_0-\frac{r_k}{b_{rk}}b_{r0}\leqslant z_0$.

显然，转轴的两个目的均已达到.

注 枢轴元 b_{rk} 所在的第 r 行、第 k 列分别称为枢轴行（pivotal row）、枢轴列（pivotal column），枢轴行、枢轴列对应的元素 x_r、x_k 分别称为出基变量和进基变量；弄清枢轴元和枢轴列元素的变化规律是完成转轴的关键.

1.10 单纯形法的算法步骤

综合前面各节讨论，本节给出单纯形法的算法步骤：

取 LP 的初始可行基为 $\boldsymbol{B}$，作 LP 关于基 $\boldsymbol{B}$ 的单纯形表 1.9.1.

步骤 1 若 $r_j\leqslant 0(j=m+1,m+2,\cdots,n)$，则 LP 的最优解为 $\boldsymbol{x}=(b_{10},b_{20},\cdots,b_{m0},0,0,\cdots,0)^{\mathrm{T}}$，最优值为 z_0；否则，转步骤 2.

步骤 2 若 $\exists r_s>0(m+1\leqslant s\leqslant n)$，且 $b_{is}\leqslant 0(\forall i=1,2,\cdots,m)$，则 LP 无下界；否则，转步骤 3.

步骤 3 令 $r_k=\max\limits_{m+1\leqslant j\leqslant n}\{r_j>0\}$，$\frac{b_{r0}}{b_{rk}}=\min\limits_{1\leqslant i\leqslant m}\left\{\frac{b_{i0}}{b_{ik}}\mid b_{ik}>0\right\}$，以 b_{rk} 为枢轴元转轴，转步骤 1.

例 1.10.1 利用单纯形法求解线性规划问题

$$
\begin{cases}
\min & z = -2x_1 - 3x_2 \\
\text{s. t.} & 2x_1 + 2x_2 \leqslant 12 \\
& x_1 + 2x_2 \leqslant 8 \\
& 4x_1 \leqslant 16 \\
& x_1, x_2 \geqslant 0
\end{cases}
$$

解　将所给线性规划问题化为标准形

$$
LP: \begin{cases}
\min z = -2x_1 - 3x_2 \\
\text{s. t.} \quad 2x_1 + 2x_2 + x_3 = 12 \\
\quad x_1 + 2x_2 + x_4 = 8 \\
\quad 4x_1 + x_5 = 16 \\
\quad x_1, x_2, x_3, x_4, x_5 \geqslant 0
\end{cases}
$$

取初始可行基为 $\boldsymbol{B} = (\boldsymbol{P}_3, \boldsymbol{P}_4, \boldsymbol{P}_5) = I_3$，作 LP 关于基 $\boldsymbol{B}$ 的单纯形表：

$\boldsymbol{x}_B$	x_1	x_2	x_3	x_4	x_5	$\bar{b}$
x_3	2	2	1	0	0	12
x_4	1	②	0	1	0	8
x_5	4	0	0	0	1	16
z	2	3	0	0	0	0

以 $b_{22}=2$ 为枢轴元转轴，得

$\boldsymbol{x}_B$	x_1	x_2	x_3	x_4	x_5	$\bar{b}$
x_3	①	0	1	-1	0	4
x_2	$\frac{1}{2}$	1	0	$\frac{1}{2}$	0	4
x_5	4	0	0	0	1	16
z	$\frac{1}{2}$	0	0	$-\frac{3}{2}$	0	-12

以 $b_{11}=1$ 为枢轴元转轴，得

$\boldsymbol{x}_B$	x_1	x_2	x_3	x_4	x_5	$\bar{b}$
x_1	1	0	1	-1	0	4
x_2	0	1	$-\frac{1}{2}$	1	0	2
x_5	0	0	-4	4	1	0
z	0	0	$-\frac{1}{2}$	-1	0	-14

因此，LP 的最优解为 $(4,2,0,0,0)^{\mathrm{T}}$，最优值为 -14.

从而，原线性规划问题的最优解为 $(4,2)^{\mathrm{T}}$，最优值为 -14.

例 1.10.2　利用单纯形法求解线性规划问题

$$\begin{cases}\min & z=-3x_1-2x_2 \\ \text{s.t.} & x_1-x_2\leqslant 2 \\ & -3x_1+x_2\leqslant 4 \\ & x_1,x_2\geqslant 0\end{cases}$$

解 将所给线性规划问题化为标准形

$$LP:\begin{cases}\min & z=-3x_1-2x_2 \\ \text{s.t.} & x_1-x_2+x_3=2 \\ & -3x_1+x_2+x_4=4 \\ & x_1,x_2,x_3,x_4\geqslant 0\end{cases}$$

取初始可行基为 $\boldsymbol{B}=(\boldsymbol{P}_3,\boldsymbol{P}_4)=\boldsymbol{I}_2$，作 LP 关于基 $\boldsymbol{B}$ 的单纯形表：

$\boldsymbol{x_B}$	x_1	x_2	x_3	x_4	$\bar{b}$
x_3	①	-1	1	0	2
x_4	-3	1	0	1	4
z	3	2	0	0	0

以 $b_{11}=1$ 为枢轴元转轴，得

$\boldsymbol{x_B}$	x_1	x_2	x_3	x_4	$\bar{b}$
x_1	1	-1	1	0	2
x_4	0	-2	3	1	10
z	0	5	-3	0	-6

因 $r_2=5>0$，且 $b_{22}=-2<0$，故 LP 无下界，当然原线性规划亦无下界.

例 1.10.3 利用单纯形法求解线性规划问题

$$\begin{cases}\min & z=-3x_1-2x_3 \\ \text{s.t.} & 2x_1+x_2=4 \\ & x_1+x_3=6 \\ & x_1,x_2,x_3\geqslant 0\end{cases}$$

解 显然，所给线性规划问题已是标准形 LP.

取初始可行基为 $\boldsymbol{B}=(\boldsymbol{P}_3,\boldsymbol{P}_4)=\boldsymbol{I}_2$，则 LP 关于基 $\boldsymbol{B}$ 的典式为

$$\begin{cases} 2x_1+x_2=4 \\ x_1+x_3=6 \\ z+x_1=-12\end{cases}$$

作 LP 关于基 $\boldsymbol{B}$ 的单纯形表：

$\boldsymbol{x_B}$	x_1	x_2	x_3	$\bar{b}$
x_2	②	1	0	4
x_3	1	0	1	6
z	1	0	0	-12

以 $b_{11}=2$ 为枢轴元转轴，得

$\boldsymbol{x_B}$	x_1	x_2	x_3	$\bar{b}$
x_1	1	$\frac{1}{2}$	0	2
x_3	0	$-\frac{1}{2}$	1	4
z	0	$-\frac{1}{2}$	0	-14

因此，原线性规划问题的最优解为 $(2,0,4)^{\mathrm{T}}$，最优值为 -14.

注 本例意在告诫读者要切实理解"由典式构造单纯形表"的做法，切勿机械模仿.

1.11 单纯形法的进一步讨论

一、无穷多最优解

定理 1.11.1 在标准形 LP 关于可行基 $\boldsymbol{B}$ 的单纯形表 1.9.1 中，若 $r_j<0(j=m+1,m+2,\cdots,n)$，则 LP 有唯一最优解 $(b_{10},b_{20},\cdots,b_{m0},0,0,\cdots,0)^{\mathrm{T}}$；否则，$LP$ 有无穷多最优解.

证明 若 $r_j<0(j=m+1,m+2,\cdots,n)$，则由式(1.9.2)知，当且仅当 $x_j=0(j=m+1,m+2,\cdots,n)$ 时，$z_{\min}=z_0$（最优值）. 此时，$x_i=b_{i0}$，$i=1,2,\cdots,m$，故 LP 有唯一最优解为 $(b_{10},b_{20},\cdots,b_{m0},0,0,\cdots,0)^{\mathrm{T}}$.

若 $\exists r_k=0$，$m+1\leqslant k\leqslant n$，如表 1.11.1 所列.

表 1.11.1

$\boldsymbol{x_B}$	x_1	$\cdots$	x_r	$\cdots$	x_m	x_{m+1}	$\cdots$	x_k	$\cdots$	x_n	$\bar{b}$
x_1	1	$\cdots$	0	$\cdots$	0	$b_{1,m+1}$	$\cdots$	b_{1k}	$\cdots$	b_{1n}	b_{10}
$\vdots$	$\vdots$	$\ddots$	$\vdots$	$\ddots$	$\vdots$	$\vdots$	$\ddots$	$\vdots$	$\ddots$	$\vdots$	$\vdots$
x_r	0	$\cdots$	1	$\cdots$	0	$b_{r,m+1}$	$\cdots$	$\textcircled{b_{rk}}$	$\cdots$	b_{rn}	b_{r0}
$\vdots$	$\vdots$	$\ddots$	$\vdots$	$\ddots$	$\vdots$	$\vdots$	$\ddots$	$\vdots$	$\ddots$	$\vdots$	$\vdots$
x_m	0	$\cdots$	0	$\cdots$	1	$b_{m,m+1}$	$\cdots$	b_{mk}	$\cdots$	b_{mn}	b_{m0}
z	0	$\cdots$	0	$\cdots$	0	r_{m+1}	$\cdots$	0	$\cdots$	r_n	z_0

令 $\frac{b_{r0}}{b_{rk}}=\min\limits_{1\leq i\leq m}\left\{\frac{b_{i0}}{b_{ik}} \mid b_{ik}>0\right\}$，以 b_{rk} 为枢轴元转轴，得表 1.11.2.

表 1.11.2

x_B	x_1	$\cdots$	x_r	$\cdots$	x_m	x_{m+1}	$\cdots$	x_k	$\cdots$	x_n	$\bar{b}$
x_1	1	$\cdots$	$-\frac{b_{1k}}{b_{rk}}$	$\cdots$	0	$b_{1,m+1}-b_{1k}\frac{b_{r,m+1}}{b_{rk}}$	$\cdots$	0	$\cdots$	$b_{1n}-b_{1k}\frac{b_{rn}}{b_{rk}}$	$b_{10}-b_{1k}\frac{b_{r0}}{b_{rk}}$
$\vdots$	$\vdots$	$\ddots$	$\vdots$	$\ddots$	$\vdots$	$\vdots$	$\ddots$	$\vdots$	$\ddots$	$\vdots$	$\vdots$
x_k	0	$\cdots$	$\frac{1}{b_{rk}}$	$\cdots$	0	$\frac{b_{r,m+1}}{b_{rk}}$	$\cdots$	1	$\cdots$	$\frac{b_{rn}}{b_{rk}}$	$\frac{b_{r0}}{b_{rk}}$
$\vdots$	$\vdots$	$\ddots$	$\vdots$	$\ddots$	$\vdots$	$\vdots$	$\ddots$	$\vdots$	$\ddots$	$\vdots$	$\vdots$
x_m	0	$\cdots$	$-\frac{b_{mk}}{b_{rk}}$	$\cdots$	1	$b_{m,m+1}-b_{mk}\frac{b_{r,m+1}}{b_{rk}}$	$\cdots$	0	$\cdots$	$b_{mn}-b_{mk}\frac{b_{rn}}{b_{rk}}$	$b_{m0}-b_{mk}\frac{b_{r0}}{b_{rk}}$
z	0	$\cdots$	0	$\cdots$	0	r_{m+1}	$\cdots$	0	$\cdots$	r_n	z_0

显然，转轴前后两张单纯形表的检验数和目标函数值都没有变化（因为 $r_k=0$）.

因此，转轴前 LP 的最优解为 $\boldsymbol{x}^1=(b_{10},b_{20},\cdots,b_{m0},0,0,\cdots,0)^{\mathrm{T}}$，最优值为 z_0；转轴后 LP 的最优解为 $\boldsymbol{x}^2=\left(b_{10}-b_{1k}\frac{b_{r0}}{b_{rk}},b_{20}-b_{2k}\frac{b_{r0}}{b_{rk}},\cdots,b_{r-1,0}-b_{r-1,k}\frac{b_{r0}}{b_{rk}},0,b_{r+1,0}-b_{r+1,k}\frac{b_{r0}}{b_{rk}},\cdots,b_{m0}-b_{mk}\frac{b_{r0}}{b_{rk}},0,\cdots,0,\frac{b_{r0}}{b_{rk}},0,\cdots,0\right)^{\mathrm{T}}$，最优值为 z_0. 从而，闭线段 $[\boldsymbol{x}^1,\boldsymbol{x}^2]$ 上的点均为 LP 的最优解（无穷多个）.

例 1.11.1 利用单纯形法求解线性规划问题

$$\begin{cases}\min & z=-x_1-2x_2\\ \text{s.t.} & x_1\leqslant 4\\ & x_2\leqslant 3\\ & x_1+2x_2\leqslant 8\\ & x_1,x_2\geqslant 0\end{cases}$$

解 将所给线性规划问题化为标准形

$$LP:\begin{cases}\min & z=-x_1-2x_2\\ \text{s.t.} & x_1+x_3=4\\ & x_2+x_4=3\\ & x_1+2x_2+x_5=8\\ & x_1,x_2,x_3,x_4,x_5\geqslant 0\end{cases}$$

取初始可行基为 $\boldsymbol{B}=(\boldsymbol{P}_3,\boldsymbol{P}_4,\boldsymbol{P}_5)=\boldsymbol{I}_3$，作 LP 关于基 $\boldsymbol{B}$ 的单纯形表：

x_B	x_1	x_2	x_3	x_4	x_5	$\bar{b}$
x_3	1	0	1	0	0	4
x_4	0	①	0	1	0	3
x_5	1	2	0	0	1	8
z	1	2	0	0	0	0

以 $b_{22}=1$ 为枢轴元转轴,得

x_B	x_1	x_2	x_3	x_4	x_5	$\bar{b}$
x_3	1	0	1	0	0	4
x_2	0	1	0	1	0	3
x_5	①	0	0	-2	1	2
z	1	0	0	-2	0	-6

以 $b_{31}=1$ 为枢轴元转轴,得

x_B	x_1	x_2	x_3	x_4	x_5	$\bar{b}$
x_3	0	0	1	②	-1	2
x_2	0	1	0	1	0	3
x_1	1	0	0	-2	1	2
z	0	0	0	0	-1	-8

据此,LP 的一个最优解为 $\boldsymbol{x}^1=(2,3,2,0,0)^{\mathrm{T}}$,最优值为 -8.

虑及 $r_4=0$,继续以 $b_{14}=2$ 为枢轴元转轴,得

x_B	x_1	x_2	x_3	x_4	x_5	$\bar{b}$
x_4	0	0	$\frac{1}{2}$	1	$-\frac{1}{2}$	1
x_2	0	1	$-\frac{1}{2}$	0	$\frac{1}{2}$	2
x_1	1	0	1	0	0	4
z	0	0	0	0	-1	-8

据此,LP 的另一个最优解为 $\boldsymbol{x}^2=(4,2,0,1,0)^{\mathrm{T}}$,最优值为 -8.

因此,闭线段 $[\boldsymbol{x}^1,\boldsymbol{x}^2]$ 上的点均为 LP 的最优解,最优值为 -8.

从而,原线性规划问题的最优解为 $(4-2\lambda,2+\lambda)^{\mathrm{T}}(\lambda\in[0,1])$,最优值为 -8.

二、有限终止性

下面不加证明地给出以下三个结论:

定理 1.11.2 对非退化的线性规划问题执行单纯形法,必可经过有限次转轴得到最优解或判明无最优解.

定理 1.11.3 在标准形 LP 关于可行基 $\boldsymbol{B}$ 的单纯形表 1.9.1 中,若 $\exists b_{r0}=0(1\leqslant r\leqslant m)$,则令 $r_k=\max\limits_{m+1\leqslant j\leqslant n}\{r_j>0\}$,以 b_{rk} 为枢轴元转轴,转轴前后基本可行解和对应的目标函数值不发生改变.

定理 1.11.4 对退化的线性规划问题执行单纯形法,有可能在有限次转轴内无法终止.

例 1.11.2 （1955 年 E. M. Beale 提出的著名例子）利用单纯形法求解线性规划问题

$$
\begin{cases}
\min \quad z = -\dfrac{3}{4}x_4 + 20x_5 - \dfrac{1}{2}x_6 + 6x_7 \\
\text{s. t.} \quad x_1 + \dfrac{1}{4}x_4 - 8x_5 - x_6 + 9x_7 = 0 \\
x_2 + \dfrac{1}{2}x_4 - 12x_5 - \dfrac{1}{2}x_6 + 3x_7 = 0 \\
x_3 + x_6 = 1 \\
x_1, x_2, x_3, x_4, x_5, x_6, x_7 \geqslant 0
\end{cases}
$$

解 显然，所给线性规划问题已是标准形 LP. 取初始可行基为 $\boldsymbol{B} = (\boldsymbol{P}_1, \boldsymbol{P}_2, \boldsymbol{P}_3) = \boldsymbol{I}_3$，作 LP 关于基 $\boldsymbol{B}$ 的单纯形表：

$\boldsymbol{x_B}$	x_1	x_2	x_3	x_4	x_5	x_6	x_7	$\bar{b}$
x_1	1	0	0	$\textcircled{\frac{1}{4}}$	−8	−1	9	0
x_2	0	1	0	$\frac{1}{2}$	−12	$-\frac{1}{2}$	3	0
x_3	0	0	1	0	0	1	0	1
z	0	0	0	$\frac{3}{4}$	−20	$\frac{1}{2}$	−6	0

$\longrightarrow$

$\boldsymbol{x_B}$	x_1	x_2	x_3	x_4	x_5	x_6	x_7	$\bar{b}$
x_4	4	0	0	1	−32	−4	36	0
x_2	−2	1	0	0	④	$\frac{3}{2}$	−15	0
x_3	0	0	1	0	0	1	0	1
z	−3	0	0	0	4	$\frac{7}{2}$	−33	0

$\longrightarrow$

$\boldsymbol{x_B}$	x_1	x_2	x_3	x_4	x_5	x_6	x_7	$\bar{b}$
x_4	−12	8	0	1	0	⑧	−84	0
x_5	$-\frac{1}{2}$	$\frac{1}{4}$	0	0	1	$\frac{3}{8}$	$-\frac{15}{4}$	0
x_3	0	0	1	0	0	1	0	1
z	−1	−1	0	0	0	2	−18	0

	x_B	x_1	x_2	x_3	x_4	x_5	x_6	x_7	$\bar{b}$
→	x_6	$-\frac{3}{2}$	1	0	$\frac{1}{8}$	0	1	$-\frac{21}{2}$	0
	x_5	$\frac{1}{16}$	$-\frac{1}{8}$	0	$-\frac{3}{64}$	1	0	$\frac{3}{16}$	0
	x_3	$\frac{3}{2}$	-1	1	$-\frac{1}{8}$	0	0	$\frac{21}{2}$	1
	z	2	-3	0	$-\frac{1}{4}$	0	0	3	0

	x_B	x_1	x_2	x_3	x_4	x_5	x_6	x_7	$\bar{b}$
	x_6	②	-6	0	$-\frac{5}{2}$	56	1	0	0
→	x_7	$\frac{1}{3}$	$-\frac{2}{3}$	0	$-\frac{1}{4}$	$\frac{16}{3}$	0	1	0
	x_3	-2	6	1	$\frac{5}{2}$	-56	0	0	1
	z	1	-1	0	$\frac{1}{2}$	-16	0	0	0

	x_B	x_1	x_2	x_3	x_4	x_5	x_6	x_7	$\bar{b}$
	x_1	1	-3	0	$-\frac{5}{4}$	28	$\frac{1}{2}$	0	0
→	x_7	0	$\frac{1}{3}$	0	$\frac{1}{6}$	-4	$-\frac{1}{6}$	1	0
	x_3	0	0	1	0	0	1	0	1
	z	0	2	0	$\frac{7}{4}$	-44	$-\frac{1}{2}$	0	0

	x_B	x_1	x_2	x_3	x_4	x_5	x_6	x_7	$\bar{b}$
	x_1	1	0	0	$\frac{1}{4}$	-8	-1	9	0
→	x_2	0	1	0	$\frac{1}{2}$	-12	$-\frac{1}{2}$	3	0
	x_3	0	0	1	0	0	1	0	1
	z	0	0	0	$\frac{3}{4}$	-20	$\frac{1}{2}$	-6	0

至此,返回到第一张单纯形表,出现“死循环”. 若再按照上述枢轴元的选取规则继续转轴,则转轴会一直进行下去而永不终止,当然不会得到最优解.

为避免死循环,1976 年 R. G. Bland 提出新的枢轴元选取规则——Bland 规则:

令

$k = \min_{m+1\leqslant j\leqslant n}\{j \mid r_j > 0\}$(往前取),

$$r = \min_{1 \leqslant i \leqslant m}\left\{ i \left| \frac{b_{i0}}{b_{ik}} = \frac{b_{r0}}{b_{rk}} \overset{\triangle}{=} \min_{1 \leqslant i \leqslant m}\left\{ \frac{b_{i0}}{b_{ik}} \right| b_{ik} > 0 \right\} \right\}（往上取）.$$

以 b_{rk} 为枢轴元转轴.

显然,Bland 规则确定的枢轴元是唯一的.

定理 1.11.5 （有限终止性）对任意（退化或非退化的）线性规划问题执行带 Bland 规则的单纯形法,必可经过有限次转轴得到最优解或判明无最优解.

例 1.11.3 利用带 Bland 规则的单纯形法重解例 1.11.2.

解 取初始可行基为 $\boldsymbol{B} = (\boldsymbol{P}_1, \boldsymbol{P}_2, \boldsymbol{P}_3) = \boldsymbol{I}_3$,作 LP 关于基 $\boldsymbol{B}$ 的单纯形表:

$\boldsymbol{x_B}$	x_1	x_2	x_3	x_4	x_5	x_6	x_7	$\bar{b}$
x_1	1	0	0	$\textcircled{\frac{1}{4}}$	-8	-1	9	0
x_2	0	1	0	$\frac{1}{2}$	-12	$-\frac{1}{2}$	3	0
x_3	0	0	1	0	0	1	0	1
z	0	0	0	$\frac{3}{4}$	-20	$\frac{1}{2}$	-6	0

$\longrightarrow$

$\boldsymbol{x_B}$	x_1	x_2	x_3	x_4	x_5	x_6	x_7	$\bar{b}$
x_4	4	0	0	1	-32	-4	36	0
x_2	-2	1	0	0	④	$\frac{3}{2}$	-15	0
x_3	0	0	1	0	0	1	0	1
z	-3	0	0	0	4	$\frac{7}{2}$	-33	0

$\longrightarrow$

$\boldsymbol{x_B}$	x_1	x_2	x_3	x_4	x_5	x_6	x_7	$\bar{b}$
x_4	-12	8	0	1	0	⑧	-84	0
x_5	$-\frac{1}{2}$	$\frac{1}{4}$	0	0	1	$\frac{3}{8}$	$-\frac{15}{4}$	0
x_3	0	0	1	0	0	1	0	1
z	-1	-1	0	0	0	2	-18	0

$\longrightarrow$

$\boldsymbol{x_B}$	x_1	x_2	x_3	x_4	x_5	x_6	x_7	$\bar{b}$
x_6	$-\frac{3}{2}$	1	0	$\frac{1}{8}$	0	1	$-\frac{21}{2}$	0
x_5	$\textcircled{\frac{1}{16}}$	$-\frac{1}{8}$	0	$-\frac{3}{64}$	1	0	$\frac{3}{16}$	0
x_3	$\frac{3}{2}$	-1	1	$-\frac{1}{8}$	0	0	$\frac{21}{2}$	1
z	2	-2	0	$-\frac{1}{4}$	0	0	3	0

x_B	x_1	x_2	x_3	x_4	x_5	x_6	x_7	$\bar{b}$
x_6	0	-2	0	-1	24	1	-6	0
x_1	1	-2	0	$-\frac{3}{4}$	16	0	3	0
x_3	0	②	1	1	-24	0	6	1
z	0	2	0	$\frac{5}{4}$	-32	0	-3	0

→

x_B	x_1	x_2	x_3	x_4	x_5	x_6	x_7	$\bar{b}$
x_6	0	0	1	0	0	1	0	1
x_1	1	0	1	$\frac{1}{4}$	-8	0	9	1
x_2	0	1	$\frac{1}{2}$	$\textcircled{\frac{1}{2}}$	-12	0	3	$\frac{1}{2}$
z	0	0	-1	$\frac{1}{4}$	-8	0	-9	-1

→

x_B	x_1	x_2	x_3	x_4	x_5	x_6	x_7	$\bar{b}$
x_6	0	0	1	0	0	1	0	1
x_1	1	$-\frac{1}{2}$	$\frac{3}{4}$	0	-2	0	$\frac{15}{2}$	$\frac{3}{4}$
x_4	0	2	1	1	-24	0	6	1
z	0	$-\frac{1}{2}$	$-\frac{5}{4}$	0	-2	0	$-\frac{21}{2}$	$-\frac{5}{4}$

因此,原线性规划问题的最优解为$\left(\frac{3}{4},0,0,1,0,1,0\right)^{\mathrm{T}}$,最优值为$-\frac{5}{4}$.

注 一般地,利用带 Bland 规则的单纯形法的转轴次数比直接利用单纯形法要多;在实际计算中,死循环的出现是极其"罕见"的,故一般仍采用不带 Bland 规则的单纯形法.

1.12 大 *M* 法

为求解线性规划问题,单纯形法要求从某一初始基本可行解开始进行转轴,因此,应找到一个初始可行基. 如 1.7 节所述,对于某些特殊情形的线性规划问题,可以很方便地找到其初始可行基;然而,对一般情形的线性规划问题,其初始可行基的寻找并非易事. 本节和 1.13 节将介绍寻找线性规划问题的初始可行基的一般方法,本节先介绍大 *M* 法(big *M* method).

给定标准形

$$LP:\begin{cases}\min \quad z = \sum_{j=1}^{n} c_j x_j \\ \text{s. t.} \quad \sum_{j=1}^{n} a_{ij}x_j = b_i, i = 1,2,\cdots,m \\ \qquad x_j \geqslant 0, j = 1,2,\cdots,n\end{cases}$$

引入人工变量(artificial variable) $x_{n+1}, x_{n+2}, \cdots, x_{n+m}$，构造辅助线性规划问题(auxiliary linear programming problem)

$$LP_M: \begin{cases} \min \quad z_M = \sum_{j=1}^{n} c_j x_j + \sum_{i=1}^{m} M x_{n+i} \\ \text{s.t.} \quad \sum_{j=1}^{n} a_{ij} x_j + x_{n+i} = b_i, i = 1,2,\cdots,m. \\ \qquad\quad x_j \geqslant 0, j = 1,2,\cdots,n,n+1,\cdots,n+m \end{cases}$$

其中 M 是一个充分大的正数，称为惩罚常数(penalty constant)，是对"可能地"人为破坏 LP 的约束条件的惩罚.

引入惩罚常数 M 的目的：

(1) 易于找到辅助线性规划问题 LP_M 的初始可行基 $\boldsymbol{B} = (\boldsymbol{P}_{n+1}, \boldsymbol{P}_{n+2}, \cdots, \boldsymbol{P}_{n+m}) = \boldsymbol{I}_m$.

(2) 通过转轴，迫使 LP_M 的最优解中人工变量 $x_{n+1}, x_{n+2}, \cdots, x_{n+m}$ 由初始的基变量均变为非基变量，即将 $x_{n+1}, x_{n+2}, \cdots, x_{n+m}$ 的值均变为 0. 如此，LP 的约束条件得以不被破坏，同时，LP_M 的目标函数也达到最大值.

LP_M 的单纯形表的构造：

由 $\sum_{j=1}^{n} a_{ij} x_j + x_{n+i} = b_i$，得 $x_{n+i} = b_i - \sum_{j=1}^{n} a_{ij} x_j, i = 1,2,\cdots,m.$

代入目标函数，得

$$\begin{aligned} z_M &= \sum_{j=1}^{n} c_j x_j + \sum_{i=1}^{m} M x_{n+i} \\ &= \sum_{j=1}^{n} c_j x_j + \sum_{i=1}^{m} M \left(b_i - \sum_{j=1}^{n} a_{ij} x_j \right) \\ &= \sum_{j=1}^{n} c_j x_j + M \sum_{i=1}^{m} b_i - \sum_{i=1}^{m} M \sum_{j=1}^{n} a_{ij} x_j \\ &= \sum_{j=1}^{n} c_j x_j + M \sum_{i=1}^{m} b_i - \sum_{j=1}^{n} \sum_{i=1}^{m} M a_{ij} x_j \\ &= \sum_{j=1}^{n} c_j x_j + M \sum_{i=1}^{m} b_i - \sum_{j=1}^{n} \sum_{i=1}^{m} M a_{ij} x_j \\ &= \sum_{j=1}^{n} c_j x_j + M \sum_{i=1}^{m} b_i - \sum_{j=1}^{n} \left(M \sum_{i=1}^{m} a_{ij} \right) x_j \\ &= M \sum_{i=1}^{m} b_i + \sum_{j=1}^{n} \left(c_j - M \sum_{i=1}^{m} a_{ij} \right) x_j \end{aligned}$$

因此，LP_M 关于基 $\boldsymbol{B}$ 的典式为

$$\begin{cases} \sum_{j=1}^{n} a_{ij} x_j + x_{n+i} = b_i, i = 1,2,\cdots,m \\ z_M + \sum_{j=1}^{n} \left(M \sum_{i=1}^{m} a_{ij} - c_j \right) x_j = M \sum_{i=1}^{m} b_i \end{cases}$$

进而，LP_M 关于基 $\boldsymbol{B}$ 的单纯形表为

x_B	x_1	x_2	$\cdots$	x_n	x_{n+1}	x_{n+2}	$\cdots$	x_{n+m}	$\bar{b}$
x_{n+1}	a_{11}	a_{12}	$\cdots$	a_{1n}	1	0	$\cdots$	0	b_1
x_{n+2}	a_{21}	a_{22}	$\cdots$	a_{2n}	0	1	$\cdots$	0	b_2
$\vdots$	$\vdots$	$\vdots$	$\ddots$	$\vdots$	$\vdots$	$\vdots$	$\ddots$	$\vdots$	$\vdots$
x_{n+m}	a_{m1}	a_{m2}	$\cdots$	a_{mn}	0	0	$\cdots$	1	b_m
z_M	$M\sum_{i=1}^{m} a_{i1} - c_1$	$M\sum_{i=1}^{m} a_{i2} - c_2$	$\cdots$	$M\sum_{i=1}^{m} a_{in} - c_n$	0	0	$\cdots$	0	$M\sum_{i=1}^{m} b_i$

在上述单纯形表中,目标函数值为 $M\sum_{i=1}^{m} b_i$,检验数为 $r_j = M\sum_{i=1}^{m} a_{ij} - c_j(j = 1,2,\cdots,n)$,其中 M 的系数恰分别为常数 $\bar{b}$、决策变量 x_j 所在列中各人工变量对应的数据之和.

接下来,可利用单纯形法求解 LP_M.

LP_M 和 LP 的最优解之间有如下关系:

定理 1.12.1 设利用单纯形法求解 LP_M 最终得可行基 $\boldsymbol{B}$,相应的基本可行解为 $\begin{pmatrix}\boldsymbol{x}\\ \boldsymbol{v}\end{pmatrix}$,其中 $\boldsymbol{x} = \begin{pmatrix}x_1\\ x_2\\ \vdots\\ x_n\end{pmatrix}$,$\boldsymbol{v} = \begin{pmatrix}x_{n+1}\\ x_{n+2}\\ \vdots\\ x_{n+m}\end{pmatrix}$,分两种情况讨论:

(1) $\boldsymbol{B}$ 为最优基,即 $\begin{pmatrix}\boldsymbol{x}\\ \boldsymbol{v}\end{pmatrix}$ 为 LP_M 的最优解. 若 $\boldsymbol{v} = 0$,则 $\boldsymbol{x}$ 为 LP 的最优解;若 $\boldsymbol{v} \neq 0$,则 LP 不可行.

(2) LP_M 无下界. 若 $\boldsymbol{v} = 0$,则 LP 无下界;若 $\boldsymbol{v} \neq 0$,则 LP 不可行.

证明从略.

下面通过三个例子来演示大 M 法的步骤.

例 1.12.1 利用大 M 法求解线性规划问题

$$\begin{cases} \min \quad z = -x_1 - 3x_2 - 5x_3 \\ \text{s. t.} \quad x_1 + x_2 + 2x_3 = 4 \\ \qquad -x_1 + 2x_2 + x_3 = 4 \\ \qquad x_1, x_2, x_3 \geqslant 0 \end{cases}$$

解 显然,所给线性规划问题已是标准形 LP. 引入人工变量 x_4, x_5,构造辅助线性规划问题

$$LP_M: \begin{cases} \min \quad z_M = -x_1 - 3x_2 - 5x_3 + Mx_4 + Mx_5 \\ \text{s. t.} \quad x_1 + x_2 + 2x_3 + x_4 = 4 \\ \qquad -x_1 + 2x_2 + x_3 + x_5 = 4 \\ \qquad x_1, x_2, x_3, x_4, x_5 \geqslant 0 \end{cases}$$

取初始可行基为 $\boldsymbol{B} = (\boldsymbol{P}_4, \boldsymbol{P}_5) = \boldsymbol{I}_2$,作 LP_M 关于基 $\boldsymbol{B}$ 的单纯形表:

x_B	x_1	x_2	x_3	x_4	x_5	$\bar{b}$
x_4	1	1	②	1	0	4
x_5	-1	2	1	0	1	4
z_M	1	$3M+3$	$3M+5$	0	0	$8M$

x_B	x_1	x_2	x_3	x_4	x_5	$\bar{b}$
x_3	$\frac{1}{2}$	$\frac{1}{2}$	1	$\frac{1}{2}$	0	2
x_5	$-\frac{3}{2}$	($\frac{3}{2}$)	0	$-\frac{1}{2}$	1	2
z_M	$-\frac{3}{2}M-\frac{3}{2}$	$\frac{3}{2}M+\frac{1}{2}$	0	$-\frac{3}{2}M-\frac{5}{2}$	0	$2M-10$

$\longrightarrow$

x_B	x_1	x_2	x_3	x_4	x_5	$\bar{b}$
x_3	1	0	1	$\frac{2}{3}$	$-\frac{1}{3}$	$\frac{4}{3}$
x_2	-1	1	0	$-\frac{1}{3}$	$\frac{2}{3}$	$\frac{4}{3}$
z_M	-1	0	0	$-M-\frac{7}{3}$	$-M-\frac{1}{3}$	$-\frac{32}{3}$

至此，LP_M 的最优解为$\left(0,\frac{4}{3},\frac{4}{3},0,0\right)^{\mathrm{T}}$，最优值为 $-\frac{32}{3}$.

因 $x_4=x_5=0$，故 LP 即原线性规划问题的最优解为$\left(0,\frac{4}{3},\frac{4}{3}\right)^{\mathrm{T}}$，最优值为 $-\frac{32}{3}$.

例 1.12.2 利用大 M 法求解线性规划问题

$$\begin{cases}\min \quad z=-x_1+x_2+x_3-x_4 \\ \text{s.t.} \quad x_1-x_2-3x_3-2x_4=2 \\ \qquad x_1+x_2-2x_4=1 \\ \qquad x_1,x_2,x_3,x_4\geqslant 0\end{cases}$$

解 显然，所给线性规划问题已是标准形 LP. 引入人工变量 x_5,x_6，构造辅助线性规划问题

$$LP_M:\begin{cases}\min \quad z_M=-x_1+x_2+x_3-x_4+Mx_5+Mx_6 \\ \text{s.t.} \quad x_1-x_2-3x_3-2x_4+x_5=2 \\ \qquad x_1+x_2-2x_4+x_6=1 \\ \qquad x_1,x_2,x_3,x_4,x_5,x_6\geqslant 0\end{cases}$$

取初始可行基为 $\boldsymbol{B}=(\boldsymbol{P}_5,\boldsymbol{P}_6)=\boldsymbol{I}_2$，作 LP_M 关于基 $\boldsymbol{B}$ 的单纯形表：

x_B	x_1	x_2	x_3	x_4	x_5	x_6	$\bar{b}$
x_5	1	-1	-3	-2	1	0	2
x_6	①	1	0	-2	0	1	1
z_M	$2M+1$	-1	$-3M-1$	$-4M+1$	0	0	$3M$

$\longrightarrow$

x_B	x_1	x_2	x_3	x_4	x_5	x_6	$\bar{b}$
x_5	0	-2	-3	0	1	-1	1
x_1	1	1	0	-2	0	1	1
z_M	0	$-2M-2$	$-3M-1$	3	0	$-2M-1$	$M-1$

由 $r_4=3>0, b_{14}=0, b_{24}=-2<0$ 知，LP_M 无下界.

因 $x_5=x_6=0$，故 LP 即原线性规划问题不可行.

例 1.12.3 利用大 M 法求解线性规划问题

$$\begin{cases}\min & z=-3x_1+x_2+x_3\\ \text{s.t.} & x_1-2x_2+x_3\leqslant 11\\ & -4x_1+x_2+2x_3\geqslant 3\\ & -2x_1+x_3=1\\ & x_1,x_2,x_3\geqslant 0\end{cases}$$

解 将所给线性规划问题化为标准形

$$LP:\begin{cases}\min & z=-3x_1+x_2+x_3\\ \text{s.t.} & x_1-2x_2+x_3+x_4=11\\ & -4x_1+x_2+2x_3-x_5=3\\ & -2x_1+x_3=1\\ & x_1,x_2,x_3,x_4,x_5\geqslant 0\end{cases}$$

引入人工变量 x_6, x_7，构造辅助线性规划问题

$$LP_M:\begin{cases}\min & z_M=-3x_1+x_2+x_3+Mx_6+Mx_7\\ \text{s.t.} & x_1-2x_2+x_3+x_4=11\\ & -4x_1+x_2+2x_3-x_5+x_6=3\\ & -2x_1+x_3+x_7=1\\ & x_1,x_2,x_3,x_4,x_5,x_6,x_7\geqslant 0\end{cases}$$

取初始可行基为 $\boldsymbol{B}=(\boldsymbol{P}_4,\boldsymbol{P}_6,\boldsymbol{P}_7)=\boldsymbol{I}_3$，作 LP_M 关于基 $\boldsymbol{B}$ 的单纯形表：

$\boldsymbol{x_B}$	x_1	x_2	x_3	x_4	x_5	x_6	x_7	$\bar{b}$
x_4	1	-2	1	1	0	0	0	11
x_6	-4	1	2	0	-1	1	0	3
x_7	-2	0	①	0	0	0	1	1
z_M	$-6M+3$	$M-1$	$3M-1$	0	$-M$	0	0	$4M$

⟶

$\boldsymbol{x_B}$	x_1	x_2	x_3	x_4	x_5	x_6	x_7	$\bar{b}$
x_4	3	-2	0	1	0	0	-1	10
x_6	0	①	0	0	-1	1	-2	1
x_3	-2	0	1	0	0	0	1	1
z_M	1	$M-1$	0	0	$-M$	0	$-3M+1$	$M+1$

⟶

$\boldsymbol{x_B}$	x_1	x_2	x_3	x_4	x_5	x_6	x_7	$\bar{b}$
x_4	③	0	0	1	-2	2	-5	12
x_2	0	1	0	0	-1	1	-2	1
x_3	-2	0	1	0	0	0	1	1
z_M	1	0	0	0	-1	$-M+1$	$-M-1$	2

x_B	x_1	x_2	x_3	x_4	x_5	x_6	x_7	$\bar{b}$
⟶ x_1	1	0	0	$\frac{1}{3}$	$-\frac{2}{3}$	$\frac{2}{3}$	$-\frac{5}{3}$	4
x_2	0	1	0	0	-1	1	-2	1
x_3	0	0	1	$\frac{2}{3}$	$-\frac{4}{3}$	$\frac{4}{3}$	$-\frac{7}{3}$	9
z_M	0	0	0	$-\frac{1}{3}$	$-\frac{1}{3}$	$-M+\frac{1}{3}$	$-M-\frac{2}{3}$	-2

至此,LP_M 的最优解为$(4,1,9,0,0,0,0)^{\mathrm{T}}$,最优值为 -2.

因 $x_6=x_7=0$,故 LP 的最优解为$(4,1,9,0,0)^{\mathrm{T}}$,最优值为 -2.

从而原线性规划问题的最优解为$(4,1,9)^{\mathrm{T}}$,最优值为 -2.

注 本例在构造辅助线性规划问题时,为减少计算量,仅引入两个人工变量 x_6,x_7;当然,为避免发生不必要的错误,也可以引入三个人工变量 x_6,x_7,x_8.

对于可用手算的线性规划问题,大 M 法确是一种比较有效的算法;但对于大规模的线性规划问题,必须借助计算机进行计算,若取定 M 的一个值,则会产生严重的舍入错误. 为弥补大 M 法的不足,1.13 节将引入两阶段法.

1.13 两阶段法

本节来介绍寻找线性规划问题的初始可行基的另一方法——两阶段法(two - phase method).

给定标准形

$$LP:\begin{cases}\min \quad z=\sum_{j=1}^{n}c_jx_j \\ \text{s.t.} \quad \sum_{j=1}^{n}a_{ij}x_j=b_i, i=1,2,\cdots,m \\ \qquad x_j\geqslant 0, j=1,2,\cdots,n\end{cases}$$

引入人工变量 $x_{n+1},x_{n+2},\cdots,x_{n+m}$,构造辅助线性规划问题

$$LP_1:\begin{cases}\min \quad z_1=\sum_{i=1}^{m}x_{n+i} \\ \text{s.t.} \quad \sum_{j=1}^{n}a_{ij}x_j+x_{n+i}=b_i, i=1,2,\cdots,m \\ \qquad x_j\geqslant 0, j=1,2,\cdots,n,n+1,\cdots,n+m\end{cases}$$

这里,目标函数 $z_1=-\sum_{i=1}^{m}x_{n+i}$ 起到与大 M 法中的惩罚常数 M 相同的作用,即:① 易于找到辅助线性规划问题 LP_1 的初始可行基 $\boldsymbol{B}=(\boldsymbol{P}_{n+1},\boldsymbol{P}_{n+2},\cdots,\boldsymbol{P}_{n+m})=\boldsymbol{I}_m$. ② 通过转轴,迫使 LP_1 的最优解中人工变量 $x_{n+1},x_{n+2},\cdots,x_{n+m}$ 由初始的基变量均变为非基变量,即使 $x_{n+1},x_{n+2},\cdots,x_{n+m}$ 的值均变为 0. 如此,LP 的约束条件得以不被破坏,同时,LP_1 的目标函

数也达到最小值 0.

显然,可取 LP_1 的初始可行基为 $\boldsymbol{B}=(\boldsymbol{P}_{n+1},\boldsymbol{P}_{n+2},\cdots,\boldsymbol{P}_{n+m})=\boldsymbol{I}_m$,则由 $\sum_{j=1}^{n}a_{ij}x_j+x_{n+i}=b_i$,得 $x_{n+i}=b_i-\sum_{j=1}^{n}a_{ij}x_j, i=1,2,\cdots,m.$

代入目标函数,得

$$z_1=\sum_{i=1}^{m}x_{n+i}=\sum_{i=1}^{m}\left(b_i-\sum_{j=1}^{n}a_{ij}x_j\right)=\sum_{i=1}^{m}b_i-\sum_{i=1}^{m}\sum_{j=1}^{n}a_{ij}x_j$$
$$=\sum_{i=1}^{m}b_i-\sum_{j=1}^{n}\sum_{i=1}^{m}a_{ij}x_j=\sum_{i=1}^{m}b_i-\sum_{j=1}^{n}\left(\sum_{i=1}^{m}a_{ij}\right)x_j$$

因此,LP_1 关于基 $\boldsymbol{B}$ 的典式为

$$\begin{cases}\sum_{j=1}^{n}a_{ij}x_j+x_{n+i}=b_i, i=1,2,\cdots,m\\ z_1+\sum_{j=1}^{n}\left(\sum_{i=1}^{m}a_{ij}\right)x_j=\sum_{i=1}^{m}b_i\end{cases}$$

进而,LP_1 关于基 $\boldsymbol{B}$ 的单纯形表为

$\boldsymbol{x_B}$	x_1	x_2	$\cdots$	x_n	x_{n+1}	x_{n+2}	$\cdots$	x_{n+m}	$\bar{b}$
x_{n+1}	a_{11}	a_{12}	$\cdots$	a_{1n}	1	0	$\cdots$	0	b_1
x_{n+2}	a_{21}	a_{22}	$\cdots$	a_{2n}	0	1	$\cdots$	0	b_2
$\vdots$	$\vdots$	$\vdots$	$\vdots$	$\vdots$	$\vdots$	$\vdots$	$\ddots$	$\vdots$	$\vdots$
x_{n+m}	a_{m1}	a_{m2}	$\cdots$	a_{mn}	0	0	$\cdots$	1	b_m
z	$\sum_{i=1}^{m}a_{i1}$	$\sum_{i=1}^{m}a_{i2}$	$\cdots$	$\sum_{i=1}^{m}a_{in}$	0	0	$\cdots$	0	$\sum_{i=1}^{m}b_i$

在上述单纯形表中,目标函数值 $\sum_{i=1}^{m}b_i$、检验数 $r_j=\sum_{i=1}^{m}a_{ij}(j=1,2,\cdots,n)$ 恰分别为常数 $\bar{b}$、决策变量 x_j 所在 列中各人工变量对应的数据之和.

接下来,可利用单纯形法求解 LP_1.

LP_1 和 LP 之间有如下关系:

定理 1.13.1 ①LP_1 必有最优解;②若 $\begin{pmatrix}\boldsymbol{x}\\ \boldsymbol{v}\end{pmatrix}$ 为 LP_1 的最优解,其中 $\boldsymbol{x}=\begin{pmatrix}x_1\\ x_2\\ \vdots\\ x_n\end{pmatrix}$,$\boldsymbol{v}=\begin{pmatrix}x_{n+1}\\ x_{n+2}\\ \vdots\\ x_{n+m}\end{pmatrix}$,则 $K(LP)\neq\Phi\Leftrightarrow\boldsymbol{v}=\boldsymbol{0}$.

证明从略.

据此,得两阶段法的基本思想:算法分两个阶段进行. 在第一阶段,利用单纯形法求

解辅助线性规划问题 LP_1，当人工变量的值均变为 0 时，即得 LP 的一个基本可行解（也可能是最优解），相应的基可取作 LP 的初始可行基；否则，LP 不可行. 在第二阶段，从第一阶段求得的 LP 的初始可行基开始，继续利用单纯形法求解 LP.

为减少计算量，常将两阶段法的两个阶段结合在一起同时进行，即将 LP 和 LP_1 的目标函数结合起来一起参与转轴. 详言之，引入人工变量 $x_{n+1},x_{n+2},\cdots,x_{n+m}$，构造扩展辅助线性规划问题（extended auxiliary linear programming problem）：

$$LP_e:\begin{cases}\min \quad z_1 = \sum_{i=1}^{m} x_{n+i} \\ \min \quad z = \sum_{j=1}^{n} c_j x_j \\ \text{s.t.} \quad \sum_{j=1}^{n} a_{ij}x_j + x_{n+i} = b_i, i = 1,2,\cdots,m \\ \qquad\quad x_j \geqslant 0, j = 1,2,\cdots,n,n+1,\cdots,n+m \end{cases}$$

取 LP_e 的初始可行基为 $\boldsymbol{B}=(\boldsymbol{P}_{n+1},\boldsymbol{P}_{n+2},\cdots,\boldsymbol{P}_{n+m})=\boldsymbol{I}_m$，作 LP_e 关于基 $\boldsymbol{B}$ 的扩展典式：

$$\begin{cases}\sum_{j=1}^{n} a_{ij}x_j + x_{n+i} = b_i, i = 1,2,\cdots,m \\ z_1 + \sum_{j=1}^{n}\left(\sum_{i=1}^{m} a_{ij}\right)x_j = \sum_{i=1}^{m} b_i \\ z + \sum_{j=1}^{n}(-c_j)x_j = 0\end{cases}$$

进而，LP_e 关于基 $\boldsymbol{B}$ 的扩展单纯形表为

$\boldsymbol{x_B}$	x_1	x_2	$\cdots$	x_n	x_{n+1}	x_{n+2}	$\cdots$	x_{n+m}	$\bar{b}$
x_{n+1}	a_{11}	a_{12}	$\cdots$	a_{1n}	1	0	$\cdots$	0	b_1
x_{n+2}	a_{21}	a_{22}	$\cdots$	a_{2n}	0	1	$\cdots$	0	b_2
$\vdots$	$\vdots$	$\vdots$	$\vdots$	$\vdots$	$\vdots$	$\vdots$	$\ddots$	$\vdots$	$\vdots$
x_{n+m}	a_{m1}	a_{m2}	$\cdots$	a_{mn}	0	0	$\cdots$	1	b_m
z_1	$\sum_{i=1}^{m} a_{i1}$	$\sum_{i=1}^{m} a_{i2}$	$\cdots$	$\sum_{i=1}^{m} a_{in}$	0	0	$\cdots$	0	$\sum_{i=1}^{m} b_i$
z	$-c_1$	$-c_2$	$\cdots$	$-c_n$	0	0	$\cdots$	0	0

在转轴时，以 LP_e 的检验数为标准来确定进基变量，LP 的目标函数亦同时参与计算. 当求得 LP_e 的最优解后，从单纯形表中删去 LP_e 的目标函数 z_1 所在行和人工变量所在列，即得 LP 的初始单纯形表（这是因为在从第一张单纯形表到最后一张单纯形表的转轴过程中，LP 的目标函数始终满足典式的要求，故当人工变量均由基变量变为非基变量即表中的基变量均为 LP 的变量时，相应的基必为 LP 的可行基，相应的表必为 LP 关于此可行基的单纯形表），再继续利用单纯形表求解 LP 即可.

下面通过三个例子来演示两阶段法的步骤.

例 1.13.1　利用两阶段法求解线性规划问题

$$\begin{cases}\min \quad z = 2x_2 - 4x_3 \\ \text{s.t.} \quad x_1 - 2x_2 + 4x_3 = 3 \\ \quad 3x_1 - 5x_2 + 12x_3 = 11 \\ \quad x_1, x_2, x_3 \geqslant 0\end{cases}$$

解:显然,所给线性规划问题已是标准形 LP. 引入人工变量 x_4, x_5,构造扩展辅助线性规划问题

$$LP_e: \begin{cases}\min \quad z_1 = x_4 + x_5 \\ \min \quad z = 2x_2 - 4x_3 \\ \text{s.t.} \quad x_1 - 2x_2 + 4x_3 + x_4 = 3 \\ \quad 3x_1 - 5x_2 + 12x_3 + x_5 = 11 \\ \quad x_1, x_2, x_3, x_4, x_5 \geqslant 0\end{cases}$$

取初始可行基为 $\boldsymbol{B} = (\boldsymbol{P}_4, \boldsymbol{P}_5) = \boldsymbol{I}_2$,作 LP_e 关于基 $\boldsymbol{B}$ 的扩展单纯形表:

$\boldsymbol{x}_B$	x_1	x_2	x_3	x_4	x_5	$\bar{b}$
x_4	1	−2	④	1	0	3
x_5	3	−5	12	0	1	11
z_1	4	−7	16	0	0	14
z	0	−2	4	0	0	0

$\longrightarrow$

$\boldsymbol{x}_B$	x_1	x_2	x_3	x_4	x_5	$\bar{b}$
x_3	$\frac{1}{4}$	$-\frac{1}{2}$	1	$\frac{1}{4}$	0	$\frac{3}{4}$
x_5	0	①	0	−3	1	2
z_1	0	1	0	−4	0	2
z	−1	0	0	−1	0	−3

$\longrightarrow$

$\boldsymbol{x}_B$	x_1	x_2	x_3	x_4	x_5	$\bar{b}$
x_3	$\frac{1}{4}$	0	①	$-\frac{5}{4}$	$\frac{1}{2}$	$\frac{7}{4}$
x_2	0	1	0	−3	1	2
z_1	0	0	0	−1	−1	0
z	−1	0	0	−1	0	−3

至此,LP_e 的最优解为$\left(0,2,\frac{7}{4},0,0\right)^{\mathrm{T}}$.

因 $x_4 = x_5 = 0$,故 LP 可行,且 $\boldsymbol{B} = (\boldsymbol{P}_2, \boldsymbol{P}_3)$ 为 LP 的初始可行基.

从最后一张单纯形表中删去 z_1 所在行和 x_4, x_5 所在列,得 LP 关于基 $\boldsymbol{B}$ 的单纯形表:

$\boldsymbol{x}_B$	x_1	x_2	x_3	$\bar{b}$
x_3	$\frac{1}{4}$	0	1	$\frac{7}{4}$
x_2	0	1	0	2
z	−1	0	0	−3

因此,LP 即原线性规划问题的最优解为$\left(0,2,\frac{7}{4}\right)^{\mathrm{T}}$,最优值为 -3.

例 1.13.2 利用两阶段法求解线性规划问题

$$\begin{cases}\min \quad z = -x_1 + x_2 + x_3 - x_4 \\ \text{s. t.} \quad x_1 - x_2 - 3x_3 - 2x_4 = 2 \\ \quad x_1 + x_2 - 2x_4 = 1 \\ \quad x_1, x_2, x_3, x_4 \geqslant 0\end{cases}$$

解 显然,所给线性规划问题已是标准形 LP. 引入人工变量 x_5,x_6,构造扩展辅助线性规划问题

$$LP_e:\begin{cases}\min \quad z_1 = x_5 + x_6 \\ \min \quad z = -x_1 + x_2 + x_3 - x_4 \\ \text{s. t.} \quad x_1 - x_2 - 3x_3 - 2x_4 + x_5 = 2 \\ \quad x_1 + x_2 - 2x_4 + x_6 = 1 \\ \quad x_1, x_2, x_3, x_4, x_5, x_6 \geqslant 0\end{cases}$$

取初始可行基为 $\boldsymbol{B}=(\boldsymbol{P}_5,\boldsymbol{P}_6)=\boldsymbol{I}_2$,作 LP_e 关于基 $\boldsymbol{B}$ 的扩展单纯形表:

$\boldsymbol{x_B}$	x_1	x_2	x_3	x_4	x_5	x_6	$\bar{b}$
x_5	1	-1	-3	-2	1	0	2
x_6	①	1	0	-2	0	1	1
z_1	2	0	-3	-4	0	0	3
z	1	-1	-1	1	0	0	0

$\longrightarrow$

$\boldsymbol{x_B}$	x_1	x_2	x_3	x_4	x_5	x_6	$\bar{b}$
x_5	0	-2	-3	0	1	-1	1
x_1	1	1	0	-2	0	1	1
z_1	0	-2	-3	0	0	-2	1
z	0	-2	-1	3	0	-1	-1

至此,LP_e 的最优解为$(1,0,0,0,1,0)^{\mathrm{T}}$.

因 $x_5=1,x_6=0$,故 LP 即原线性规划问题不可行.

例 1.13.3 利用两阶段法求解线性规划问题

$$\begin{cases}\min \quad z = -3x_1 + x_2 + x_3 \\ \text{s. t.} \quad x_1 - 2x_2 + x_3 \leqslant 11 \\ \quad -4x_1 + x_2 + 2x_3 \geqslant 3 \\ \quad -2x_1 + x_3 = 1 \\ \quad x_1, x_2, x_3 \geqslant 0\end{cases}$$

解 将所给线性规划问题化为标准形

$$LP:\begin{cases}\min \quad z = -3x_1 + x_2 + x_3 \\ \text{s.t.} \quad x_1 - 2x_2 + x_3 + x_4 = 11 \\ -4x_1 + x_2 + 2x_3 - x_5 = 3 \\ -2x_1 + x_3 = 1 \\ x_1, x_2, x_3, x_4, x_5 \geqslant 0\end{cases}$$

引入人工变量 x_6,x_7，构造扩展辅助线性规划问题

$$LP_e:\begin{cases}\min \quad z_1 = x_6 - x_7 \\ \min \quad z = -3x_1 + x_2 + x_3 \\ \text{s.t.} \quad x_1 - 2x_2 + x_3 + x_4 = 11 \\ -4x_1 + x_2 + 2x_3 - x_5 + x_6 = 3 \\ -2x_1 + x_3 + x_7 = 1 \\ x_1, x_2, x_3, x_4, x_5, x_6, x_7 \geqslant 0\end{cases}$$

取初始可行基为 $\boldsymbol{B}=(\boldsymbol{P}_4,\boldsymbol{P}_6,\boldsymbol{P}_7)=\boldsymbol{I}_3$，作 LP_e 关于基 $\boldsymbol{B}$ 的扩展单纯形表：

$\boldsymbol{x_B}$	x_1	x_2	x_3	x_4	x_5	x_6	x_7	$\bar{b}$
x_4	1	−2	1	1	0	0	0	11
x_6	−4	1	2	0	−1	1	0	3
x_7	−2	0	①	0	0	0	1	1
z_1	−6	1	3	0	−1	0	0	4
z	3	−1	−1	0	0	0	0	0

⟶

$\boldsymbol{x_B}$	x_1	x_2	x_3	x_4	x_5	x_6	x_7	$\bar{b}$
x_4	3	−2	0	1	0	0	−1	10
x_6	0	①	0	0	−1	1	−2	1
x_3	−2	0	1	0	0	0	1	1
z_1	0	1	0	0	−1	0	−3	1
z	1	−1	0	0	0	0	1	1

⟶

$\boldsymbol{x_B}$	x_1	x_2	x_3	x_4	x_5	x_6	x_7	$\bar{b}$
x_4	③	0	0	1	−2	2	−5	12
x_2	0	1	0	0	−1	1	−2	1
x_3	−2	0	1	0	0	0	1	1
z_1	0	0	0	0	0	−1	−1	0
z	1	0	0	0	−1	1	−1	2

至此，LP_e 的最优解为 $(0,1,0,12,0,0,0)^{\mathrm{T}}$.

因 $x_6=x_7=0$，故 LP 可行，且 $\boldsymbol{B}=(\boldsymbol{P}_2,\boldsymbol{P}_3,\boldsymbol{P}_4)$ 为 LP 的初始可行基.

从最后一张单纯形表中删去 z_1 所在行和 x_6,x_7 所在列，得 LP 关于基 $\boldsymbol{B}$ 的单纯形表：

$\boldsymbol{x_B}$	x_1	x_2	x_3	x_4	x_5	$\bar{b}$
x_4	③	0	0	1	-2	12
x_2	0	1	0	0	-1	1
x_3	-2	0	1	0	0	1
z	1	0	0	0	-1	2

继续利用单纯形法求解：

$\boldsymbol{x_B}$	x_1	x_2	x_3	x_4	x_5	$\bar{b}$
x_1	1	0	0	$\frac{1}{3}$	$-\frac{2}{3}$	4
x_2	0	1	0	0	-1	1
x_3	0	0	1	$\frac{2}{3}$	$-\frac{4}{3}$	9
z	0	0	0	$-\frac{1}{3}$	$-\frac{1}{3}$	-2

至此，LP_e 的最优解为 $(4,1,9,0,0)^{\mathrm{T}}$，最优值为 -2.

从而原线性规划问题的最优解为 $(4,1,9)^{\mathrm{T}}$，最优值为 -2.

练习 1

1. 某厂现有 m 种资源 $A_1,A_2,\cdots,A_m$，其供应量分别为 $b_1,b_2,\cdots,b_m$，用来生产 n 种产品 $B_1,B_2,\cdots,B_n$，其单位利润分别为 $c_1,c_2,\cdots,c_n$，又生产单位产品 B_j 所需消耗资源 A_i 的数量为 $a_{ij}(i=1,\cdots,m;j=1,\cdots,n)$. 问：应如何安排生产计划，才能既满足原料的供应量，又获利最大？试建立此问题的线性规划问题模型.

2. 利用 n 种原料 $B_1,B_2,\cdots,B_n$ 配制含有 m 种营养成分 $A_1,A_2,\cdots,A_m$ 的饲料. 原料 B_j 的单价为 b_j，单位原料 B_j 含营养成分 A_i 的数量为 c_{ij}；饲料中营养成分 A_i 的含量要求不少于 a_i. 问：应如何配料，才能使饲料的总成本最低？试建立此问题的线性规划问题模型.

3. 利用图解法求解下列线性规划问题：

$$
(1)\begin{cases}
\min \quad z = x_1 - x_2 \\
\text{s.t.} \quad 2x_1 - x_2 \geqslant -2 \\
\qquad x_1 - 2x_2 \leqslant 2 \\
\qquad x_1 + x_2 \leqslant 5 \\
\qquad x_1, x_2 \geqslant 0
\end{cases}
$$

(2) $\begin{cases} \max \quad z = 2x_1 + 4x_2 \\ \text{s. t.} \quad x_1 + 2x_2 \leqslant 8 \\ \quad 4x_1 \leqslant 16 \\ \quad 4x_2 \leqslant 12 \\ \quad x_1, x_2 \geqslant 0 \end{cases}$

(3) $\begin{cases} \min \quad z = -4x_1 + 2x_2 \\ \text{s. t.} \quad 2x_1 - x_2 \geqslant -2 \\ \quad x_1 - 2x_2 \leqslant 2 \\ \quad x_1 + x_2 \leqslant 5 \\ \quad x_1, x_2 \geqslant 0 \end{cases}$

(4) $\begin{cases} \max \quad z = x_1 + x_2 \\ \text{s. t.} \quad -2x_1 + x_2 \leqslant 4 \\ \quad x_1 - x_2 \leqslant 2 \\ \quad x_1, x_2 \geqslant 0 \end{cases}$

4. 将下列线性规划问题化为标准形：

(1) $\begin{cases} \min \quad z = 2x_1 + 3x_2 \\ \text{s. t.} \quad x_1 + 2x_2 \leqslant 8 \\ \quad 4x_1 \leqslant 16 \\ \quad 4x_2 \leqslant 12 \\ \quad x_1, x_2 \geqslant 0 \end{cases}$

(2) $\begin{cases} \min \quad z = -x_1 + x_2 \\ \text{s. t.} \quad 2x_1 - x_2 \geqslant -2 \\ \quad x_1 - 2x_2 \leqslant 2 \\ \quad x_1 + x_2 \leqslant 5 \\ \quad x_1 \geqslant 0 \end{cases}$

5. 给定线性规划问题 $\begin{cases} \min \quad z = 2x_1 - x_2 \\ \text{s. t.} \quad 3x_1 + 2x_2 \leqslant 18 \\ \quad -x_1 + 4x_2 \leqslant 8 \\ \quad x_1, x_2 \geqslant 0 \end{cases}$，(1) 化为标准形，并写出其矩阵和向量形式；(2) 找出其所有基，求出相应的基本解，并判断是否是基本可行解，再从中找一个最优解；(3) 利用图解法解之.

6. 下表给出了 5 个变量 x_1, x_2, x_3, x_4, x_5 的值：

序号＼变量	x_1	x_2	x_3	x_4	x_5
a	2	4	3	0	0
b	10	0	-5	0	0
c	3	0	2	7	4
d	1	$\frac{9}{2}$	4	0	$-\frac{1}{2}$
e	0	2	5	6	2
f	0	4	5	2	0

问：$(x_1,x_2,x_3,x_4,x_5)^{\mathrm{T}}$ 是否是线性规划问题 $\begin{cases}\min & z = x_1 + 3x_2 \\ \text{s.t.} & x_1 + x_3 = 5 \\ & x_1 + 2x_2 + x_4 = 10 \\ & x_2 + x_5 = 4 \\ & x_1,x_2,x_3,x_4,x_5 \geqslant 0\end{cases}$ 的基本解、可行解、基本可行解？

7. 设线性规划问题 $LP_1:\begin{cases}\min & f = \boldsymbol{c}_1^{\mathrm{T}}x \\ \text{s.t.} & \boldsymbol{Ax} = \boldsymbol{b} \\ & \boldsymbol{x} \geqslant \boldsymbol{0}\end{cases}$ 和 $LP_2:\begin{cases}\min & g = \boldsymbol{c}_2^{\mathrm{T}}\boldsymbol{x} \\ \text{s.t.} & \boldsymbol{Ax} = \boldsymbol{b} \\ & \boldsymbol{x} \geqslant \boldsymbol{0}\end{cases}$ 的最优解分别为 $\boldsymbol{x}^1$，$\boldsymbol{x}^2$，求证：$(\boldsymbol{c}_2^{\mathrm{T}} - \boldsymbol{c}_1^{\mathrm{T}})(\boldsymbol{x}^2 - \boldsymbol{x}^1) \leqslant 0$.

8. 给定线性规划问题 $P_1:\begin{cases}\min & z = \boldsymbol{c}^{\mathrm{T}}x \\ \text{s.t.} & \boldsymbol{Ax} = \boldsymbol{b} \\ & \boldsymbol{x} \geqslant \boldsymbol{0}\end{cases}$ 和 $P_2:\begin{cases}\min & f = \mu\boldsymbol{c}^{\mathrm{T}}\boldsymbol{x} \\ \text{s.t.} & \boldsymbol{Ax} = \lambda\boldsymbol{b} \\ & \boldsymbol{x} \geqslant \boldsymbol{0}\end{cases}$，其中 $\lambda,\mu \geqslant 0$，试问：P_1 和 P_2 的最优解和最优值之间的关系如何？

9. 给定线性规划问题 $\begin{cases}\min & z = 2x_1 - x_2 \\ \text{s.t.} & 3x_1 + 2x_2 + x_3 = 18 \\ & -x_1 + 4x_2 + x_4 = 8 \\ & x_1,x_2,x_3,x_4 \geqslant 0\end{cases}$，(1) 求 LP 关于基 $\boldsymbol{B} = (\boldsymbol{P}_3,\boldsymbol{P}_4)$ 的单纯形表；(2) 求 LP 关于基 $\boldsymbol{B} = (\boldsymbol{P}_2,\boldsymbol{P}_3)$ 的单纯形表.

10. 试问：λ 取何值时，$\boldsymbol{B} = (\boldsymbol{P}_5, \boldsymbol{P}_6, \boldsymbol{P}_7)$ 是线性规划问题

$$\begin{cases}\min & z = (6-\lambda)x_1 + (5-\lambda)x_2 + (\lambda-3)x_3 + (\lambda-4)x_4 \\ \text{s.t.} & x_1 - x_2 - x_3 + x_5 = 1 \\ & -x_1 + x_2 - x_4 + x_6 = 1 \\ & -x_2 + x_3 + x_7 = 1 \\ & x_1,x_2,x_3,x_4,x_5,x_6,x_7 \geqslant 0\end{cases}$$

的最优基？

11. 设在利用单纯形法求解“min”型标准形线性规划问题的转轴过程中，某一单纯形表如下：

x_B	x_1	x_2	x_3	x_4	x_5	x_6	x_7	$\bar{b}$
x_3	4	α_1	1	0	α_2	0	0	γ
x_4	-1	-5	0	1	-1	0	9	2
x_6	α_3	-3	0	0	-4	1	3	3
z	β_1	β_2	0	0	-3	0	-9	-1

其中 $\alpha_1,\alpha_2,\alpha_3,\beta_1,\beta_2,\gamma$ 为未知常数,问:在何种条件下,(1)当前的基本解为可行解?(2)当前的基本解为最优解?(3)当前的基本解为唯一最优解?(4)当前的基本解为最优解,且该线性规划问题有无穷多个最优解?(5)该线性规划问题无下界?(6)当前的基本解为可行解,但非最优解,该线性规划问题亦非无下界;为求得最优解,在下一次转轴时可取 α_3 为枢轴元?

12. 设利用单纯形法求解某"min"型线性规划问题 LP 计算到某一步时的单纯形表为

x_B	x_1	x_2	x_3	x_4	$\bar{b}$
x_3	c	0	1	$\frac{1}{5}$	2
x_1	d	e	0	1	a
z	b	-1	f	g	-10

且 LP 的目标函数为 $z=-5x_1-3x_2$,不等式约束条件为"$\leqslant$"型,x_3,x_4 为松弛变量.(1)求 $a\sim g$ 的值;(2)判断当前基本解是否为最优解;(3)写出 LP 的具体形式.

13. 设在利用单纯形法求解"min"型标准形线性规划问题的转轴过程中,初始单纯形表为

x_B	x_1	x_2	x_3	x_4	x_5	x_6	$\bar{b}$
x_4	1	0	0	1	0	0	10
x_5	1	1	0	0	1	0	15
x_6	1	1	3	0	0	1	30
z	4	3	2	0	0	0	50

最终的单纯形表为

x_B	x_1	x_2	x_3	x_4	x_5	x_6	$\bar{b}$
x_1				1	0	0	
x_2				-1	1	0	
x_3				0	$-\frac{1}{3}$	$\frac{1}{3}$	
z							

其中不等式约束条件均为“≤”型，x_4,x_5,x_6 为松弛变量. 试将最终的单纯形表中空白处的数据填上.

14. 设利用单纯形法求解线性规划问题

$$\begin{cases}\min & z = c_1x_1 + c_2x_2 + c_3x_3 \\ \text{s.t.} & a_{11}x_1 + a_{12}x_2 + a_{13}x_3 \leqslant b_1 \\ & a_{21}x_1 + a_{22}x_2 + a_{23}x_3 \leqslant b_2 \\ & x_1, x_2, x_3 \geqslant 0\end{cases}$$

最终得单纯形表

x_B	x_1	x_2	x_3	x_4	x_5	$\bar{b}$
x_3	1	0	1	$\frac{1}{2}$	$-\frac{1}{2}$	$\frac{3}{2}$
x_2	$\frac{1}{2}$	1	0	-1	2	2
z	-3	0	0	0	-4	-20

试求此线性规划问题的具体形式.

15. 求证：在单纯形法的转轴过程中，某一次转轴时的出基变量不会在相继的下一次转轴时再次成为进基变量.

16. 求证：线性规划问题 $\begin{cases}\min & z = \boldsymbol{c}^{\mathrm{T}}\boldsymbol{x} \\ \text{s.t.} & \boldsymbol{Ax} = \boldsymbol{b}\end{cases}$ 在可行域非空时，或目标函数无下界，或所有可行解都是最优解.

17. 利用单纯形法求解线性规划问题：

(1) $$\begin{cases}\min & z = -x_1 - x_2 \\ \text{s.t.} & 2x_1 + 3x_2 \leqslant 6 \\ & 3x_1 + 2x_2 \leqslant 6 \\ & x_1, x_2 \geqslant 0\end{cases}$$

(2) $$\begin{cases}\min & z = -2x_1 - 3x_2 \\ \text{s.t.} & x_1 + 2x_2 \leqslant 8 \\ & 4x_1 \leqslant 16 \\ & 4x_2 \leqslant 12 \\ & x_1, x_2 \geqslant 0\end{cases}$$

(3) $$\begin{cases}\min & z = -x_1 + 2x_2 \\ \text{s.t.} & -2x_1 + x_2 \leqslant 2 \\ & x_1 - 3x_2 \leqslant 1 \\ & x_1 - x_2 \leqslant 2 \\ & x_1, x_2 \geqslant 0\end{cases}$$

(4) $$\begin{cases}\min & z = x_2 + 2x_3 \\ \text{s. t.} & x_1 - \frac{1}{2}x_4 + \frac{5}{2}x_5 = \frac{13}{2} \\ & x_2 - \frac{1}{2}x_4 + \frac{3}{2}x_5 = \frac{5}{2} \\ & x_3 - \frac{1}{2}x_4 + \frac{1}{2}x_5 = \frac{1}{2} \\ & x_1, x_2, x_3, x_4, x_5 \geqslant 0\end{cases}$$

18. 分别利用大 M 法和两阶段法求解下列线性规划问题：

(1) $$\begin{cases}\min & z = 5x_1 + 21x_3 \\ \text{s. t.} & x_1 - x_2 + 6x_3 - x_4 = 2 \\ & x_1 + x_2 + 2x_3 - x_5 = 1 \\ & x_1, x_2, x_3, x_4, x_5 \geqslant 0\end{cases}$$

(2) $$\begin{cases}\min & z = 3x_1 + 2x_2 + x_3 \\ \text{s. t.} & x_1 + 2x_2 + x_3 = 15 \\ & 2x_1 + 5x_3 = 18 \\ & 2x_1 + 4x_2 + x_3 + x_4 = 10 \\ & x_1, x_2, x_3, x_4 \geqslant 0\end{cases}$$

(3) $$\begin{cases}\min & z = x_1 + x_2 - 3x_3 \\ \text{s. t.} & x_1 - 2x_2 + x_3 \leqslant 11 \\ & 2x_1 + x_2 - 4x_3 \geqslant 3 \\ & x_1 - 2x_2 = 1 \\ & x_1, x_2, x_3 \geqslant 0\end{cases}$$

(4) $$\begin{cases}\min & z = -3x_1 + x_2 + x_3 \\ \text{s. t.} & x_1 - 2x_2 + x_3 \leqslant 11 \\ & -4x_1 + x_2 + 2x_3 \geqslant 3 \\ & -2x_1 + x_3 = 1 \\ & x_1, x_2, x_3 \geqslant 0\end{cases}$$

第 2 章　对偶理论

对偶(duality)指的是从不同角度观察同一事物,有两种不同的表述. 如对“矩形的周长和面积的关系”有两种表述:周长一定时,面积最大的矩形是正方形;面积一定时,周长最小的矩形是正方形.

1947 年,“计算机之父”冯 · 诺伊曼(Von Neumann)将对偶概念引入线性规划后,盖尔(Gale)、库恩(Kuhn)和塔克(Tucker)等精确和推广了对偶概念的表达形式,使得对偶理论不仅在数学上是完整的,而且有着深刻的经济背景,正日益受到重视.

2.1　对偶问题

线性规划问题

$$\begin{cases} \min \quad z = c_1x_1 + c_2x_2 + \cdots + c_nx_n \\ \text{s. t.} \quad a_{11}x_1 + a_{12}x_2 + \cdots + a_{1n}x_n \geqslant b_1 \\ \qquad a_{21}x_1 + a_{22}x_2 + \cdots + a_{2n}x_n \geqslant b_2 \\ \qquad \cdots \quad \cdots \quad \cdots \quad \cdots \quad \cdots \\ \qquad a_{m1}x_1 + a_{m2}x_2 + \cdots + a_{mn}x_n \geqslant b_m \\ \qquad x_1, x_2, \cdots, x_n \geqslant 0 \end{cases}$$

和

$$\begin{cases} \max \quad f = b_1y_1 + b_2y_2 + \cdots + b_my_m \\ \text{s. t.} \quad a_{11}y_1 + a_{21}y_2 + \cdots + a_{m1}y_m \leqslant c_1 \\ \qquad a_{12}y_1 + a_{22}y_2 + \cdots + a_{m2}y_m \leqslant c_2 \\ \qquad \cdots \quad \cdots \quad \cdots \quad \cdots \quad \cdots \\ \qquad a_{1n}y_1 + a_{2n}y_2 + \cdots + a_{mn}y_m \leqslant c_n \\ \qquad y_1, y_2, \cdots, y_m \geqslant 0 \end{cases}$$

分别称为原问题(primal problem)和对偶问题(dual problem),简记为

$$P:\begin{cases} \min \quad z = \sum_{j=1}^{n} c_jx_j \\ \text{s. t.} \quad \sum_{j=1}^{n} a_{ij}x_j \geqslant b_i, i = 1,2,\cdots,m \\ \qquad x_j \geqslant 0, j = 1,2,\cdots,n \end{cases}$$

$$D:\begin{cases} \max \quad f = \sum_{i=1}^{m} b_iy_i \\ \text{s. t.} \quad \sum_{i=1}^{m} a_{ij}y_i \leqslant c_j, j = 1,2,\cdots,n \\ \qquad y_i \geqslant 0, i = 1,2,\cdots,m \end{cases}$$

即

$$P:\begin{cases}\min & z = \boldsymbol{c}^{\mathrm{T}}\boldsymbol{x} \\ \text{s. t.} & \boldsymbol{A}\boldsymbol{x} \geqslant \boldsymbol{b} \\ & \boldsymbol{x} \geqslant \boldsymbol{0}\end{cases}$$

$$D:\begin{cases}\max & f = \boldsymbol{b}^{\mathrm{T}}\boldsymbol{y} \\ \text{s. t.} & \boldsymbol{A}^{\mathrm{T}}\boldsymbol{y} \leqslant \boldsymbol{c} \\ & \boldsymbol{y} \geqslant \boldsymbol{0}\end{cases}$$

其中$\boldsymbol{y} = \begin{pmatrix} y_1 \\ y_2 \\ \vdots \\ y_m \end{pmatrix}$,变量 $y_1,y_2,\cdots,y_m$ 称为对偶变量(dual variable).

显然,原问题 P 的不等式约束条件对应对偶问题 D 的非负变量,反之,亦真;对于等式约束条件,有如下结论:

命题 2.1.1 原问题 P 的等式约束条件对应对偶问题 D 的自由变量;反之,亦真.

证明 不妨设 P 的第 $k(1 \leqslant k \leqslant m)$ 个约束条件为等式 $\sum_{j=1}^{n} a_{kj}x_j = b_k$, 则

$$\sum_{j=1}^{n} a_{kj}x_j = b_k \Leftrightarrow \begin{cases}\sum_{j=1}^{n} a_{kj}x_j \geqslant b_k \\ \sum_{j=1}^{n} a_{kj}x_j \leqslant b_k\end{cases} \Leftrightarrow \begin{cases}\sum_{j=1}^{n} a_{kj}x_j \geqslant b_k \\ \sum_{j=1}^{n} (-a_{kj})x_j \geqslant -b_k\end{cases}$$

于是

$$P:\begin{cases}\min & z = \sum_{j=1}^{n} c_jx_j \\ \text{s. t.} & \sum_{j=1}^{n} a_{ij}x_j \geqslant b_i, i = 1,2,\cdots,m, i \neq k \\ & \sum_{j=1}^{n} a_{kj}x_j = b_k \\ & x_j \geqslant 0, j = 1,2,\cdots,n\end{cases}$$

$$\Leftrightarrow\begin{cases}\min & z = \sum_{j=1}^{n} c_jx_j \\ \text{s. t.} & \sum_{j=1}^{n} a_{ij}x_j \geqslant b_i, i = 1,2,\cdots,m, i \neq k \\ & \sum_{j=1}^{n} a_{kj}x_j \geqslant b_k \\ & \sum_{j=1}^{n} (-a_{kj})x_j \geqslant -b_k \\ & x_j \geqslant 0, j = 1,2,\cdots,n\end{cases}$$

取对偶变量 $y_1, y_2, \cdots y_{k-1}, y'_k, y''_k, y_{k+1}, \cdots, y_m$，则 P 的对偶问题为

$$D:\begin{cases}\max \quad f=\sum\limits_{\substack{i=1\\ i\neq k}}^{m} b_i y_i + b_k y'_k - b_k y''_k \\ \text{s.t.} \quad \sum\limits_{\substack{i=1\\ i\neq k}}^{m} a_{ij} y_i + a_{kj} y'_k - a_{kj} y''_k \leqslant c_j, j=1,2,\cdots,n \\ \qquad y_i \geqslant 0, i=1,2,\cdots,m, i\neq k \\ \qquad y'_k \geqslant 0, y''_k \geqslant 0\end{cases}$$

$$\Leftrightarrow\begin{cases}\max \quad f=\sum\limits_{\substack{i=1\\ i\neq k}}^{m} b_i y_i + b_k (y'_k - y''_k) \\ \text{s.t.} \quad \sum\limits_{\substack{i=1\\ i\neq k}}^{m} a_{ij} y_i + a_{kj} (y'_k - y''_k) \leqslant c_j, j=1,2,\cdots,n \\ \qquad y_i \geqslant 0, i=1,2,\cdots,m, i\neq k \\ \qquad y'_k \geqslant 0, y''_k \geqslant 0\end{cases}$$

令 $y_k = y'_k - y''_k$，则 D 即为

$$\begin{cases}\max \quad f=\sum\limits_{\substack{i=1\\ i\neq k}}^{m} b_i y_i + b_k y_k \\ \text{s.t.} \quad \sum\limits_{\substack{i=1\\ i\neq k}}^{m} a_{ij} y_i + a_{kj} y_k \leqslant c_j, j=1,2,\cdots,n \\ \qquad y_i \geqslant 0, i=1,2,\cdots,m, i\neq k \\ \qquad y_k \text{ 无限制}\end{cases}$$

$$\Leftrightarrow\begin{cases}\max \quad f=\sum\limits_{\substack{i=1\\ i\neq k}}^{m} b_i y_i + b_k y_k \\ \text{s.t.} \quad \sum\limits_{i=1}^{m} a_{ij} y_i \leqslant c_j, j=1,2,\cdots,n \\ \qquad y_i \geqslant 0, i=1,2,\cdots,m, i\neq k \\ \qquad y_k \text{ 无限制}\end{cases}$$

显然，P 的等式约束条件 $\sum\limits_{j=1}^{n} a_{kj} x_j = b_k$ 对应 D 的自由变量 y_k .

注　原问题 P 和对偶问题 D 之间的对应关系列表如下：

原问题 P	对偶问题 D
min	max
不等式约束(≥)	非负变量
非负变量	不等式约束(≤)
等式约束	自由变量
自由变量	等式约束

例 2.1.1 写出标准形 LP: $\begin{cases}\min & z = \boldsymbol{c}^{\mathrm{T}}\boldsymbol{x} \\ \text{s.t.} & \boldsymbol{A}\boldsymbol{x} = \boldsymbol{b} \\ & \boldsymbol{x} \geqslant \boldsymbol{0}\end{cases}$ 的对偶问题.

解 LP 的对偶问题为

$$DP:\begin{cases}\max & f = \boldsymbol{b}^{\mathrm{T}}\boldsymbol{y} \\ \text{s.t.} & \boldsymbol{A}^{\mathrm{T}}\boldsymbol{y} \leqslant \boldsymbol{c}\end{cases}$$

注 P 与 D 称为对称型对偶问题,LP 与 DP 称为非对称型对偶问题.

例 2.1.2 写出线性规划问题 $\begin{cases}\max & z = -4x_1 - 8x_2 + 5x_3 \\ \text{s.t.} & 2x_1 + x_2 - x_3 \leqslant 5 \\ & -x_1 - x_2 + 4x_3 \leqslant -1 \\ & x_1, x_2, x_3 \geqslant 0\end{cases}$ 的对偶问题.

解 对偶问题为

$$\begin{cases}\min & f = 5y_1 - y_2 \\ \text{s.t.} & 2y_1 - y_2 \geqslant -4 \\ & y_1 - y_2 \geqslant -8 \\ & -y_1 + 4y_2 \geqslant 5 \\ & y_1, y_2 \geqslant 0\end{cases}$$

例 2.1.3 写出线性规划问题 $\begin{cases}\min & z = -3x_1 - x_2 + 2x_3 \\ \text{s.t.} & x_1 - 2x_2 - x_3 = 8 \\ & 2x_1 + x_2 - 3x_3 \geqslant 4 \\ & x_1, x_3 \geqslant 0\end{cases}$ 的对偶问题.

解 对偶问题为

$$\begin{cases}\max & f = 8y_1 + 4y_2 \\ \text{s.t.} & y_1 + 2y_2 \leqslant -3 \\ & -2y_1 + y_2 = -1 \\ & -y_1 - 3y_2 \leqslant 2 \\ & y_2 \geqslant 0\end{cases}$$

2.2 对偶问题的基本性质

本节介绍原问题与对偶问题之间的关系,统称为对偶问题的基本性质.

定理 2.2.1 (对称性,symmetry)对偶问题的对偶问题是原问题.

证明 仅证对称型对偶问题的情形.

$$D:\begin{cases}\max & f = \boldsymbol{b}^{\mathrm{T}}\boldsymbol{y} \\ \text{s.t.} & \boldsymbol{A}^{\mathrm{T}}\boldsymbol{y} \leqslant \boldsymbol{c} \\ & \boldsymbol{y} \geqslant \boldsymbol{0}\end{cases} \Leftrightarrow \begin{cases}\min & g = (-\boldsymbol{b})^{\mathrm{T}}\boldsymbol{y} \\ \text{s.t.} & (-\boldsymbol{A})^{\mathrm{T}}\boldsymbol{y} \geqslant -\boldsymbol{c} \\ & \boldsymbol{y} \geqslant \boldsymbol{0}\end{cases}$$

其对偶问题为

$$P:\begin{cases}\max & h=(-\boldsymbol{c})^{\mathrm{T}}\boldsymbol{x}\\ \text{s.t.} & (-\boldsymbol{A})\boldsymbol{x}\leqslant-\boldsymbol{b}\\ & \boldsymbol{x}\geqslant\boldsymbol{0}\end{cases}\Leftrightarrow\begin{cases}\min & z=\boldsymbol{c}^{\mathrm{T}}\boldsymbol{x}\\ \text{s.t.} & \boldsymbol{A}\boldsymbol{x}\geqslant\boldsymbol{b}\\ & \boldsymbol{x}\geqslant\boldsymbol{0}\end{cases}$$

注 本定理表明 P 和 D 互为对偶问题，其地位是平等的.

定理 2.2.2 （弱对偶性，weak duality）$\forall\boldsymbol{x}\in K(P),\boldsymbol{y}\in K(D)$，有(1)$\boldsymbol{c}^{\mathrm{T}}\boldsymbol{x}\geqslant\boldsymbol{b}^{\mathrm{T}}\boldsymbol{y}$；(2) 等号成立$\Leftrightarrow\begin{cases}(\boldsymbol{A}\boldsymbol{x}-\boldsymbol{b})^{\mathrm{T}}\boldsymbol{y}=0\\ \boldsymbol{x}^{\mathrm{T}}(\boldsymbol{A}^{\mathrm{T}}\boldsymbol{y}-\boldsymbol{c})=0\end{cases}$.

证明 (1) $\boldsymbol{c}^{\mathrm{T}}\boldsymbol{x}=(\boldsymbol{c}^{\mathrm{T}}\boldsymbol{x})^{\mathrm{T}}=\boldsymbol{x}^{\mathrm{T}}\boldsymbol{c}\geqslant\boldsymbol{x}^{\mathrm{T}}\boldsymbol{A}^{\mathrm{T}}\boldsymbol{y}=(\boldsymbol{x}^{\mathrm{T}}\boldsymbol{A}^{\mathrm{T}}\boldsymbol{y})^{\mathrm{T}}=\boldsymbol{y}^{\mathrm{T}}\boldsymbol{A}\boldsymbol{x}\geqslant\boldsymbol{y}^{\mathrm{T}}\boldsymbol{b}=(\boldsymbol{y}^{\mathrm{T}}\boldsymbol{b})^{\mathrm{T}}=\boldsymbol{b}^{\mathrm{T}}\boldsymbol{y}$，其中第一个不等式成立是由于 $\boldsymbol{A}^{\mathrm{T}}\boldsymbol{y}\leqslant\boldsymbol{c}$，第二个不等式成立是由于 $\boldsymbol{A}\boldsymbol{x}\geqslant\boldsymbol{b}$.

(2) $\boldsymbol{c}^{\mathrm{T}}\boldsymbol{x}=\boldsymbol{b}^{\mathrm{T}}\boldsymbol{y}\Leftrightarrow\begin{cases}\boldsymbol{y}^{\mathrm{T}}\boldsymbol{A}\boldsymbol{x}=\boldsymbol{y}^{\mathrm{T}}\boldsymbol{b}\\ \boldsymbol{x}^{\mathrm{T}}\boldsymbol{c}=\boldsymbol{x}^{\mathrm{T}}\boldsymbol{A}^{\mathrm{T}}\boldsymbol{y}\end{cases}\Leftrightarrow\begin{cases}\boldsymbol{y}^{\mathrm{T}}(\boldsymbol{A}\boldsymbol{x}-\boldsymbol{b})=0\\ \boldsymbol{x}^{\mathrm{T}}(\boldsymbol{A}^{\mathrm{T}}\boldsymbol{y}-\boldsymbol{c})=0\end{cases}\Leftrightarrow\begin{cases}(\boldsymbol{A}\boldsymbol{x}-\boldsymbol{b})^{\mathrm{T}}\boldsymbol{y}=0\\ \boldsymbol{x}^{\mathrm{T}}(\boldsymbol{A}^{\mathrm{T}}\boldsymbol{y}-\boldsymbol{c})=0\end{cases}$.

推论 $\forall\boldsymbol{x}\in K(LP),\boldsymbol{y}\in K(DP)$，有：(1)$\boldsymbol{c}^{\mathrm{T}}\boldsymbol{x}\geqslant\boldsymbol{b}^{\mathrm{T}}\boldsymbol{y}$；(2) 等号成立$\Leftrightarrow\boldsymbol{x}^{\mathrm{T}}(\boldsymbol{A}^{\mathrm{T}}\boldsymbol{y}-\boldsymbol{c})=0$.

定理 2.2.3 （无界性，unboundedness）若 P 和 D 之一无界，则另一不可行.

证明 仅证 P 无下界时，D 不可行.（反证法）假设 D 可行，则 D 至少有一个可行解 $\bar{\boldsymbol{y}}$. $\forall\boldsymbol{x}\in K(P)$，由定理 2.2.2(1) 知，$\boldsymbol{c}^{\mathrm{T}}\boldsymbol{x}\geqslant\boldsymbol{b}^{\mathrm{T}}\bar{\boldsymbol{y}}$，即 P 有下界，矛盾.

注 (1) 逆命题未必真. 如 $P:\begin{cases}\min & z=-x_1-x_2\\ \text{s.t.} & x_1-x_2\geqslant1\\ & -x_1+x_2\geqslant1\\ & x_1,x_2\geqslant0\end{cases}$ 和 $D:\begin{cases}\max & f=y_1+y_2\\ \text{s.t.} & y_1-y_2\leqslant-1\\ & -y_1+y_2\leqslant-1\\ & y_1,y_2\geqslant0\end{cases}$ 都不可行.

(2) 逆否命题：若 P 和 D 之一可行，则另一有界.

定理 2.2.4 若 P 和 D 都可行，则它们都有最优解.

证明 只证 P 有最优解. 因 D 可行，故由定理 2.2.3 知，P 有下界，又 P 可行，因此 P 有最优解.

推论 P 和 D 都有最优解$\Leftrightarrow$它们都可行.

定理 2.2.5 （最优性，optimality）若 $\boldsymbol{x}\in K(P),\boldsymbol{y}\in K(D)$，且 $\boldsymbol{c}^{\mathrm{T}}\boldsymbol{x}=\boldsymbol{b}^{\mathrm{T}}\boldsymbol{y}$，则 $\boldsymbol{x},\boldsymbol{y}$ 分别是 P,D 的最优解.

证明 仅证 $\boldsymbol{x}$ 是 P 的最优解. 首先，$\boldsymbol{x}\in K(P)$；其次，$\forall\bar{\boldsymbol{x}}\in K(P)$，由定理 2.2.2 知，$\boldsymbol{c}^{\mathrm{T}}\bar{\boldsymbol{x}}\geqslant\boldsymbol{b}^{\mathrm{T}}\boldsymbol{y}=\boldsymbol{c}^{\mathrm{T}}\boldsymbol{x}$. 因此，$\boldsymbol{x}$ 是 P 的最优解.

例 2.2.1 求证：若 $\boldsymbol{x}^0$ 为线性规划问题 $\begin{cases}\min & z=\boldsymbol{c}^{\mathrm{T}}\boldsymbol{x}\\ \text{s.t.} & \boldsymbol{A}\boldsymbol{x}=\boldsymbol{b}\\ & \boldsymbol{x}\geqslant\boldsymbol{0}\end{cases}$ 的可行解，则 $\boldsymbol{x}^0$ 也必为其最优解，其中 $\boldsymbol{A}$ 为 $m\times n$ 阶对称矩阵，$\boldsymbol{b}=\boldsymbol{c}$ 为 n 维列向量.

解 将所给线性规划问题作为原问题 LP，则其对偶问题为 $DP:\begin{cases}\max & f=\boldsymbol{b}^{\mathrm{T}}\boldsymbol{y}\\ \text{s.t.} & \boldsymbol{A}^{\mathrm{T}}\boldsymbol{y}\leqslant\boldsymbol{c}\end{cases}$.

因 $\boldsymbol{A}^{\mathrm{T}}=\boldsymbol{A},\boldsymbol{b}=\boldsymbol{c}$,故 $DP\Leftrightarrow\begin{cases}\max & f=\boldsymbol{b}^{\mathrm{T}}\boldsymbol{x}\\ \text{s. t.} & \boldsymbol{A}\boldsymbol{x}\leqslant\boldsymbol{b}\end{cases}$.

当 $\boldsymbol{x}^0\in K(LP)$ 时,显然 $\boldsymbol{x}^0\in K(DP)$;又 $\boldsymbol{c}^{\mathrm{T}}\boldsymbol{x}^0=\boldsymbol{b}^{\mathrm{T}}\boldsymbol{x}^0$,由定理2.2.5知,$\boldsymbol{x}^0$ 也为 LP 的最优解.

定理2.2.6 (强对偶性,strong duality)若 P 和 D 之一有最优解,则另一也有最优解,且最优值相等.

不失一般性,我们仅证明下面的推论1.

推论1 若 LP 和 DP 之一有最优解,则另一也有最优解,且最优值相等.

证明 仅证当 LP 有最优解时,DP 也有最优解,且最优值相等. 设 LP 有最优解,则 LP 必有基本最优解,对应的最优基为 $\boldsymbol{B}$,单纯形表为

$\boldsymbol{x}_B$	$\boldsymbol{x}_B$	$\boldsymbol{x}_N$	$\bar{\boldsymbol{b}}$
$\boldsymbol{x}_B$	$\boldsymbol{I}_m$	$\boldsymbol{B}^{-1}\boldsymbol{N}$	$\boldsymbol{B}^{-1}\boldsymbol{b}$
z	$\boldsymbol{0}$	$\boldsymbol{c}_B^{\mathrm{T}}\boldsymbol{B}^{-1}\boldsymbol{N}-\boldsymbol{c}_N^{\mathrm{T}}$	$\boldsymbol{c}_B^{\mathrm{T}}\boldsymbol{B}^{-1}\boldsymbol{b}$

由单纯形表知,LP 关于基 $\boldsymbol{B}$ 的(基本)最优解为 $\boldsymbol{x}=\begin{pmatrix}\boldsymbol{x}_B\\ \boldsymbol{x}_N\end{pmatrix}=\begin{pmatrix}\boldsymbol{B}^{-1}\boldsymbol{b}\\ \boldsymbol{0}\end{pmatrix}$,最优值为 $\boldsymbol{c}^{\mathrm{T}}\boldsymbol{x}=\boldsymbol{c}_B^{\mathrm{T}}\boldsymbol{B}^{-1}\boldsymbol{b}$,检验数为 $\boldsymbol{c}_B^{\mathrm{T}}\boldsymbol{B}^{-1}\boldsymbol{N}-\boldsymbol{c}_N^{\mathrm{T}}\leqslant\boldsymbol{0}$.

令 $\boldsymbol{y}=(\boldsymbol{c}_B^{\mathrm{T}}\boldsymbol{B}^{-1})^{\mathrm{T}}$,则

$$\boldsymbol{A}^{\mathrm{T}}\boldsymbol{y}=\boldsymbol{A}^{\mathrm{T}}(\boldsymbol{c}_B^{\mathrm{T}}\boldsymbol{B}^{-1})^{\mathrm{T}}=(\boldsymbol{c}_B^{\mathrm{T}}\boldsymbol{B}^{-1}\boldsymbol{A})^{\mathrm{T}}=(\boldsymbol{c}_B^{\mathrm{T}}\boldsymbol{B}^{-1}(\boldsymbol{B},\boldsymbol{N}))^{\mathrm{T}}=(\boldsymbol{c}_B^{\mathrm{T}}\boldsymbol{B}^{-1}\boldsymbol{B},\boldsymbol{c}_B^{\mathrm{T}}\boldsymbol{B}^{-1}\boldsymbol{N})^{\mathrm{T}}=$$
$$(\boldsymbol{c}_B^{\mathrm{T}}\boldsymbol{I}_m,\boldsymbol{c}_B^{\mathrm{T}}\boldsymbol{B}^{-1}\boldsymbol{N})^{\mathrm{T}}=(\boldsymbol{c}_B^{\mathrm{T}},\boldsymbol{c}_B^{\mathrm{T}}\boldsymbol{B}^{-1}\boldsymbol{N})^{\mathrm{T}}\leqslant(\boldsymbol{c}_B^{\mathrm{T}},\boldsymbol{c}_N^{\mathrm{T}})^{\mathrm{T}}=\begin{pmatrix}\boldsymbol{c}_B\\ \boldsymbol{c}_N\end{pmatrix}=\boldsymbol{c}$$

最后一个不等式成立是由于 $\boldsymbol{c}_B^{\mathrm{T}}\boldsymbol{B}^{-1}\boldsymbol{N}-\boldsymbol{c}_N^{\mathrm{T}}\leqslant\boldsymbol{0}$.

因此,$\boldsymbol{y}\in K(DP)$;又 $\boldsymbol{c}^{\mathrm{T}}\boldsymbol{x}=\boldsymbol{c}_B^{\mathrm{T}}\boldsymbol{B}^{-1}\boldsymbol{b}=(\boldsymbol{c}_B^{\mathrm{T}}\boldsymbol{B}^{-1})\boldsymbol{b}=\boldsymbol{y}^{\mathrm{T}}\boldsymbol{b}=(\boldsymbol{y}^{\mathrm{T}}\boldsymbol{b})^{\mathrm{T}}=\boldsymbol{b}^{\mathrm{T}}\boldsymbol{y}$,故由定理2.2.5知,$\boldsymbol{y}$ 是 DP 的最优解.

推论2 若 $\boldsymbol{x}\in K(P)$,$\boldsymbol{y}\in K(D)$,则 $\boldsymbol{x},\boldsymbol{y}$ 分别为 P,D 的最优解$\Leftrightarrow\boldsymbol{c}^{\mathrm{T}}\boldsymbol{x}=\boldsymbol{b}^{\mathrm{T}}\boldsymbol{y}$.

推论3 P 和 D 都有最优解$\Leftrightarrow$二者都可行.

例2.2.2 给定如下两个线性规划问题 $P_1:\begin{cases}\min & z=\boldsymbol{c}^{\mathrm{T}}\boldsymbol{x}\\ \text{s. t.} & \boldsymbol{A}\boldsymbol{x}=\boldsymbol{b}_1\\ & \boldsymbol{x}\geqslant\boldsymbol{0}\end{cases}$ 与 $P_2:\begin{cases}\min & f=\boldsymbol{c}^{\mathrm{T}}\boldsymbol{x}\\ \text{s. t.} & \boldsymbol{A}\boldsymbol{x}=\boldsymbol{b}_2\\ & \boldsymbol{x}\geqslant\boldsymbol{0}\end{cases}$,$\boldsymbol{x}^1,\boldsymbol{y}$ 分别为 P_1 及其对偶问题的最优解. (1) 求证:若 $\boldsymbol{x}^2$ 为 P_2 的最优解,则 $\boldsymbol{c}^{\mathrm{T}}(\boldsymbol{x}^1-\boldsymbol{x}^2)\leqslant\boldsymbol{y}^{\mathrm{T}}(\boldsymbol{b}_1-\boldsymbol{b}_2)$;(2) 当 $\boldsymbol{x}^2$ 为 P_2 的可行解时,不等式是否仍成立?

证明 P_1,P_2 的对偶问题分别为 $D_1:\begin{cases}\max & g=\boldsymbol{b}_1^{\mathrm{T}}\boldsymbol{y}\\ \text{s. t.} & \boldsymbol{A}^{\mathrm{T}}\boldsymbol{y}\leqslant\boldsymbol{c}\end{cases}$ 和 $D_2:\begin{cases}\max & h=\boldsymbol{b}_2^{\mathrm{T}}\boldsymbol{y}\\ \text{s. t.} & \boldsymbol{A}^{\mathrm{T}}\boldsymbol{y}\leqslant\boldsymbol{c}\end{cases}$.

若 $\boldsymbol{y}$ 为 D_1 的最优解,则 $\boldsymbol{y}\in K(D_1)$,显然 $\boldsymbol{y}\in K(D_2)$.

(1) 因 $\boldsymbol{x}^1,\boldsymbol{y}$ 分别为 P_1,D_1 的最优解,故由定理2.2.6知,$\boldsymbol{c}^{\mathrm{T}}\boldsymbol{x}^1=\boldsymbol{b}_1^{\mathrm{T}}\boldsymbol{y}$.

因 $\boldsymbol{x}^2$ 为 P_2 的最优解,当然 $\boldsymbol{x}^2\in K(P_2)$,$\boldsymbol{y}\in K(D_2)$,故由定理2.2.2知,$\boldsymbol{c}^{\mathrm{T}}\boldsymbol{x}^2\geqslant\boldsymbol{b}_2^{\mathrm{T}}\boldsymbol{y}$.

于是,有

$$
\begin{aligned}
\boldsymbol{c}^{\mathrm{T}}(\boldsymbol{x}^1-\boldsymbol{x}^2) &= \boldsymbol{c}^{\mathrm{T}}\boldsymbol{x}^1-\boldsymbol{c}^{\mathrm{T}}\boldsymbol{x}^2 \leqslant \boldsymbol{b}_1^{\mathrm{T}}\boldsymbol{y}-\boldsymbol{b}_2^{\mathrm{T}}\boldsymbol{y}=(\boldsymbol{b}_1^{\mathrm{T}}-\boldsymbol{b}_2^{\mathrm{T}})\boldsymbol{y}\\
&=[(\boldsymbol{b}_1^{\mathrm{T}}-\boldsymbol{b}_2^{\mathrm{T}})\boldsymbol{y}]^{\mathrm{T}}=\boldsymbol{y}^{\mathrm{T}}(\boldsymbol{b}_1^{\mathrm{T}}-\boldsymbol{b}_2^{\mathrm{T}})^{\mathrm{T}}=\boldsymbol{y}^{\mathrm{T}}(\boldsymbol{b}_1-\boldsymbol{b}_2)
\end{aligned}
$$

(2) 当 $\boldsymbol{x}^2$ 为 P_2 的可行解时,仍有 $\boldsymbol{c}^{\mathrm{T}}\boldsymbol{x}^2 \geqslant \boldsymbol{b}_2^{\mathrm{T}}\boldsymbol{y}$, 故不等式仍成立.

例 2.2.3 求证:线性规划问题 $\begin{cases}\min \quad z=\boldsymbol{c}^{\mathrm{T}}\boldsymbol{x}-\boldsymbol{b}^{\mathrm{T}}\boldsymbol{y}\\ \text{s. t} \quad \boldsymbol{A}\boldsymbol{x}\geqslant \boldsymbol{b}\\ \qquad \boldsymbol{A}^{\mathrm{T}}\boldsymbol{y}\leqslant \boldsymbol{c}\\ \qquad \boldsymbol{x},\boldsymbol{y}\geqslant \boldsymbol{0}\end{cases}$ 或不可行,或最优值为0.

解 将所给线性规划问题记为 $*$,作两个互为对偶的线性规划问题

$$
P:\begin{cases}\min \quad f=\boldsymbol{c}^{\mathrm{T}}\boldsymbol{x}\\ \text{s. t.} \quad \boldsymbol{A}\boldsymbol{x}\geqslant \boldsymbol{b}\\ \qquad \boldsymbol{x}\geqslant \boldsymbol{0}\end{cases}
\qquad
D:\begin{cases}\max \quad g=\boldsymbol{b}^{\mathrm{T}}\boldsymbol{y}\\ \text{s. t.} \quad \boldsymbol{A}^{\mathrm{T}}\boldsymbol{y}\leqslant \boldsymbol{c}\\ \qquad \boldsymbol{y}\geqslant \boldsymbol{0}\end{cases}
$$

显然 $K(*)=K(P)\cap K(Q)$. 下面分两种情况讨论:

(1) 若 P 有最优解 $\boldsymbol{x}^0$,则 D 有最优解 $\boldsymbol{y}^0$,且 $\boldsymbol{c}^{\mathrm{T}}\boldsymbol{x}^0=\boldsymbol{b}^{\mathrm{T}}\boldsymbol{y}^0$. 于是, $*$ 有最优解 $\begin{pmatrix}\boldsymbol{x}^0\\ \boldsymbol{y}^0\end{pmatrix}$,且最优值为0.

(2) 若 P 无下界,则 D 不可行;若 P 不可行,则 D 或 不可行或无上界. 于是, $*$ 不可行.

小结 原问题和对偶问题的最优性之间的关系:

P \ D	有最优解	无上界	不可行
有最优解	√	×	×
无下界	×	×	√
不可行	×	√	\

定义 2.2.1 满足 $\boldsymbol{c}_B^{\mathrm{T}}\boldsymbol{B}^{-1}\boldsymbol{N}-\boldsymbol{c}_N^{\mathrm{T}}\leqslant 0$ 的基 $\boldsymbol{B}$ 称为 LP 的正则基(regular base).

推论 4 (1)若 $\boldsymbol{B}$ 为 LP 的正则基,则 $y=(\boldsymbol{c}_B^{\mathrm{T}}\boldsymbol{B}^{-1})^{\mathrm{T}}$ 为 DP 的一个可行解,称为 LP 关于基 $\boldsymbol{B}$ 的对偶可行解(dual feasible solution).

(2)若 $\boldsymbol{B}$ 为 LP 的最优基,则 $\boldsymbol{y}=(\boldsymbol{c}_B^{\mathrm{T}}\boldsymbol{B}^{-1})^{\mathrm{T}}$ 为 DP 的一个最优解,称为 LP 关于基 $\boldsymbol{B}$ 的对偶最优解(dual optimal solution).

注 在经济学上, LP 关于最优基 $\boldsymbol{B}$ 的对偶最优解 $\boldsymbol{y}=(\boldsymbol{c}_B^{\mathrm{T}}\boldsymbol{B}^{-1})^{\mathrm{T}}$ 称为影子价格(shadow price),详见2.4节.

定理 2.2.7 (松紧互补性,slackness complementary theorem)(矩阵和向量形式)设 $\boldsymbol{x}\in K(P)$, $\boldsymbol{y}\in K(D)$,则 $\boldsymbol{x},\boldsymbol{y}$ 分别是 P,D 的最优解 $\Leftrightarrow \begin{cases}(\boldsymbol{A}\boldsymbol{x}-\boldsymbol{b})^{\mathrm{T}}\boldsymbol{y}=0\\ \boldsymbol{x}^{\mathrm{T}}(\boldsymbol{A}^{\mathrm{T}}\boldsymbol{y}-\boldsymbol{c})=0\end{cases}$.

(分量形式)设 $\boldsymbol{x}=(x_1,x_2,\cdots,x_n)^{\mathrm{T}}\in K(P)$, $\boldsymbol{y}=(y_1,y_2,\cdots,y_m)^{\mathrm{T}}\in K(D)$,则 $\boldsymbol{x},\boldsymbol{y}$ 分别是 P,D 的最优解 $\Leftrightarrow \begin{cases}\left(\sum\limits_{j=1}^{n}a_{ij}x_j-b_i\right)y_i=0, i=1,2,\cdots,m\\ x_j\left(\sum\limits_{i=1}^{m}a_{ij}y_i-c_j\right)=0, j=1,2,\cdots,n\end{cases}$.

证明 由定理 2.2.6 和定理 2.2.2 有，$\boldsymbol{x},\boldsymbol{y}$ 分别是 P,D 的最优解 $\Leftrightarrow \boldsymbol{c}^{\mathrm{T}}\boldsymbol{x} = \boldsymbol{b}^{\mathrm{T}}\boldsymbol{y} \Leftrightarrow \begin{cases} (\boldsymbol{A}\boldsymbol{x}-\boldsymbol{b})^{\mathrm{T}}\boldsymbol{y}=0 \\ \boldsymbol{x}^{\mathrm{T}}(\boldsymbol{A}^{\mathrm{T}}\boldsymbol{y}-\boldsymbol{c})=0 \end{cases}$.

因

$$(\boldsymbol{A}\boldsymbol{x}-\boldsymbol{b})^{\mathrm{T}}\boldsymbol{y} = \left(\sum_{j=1}^{n} a_{1j}x_j - b_1, \sum_{j=1}^{n} a_{2j}x_j - b_2, \cdots, \sum_{j=1}^{n} a_{mj}x_j - b_m\right)\begin{pmatrix} y_1 \\ y_2 \\ \vdots \\ y_m \end{pmatrix}$$

$$= \left(\sum_{j=1}^{n} a_{1j}x_j - b_1\right)y_1 + \left(\sum_{j=1}^{n} a_{2j}x_j - b_2\right)y_2 + \cdots + \left(\sum_{j=1}^{n} a_{mj}x_j - b_m\right)y_m$$

且 $\sum_{j=1}^{n} a_{ij}x_j - b_i \geqslant 0, y_i \geqslant 0, \left(b_i - \sum_{j=1}^{n} a_{ij}x_j\right)y_i \geqslant 0$，故 $\left(\sum_{j=1}^{n} a_{ij}x_j - b_i\right)y_i = 0, i = 1,2,\cdots,m$，即

$$(\boldsymbol{A}\boldsymbol{x}-\boldsymbol{b})^{\mathrm{T}}\boldsymbol{y} = 0 \Leftrightarrow \left(\sum_{j=1}^{n} a_{ij}x_j - b_i\right)y_i = 0, i = 1,2,\cdots,m$$

同理

$$\boldsymbol{x}^{\mathrm{T}}(\boldsymbol{A}^{\mathrm{T}}\boldsymbol{y}-\boldsymbol{c}) = 0 \Leftrightarrow x_j\left(\sum_{i=1}^{m} a_{ij}y_i - c_j\right) = 0, j = 1,2,\cdots,n.$$

注 取不等号的约束条件称为松的约束(slack constraint)，取等号的约束条件称为紧的约束(tight constraint)．据此，本定理可叙述为：$\boldsymbol{x},\boldsymbol{y}$ 分别是 P,D 的最优解 $\Leftrightarrow$ 互为对偶的两个约束条件中至少有一个是紧的(松紧互补)．

推论 设 $\boldsymbol{x} \in K(LP), \boldsymbol{y} \in K(DP)$，则 $\boldsymbol{x},\boldsymbol{y}$ 分别是 LP,DP 的最优解 $\Leftrightarrow \boldsymbol{x}^{\mathrm{T}}(\boldsymbol{A}^{\mathrm{T}}\boldsymbol{y}-\boldsymbol{c}) = 0$．

例 2.2.4 试证 $\boldsymbol{x} = (x_1,x_2,x_3)^{\mathrm{T}} = \left(0,\frac{20}{3},\frac{50}{3}\right)^{\mathrm{T}}$ 是线性规划问题

$$\begin{cases} \min \quad z = 4x_1 + 4x_2 + 3x_3 \\ \text{s.t.} \quad 3x_1 + 4x_2 + 2x_3 \geqslant 60 \\ \qquad 2x_1 + x_2 + 2x_3 \geqslant 40 \\ \qquad x_1 + 3x_2 + 2x_3 \geqslant 50 \\ \qquad x_1,x_2,x_3 \geqslant 0 \end{cases}$$

的最优解，并求其对偶问题的最优解．

解 将所给线性规划问题作为原问题 P，则其对偶问题为

$$D:\begin{cases} \max \quad f = 60y_1 + 40y_2 + 50y_3 \\ \text{s.t.} \quad 3y_1 + 2y_2 + y_3 \leqslant 4 \\ \qquad 4y_1 + y_2 + 3y_3 \leqslant 4 \\ \qquad 2y_1 + 2y_2 + 2y_3 \leqslant 3 \\ \qquad y_1,y_2,y_3 \geqslant 0 \end{cases}$$

易验证 $\boldsymbol{x} \in K(P)$．

设 D 的最优解为 $\boldsymbol{y} = (y_1,y_2,y_3)^{\mathrm{T}}$，则由定理 2.2.7 有

$$\begin{cases}4y_1+y_2+3y_3=4\left(\because x_2=\dfrac{20}{3}>0\right)\\ 2y_1+2y_2+2y_3=3\left(\because x_3=\dfrac{50}{3}>0\right)\\ y_3=0\left(\because x_1+3x_2+2x_3=\dfrac{160}{3}>50\right)\end{cases}$$

解之，得 $y_1=\dfrac{5}{6},y_2=\dfrac{2}{3},y_3=0.$

因此，$\boldsymbol{x}$ 是 P 的最优解，其对偶问题 D 的最优解为 $\boldsymbol{y}=(y_1,y_2,y_3)^{\mathrm{T}}=\left(\dfrac{5}{6},\dfrac{2}{3},0\right)^{\mathrm{T}}$.

定理 2.2.8 给定线性规划原问题 $P:\begin{cases}\min & z=\boldsymbol{c}^{\mathrm{T}}\boldsymbol{x}\\ \text{s. t.} & \boldsymbol{A}\boldsymbol{x}\leqslant\boldsymbol{b}\\ & \boldsymbol{x}\geqslant\boldsymbol{0}\end{cases}$，引入松弛变量 $\boldsymbol{x}_s$，化为标准形 $LP:\begin{cases}\min & z=\boldsymbol{c}^{\mathrm{T}}\boldsymbol{x}\\ \text{s. t.} & \boldsymbol{A}\boldsymbol{x}+\boldsymbol{x}_s=\boldsymbol{b}\\ & \boldsymbol{x},\boldsymbol{x}_s\geqslant\boldsymbol{0}\end{cases}$. 设利用单纯形法求解 LP 最终得最优基 $\boldsymbol{B}$，则在最终的单纯形表中，(1) $\boldsymbol{B}^{-1}$ 恰为松弛变量 $\boldsymbol{x}_s$ 的系数矩阵；(2) LP 的对偶问题的一个最优解 $\boldsymbol{y}=(\boldsymbol{c}_B^{\mathrm{T}}\boldsymbol{B}^{-1})^{\mathrm{T}}$（影子价格）恰为松弛变量 $\boldsymbol{x}_s$ 的检验数.

我们通过例 2.2.5 来验证定理 2.2.8 的正确性.

例 2.2.5 给定线性规划问题 $\begin{cases}\min & z=-20x_1-15x_2\\ \text{s. t.} & 5x_1+2x_2\leqslant 180\\ & 3x_1+3x_2\leqslant 135\\ & x_1,x_2\geqslant 0\end{cases}$，(1) 求解此线性规划问题的标准形；(2) 求 LP 的最优基及其逆矩阵；(3) 求 LP 的对偶问题的一个最优解.

解 (1) 将所给线性规划问题化为标准形

$$LP:\begin{cases}\min & z=-20x_1-15x_2\\ \text{s. t.} & 5x_1+2x_2+x_3=180\\ & 3x_1+3x_2+x_4=135\\ & x_1,x_2,x_3,x_4\geqslant 0\end{cases}$$

取初始可行基为 $\boldsymbol{B}=(\boldsymbol{P}_3,\boldsymbol{P}_4)=\boldsymbol{I}_2$，作单纯形表：

$\boldsymbol{x}_B$	x_1	x_2	x_3	x_4	$\bar{b}$
x_3	⑤	2	1	0	180
x_4	3	3	0	1	135
z	20	15	0	0	0

$$\longrightarrow$$

$\boldsymbol{x_B}$	x_1	x_2	x_3	x_4	$\bar{b}$
x_1	1	$\frac{2}{5}$	$\frac{1}{5}$	0	36
x_4	0	$\textcircled{\frac{9}{5}}$	$-\frac{3}{5}$	1	27
z	0	7	-4	0	-720

$$\longrightarrow$$

$\boldsymbol{x_B}$	x_1	x_2	x_3	x_4	$\bar{b}$
x_1	1	0	$\frac{1}{3}$	$-\frac{2}{9}$	30
x_2	0	1	$-\frac{1}{3}$	$\frac{5}{9}$	15
z	0	0	$-\frac{5}{3}$	$-\frac{35}{9}$	-825

因此,LP 的最优解为$(30,15,0,0)^{\mathrm{T}}$,最优值为 -825.

(2) 由最后一张单纯形表知, LP 的最优基为 $\boldsymbol{B}=(\boldsymbol{P}_1,\boldsymbol{P}_2)=\begin{pmatrix}5&2\\3&3\end{pmatrix}$, 且 $\boldsymbol{B}^{-1}=\begin{pmatrix}\frac{1}{3}&-\frac{2}{9}\\-\frac{1}{3}&\frac{5}{9}\end{pmatrix}$(松弛变量 x_3,x_4 的系数矩阵).

(3) LP 的对偶问题的一个最优解为 $\boldsymbol{y}=(y_1,y_2)^{\mathrm{T}}=(\boldsymbol{c}_{\boldsymbol{B}}^{\mathrm{T}}\boldsymbol{B}^{-1})^{\mathrm{T}}=\left[(-20,-15)\begin{pmatrix}\frac{1}{3}&-\frac{2}{9}\\-\frac{1}{3}&\frac{5}{9}\end{pmatrix}\right]^{\mathrm{T}}=\left(-\frac{5}{3},-\frac{35}{9}\right)^{\mathrm{T}}$(松弛变量 x_3,x_4 的检验数).

注 (1)注意到首、末两张单纯形表,不难由线性代数知识中求逆矩阵的方法:$(\boldsymbol{A}\mid\boldsymbol{I})\xrightarrow{\text{初等行变换}}(\boldsymbol{I}\mid\boldsymbol{A}^{-1})$ 验证定理 2.2.8 的第一个结论的正确性;对第二个结论,由单纯形表的检验数为$\boldsymbol{c}_{\boldsymbol{B}}^{\mathrm{T}}\boldsymbol{B}^{-1}\boldsymbol{N}-\boldsymbol{c}_{\boldsymbol{N}}^{\mathrm{T}}$ 及 $\boldsymbol{N}=\boldsymbol{I},\boldsymbol{c}_{\boldsymbol{N}}^{\mathrm{T}}=0$,亦可验证其正确性. (2)当目标函数取 max 时,LP 的对偶问题的最优解应为松弛变量 $\boldsymbol{x}_s$ 的检验数的相反数.

2.3 对偶单纯形法

正如线性规划问题有其对偶问题一样,单纯形法亦有其对偶算法——对偶单纯形法(dual simplex method).

据第 1 章所述,设标准形

$$LP:\begin{cases}\max & z=\boldsymbol{c}^{\mathrm{T}}\boldsymbol{x}\\ \text{s.t.} & \boldsymbol{A}\boldsymbol{x}=\boldsymbol{b}\\ & \boldsymbol{x}\geqslant\boldsymbol{0}\end{cases}$$

的一个基为 $\boldsymbol{B}=(\boldsymbol{P}_1,\boldsymbol{P}_2,\cdots,\boldsymbol{P}_m)$,则 LP 关于基 $\boldsymbol{B}$ 的单纯形表为

$\boldsymbol{x}_B$	$\boldsymbol{x}_B$	$\boldsymbol{x}_N$	$\bar{\boldsymbol{b}}$
$\boldsymbol{x}_B$	$\boldsymbol{I}_m$	$\boldsymbol{B}^{-1}\boldsymbol{N}$	$\boldsymbol{B}^{-1}\boldsymbol{b}$
z	$\boldsymbol{0}$	$\boldsymbol{c}_B^{\mathrm{T}}\boldsymbol{B}^{-1}\boldsymbol{N}-\boldsymbol{c}_N^{\mathrm{T}}$	$\boldsymbol{c}_B^{\mathrm{T}}\boldsymbol{B}^{-1}\boldsymbol{b}$

即表2.3.1.

表2.3.1

$\boldsymbol{x}_B$	x_1	x_2	$\cdots$	x_m	x_{m+1}	x_{m+2}	$\cdots$	x_n	$\bar{b}$
x_1	1	0	$\cdots$	0	$b_{1,m+1}$	$b_{1,m+2}$	$\cdots$	b_{1n}	b_{10}
x_2	0	1	$\cdots$	0	$b_{2,m+1}$	$b_{2,m+2}$	$\cdots$	b_{2n}	b_{20}
$\vdots$	$\vdots$	$\vdots$	$\ddots$	$\vdots$	$\vdots$	$\vdots$	$\ddots$	$\vdots$	$\vdots$
x_m	0	0	$\cdots$	1	$b_{m,m+1}$	$b_{m,m+2}$	$\cdots$	b_{mn}	b_{m0}
z	0	0	$\cdots$	0	r_{m+1}	r_{m+2}	$\cdots$	r_n	z_0

则 LP 关于基 $\boldsymbol{B}$ 的基本解为 $\boldsymbol{x}=(b_{10},b_{20},\cdots,b_{m0},0,0,\cdots,0)^{\mathrm{T}}$,相应的目标函数值为 z_0.

若 $\boldsymbol{B}^{-1}\boldsymbol{b}\geqslant 0$,即 $b_{i0}\geqslant 0,i=1,2,\cdots,m$,则 $\boldsymbol{B}$ 为 LP 的可行基,$\boldsymbol{x}$ 为 LP 关于基 $\boldsymbol{B}$ 的基本可行解,称 $\boldsymbol{x}$ 满足可行性(feasibility). 若 $\boldsymbol{c}_B^{\mathrm{T}}\boldsymbol{B}^{-1}\boldsymbol{N}-\boldsymbol{c}_N^{\mathrm{T}}\leqslant 0$,即 $r_j\leqslant 0,j=m+1,m+2,\cdots,n$,则 $\boldsymbol{B}$ 为 LP 的正则基,$\boldsymbol{x}$ 为 LP 关于基 $\boldsymbol{B}$ 的正则解(regular solution),$\boldsymbol{x}$ 满足正则性(regularity). 显然,若 $\boldsymbol{x}$ 时满足可行性和正则性,则 $\boldsymbol{x}$ 为 LP 的最优解,$\boldsymbol{B}$ 为 LP 的最优基,称 $\boldsymbol{x}$ 满足最优性(optimality).

有了上述概念,不难知道,单纯形法实际上是在保持可行性的前提下,通过转轴,使正则性也成立,即得最优解. 据此,若在保持正则性的前提下,通过转轴,使可行性也成立,自然也能得到最优解,这就是对偶单纯形法的基本思想.

设在单纯形表中,正则性成立,即 $r_j\leqslant 0(j=m+1,m+2,\cdots,n)$,下面分三种情况讨论:

情形1 若 $b_{i0}\geqslant 0(i=1,2,\cdots,m)$,则 LP 的最优解为 $\boldsymbol{x}=(b_{10},b_{20},\cdots,b_{m0},0,0,\cdots,0)^{\mathrm{T}}$,最优值为 z_0.

情形2 若 $\exists b_{i0}<0(1\leqslant i\leqslant m)$,且 $b_{ij}\geqslant 0(j=m+1,m+2,\cdots,n)$,则 LP 不可行(表2.3.2).

表2.3.2

$\boldsymbol{x}_B$	x_1	$\cdots$	x_i	$\cdots$	x_m	x_{m+1}	$\cdots$	x_j	$\cdots$	x_n	$\bar{b}$
x_1											b_{10}
$\vdots$											$\vdots$
x_i	0	$\cdots$	1	$\cdots$	0	$b_{i,m+1}$	$\cdots$	b_{ij}	$\cdots$	b_{in}	b_{i0}
$\vdots$											$\vdots$
x_m											b_{m0}
z											

证明 易见约束条件 $x_i+\sum\limits_{j=m+1}^{n}b_{ij}x_j=b_{i0}$ 是矛盾方程,故 LP 不可行.

情形3 其他(表2.3.3)

表2.3.3

x_B	x_1	$\cdots$	x_i	$\cdots$	x_r	$\cdots$	x_m	x_{m+1}	$\cdots$	x_j	$\cdots$	x_k	$\cdots$	x_n	$\bar{b}$
x_1	1	$\cdots$	0	$\cdots$	0	$\cdots$	0	$b_{1,m+1}$	$\cdots$	b_{1j}	$\cdots$	b_{1k}	$\cdots$	b_{1n}	b_{10}
$\vdots$	$\vdots$		$\vdots$		$\vdots$		$\vdots$	$\vdots$		$\vdots$		$\vdots$		$\vdots$	$\vdots$
x_r	0	$\cdots$	0	$\cdots$	1	$\cdots$	0	$b_{r,m+1}$	$\cdots$	b_{rj}	$\cdots$	(b_{rk})	$\cdots$	b_{rn}	b_{r0}
$\vdots$	$\vdots$		$\vdots$		$\vdots$		$\vdots$	$\vdots$		$\vdots$		$\vdots$		$\vdots$	$\vdots$
x_m	0	$\cdots$	0	$\cdots$	0	$\cdots$	1	$b_{m,m+1}$	$\cdots$	b_{mj}	$\cdots$	b_{mk}	$\cdots$	b_{mn}	b_{m0}
z	0	$\cdots$	0	$\cdots$	0	$\cdots$	0	r_{m+1}	$\cdots$	r_j	$\cdots$	r_k	$\cdots$	r_n	z_0

令 $b_{r0} = \min\limits_{1\leqslant i\leqslant m}\{b_{i0}<0\}$,$\dfrac{r_k}{b_{rk}} = \min\limits_{m+1\leqslant j\leqslant n}\left\{\dfrac{r_j}{b_{rj}}\,\middle|\, b_{rj}<0\right\}$,以 b_{rk} 为枢轴元转轴.

转轴方法同单纯形法,此处从略.

由上述讨论,给出对偶单纯形法的步骤如下:

取 LP 的初始正则基为 $\boldsymbol{B}$,作 LP 关于基 $\boldsymbol{B}$ 的单纯形表2.3.1.

步骤1 若 $b_{i0}\geqslant 0(i=1,2,\cdots,m)$,则 LP 的最优解为 $\boldsymbol{x}=(b_{10},b_{20},\cdots,b_{m0},0,0,\cdots,0)^{\mathrm{T}}$,最优值为 z_0;否则,转步骤2.

步骤2 若 $\exists b_{i0}<0(1\leqslant i\leqslant m)$,且 $b_{ij}\geqslant 0(j=m+1,m+2,\cdots,n)$,则 LP 不可行;否则,转步骤3.

步骤3 令 $b_{r0} = \min\limits_{1\leqslant i\leqslant m}\{b_{i0}<0\}$,$\dfrac{r_k}{b_{rk}} = \min\limits_{m+1\leqslant j\leqslant n}\left\{\dfrac{r_j}{b_{rj}}\,\middle|\, b_{rj}<0\right\}$,以 b_{rk} 为枢轴元转轴,转步骤1.

注 不必机械记忆算法的步骤,可对照单纯形法加以记忆;单纯形法中枢轴元为正值,对偶单纯形法中枢轴元为负值.

例2.3.1 利用对偶单纯形法求解线性规划问题

$$\begin{cases}\min\quad z = 2x_1+3x_2+4x_3\\ \text{s. t.}\qquad x_1+2x_2+x_3\geqslant 3\\ \qquad\quad 2x_1-x_2+3x_3\geqslant 4\\ \qquad\quad x_1,x_2,x_3\geqslant 0\end{cases}$$

解 将所给线性规划问题化为标准形

$$LP:\begin{cases}\min\quad z = 2x_1+3x_2+4x_3\\ \text{s. t.}\qquad x_1+2x_2+x_3-x_4=3\\ \qquad\quad 2x_1-x_2+3x_3-x_5=4\\ \qquad\quad x_1,x_2,x_3,x_4,x_5\geqslant 0\end{cases}$$

即

$$\begin{cases}\min & z = 2x_1 + 3x_2 + 4x_3 \\ \text{s. t.} & -x_1 - 2x_2 - x_3 + x_4 = -3 \\ & -2x_1 + x_2 - 3x_3 + x_5 = -4 \\ & x_1, x_2, x_3, x_4, x_5 \geqslant 0\end{cases}$$

取初始正则基为 $\boldsymbol{B} = (\boldsymbol{P}_4, \boldsymbol{P}_5) = \boldsymbol{I}_2$，作单纯形表：

x_B	x_1	x_2	x_3	x_4	x_5	$\bar{b}$
x_4	-1	-2	-1	1	0	-3
x_5	(-2)	1	-3	0	1	-4
z	-2	-3	-4	0	0	0

$\longrightarrow$

x_B	x_1	x_2	x_3	x_4	x_5	$\bar{b}$
x_4	0	$(-\frac{5}{2})$	$\frac{1}{2}$	1	$-\frac{1}{2}$	-1
x_1	1	$-\frac{1}{2}$	$\frac{3}{2}$	0	$-\frac{1}{2}$	2
z	0	-4	-1	0	-1	4

$\longrightarrow$

x_B	x_1	x_2	x_3	x_4	x_5	$\bar{b}$
x_2	0	1	$-\frac{1}{5}$	$-\frac{2}{5}$	$\frac{1}{5}$	$\frac{2}{5}$
x_1	1	0	$\frac{7}{5}$	$-\frac{1}{5}$	$-\frac{2}{5}$	$\frac{11}{5}$
z	0	0	$-\frac{9}{5}$	$-\frac{8}{5}$	$-\frac{1}{5}$	$\frac{28}{5}$

因此，LP 的最优解为$\left(\frac{11}{5}, \frac{2}{5}, 0, 0, 0\right)^{\mathrm{T}}$，最优值为$\frac{28}{5}$.

从而，原线性规划问题的最优解为$\left(\frac{11}{5}, \frac{2}{5}, 0\right)^{\mathrm{T}}$，最优值为$\frac{28}{5}$.

例 2.3.2 利用对偶单纯形法求解线性规划问题

$$\begin{cases}\min & z = x_1 + x_2 \\ \text{s. t.} & x_1 - x_2 \geqslant 1 \\ & -x_1 + x_2 \geqslant 1 \\ & x_1, x_2 \geqslant 0\end{cases}$$

解 将所给线性规划问题化为标准形

$$LP: \begin{cases}\min & z = x_1 + x_2 \\ \text{s. t.} & x_1 - x_2 - x_3 = 1 \\ & -x_1 + x_2 - x_4 = 1 \\ & x_1, x_2, x_3, x_4 \geqslant 0\end{cases}$$

即

$$\begin{cases}\min & z = x_1 + x_2 \\ \text{s.t.} & -x_1 + x_2 + x_3 = -1 \\ & x_1 - x_2 + x_4 = -1 \\ & x_1, x_2, x_3, x_4 \geqslant 0\end{cases}$$

取初始正则基为 $\boldsymbol{B} = (\boldsymbol{P}_4, \boldsymbol{P}_5) = \boldsymbol{I}_2$，作单纯形表：

x_B	x_1	x_2	x_3	x_4	$\bar{b}$
x_3	(−1)	1	1	0	−1
x_4	1	−1	0	1	−1
z	−1	−1	0	0	0

$\longrightarrow$

x_B	x_1	x_2	x_3	x_4	$\bar{b}$
x_1	1	−1	−1	0	1
x_4	0	0	1	1	−2
z	0	−2	−1	0	1

因 $b_{20} = -2 < 0$，且 $b_{2j} \geqslant 0, j = 1,2,3,4$，故 LP 不可行，当然故原线性规划问题也不可行.

例 2.3.3 利用对偶单纯形法求解线性规划问题

$$\begin{cases}\min & z = x_1 + 2x_2 \\ \text{s.t.} & x_1 + 2x_2 \geqslant 4 \\ & x_1 \leqslant 5 \\ & 3x_1 + 2x_2 \geqslant 6 \\ & x_1, x_2 \geqslant 0\end{cases}$$

解 将所给线性规划问题化为标准形

$$LP: \begin{cases}\min & z = x_1 + 2x_2 \\ \text{s.t.} & x_1 + 2x_2 - x_3 = 4 \\ & x_1 + x_4 = 5 \\ & 3x_1 + 2x_2 - x_5 = 6 \\ & x_1, x_2, x_3, x_4, x_5 \geqslant 0\end{cases}$$

即

$$\begin{cases}\min & z = x_1 + 2x_2 \\ \text{s.t.} & -x_1 - 2x_2 + x_3 = -4 \\ & x_1 + x_4 = 5 \\ & -3x_1 - 2x_2 + x_5 = -6 \\ & x_1, x_2, x_3, x_4, x_5 \geqslant 0\end{cases}$$

取初始正则基为 $\boldsymbol{B}=(\boldsymbol{P}_3,\boldsymbol{P}_4,\boldsymbol{P}_5)=\boldsymbol{I}_3$，作单纯形表：

$\boldsymbol{x}_B$	x_1	x_2	x_3	x_4	x_5	$\bar{b}$
x_3	-1	-2	1	0	0	-4
x_4	1	0	0	1	0	5
x_5	$\textcircled{-3}$	-1	0	0	1	-6
z	-1	-2	0	0	0	0

$\longrightarrow$

$\boldsymbol{x}_B$	x_1	x_2	x_3	x_4	x_5	$\bar{b}$
x_3	0	$-\frac{5}{3}$	1	0	$\textcircled{-\frac{1}{3}}$	-2
x_4	0	$-\frac{1}{3}$	0	1	$\frac{1}{3}$	3
x_1	1	$\frac{1}{3}$	0	0	$-\frac{1}{3}$	2
z	0	$-\frac{5}{3}$	0	0	$-\frac{1}{3}$	2

$\longrightarrow$

$\boldsymbol{x}_B$	x_1	x_2	x_3	x_4	x_5	$\bar{b}$
x_5	0	5	-3	0	1	6
x_4	0	-2	1	1	0	1
x_1	1	2	-1	0	0	4
z	0	0	-1	0	0	4

因此，LP 的最优解为 $(4,0,0,1,6)^{\mathrm{T}}$，最优值为 4.

从而，原线性规划问题的最优解为 $(4,0)^{\mathrm{T}}$，最优值为 4.

2.4 对偶问题的经济意义——影子价格

影子价格(shadow price)是 20 世纪 50 年代分别由荷兰数量经济学家詹恩·丁伯根(Jan Tinbergen)和苏联经济学家、数学家康托罗维奇(Kantorovitch)提出的. 在 20 世纪初，市场社会主义理论开始出现，它认为可以通过集中计划的方式来实现资源的有效配置，并通过“试错机制”形成一个均衡价格体系. 这一过程类似于市场竞争均衡过程，可以得到一个一般均衡价格体系. 康托罗维奇利用线性规划方法得到了这个一般均衡价格，后称为影子价格.

我国在 20 世纪 80 年代引进这一理论并将其应用于经济领域. 经济评价是建设项目可行性研究的重要组成部分之一，而国民经济评价则是经济评价的核心. 影子价格是国民经济评价的前提，是不可缺少的重要参数. 1987 年，国家计划委员会颁布了《建设项目经济评价方法与参数》，它要求对建设项目的主要投入物和产出物必须用反映其真实价值的影子价格来计算，以减少乃至避免决策的失误，实现科学决策.

影子价格的概念最早源于数学规划.

根据定理 2.2.6 推论 4，若 $\boldsymbol{B}$ 为标准形 LP 的一个最优基，则 $\boldsymbol{x}=\begin{pmatrix}\boldsymbol{x}_B\\ \boldsymbol{x}_N\end{pmatrix}=\begin{pmatrix}\boldsymbol{B}^{-1}b\\ \boldsymbol{0}\end{pmatrix}$ 为 LP

的一个最优解，$\boldsymbol{y}=(\boldsymbol{c}_B^{\mathrm{T}}\boldsymbol{B}^{-1})^{\mathrm{T}}$ 为对偶问题 DP 的一个最优解（称为 LP 关于最优基 $\boldsymbol{B}$ 的对偶最优解），且最优值为 $\boldsymbol{c}^{\mathrm{T}}\boldsymbol{x}=\boldsymbol{b}^{\mathrm{T}}\boldsymbol{y}=\boldsymbol{c}_B^{\mathrm{T}}\boldsymbol{B}^{-1}\boldsymbol{b}$.

定义 2.4.1 LP 关于最优基 $\boldsymbol{B}$ 的对偶最优解 $\boldsymbol{y}=(\boldsymbol{c}_B^{\mathrm{T}}\boldsymbol{B}^{-1})^{\mathrm{T}}$ 称为 LP 的影子价格，其第 i 个分量 y_i 称为 LP 关于 b_i 的影子价格.

定理 2.4.1 （影子价格的数学意义）影子价格 y_i 表示由 b_i 的单位改变量所引起的最优值的改变量.

证明 由定理 2.2.6 知，$z=\boldsymbol{c}^{\mathrm{T}}\boldsymbol{x}=\boldsymbol{b}^{\mathrm{T}}\boldsymbol{y}=\boldsymbol{b}_1y_1+\boldsymbol{b}_2y_2+\cdots+\boldsymbol{b}_my_m$.

显然，$\dfrac{\partial z}{\partial b_i}=y_i, i=1,2,\cdots,m$.

由偏导数（边际函数）的意义知，b_i 改变一个单位时，z 将（近似）改变 y_i 个单位.

定理 2.4.2 （影子价格的经济意义）影子价格表示在资源得到最优配置，总收益达到最优时，资源的投入量每改变一个单位所带来的总收益的改变量.

注 影子价格实质上是利润关于资源投入量的边际函数—边际利润.

影子价格对企业的经营管理而言是一种十分有价值的信息资源，它可作为企业出售或购进资源的一种客观的定价标准，对企业进入市场有十分重要的参考意义.

例 2.4.1 某厂计划利用 A、B、C 三种原料生产两种产品Ⅰ、Ⅱ，有关数据如表 2.4.1 所列.

表 2.4.1

生产单位产品所需原料的数量（原料 \ 产品）	Ⅰ	Ⅱ	原料的供应量
A	1	1	150
B	2	3	240
C	3	2	300
产品的单价	2.4	1.8	

问：(1)该厂应如何安排生产计划，才能获利最大？(2)求三种原料的影子价格，并解释其经济意义.(3)若该厂计划购买原料以增加供应量，三种原料中的哪一种最值得购买？(4)若某公司欲从该厂购进这三种原料，该厂应如何确定三种原料的价格，才能使得双方都能接受？(5)若该厂计划新投产产品Ⅲ，生产单位产品Ⅲ所需原料的数量分别为 1、1、1，该厂应如何确定产品Ⅲ的单价？

解 (1)设该厂生产产品Ⅰ、Ⅱ的数量分别为 x_1, x_2，则可建立如下线性规划问题模型：

$$\begin{cases}\max \quad z=2.4x_1+1.8x_2\\ \text{s.t.} \qquad x_1+x_2\leqslant 150\\ \qquad\quad 2x_1+3x_2\leqslant 240\\ \qquad\quad 3x_1+2x_2\leqslant 300\\ \qquad\quad x_1,x_2\geqslant 0\end{cases}$$

化为标准形

$$LP:\begin{cases}\min \quad z=-2.4x_1-1.8x_2 \\ \text{s.t.} \quad x_1+x_2+x_3=150 \\ \qquad 2x_1+3x_2+x_4=240 \\ \qquad 3x_1+2x_2+x_5=300 \\ \qquad x_1,x_2,x_3,x_4,x_5\geqslant 0\end{cases}$$

取初始可行基为 $\boldsymbol{B}=(\boldsymbol{P}_3,\boldsymbol{P}_4,\boldsymbol{P}_5)=\boldsymbol{I}_3$，作单纯形表：

$\boldsymbol{x_B}$	x_1	x_2	x_3	x_4	x_5	$\bar{b}$
x_3	1	1	1	0	0	150
x_4	2	3	0	1	0	240
x_5	③	2	0	0	1	300
z	2.4	1.8	0	0	0	0

$\longrightarrow$

$\boldsymbol{x_B}$	x_1	x_2	x_3	x_4	x_5	$\bar{b}$
x_3	0	$\frac{1}{3}$	1	0	$-\frac{1}{3}$	50
x_4	0	$\textcircled{\frac{5}{3}}$	0	1	$-\frac{2}{3}$	40
x_1	1	$\frac{2}{3}$	0	0	$\frac{1}{3}$	100
z	0	0.2	0	0	-0.8	-240

$\longrightarrow$

$\boldsymbol{x_B}$	x_1	x_2	x_3	x_4	x_5	$\bar{b}$
x_3	0	0	1	$-\frac{1}{5}$	$-\frac{1}{5}$	42
x_2	0	1	0	$\frac{3}{5}$	$-\frac{2}{5}$	24
x_1	1	0	0	$-\frac{2}{5}$	$\frac{3}{5}$	84
z	0	0	0	-0.12	-0.72	-244.8

因此，LP 的最优解为 $(84,24,42,0,0)^{\mathrm{T}}$，最优值为 -244.8.

从而，原线性规划问题的最优解为 $(84,24)^{\mathrm{T}}$，最优值为 244.8.

据此，该厂计划只需将产品Ⅰ、Ⅱ的生产数量分别定为 84、24，即可获利最大，且最大利润为 244.8.

（2）由最后一张单纯形表中松弛变量 x_3,x_4,x_5 的检验数知，LP 关于最优基 $\boldsymbol{B}=(\boldsymbol{P}_1,\boldsymbol{P}_2,\boldsymbol{P}_3)$ 的对偶最优解为 $\boldsymbol{y}=(y_1,y_2,y_3)^{\mathrm{T}}=(0,0.12,0.72)^{\mathrm{T}}$，即 LP 关于三种原料 A、B、C 的供应量 $b_1=150,b_2=240,b_3=300$ 的影子价格分别为 $y_1=0,y_2=0.12,y_3=0.72$.

影子价格 $y_1=0$ 的经济意义：原料 A 的供应量 b_1 增加（减少）一个单位对最大利润无影响.

影子价格 $y_2=0.12$ 的经济意义：原料 B 的供应量 b_2 增加（减少）1 个单位时，最大利润将增加(减少)0.12 个单位.

影子价格 $y_3=0.72$ 的经济意义:原料 C 的供应量 b_3 增加(减少)1 个单位时,最大利润将增加(减少)0.72 个单位.

(3) 因原料 C 的影子价格最大,故 C 最值得购买.

(4) 设该厂将 A,B,C 三种原料的价格分别确定为 y_1,y_2,y_3,则可建立线性规划模型为

$$\begin{cases}\min\quad f=150y_1+240y_2+300y_3\\ \text{s. t.}\qquad y_1+2y_2+3y_3\geqslant 2.4\\ \qquad\qquad y_1+3y_2+2y_3\geqslant 1.8\\ \qquad\qquad y_1,y_2,y_3\geqslant 0\end{cases}$$

其中"$\min f=150y_1+240y_2+300y_3$"使该公司购买的原料的费用最小,"$y_1+2y_2+3y_3\geqslant 2.4$, $y_1+2y_2+3y_3\geqslant 2.4$"确保该厂将生产单位产品所需的三种原料直接卖出所得的利润应不小于利用同等数量的原料生产单位产品后再卖出产品所得的利润,即产品的价格.如此,即达到"双方都能接受"的目的.

易见,此线性规划问题恰是问题(1)中线性规划问题的对偶问题. 因此,由问题(2)知,其最优解为 $\boldsymbol{y}=(y_1,y_2,y_3)^{\mathrm{T}}=(0,0.12,0.72)^{\mathrm{T}}$. 故该厂只需将三种原料的价格分别定为0,0.12,0.72,双方即可都能接受.

(5) 产品Ⅲ的单价不应低于 $0\times1+0.12\times1+0.72\times1=0.84$.

2.5 敏感性分析

给定标准形

$$LP:\begin{cases}\min\quad z=\boldsymbol{c}^{\mathrm{T}}\boldsymbol{x}\\ \text{s. t.}\quad \boldsymbol{A}\boldsymbol{x}=\boldsymbol{b}\\ \qquad\quad \boldsymbol{x}\geqslant\boldsymbol{0}\end{cases}$$

即

$$LP:\begin{cases}\min\quad z=\sum\limits_{j=1}^{n}c_jx_j\\ \text{s. t.}\quad \sum\limits_{j=1}^{n}a_{ij}x_j=b_i,\ i=1,2,\cdots,m\\ \qquad\quad x_j\geqslant 0,\ j=1,2,\cdots,n\end{cases}$$

若 LP 有最优解,则总可以利用单纯形法、对偶单纯形法或其他方法求得其最优解和最优值.

显然,若 c_j,a_{ij},b_i 发生变化,则 LP 将随之变化. 那么,已求得的最优解是否亦发生变化呢? 一方面,讨论系数或常数的变化所引起的最优解的变化,即系数或常数在多大范围内变化时,最优解不变;另一方面,当最优解改变时,应如何求得新的最优解,这两个方面就是敏感性分析(灵敏度分析,sensitivity analysis)所要研究的内容.

设求解 LP 最终得单纯形表

x_B	x_B	x_N	$\bar{b}$
x_B	I_m	$B^{-1}N$	$B^{-1}b$
z	0	$c_B^TB^{-1}N-c_N^T$	$c_B^TB^{-1}b$

即

x_B	x_1	x_2	$\cdots$	x_m	x_{m+1}	x_{m+2}	$\cdots$	x_n	$\bar{b}$
x_1	1	0	$\cdots$	0	$b_{1,m+1}$	$b_{1,m+2}$	$\cdots$	b_{1n}	b_{10}
x_2	0	1	$\cdots$	0	$b_{2,m+1}$	$b_{2,m+2}$	$\cdots$	b_{2n}	b_{20}
$\vdots$	$\vdots$	$\vdots$	$\ddots$	$\vdots$	$\vdots$	$\vdots$	$\ddots$	$\vdots$	$\vdots$
x_m	0	0	$\cdots$	1	$b_{m,m+1}$	$b_{m,m+2}$	$\cdots$	b_{mn}	b_{m0}
z	0	0	$\cdots$	0	r_{m+1}	r_{m+2}	$\cdots$	r_n	z_0

据此知，LP 的最优基为 $\boldsymbol{B}=(\boldsymbol{P}_1,\boldsymbol{P}_2,\cdots,\boldsymbol{P}_m)$，最优解为 $\boldsymbol{x}^*=\begin{pmatrix}\boldsymbol{B}^{-1}\boldsymbol{b}\\ \boldsymbol{0}\end{pmatrix}=(b_{10},b_{20},\cdots,b_{m0},0,0,\cdots,0)^{\mathrm{T}}$，最优值为 $\boldsymbol{c}^{\mathrm{T}}\boldsymbol{x}^*=\boldsymbol{c}_B^{\mathrm{T}}\boldsymbol{B}^{-1}\boldsymbol{b}=z_0$.

此外，$\bar{\boldsymbol{b}}=\boldsymbol{B}^{-1}\boldsymbol{b}\geqslant 0\Leftrightarrow b_{i0}\geqslant 0, i=1,2,\cdots,m$（可行性）；

$$(b_{ij})_{m\times(n-m)}=\boldsymbol{B}^{-1}\boldsymbol{N}=\boldsymbol{B}^{-1}(\boldsymbol{P}_{m+1},\boldsymbol{P}_{m+2},\cdots,\boldsymbol{P}_n)=(\boldsymbol{B}^{-1}\boldsymbol{P}_{m+1},\boldsymbol{B}^{-1}\boldsymbol{P}_{m+2},\cdots,\boldsymbol{B}^{-1}\boldsymbol{P}_n)$$

$$\Rightarrow \boldsymbol{B}^{-1}\boldsymbol{P}_j=\begin{pmatrix}b_{1j}\\ b_{2j}\\ \vdots\\ b_{mj}\end{pmatrix}, j=m+1,m+2,\cdots,n;$$

$$(r_{m+1},r_{m+2},\cdots,r_n)=\boldsymbol{c}_B^{\mathrm{T}}\boldsymbol{B}^{-1}\boldsymbol{N}-\boldsymbol{c}_N^{\mathrm{T}}=\boldsymbol{c}_B^{\mathrm{T}}\boldsymbol{B}^{-1}(\boldsymbol{P}_{m+1},\boldsymbol{P}_{m+2},\cdots,\boldsymbol{P}_n)-(\boldsymbol{c}_{m+1},\boldsymbol{c}_{m+2},\cdots,\boldsymbol{c}_n)$$
$$=(\boldsymbol{c}_B^{\mathrm{T}}\boldsymbol{B}^{-1}\boldsymbol{P}_{m+1}-\boldsymbol{c}_{m+1},\boldsymbol{c}_B^{\mathrm{T}}\boldsymbol{B}^{-1}\boldsymbol{P}_{m+2}-\boldsymbol{c}_{m+2},\cdots,\boldsymbol{c}_B^{\mathrm{T}}\boldsymbol{B}^{-1}\boldsymbol{P}_n-\boldsymbol{c}_n)$$
$$\Rightarrow r_j=\boldsymbol{c}_B^{\mathrm{T}}\boldsymbol{B}^{-1}\boldsymbol{P}_j-\boldsymbol{c}_j, j=m+1,m+2,\cdots,n;$$

$\boldsymbol{c}_B^{\mathrm{T}}\boldsymbol{B}^{-1}\boldsymbol{N}-\boldsymbol{c}_N^{\mathrm{T}}\leqslant 0\Leftrightarrow r_j\leqslant 0, j=m+1,m+2,\cdots,n$（正则性）.

下面针对以下三种情形进行敏感性分析.

一、目标函数中决策变量的系数 c 发生变化

不妨设变量 x_k 的系数 c_k 变为 $c'_k=c_k+\Delta c_k$，变化后的线性规划问题为 LP_c.

情形1　在最终的单纯形表中，x_k 为非基变量

当 x^* 仍为 LP_c 的最优解时，B 仍为 LP_c 的最优基，又因 x_k 为非基变量，故 c_B 未发生变化，仅检验数 r_k 发生变化，且新的 r_k 为 $r'_k=\boldsymbol{c}_B^{\mathrm{T}}\boldsymbol{B}^{-1}\boldsymbol{P}_k-\boldsymbol{c}'_k=\boldsymbol{c}_B^{\mathrm{T}}\boldsymbol{B}^{-1}\boldsymbol{P}_k-(\boldsymbol{c}_k+\Delta c_k)=(c_B^{\mathrm{T}}B^{-1}P_k-c_k)-\Delta c_k=r_k-\Delta c_k$.

要使 $\boldsymbol{B}$ 仍为 LP_c 的最优基，只需 $r'_k\leqslant 0$，即 $\Delta c_k\geqslant r_k$，或 $c'_k\geqslant c_k+r_k$.

若 Δc_k 超出上述范围，则正则性将不再成立，但可行性仍成立，$\boldsymbol{B}$ 仍为 LP_c 的可行基，可在最终的单纯形表中将 r_k 改为 $r'_k=r_k-\Delta c_k$，继续利用单纯形法求解.

情形 2　在最终的单纯形表中,x_k 为基变量

当 $\boldsymbol{B}$ 仍为 LP_c 的最优基时,因 x_k 为基变量,故 $\boldsymbol{c_B}$ 发生变化,且新的 c_B 为

$$\boldsymbol{c'_B}=\begin{pmatrix}c_1\\ \vdots\\ c'_k\\ \vdots\\ c_m\end{pmatrix}=\begin{pmatrix}c_1\\ \vdots\\ c_k+\Delta c_k\\ \vdots\\ c_m\end{pmatrix}=\begin{pmatrix}c_1\\ \vdots\\ c_k\\ \vdots\\ c_m\end{pmatrix}+\begin{pmatrix}0\\ \vdots\\ \Delta c_k\\ \vdots\\ 0\end{pmatrix}=\begin{pmatrix}c_1\\ \vdots\\ c_k\\ \vdots\\ c_m\end{pmatrix}+\Delta c_k\begin{pmatrix}0\\ \vdots\\ 1\\ \vdots\\ 0\end{pmatrix}=\boldsymbol{c_B}+\Delta c_k\boldsymbol{e}_k$$

其中

$$\boldsymbol{e}_k=\begin{pmatrix}0\\ \vdots\\ 1\\ \vdots\\ 0\end{pmatrix}(\text{第 } k \text{ 个分量为}1).$$

显然,目标函数值 z_0 和检验数 $r_j(j=m+1,m+2,\cdots,n)$ 都将发生变化,且新的 z_0 和 r_j 分别为

$$\begin{aligned}z'_0&=\boldsymbol{c'}^{\mathrm T}_{\boldsymbol B}\boldsymbol{B}^{-1}\boldsymbol{b}=(\boldsymbol{c_B}+\Delta c_k\boldsymbol{e}_k)^{\mathrm T}\boldsymbol{B}^{-1}\boldsymbol{b}=\boldsymbol{c}^{\mathrm T}_{\boldsymbol B}\boldsymbol{B}^{-1}\boldsymbol{b}+\Delta c_k\boldsymbol{e}_k^{\mathrm T}\boldsymbol{B}^{-1}\boldsymbol{b}\\ &=z_0+\Delta c_k(0,\cdots,1,\cdots0)\begin{pmatrix}b_{10}\\ \vdots\\ b_{k0}\\ \vdots\\ b_{m0}\end{pmatrix}=z_0+\Delta c_kb_{k0};\end{aligned}$$

$$\begin{aligned}r'_j&=\boldsymbol{c'}^{\mathrm T}_{\boldsymbol B}\boldsymbol{B}^{-1}\boldsymbol{P}_j-c_j=(\boldsymbol{c_B}+\Delta c_k\boldsymbol{e}_k)^{\mathrm T}\boldsymbol{B}^{-1}\boldsymbol{P}_j-c_j=(\boldsymbol{c}^{\mathrm T}_{\boldsymbol B}\boldsymbol{B}^{-1}\boldsymbol{P}_j-c_j)+\Delta c_k\boldsymbol{e}_k^{\mathrm T}\boldsymbol{B}^{-1}\boldsymbol{P}_j\\ &=r_j+\Delta c_k\boldsymbol{e}_k^{\mathrm T}\boldsymbol{B}^{-1}\boldsymbol{P}_j=r_j+\Delta c_k(0,\cdots,1,\cdots,0)\begin{pmatrix}b_{1j}\\ \vdots\\ b_{kj}\\ \vdots\\ b_{1n}\end{pmatrix}\\ &=r_j+\Delta c_kb_{kj},j=m+1,m+2,\cdots,n\end{aligned}$$

要使 $\boldsymbol{B}$ 仍为 LP_c 的最优基,只需 $r'_j\leqslant 0(j=m+1,m+2,\cdots,n)$,即

$$\begin{cases}\Delta c_k\leqslant-\dfrac{r_j}{b_{kj}}, & b_{kj}>0;\\ \Delta c_k\geqslant-\dfrac{r_j}{b_{kj}}, & b_{kj}<0,\end{cases}\qquad j=m+1,m+2,\cdots,n$$

或 $\max\limits_{m+1\leqslant j\leqslant n}\left\{-\dfrac{r_j}{b_{kj}}\middle|\,b_{kj}<0\right\}\leqslant\Delta c_k\leqslant\min\limits_{m+1\leqslant j\leqslant n}\left\{-\dfrac{r_j}{b_{kj}}\middle|\,b_{kj}>0\right\}$.

若 Δc_k 超出上述范围,则正则性将不再成立,但可行性仍成立,$\boldsymbol{B}$ 仍为 LP_c 的可行基,可在最终的单纯形表中将 r_j 改为 r'_j,将 z_0 改为 z'_0,继续利用单纯形法求解.

二、约束方程组的右端的常数 $\boldsymbol{b}$ 发生变化

不妨设约束方程组中第 k 个方程的右端常数 b_k 变为 $b'_k = b_k + \Delta b_k$，变化后的线性规划问题为 LP_b，则

$$\boldsymbol{b}' = \begin{pmatrix} b_1 \\ \vdots \\ b'_k \\ \vdots \\ b_m \end{pmatrix} = \begin{pmatrix} b_1 \\ \vdots \\ b_k + \Delta b_k \\ \vdots \\ b_m \end{pmatrix} = \begin{pmatrix} b_1 \\ \vdots \\ b_k \\ \vdots \\ b_m \end{pmatrix} + \begin{pmatrix} 0 \\ \vdots \\ \Delta b_k \\ \vdots \\ 0 \end{pmatrix} = \boldsymbol{b} + \Delta b_k \begin{pmatrix} 0 \\ \vdots \\ 1 \\ \vdots \\ 0 \end{pmatrix} = \boldsymbol{b} + \Delta b_k \boldsymbol{e}_k$$

当 $\boldsymbol{B}$ 仍为 LP_b 的最优基时，因 $\boldsymbol{c_B}$ 未发生变化，故检验数 $r_j(j = m+1, m+2, \cdots, n)$ 不发生变化，但 z_0 和 $\bar{\boldsymbol{b}}$ 都将发生变化，且新的 z_0 和 $\bar{\boldsymbol{b}}$ 分别为

$$z'_0 = \boldsymbol{c}_{\boldsymbol{B}}^{\mathrm{T}}\boldsymbol{B}^{-1}\boldsymbol{b}' = \boldsymbol{c}_{\boldsymbol{B}}^{\mathrm{T}}\boldsymbol{B}^{-1}(\boldsymbol{b} + \Delta b_k \boldsymbol{e}_k) = \boldsymbol{c}_{\boldsymbol{B}}^{\mathrm{T}}\boldsymbol{B}^{-1}\boldsymbol{b} + \Delta b_k \boldsymbol{c}_{\boldsymbol{B}}^{\mathrm{T}}\boldsymbol{B}^{-1}\boldsymbol{e}_k$$

$$= z_0 + \Delta b_k (c_1, c_2, \cdots, c_m) \begin{pmatrix} w_{11} & w_{12} & \cdots & w_{1m} \\ w_{21} & w_{22} & \cdots & w_{2m} \\ \cdots & \cdots & \cdots & \cdots \\ w_{m1} & w_{m2} & \cdots & w_{mm} \end{pmatrix} \begin{pmatrix} 0 \\ \vdots \\ 1 \\ \vdots \\ 0 \end{pmatrix}$$

$$= z_0 + \Delta b_k (c_1, c_2, \cdots, c_m) \begin{pmatrix} w_{1k} \\ w_{2k} \\ \vdots \\ w_{mk} \end{pmatrix} = z_0 + \Delta b_k \sum_{i=1}^{m} c_i w_{ik}$$

$$\bar{\boldsymbol{b}}' = \boldsymbol{B}^{-1}\boldsymbol{b}' = \boldsymbol{B}^{-1}(\boldsymbol{b} + \Delta b_k \boldsymbol{e}_k) = B^{-1}\boldsymbol{b} + \Delta b_k \boldsymbol{B}^{-1}\boldsymbol{e}_k$$

$$= \bar{\boldsymbol{b}} + \Delta b_k \begin{pmatrix} w_{11} & w_{12} & \cdots & w_{1m} \\ w_{21} & w_{22} & \cdots & w_{2m} \\ \vdots & \vdots & \ddots & \vdots \\ w_{m1} & w_{m2} & \cdots & w_{mm} \end{pmatrix} \begin{pmatrix} 0 \\ \vdots \\ 1 \\ \vdots \\ 0 \end{pmatrix} = \begin{pmatrix} b_{10} \\ b_{20} \\ \vdots \\ b_{m0} \end{pmatrix} + \Delta b_k \begin{pmatrix} w_{1k} \\ w_{2k} \\ \vdots \\ w_{mk} \end{pmatrix} = \begin{pmatrix} b_{10} + \Delta b_k w_{1k} \\ b_{20} + \Delta b_k w_{2k} \\ \vdots \\ b_{m0} + \Delta b_k w_{mk} \end{pmatrix}$$

$$\Rightarrow b'_{i0} = b_{i0} + \Delta b_k w_{ik},\ i = 1, 2, \cdots, m$$

其中 $\boldsymbol{B}^{-1} = (w_{ij})_{m \times m}$.

要使 $\boldsymbol{B}$ 仍为 LP_b 的最优基，只需 $\bar{b}'_{i0} \geqslant 0, i = 1, 2, \cdots, m$，即

$$b_{i0} + \Delta b_k w_{ik} \geqslant 0, i = 1, 2, \cdots, m$$

或

$$\begin{cases} \Delta b_k \geqslant -\dfrac{b_{i0}}{w_{ik}}, & w_{ik} > 0; \\ \Delta b_k \leqslant -\dfrac{b_{i0}}{w_{ik}}, & w_{ik} < 0, \end{cases} \quad i = 1, 2, \cdots, m$$

或

$$\max_{1\leqslant i\leqslant m}\left\{-\frac{b_{i0}}{w_{ik}}\middle| w_{ik}>0\right\}\leqslant \Delta b_k \leqslant \min_{1\leqslant i\leqslant m}\left\{-\frac{b_{i0}}{w_{ik}}\middle| w_{ik}<0\right\}$$

（当 Δb_k 在上述范围内变化时，最优基不变，但最优解和最优值都会发生变化，且新的最优解中基变量的值为 $\bar{\boldsymbol{b}}'=\boldsymbol{B}^{-1}\boldsymbol{b}'$，新的最优值为 $z'_0=\boldsymbol{c}_{\boldsymbol{B}}^{\mathrm{T}}\boldsymbol{B}^{-1}\boldsymbol{b}'$.）

若 Δb_k 超出上述范围，则可行性将不再成立，但正则性仍成立，$\boldsymbol{B}$ 仍为 LP_b 的正则基，可在最终的单纯形表中将 $\bar{\boldsymbol{b}}$ 改为 $\bar{\boldsymbol{b}}'$，将 z_0 改为 z'_0，继续利用对偶单纯形法求解.

三、约束方程组的系数矩阵 *A* 发生变化

不妨设 $\boldsymbol{A}$ 的第 k 列 $\boldsymbol{P}_k=\begin{pmatrix}a_{1k}\\a_{2k}\\\vdots\\a_{mk}\end{pmatrix}$变为 $\boldsymbol{P}'_k=\begin{pmatrix}a'_{1k}\\a'_{2k}\\\vdots\\a'_{mk}\end{pmatrix}$，变化后的线性规划问题为 LP_A.

情形 1　在最终的单纯形表中，x_k 为非基变量

当 $\boldsymbol{B}$ 仍为 LP_A 的最优基时，$\bar{\boldsymbol{b}}$ 未发生变化，又因 x_k 为非基变量，故最终的单纯形表中的第 k 列 $\boldsymbol{B}^{-1}\boldsymbol{P}_k=\begin{pmatrix}b_{1k}\\b_{2k}\\\vdots\\b_{mk}\end{pmatrix}$和检验数 r_k 将发生变化，且新的第 k 列和 r_k 分别为

$$\boldsymbol{B}^{-1}\boldsymbol{P}'_k=\boldsymbol{B}^{-1}\begin{pmatrix}a'_{1k}\\a'_{2k}\\\vdots\\a'_{mk}\end{pmatrix}$$

$$r'_k=\boldsymbol{c}_{\boldsymbol{B}}^{\mathrm{T}}\boldsymbol{B}^{-1}\boldsymbol{P}'_k-c_k=\boldsymbol{c}_{\boldsymbol{B}}^{\mathrm{T}}\boldsymbol{B}^{-1}\begin{pmatrix}a'_{1k}\\a'_{2k}\\\vdots\\a'_{mk}\end{pmatrix}-c_k$$

要使 $\boldsymbol{B}$ 仍为 LP_A 的最优基，只需 $r'_k\leqslant 0$.

若 r'_k 超出上述范围，则正则性将不再成立，但可行性仍成立，$\boldsymbol{B}$ 仍为 LP_A 的可行基，可在最终的单纯形表中将 r_j 改为 r'_j，将第 k 列改为 $\boldsymbol{B}^{-1}\boldsymbol{P}'_k$，继续利用单纯形法求解.

情形 2　在最终的单纯形表中，x_k 为基变量

此时，最优基 $\boldsymbol{B}$ 的可行性和正则性都有可能被破坏，问题变得十分复杂，一般不去修改最终的单纯形表，而是重新计算，此处不再讨论.

除上述三种情形外，敏感性分析还包括增加新的决策变量、增加新的约束条件、若干系数和常数同时发生变化等情形，此处从略.

此外，LINGO 软件具有很强的敏感性分析处理功能，详见附录.

例 2.5.1　设利用单纯形法求解线性规划问题

$$\begin{cases}\min & z = -2x_1 - 3x_2 - x_3 \\ \text{s. t.} & x_1 + x_2 + x_3 \leqslant 3 \\ & x_1 + 4x_2 + 7x_3 \leqslant 9 \\ & x_1, x_2, x_3 \geqslant 0\end{cases}$$

最终得单纯形表

x_B	x_1	x_2	x_3	x_4	x_5	$\bar{b}$
x_1	1	0	-1	$\frac{4}{3}$	$-\frac{1}{3}$	1
x_2	0	1	2	$-\frac{1}{3}$	$\frac{1}{3}$	2
z	0	0	-3	$-\frac{5}{3}$	$-\frac{1}{3}$	-8

试回答下列问题：

(1) 对目标函数中决策变量 x_3 的系数 c_3 作敏感性分析；

(2) 若目标函数变为 $z = -2x_1 - 3x_2 - 2x_3$,那么最优解如何变化?

(3) 若目标函数变为 $z = -2x_1 - 3x_2 - 6x_3$,那么最优解如何变化?

(4) 对目标函数中决策变量 x_1 的系数 c_1 作敏感性分析；

(5) 若目标函数变为 $z = -3x_1 - 3x_2 - x_3$,那么最优解如何变化?

(6) 若目标函数变为 $z = -3x_2 - x_3$,那么最优解如何变化?

(7) 对约束方程组的右端的常数 b_2 作敏感性分析；

(8) 若约束方程组的右端的常数变为 $\boldsymbol{b} = \begin{pmatrix}3\\6\end{pmatrix}$,那么最优解如何变化?

(9) 若约束方程组的右端的常数变为 $\boldsymbol{b} = \begin{pmatrix}3\\13\end{pmatrix}$,那么最优解如何变化?

解 (1) x_3 为非基变量. 要使最优解不变,应有 $\Delta c_3 \geqslant r_3 = -3$.

(2) $c_3 = -1, c'_3 = -2, \Delta c_3 = -1$,故最优解不变.

(3) $c_3 = -1, c'_3 = -6, \Delta c_3 = -5$,故最优解将发生变化.

$r'_3 = r_3 - \Delta c_3 = 2$. 新的单纯形表为

x_B	x_1	x_2	x_3	x_4	x_5	$\bar{b}$
x_1	1	0	-1	$\frac{4}{3}$	$-\frac{1}{3}$	1
x_2	0	1	②	$-\frac{1}{3}$	$\frac{1}{3}$	2
z	0	0	2	$-\frac{5}{3}$	$-\frac{1}{3}$	-8

转轴,得

x_B	x_1	x_2	x_3	x_4	x_5	$\bar{b}$
x_1	1	$\frac{1}{2}$	0	$\frac{7}{5}$	$-\frac{1}{6}$	2
x_3	0	$\frac{1}{2}$	1	$-\frac{1}{6}$	$\frac{1}{6}$	1
z	0	-1	0	$-\frac{4}{3}$	$-\frac{2}{3}$	-10

故新的最优解为$(2,0,1)^T$,最优值为-10.

(4) x_1 为基变量.

要使最优解不变,应有 $-1=\max\left\{-\frac{-3}{-1},-\frac{-\frac{1}{3}}{-\frac{1}{3}}\right\}\leqslant \Delta c_1\leqslant \min\left\{-\frac{-\frac{5}{3}}{\frac{4}{3}}\right\}=\frac{5}{4}$.

(5) $c_1=-2,c'_1=-3,\Delta c_1=-1$,故最优解不变.

(6) $c_1=-2,c'_1=0,\Delta c_1=2$,故最优解将发生变化.

$$z'_0=z_0+\Delta c_1 b_{10}=-10+2\times 2=-6$$

$$r'_3=r_3+\Delta c_1 b_{13}=-3+2\times(-1)=-5$$

$$r'_4=r_4+\Delta c_1 b_{14}=-\frac{5}{3}+2\times\frac{4}{3}=1$$

$$r'_5=r_5+\Delta c_1 b_{15}=-\frac{1}{3}+2\times\left(-\frac{1}{3}\right)=-1$$

新的单纯形表为

x_B	x_1	x_2	x_3	x_4	x_5	$\bar{b}$
x_1	1	0	-1	$\textcircled{\frac{4}{3}}$	$-\frac{1}{3}$	1
x_2	0	1	2	$-\frac{1}{3}$	$\frac{1}{3}$	2
z	0	0	-5	1	-1	-6

转轴,得

x_B	x_1	x_2	x_3	x_4	x_5	$\bar{b}$
x_4	$\frac{3}{4}$	0	$-\frac{3}{4}$	1	$-\frac{1}{4}$	$\frac{3}{4}$
x_2	$\frac{1}{4}$	1	$\frac{7}{4}$	0	$\frac{1}{4}$	$\frac{9}{4}$
z	$-\frac{3}{4}$	0	$-\frac{17}{4}$	0	$-\frac{3}{4}$	$-\frac{27}{4}$

故新的最优解为$\left(0,\frac{9}{4},0\right)^T$,最优值为$-\frac{27}{4}$.

(7) $\boldsymbol{b}=\begin{pmatrix}3\\9\end{pmatrix},b_2=9,\boldsymbol{B}^{-1}=\begin{pmatrix}\frac{4}{3} & -\frac{1}{3}\\ -\frac{1}{3} & \frac{1}{3}\end{pmatrix}$.

要使最优基不变,应有 $-6=\max\left\{-\frac{2}{\frac{1}{3}}\right\}\leqslant \Delta b_2\leqslant \min\left\{-\frac{1}{-\frac{1}{3}}\right\}=3$.

(8) $\boldsymbol{b}'=\begin{pmatrix}3\\6\end{pmatrix},b_2=9,b'_2=6,\Delta b_2=-3$,故最优基不变.

$$\bar{\boldsymbol{b}}' = \boldsymbol{B}^{-1}\boldsymbol{b}' = \begin{pmatrix} \frac{4}{3} & -\frac{1}{3} \\ -\frac{1}{3} & \frac{1}{3} \end{pmatrix}\begin{pmatrix} 3 \\ 6 \end{pmatrix} = \begin{pmatrix} 2 \\ 1 \end{pmatrix}$$，故新的最优解为$(2,1,0)^{\mathrm{T}}$，最优值为 -7.

(9) $\boldsymbol{b}' = \begin{pmatrix} 3 \\ 13 \end{pmatrix}$，$b_2 = 9$，$b'_2 = 13$，$\Delta b_2 = 4$，故最优基将发生变化.

$$z'_0 = z_0 + \Delta b_2 \sum_{i=1}^{2} c_i w_{i2} = -8 + 4 \times \left[(-2) \times \left(-\frac{1}{3}\right) + (-3) \times \frac{1}{3}\right] = -\frac{28}{3}$$

$$b'_{10} = b_{10} + \Delta b_2 w_{12} = 1 + 4 \times \left(-\frac{1}{3}\right) = -\frac{1}{3}$$

$$b'_{20} = b_{20} + \Delta b_2 w_{22} = 2 + 4 \times \frac{1}{3} = \frac{10}{3}$$

新的单纯形表为

$\boldsymbol{x_B}$	x_1	x_2	x_3	x_4	x_5	$\bar{b}$
x_1	1	0	-1	$\frac{4}{3}$	($-\frac{1}{3}$)	$-\frac{1}{3}$
x_2	0	1	2	$-\frac{1}{3}$	$\frac{1}{3}$	$\frac{10}{3}$
z	0	0	-3	$-\frac{5}{3}$	$-\frac{1}{3}$	$-\frac{28}{3}$

转轴，得

$\boldsymbol{x_B}$	x_1	x_2	x_3	x_4	x_5	$\bar{b}$
x_5	-3	0	3	-4	1	1
x_2	1	1	1	1	0	3
z	-1	0	-2	-3	0	-9

故新的最优解为$(0,3,0)^{\mathrm{T}}$，最优值为 -9.

练习 2

1. 写出下列原问题的对偶问题：

(1) $$\begin{cases} \max & z = 2x_1 + 3x_2 \\ \text{s.t.} & x_1 + 2x_2 \leqslant 8 \\ & 4x_1 \leqslant 16 \\ & 4x_2 \leqslant 12 \\ & x_1, x_2 \geqslant 0 \end{cases}$$

(2) $\begin{cases} \min \quad z = 2x_1 + 3x_2 - 5x_3 + x_4 \\ \text{s.t.} \quad x_1 + x_2 - 3x_3 + x_4 \geqslant 5 \\ \quad 2x_1 + 2x_3 - x_4 \leqslant 4 \\ \quad x_2 + x_3 + x_4 = 4 \\ \quad x_1, x_2, x_3 \geqslant 0 \end{cases}$

2. 求证:线性规划问题 $\begin{cases} \max \quad z = 3x_1 + 2x_2 \\ \text{s.t.} \quad -x_1 + 2x_2 \leqslant 4 \\ \quad 3x_1 + 2x_2 \leqslant 14 \\ \quad x_1 - x_2 \leqslant 3 \\ \quad x_1, x_2 \geqslant 0 \end{cases}$ 与其对偶问题都有最优解.

3. 给定线性规划问题 $\begin{cases} \min \quad z = 2x_1 + 3x_2 + 5x_3 + 2x_4 + 3x_5 \\ \text{s.t.} \quad x_1 + x_2 + 2x_3 + x_4 + 3x_5 \geqslant 4 \\ \quad 2x_1 - x_2 + 3x_3 + x_4 + x_5 \geqslant 3 \\ \quad x_1, x_2, x_3, x_4, x_5 \geqslant 0 \end{cases}$,(1)利用图解法求解其对偶问题;(2)利用对偶理论求解该线性规划问题.

4. 试利用对偶理论证明线性规划问题 $\begin{cases} \min \quad z = -x_1 - x_2 \\ \text{s.t.} \quad -x_1 + x_2 + x_3 \leqslant 2 \\ \quad -2x_1 + x_2 - x_3 \leqslant 1 \\ \quad x_1, x_2, x_3 \geqslant 0 \end{cases}$ 无下界.

5. 给定线性规划问题 $\begin{cases} \min \quad z = 2x_1 - 3x_2 - 5x_3 \\ \text{s.t.} \quad x_1 - x_2 + x_3 \leqslant 2 \\ \quad x_1, x_2, x_3 \geqslant 0 \end{cases}$,(1)写出其对偶问题,并说明对偶问题一定不可行;(2)判断此线性规划问题是否存在最优解.

6. 设 $\hat{\boldsymbol{x}} = (2,0)^{\mathrm{T}}, \hat{\boldsymbol{y}} = \left(\frac{7}{5},0\right)^{\mathrm{T}}$ 分别为线性规划问题 $\begin{cases} \max \quad z = 4x_1 + 7x_2 \\ \text{s.t.} \quad 3x_1 + 5x_2 \leqslant 6 \\ \quad x_1 + 2x_2 \leqslant 8 \\ \quad x_1, x_2 \geqslant 0 \end{cases}$ 和 $\begin{cases} \min \quad f = 6y_1 + 8y_2 \\ \text{s.t.} \quad 3y_1 + y_2 \geqslant 4 \\ \quad 5y_1 + 2y_2 \geqslant 7 \\ \quad y_1, y_2 \geqslant 0 \end{cases}$ 的可行解,试确定这两个线性规划问题的最优值的大体范围.

7. 设线性规划问题 $\begin{cases} \max \quad z = x_1 + 2x_2 + 3x_3 + 4x_4 \\ \text{s.t.} \quad x_1 + 2x_2 + 2x_3 + 3x_4 \leqslant 20 \\ \quad 2x_1 + x_2 + 3x_3 + 2x_4 \leqslant 20 \\ \quad x_1, x_2, x_3, x_4 \geqslant 0 \end{cases}$ 的对偶问题的最优解为 $\boldsymbol{y} = (y_1, y_2)^{\mathrm{T}} = \left(\frac{6}{5}, \frac{1}{5}\right)^{\mathrm{T}}$,试求其最优解.

8. 设线性规划问题$\begin{cases}\max & z = 2x_1 + x_2 + 2x_3 \\ \text{s.t.} & x_1 + x_2 - x_3 = 4 \\ & x_1 + x_2 + kx_3 \leqslant 6 \\ & x_1, x_2, x_2 \geqslant 0\end{cases}$的最优解为$(5,0,1)^{\mathrm{T}}$,试求$k$的值,并求其对偶问题的最优解.

9. 试证线性规划问题$\begin{cases}\min & z = \sum\limits_{j=m+1}^{n} c_j x_j \\ \text{s.t.} & x_i + \sum\limits_{j=m+1}^{n} a_{ij} x_j = b_i, i = 1,2,\cdots,m \\ & x_j \geqslant 0, j = 1,2,\cdots,n\end{cases}$的对偶问题有唯一最优解,并求此最优解,其中$m > n, c_j > 0 (j = m+1, m+2, \cdots, n), b_i > 0 (i = 1,2,\cdots, m)$.

10. 利用对偶单纯形法求解下列线性规划问题:

(1) $$\begin{cases}\min & z = 3x_1 + x_2 \\ \text{s.t.} & x_1 + x_2 \geqslant 1 \\ & 2x_1 + 3x_2 \geqslant 2 \\ & x_1, x_2 \geqslant 0\end{cases}$$

(2) $$\begin{cases}\min & z = 2x_1 + 3x_2 \\ \text{s.t.} & x_1 \geqslant 125 \\ & x_1 + x_2 \geqslant 350 \\ & 2x_1 + x_2 \leqslant 600 \\ & x_1, x_2 \geqslant 0\end{cases}$$

(3) $$\begin{cases}\min & z = x_1 + x_2 + x_3 \\ \text{s.t.} & 3x_1 + x_2 + x_3 \geqslant 0 \\ & -x_1 + 4x_2 + x_3 \geqslant 1 \\ & x_1, x_2, x_3 \geqslant 0\end{cases}$$

(4) $$\begin{cases}\min & z = 15x_1 + 24x_2 + 5x_3 \\ \text{s.t.} & 6x_2 + x_3 \geqslant 2 \\ & 5x_1 + 2x_2 + x_3 \geqslant 1 \\ & x_1, x_2, x_3 \geqslant 0\end{cases}$$

11. 某化工厂计划生产A、B两种产品,可用总工时为600h. 生产1kg产品A需耗时2h,投入成本2元;生产1kg产品B需耗时1h,投入成本3元. 公司要求产品A、B的总产量至少为350kg,此外公司的一个老客户已预订了125kg产品A. 问:应如何安排生产计划,才能既满足公司和客户的需求,又使投入的总成本最低?

12. 某厂计划生产A、B两种产品,单位产品的能源消耗和销售价格如下:

	A	B	资源限量
煤	9	4	300
电	4	5	200
油	3	10	300
单价	7	12	

问:(1) 为该厂制定一个最优的生产计划;(2)求煤、电、油的影子价格,并解释其经济意义;(3)若电价为1,有无必要提高电的限量?(4)若计划生产一种新产品 C,单位产品 C 消耗煤、电、油量分别为3、1、5,应如何确定 C 的价格?

13. 设利用单纯形法求解线性规划问题

$$\begin{cases} \min \quad z = -6x_1 - 14x_2 - 13x_3 \\ \text{s.t.} \quad \frac{1}{2}x_1 + 2x_2 + x_3 \leqslant 24 \\ \qquad x_1 + 2x_2 + 4x_3 \leqslant 60 \\ \qquad x_1, x_2, x_3 \geqslant 0 \end{cases}$$

最终得单纯形表

$\boldsymbol{x}_B$	x_1	x_2	x_3	x_4	x_5	$\bar{b}$
x_1	1	6	0	4	-1	36
x_3	0	-1	1	-1	$\frac{1}{2}$	6
z	0	-9	0	-11	$-\frac{1}{2}$	-294

若目标函数变为 $f = 6x_1 + (14 + 3\theta)x_2 + 13x_3$,问:$\theta$ 在什么范围内变化时,最优解不变?

14. 设利用单纯形法求解线性规划问题

$$\begin{cases} \min \quad z = -x_1 - x_3 \\ \text{s.t.} \quad x_1 + 2x_2 \leqslant 5 \\ \qquad \frac{1}{2}x_2 + x_3 = 3 \\ \qquad x_1, x_2, x_3 \geqslant 0 \end{cases}$$

最终得单纯形表

$\boldsymbol{x}_B$	x_1	x_2	x_3	x_4	$\bar{b}$
x_2	$\frac{1}{2}$	1	0	$\frac{1}{2}$	$\frac{5}{2}$
x_3	$-\frac{1}{4}$	0	1	$-\frac{1}{4}$	$\frac{7}{4}$
z	$-\frac{5}{4}$	0	0	$-\frac{1}{4}$	$-\frac{7}{4}$

问:(1)将 c_1 由 1 变为 $-\frac{5}{4}$,最优解如何变化?(2) 将 $\boldsymbol{b}$ 由 $\begin{pmatrix}5\\3\end{pmatrix}$ 变为 $\begin{pmatrix}2\\3\end{pmatrix}$,最优解如何变化?(3) 将 $\boldsymbol{b}$ 由 $\begin{pmatrix}5\\3\end{pmatrix}$ 变为 $\begin{pmatrix}2\\1\end{pmatrix}$,最优解如何变化?(4) 将 c_1 由 1 变为 $-\frac{5}{4}$,c_3 由 1 变为 2,最优解如何变化?

第 3 章　整数规划

整数规划是近 30 年来发展起来的一个数学规划分支，它不仅在工程设计和科学研究方面有许多应用，而且在系统可靠性、编码和经济分析等方面也有新的应用. 本章主要介绍整数线性规划问题及其两个算法.

3.1　整数规划问题

定义 3.1.1　全部或部分决策变量取整数值的数学规划称为整数规划(integer programming)，其中变量取整数值的线性规划问题称为整数线性规划(integer linear programming).

除非特别说明，本章述及的整数规划都是整数线性规划.

整数规划的分类：

(1) 纯整数规划(pure integer programming)：全部变量均取整数值的整数规划，记作

$$IP:\begin{cases}\min & z = \boldsymbol{c}^{\mathrm{T}}\boldsymbol{x}\\ \text{s. t.} & \boldsymbol{A}\boldsymbol{x} = \boldsymbol{b}\\ & \boldsymbol{x} \geqslant \boldsymbol{0},\text{整数}\end{cases}$$

(2) 混合整数规划(mixed integer programming)：部分变量取整数值的整数规划.

(3) 0－1 规划(0－1 programming)：全部变量均取 0、1 的整数规划，记作

$$\begin{cases}\min & z = \boldsymbol{c}^{\mathrm{T}}\boldsymbol{x}\\ \text{s. t.} & \boldsymbol{A}\boldsymbol{x} = \boldsymbol{b}\\ & x_j = 0,1, j = 1,2,\cdots,n\end{cases}$$

例 3.1.1　某公司拟用集装箱托运甲、乙两种货物，货物的体积、质量、可获利润及托运所受限制如下：

货物	体积/(m^3/箱)	质量/(t/箱)	利润/(元/箱)
甲	5	2	20
乙	4	5	10
托运受限	$24m^3$	13t	

问：应如何制定托运方案，才能满足托运受限，且利润最大?

解　设甲、乙两种货物的托运箱数分别为 x_1,x_2，则可建立如下纯整数规划模型：

$$\begin{cases}\max \quad z = 20x_1 + 10x_2 \\ \text{s. t.} \quad 5x_1 + 4x_2 \leqslant 24 \\ \quad 2x_1 + 5x_2 \leqslant 13 \\ \quad x_1, x_2 \geqslant 0, \text{整数}\end{cases}$$

例 3.1.2 （背包问题,knapsack problem）今将 n 件物品选择性地装入容积为 a 的背包中. 第 i 件物品的体积为 a_i,价值为 c_i,$i=1,2,\cdots,n$. 问:应如何将物品装入背包中,才能使装入物品的总体积不超过背包的容积,且总价值最大?

解 令 $x_i=\begin{cases}1, & \text{装入第 } i \text{ 件物品;} \\ 0, & \text{否则,}\end{cases}$ $i=1,2,\cdots,n$,则可建立如下 0－1 规划模型:

$$\begin{cases}\max \quad z = \sum_{i=1}^{n} c_i x_i \\ \text{s. t.} \quad \sum_{i=1}^{n} a_i x_i \leqslant a \\ \quad x_i = 0,1, i = 1,2,\cdots,n\end{cases}$$

3.2 具有整数"解"的线性规划问题

定义 3.2.1 对纯整数规划

$$IP:\begin{cases}\min \quad z = \boldsymbol{c}^{\mathrm{T}}\boldsymbol{x} \\ \text{s. t.} \quad \boldsymbol{A}\boldsymbol{x} = \boldsymbol{b} \\ \quad \boldsymbol{x} \geqslant \boldsymbol{0}, \text{整数}\end{cases}$$

取消变量的整数性要求,即得标准形线性规划问题

$$LP:\begin{cases}\min \quad z = \boldsymbol{c}^{\mathrm{T}}\boldsymbol{x} \\ \text{s. t.} \quad \boldsymbol{A}\boldsymbol{x} = \boldsymbol{b} \\ \quad \boldsymbol{x} \geqslant \boldsymbol{0}\end{cases}$$

LP 称为 IP 的松弛线性规划问题(linear programming relaxation).

不难看出,LP 与 IP 之间具有如下关系.

定理 3.2.1 ① $K(IP) \subseteq K(LP)$;② 若 LP 不可行,则 IP 也不可行;③IP 的最优值不小于 LP 的最优值;④ 若 LP 的最优解 $\boldsymbol{x}^*$ 为整数向量,则 $\boldsymbol{x}^*$ 也为 IP 的最优解.

根据定理 3.2.1,试想:为求解 IP,可先求解其松弛线性规划问题 LP,得最优解 $\boldsymbol{x}^*$. 若 $\boldsymbol{x}^*$ 为整数向量,则 $\boldsymbol{x}^*$ 即为 IP 的最优解;否则,将 $\boldsymbol{x}^*$ 取整(进一法或退一法)作为 IP 的最优解. 这一设想是否可行呢? 我们来看下面的例子.

给定整数规划问题

$$\begin{cases}\max \quad z = -x_1 + x_2 \\ \text{s. t.} \quad 5x_1 + 4x_2 \leqslant 24 \\ \quad 2x_1 + 5x_2 \leqslant 13 \\ \quad x_1, x_2 \geqslant 0, \text{整数}\end{cases}$$

其松弛线性规划问题为

$$\begin{cases} \max \quad z = -x_1 + x_2 \\ \text{s.t.} \quad 5x_1 + 4x_2 \leqslant 24 \\ \quad\quad 2x_1 + 5x_2 \leqslant 13 \\ \quad\quad x_1, x_2 \geqslant 0 \end{cases}$$

利用图解法求解松弛线性规划问题,如图 3.2.1 所示.

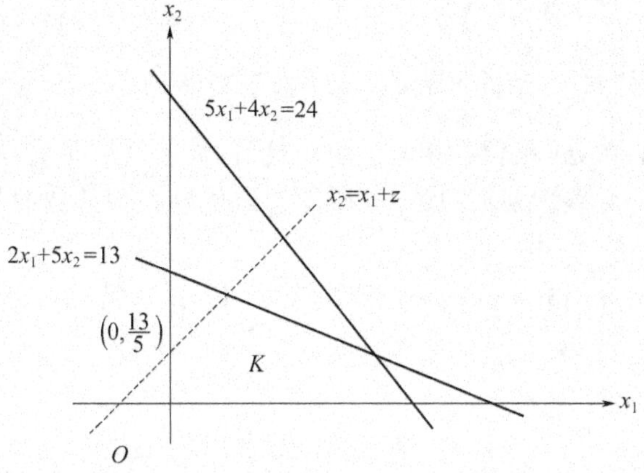

图 3.2.1

易见,松弛线性规划问题的最优解为$\left(0,\frac{13}{5}\right)^{\mathrm{T}}$,取整得整数规划问题的“最优解”为$(0,3)^{\mathrm{T}}$;但实际上,整数规划问题的最优解为$(0,2)^{\mathrm{T}}$. 显然,二者差别甚大,上述想法不可行.

于是,求解整数规划的新算法的引入成为必要;但是,也确有一些线性规划问题,其本身的结构就决定了其必然存在整数“解”.

定义 3.2.2 行列式的值为 0、-1、1 的整数方阵称为单模矩阵或幺模矩阵(unimodular matrix). 任一子方阵均为单模矩阵的矩阵称为全单模矩阵或全幺模矩阵(totally unimodular matrix).

下面不加证明地给出判断全单模阵的一个充分条件.

定理 3.2.2 设矩阵 $\boldsymbol{A}=(a_{ij})_{m\times n}$,其中 $a_{ij}=0$、-1、1,$\boldsymbol{A}$ 的每列至多有两个非零元素. 若可将 $\boldsymbol{A}$ 的行指标划分为 I_1 和 I_2,使(1)当 $\boldsymbol{A}$ 的某列含有两个同号的非零元素时,这两个非零元素所在的行指标分属 I_1 和 I_2;(2)当 $\boldsymbol{A}$ 的某列含有两个异号的非零元素时,这两个非零元素所在的行指标同属 I_1 或 I_2,则 $\boldsymbol{A}$ 为全单模阵.

例 3.2.1 判断矩阵 $\boldsymbol{A}=\begin{pmatrix} 1 & 0 & 1 & 0 & 0 \\ 0 & 1 & -1 & 0 & -1 \\ 1 & 0 & 0 & 0 & -1 \\ 0 & 1 & 0 & 0 & 0 \end{pmatrix}$是否为全单模阵?

解 令 $I_1=\{1,2\}$,$I_2=\{3,4\}$,则由定理 3.2.2 知,$\boldsymbol{A}$ 为全单模阵.

定理 3.2.3 (具有整数“解”的线性规划问题)

对标准形线性规划问题 $LP:\begin{cases}\max & z = \boldsymbol{c}^{\mathrm{T}}\boldsymbol{x} \\ \text{s.t.} & \boldsymbol{A}\boldsymbol{x} = \boldsymbol{b} \\ & \boldsymbol{x} \geqslant \boldsymbol{0}\end{cases}$

若 $\boldsymbol{A}$ 是全单模阵,$\boldsymbol{b}$ 是整数向量,则 LP 的任一基本解均为整数向量.

证明 设 $\boldsymbol{B}$ 是 LP 的任一基,则 LP 关于基 $\boldsymbol{B}$ 的基本解为 $\boldsymbol{x} = \begin{pmatrix}\boldsymbol{x}_B \\ \boldsymbol{x}_N\end{pmatrix} = \begin{pmatrix}\boldsymbol{B}^{-1}\boldsymbol{b} \\ \boldsymbol{0}\end{pmatrix}$.

因 $\boldsymbol{A}$ 是全单模阵,故 $\boldsymbol{B}^*$ 是整数方阵,且 $|\boldsymbol{B}| = \pm 1$;又 $\boldsymbol{b}$ 是整数向量,故 $\boldsymbol{x}_B = \boldsymbol{B}^{-1}\boldsymbol{b} = \dfrac{\boldsymbol{B}^*}{|\boldsymbol{B}|}\boldsymbol{b} = \pm \boldsymbol{B}^*\boldsymbol{b}$ 为整数向量,从而 $\boldsymbol{x}$ 为 LP 的整数基本解.

推论 若纯整数规划问题 IP 中 $\boldsymbol{A}$ 是全单模阵,$\boldsymbol{b}$ 是整数向量,则利用单纯形法或对偶单纯形法求解其松弛线性规划问题 LP 所得的最优解必为整数向量,当然也是 IP 的最优解.

注 第4章将要介绍的运输问题的线性规划问题模型具有本定理及其推论所描述的特性.

3.3 割平面法

割平面法(cutting plane method)是1958年美国学者柯莫利(R. E. Gomory)提出的用于求解整数规划的一种方法. 本节仅介绍利用割平面法求解纯整数规划的情形.

一、基本思想

如图3.3.1所示,为求解整数规划 IP,先求解其松弛线性规划问题 LP,得最优解 $\boldsymbol{x}^*$. 若 $\boldsymbol{x}^*$ 是整数向量,则由定理3.2.1知,$\boldsymbol{x}^*$ 即为 IP 的最优解;否则,设法给 LP 增加一个约束条件——割平面(cutting plane),将包含 $\boldsymbol{x}^*$ 在内的 LP 的一部分可行解“割”去,但不“割”去 IP 的任一可行解. 然后,继续求解增加了割平面后的新的 LP,得最优解 $\boldsymbol{x}^{**}$. 对 $\boldsymbol{x}^{**}$ 重复以上步骤,直到求得 IP 的最优解或判明 IP 无最优解为止.

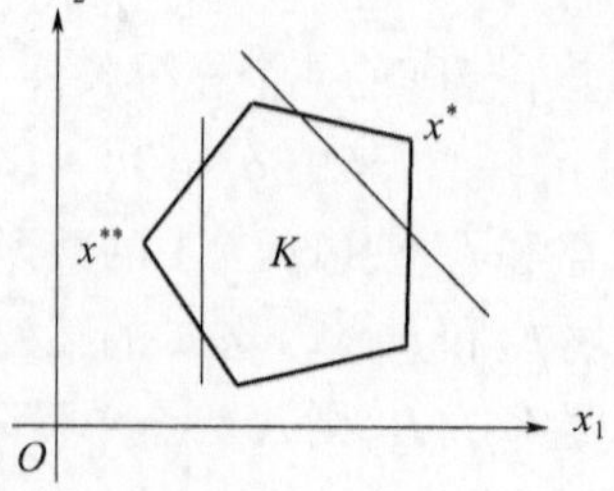

图3.3.1

二、割平面的选取

设求解 LP 最终得最优基 $\boldsymbol{B} = (\boldsymbol{P}_1, \boldsymbol{P}_2, \cdots, \boldsymbol{P}_m)$,对应的单纯形表为

x_B	x_1	x_2	$\cdots$	x_m	x_{m+1}	x_{m+2}	$\cdots$	x_n	$\bar{b}$
x_1	1	0	$\cdots$	0	$b_{1,m+1}$	$b_{1,m+2}$	$\cdots$	b_{1n}	b_{10}
x_2	0	1	$\cdots$	0	$b_{2,m+1}$	$b_{2,m+2}$	$\cdots$	b_{2n}	b_{20}
$\vdots$	$\vdots$	$\vdots$	$\ddots$	$\vdots$	$\vdots$	$\vdots$	$\ddots$	$\vdots$	$\vdots$
x_m	0	0	$\cdots$	1	$b_{m,m+1}$	$b_{m,m+2}$	$\cdots$	b_{mn}	b_{m0}
z	0	0	$\cdots$	0	r_{m+1}	r_{m+2}	$\cdots$	r_n	z_0

则 LP 的最优解为 $\boldsymbol{x}=(b_{10},b_{20},\cdots,b_{m0},0,0,\cdots,0)^{\mathrm{T}}$,最优值为 z_0.

若 $b_{i0}\in Z(i=1,2,\cdots,m)$,则 $\boldsymbol{x}$ 为 IP 的最优解;否则,不妨设 $b_{k0}\notin Z(1\leqslant k\leqslant m)$,则单纯形表的第 k 行对应的方程为 $x_k+\sum\limits_{j=m+1}^{n}b_{kj}x_j=b_{k0}$.

令 $b_{kj}=[b_{kj}]+f_{kj}(j=0,m+1,m+2,\cdots,n)$,其中 $[b_{kj}]$ 为 b_{kj} 的整数部分,f_{kj} 为 b_{kj} 的小数部分,且 $f_{k0}>0,0\leqslant f_{kj}<1(j=m+1,m+2,\cdots,n)$,则上述方程即为 $x_k+\sum\limits_{j=m+1}^{n}([b_{kj}]+f_{kj})x_j=[b_{k0}]+f_{k0}$,移项得 $x_k+\sum\limits_{j=m+1}^{n}[b_{kj}]x_j-[b_{k0}]=f_{k0}-\sum\limits_{j=m+1}^{n}f_{kj}x_j$.

因 $x_k,x_j\in Z(j=m+1,m+2,\cdots,n)$,故 $f_{k0}-\sum\limits_{j=m+1}^{n}f_{kj}x_j\in Z$;又 $x_j,f_{kj}\geqslant 0(j=m+1,m+2,\cdots,n)$,故 $f_{k0}-\sum\limits_{j=m+1}^{n}f_{kj}x_j\leqslant f_{k0}<1$,即 $f_{k0}-\sum\limits_{j=m+1}^{n}f_{kj}x_j\leqslant 0$,称之为以第 k 行为源行(source row)的割平面.

为增强"割"的效果,减少"割"的次数,常令 $f_{k0}=\max\limits_{1\leqslant i\leqslant m}\{f_{i0}>0\}$.

三、割平面的两个性质

定理 3.3.1 割平面 $f_{k0}-\sum\limits_{j=m+1}^{n}f_{kj}x_j\leqslant 0$ 割去 LP 的非整数最优解.

证明 显然,仅需证明 LP 的非整数最优解 $\boldsymbol{x}=(b_{10},b_{20},\cdots,b_{m0},0,0,\cdots,0)^{\mathrm{T}}$ 不满足割平面即可.

将 $\boldsymbol{x}$ 代入割平面,得 $f_{k0}-\sum\limits_{j=m+1}^{n}f_{kj}x_j=f_{k0}>0$,故 $\boldsymbol{x}$ 不满足割平面.

定理 3.3.2 割平面 $f_{k0}-\sum\limits_{j=m+1}^{n}f_{kj}x_j\leqslant 0$ 不割去 IP 的任一可行解.

证明 显然,仅需证明 IP 的任一可行解均满足割平面即可.

$\forall\hat{\boldsymbol{x}}=(\hat{x}_1,\hat{x}_2,\cdots,\hat{x}_n)^{\mathrm{T}}\in K(IP)$,由 $K(IP)\subseteq K(LP)$ 知,$\hat{\boldsymbol{x}}\in K(LP)$.

显然,$\hat{\boldsymbol{x}}$ 满足 $x_k+\sum\limits_{j=m+1}^{n}b_{kj}x_j=b_{k0}$,即 $\hat{x}_k+\sum\limits_{j=m+1}^{n}b_{kj}\hat{x}_j=b_{k0}$.

同割平面的推导过程,可得 $f_{k0}-\sum\limits_{j=m+1}^{n}f_{kj}\hat{x}_j\leqslant 0$,故 $\hat{\boldsymbol{x}}$ 满足割平面.

四、增添割平面后的新单纯形表

引入松弛变量 $x_{n+1} \geqslant 0$，则割平面 $f_{k0} - \sum_{j=m+1}^{n} f_{kj}x_j \leqslant 0$ 可化为 $f_{k0} - \sum_{j=m+1}^{n} f_{kj}x_j + x_{n+1} = 0$，即 $-\sum_{j=m+1}^{n} f_{kj}x_j + x_{n+1} = -f_{k0}$.

对松弛线性规划问题 LP，增添割平面 $-\sum_{j=m+1}^{n} f_{kj}x_j + x_{n+1} = -f_{k0}$ 后，得新的线性规划问题

$$\begin{cases} \min \quad z = \boldsymbol{c}^{\mathrm{T}}\boldsymbol{x} \\ \text{s.t.} \quad \boldsymbol{A}\boldsymbol{x} = \boldsymbol{b} \\ \qquad -\sum_{j=m+1}^{n} f_{kj}x_j + x_{n+1} = -f_{k0} \\ \qquad x_j \geqslant 0, j = 1,2,\cdots,n,n+1. \end{cases}$$

取基为 $\boldsymbol{B}:=\begin{pmatrix} \boldsymbol{B} & \boldsymbol{0} \\ \boldsymbol{0}^{\mathrm{T}} & 1 \end{pmatrix}$，则新的单纯形表为

$\boldsymbol{x}_B$	x_1	x_2	$\cdots$	x_m	x_{m+1}	x_{m+2}	$\cdots$	x_n	x_{n+1}	$\bar{b}$
x_1	1	0	$\cdots$	0	$b_{1,m+1}$	$b_{1,m+2}$	$\cdots$	b_{1n}	0	b_{10}
x_2	0	1	$\cdots$	0	$b_{2,m+1}$	$b_{2,m+2}$	$\cdots$	b_{2n}	0	b_{20}
$\vdots$	$\vdots$	$\vdots$	$\ddots$	$\vdots$	$\vdots$	$\vdots$	$\ddots$	$\vdots$	$\vdots$	$\vdots$
x_m	0	0	$\cdots$	1	$b_{m,m+1}$	$b_{m,m+2}$	$\cdots$	b_{mn}	0	b_{m0}
x_{n+1}	0	0	$\cdots$	0	$-f_{k,m+1}$	$-f_{k,m+2}$	$\cdots$	$-f_{kn}$	1	$-f_{k0}$
z	0	0	$\cdots$	0	r_{m+1}	r_{m+2}	$\cdots$	r_n	0	z_0

显然，新的单纯形表仅是在原单纯形表中增加松弛变量 x_{n+1} 的行、列而已，而且正则性仍成立，可继续利用对偶单纯形法解之.

五、步骤

根据以上讨论，割平面法的步骤如下：

步骤 1　利用单纯形法求解 IP 的松弛线性规划问题 LP.

步骤 2　若 LP 不可行，则 IP 也不可行，停；否则，设求得 LP 的最优基 $\boldsymbol{B}$，相应的最优解 $\boldsymbol{x}$，转步骤 3.

步骤 3　若 $\boldsymbol{x}$ 为整数向量，则 $\boldsymbol{x}$ 为 IP 的最优解，停；否则，令 $f_{k0} = \max_{1 \leqslant i \leqslant m} \{f_{i0} > 0\}$，以第 k 行为源行作割平面 $f_{k0} - \sum_{j=m+1}^{n} f_{kj}x_j \leqslant 0$，转步骤 4.

步骤 4　引入松弛变量 $x_{n+1} \geqslant 0$，将割平面 $-\sum_{j=m+1}^{n} f_{kj}x_j + x_{n+1} = -f_{k0}$ 添加到原 LP 的最优单纯形表中，即得新 LP 的单纯形表，继续利用对偶单纯形法求解，转步骤 2.

例 3.3.1 利用割平面法求解整数规划问题

$$IP:\begin{cases}\min \quad z=-x_1-x_2\\ \text{s.t.} \quad 3x_1+x_2\leqslant 4\\ \quad -x_1+x_2\leqslant 1\\ \quad x_1,x_2\geqslant 0,\text{整数}\end{cases}$$

解 IP 的松弛线性规划问题为

$$\begin{cases}\min \quad z=-x_1-x_2\\ \text{s.t.} \quad 3x_1+x_2\leqslant 4\\ \quad -x_1+x_2\leqslant 1\\ \quad x_1,x_2\geqslant 0\end{cases}$$

化为标准形

$$LP:\begin{cases}\min \quad z=-x_1-x_2\\ \text{s.t.} \quad 3x_1+x_2+x_3=4\\ \quad -x_1+x_2+x_4=1\\ \quad x_1,x_2,x_3,x_4\geqslant 0\end{cases}$$

取初始可行基为 $\boldsymbol{B}=(\boldsymbol{P}_3,\boldsymbol{P}_4)=\boldsymbol{I}_2$，利用单纯形法解之：

$\boldsymbol{x_B}$	x_1	x_2	x_3	x_4	$\bar{b}$
x_3	3	1	1	0	4
x_4	-1	①	0	1	1
z	1	1	0	0	0

⟶

$\boldsymbol{x_B}$	x_1	x_2	x_3	x_4	$\bar{b}$
x_3	④	0	1	-1	3
x_2	-1	1	0	1	1
z	2	0	0	-1	-1

⟶

$\boldsymbol{x_B}$	x_1	x_2	x_3	x_4	$\bar{b}$
x_1	1	0	$\frac{1}{4}$	$-\frac{1}{4}$	$\frac{3}{4}$
x_2	0	1	$\frac{1}{4}$	$\frac{3}{4}$	$\frac{7}{4}$
z	0	0	$-\frac{1}{2}$	$-\frac{1}{2}$	$-\frac{5}{2}$

$f_{k0}=\max\left\{\frac{3}{4},\frac{3}{4}\right\}=\frac{3}{4}=f_{10}$，作割平面 $f_{10}-(f_{13}x_3+f_{14}x_4)\leqslant 0$，即 $\frac{3}{4}-$

$\left(\frac{1}{4}x_3+\frac{3}{4}x_4\right)\leqslant 0$. 引入松弛变量 x_5，得 $-\frac{1}{4}x_3-\frac{3}{4}x_4+x_5=-\frac{3}{4}$.

将割平面添加到最后一张单纯形表中，继续利用对偶单纯形法求解：

$\boldsymbol{x_B}$	x_1	x_2	x_3	x_4	x_5	$\bar{b}$
x_1	1	0	$\frac{1}{4}$	$-\frac{1}{4}$	0	$\frac{3}{4}$
x_2	0	1	$\frac{1}{4}$	$\frac{3}{4}$	0	$\frac{7}{4}$
x_5	0	0	$-\frac{1}{4}$	$\textcircled{-\frac{3}{4}}$	1	$-\frac{3}{4}$
z	0	0	$-\frac{1}{2}$	$-\frac{1}{2}$	0	$-\frac{5}{2}$

$\longrightarrow$

$\boldsymbol{x_B}$	x_1	x_2	x_3	x_4	x_5	$\bar{b}$
x_1	1	0	$\frac{1}{3}$	0	$-\frac{1}{3}$	1
x_2	0	1	0	0	0	1
x_4	0	0	$\frac{1}{3}$	1	$-\frac{4}{3}$	1
z	0	0	$-\frac{1}{3}$	0	$-\frac{2}{3}$	-2

因此，LP 的最优解为 $(1,1,0,1,0)^{\mathrm{T}}$，最优值为 -2.

从而，IP 的最优解为 $(1,1)^{\mathrm{T}}$，最优值为 -2.

注 由 LP 知，$x_3=4-3x_1-x_2$，$x_4=1+x_1-x_2$，代入割平面 $\frac{3}{4}-\left(\frac{1}{4}x_3+\frac{3}{4}x_4\right)\leqslant 0$ 得 $x_2\leqslant 1$. 显然，割平面 $x_2\leqslant 1$ 割去 LP 的非整数最优解 $\left(\frac{3}{4},\frac{7}{4}\right)^{\mathrm{T}}$，但未割去 IP 的任一可行解（图 3.3.2）.

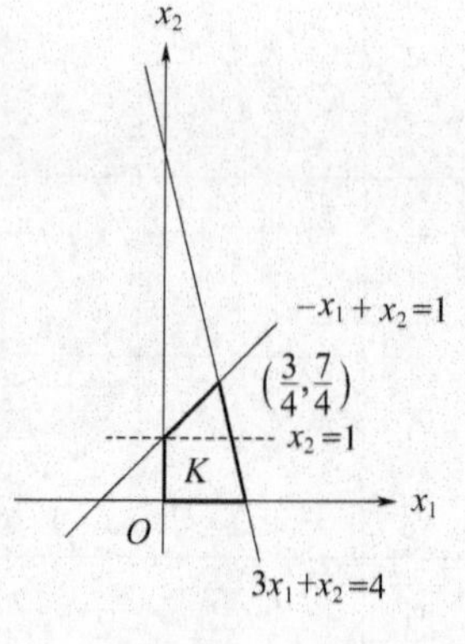

图 3.3.2

3.4 分枝定界法

从理论上讲，若数学规划的可行域 K 为有限集，则可将全部或部分可行解一一代入目标函数，取目标函数值最大（小）者为最优解，是为枚举法（enumeration）. 全部代入，则为完全枚举法(complete enumeration);部分代入,则为部分枚举法(partial enumeration)或隐枚举法(implicit enumeration). 显然,当 K 的规模较小时,枚举法是可行而有效的;但当 K 的规模较大时,枚举法耗时巨大,令人难以接受.

分枝定界法(branch and bound method)是 20 世纪 60 年代由 Land Doig 和 Dakin 等人提出的,适用于纯整数规划(特别是 0-1 规划)和混合整数规划的求解.

本节将主要以 0-1 规划的典型例子之一——背包问题为例来介绍分枝定界法的思想与步骤,在此基础上介绍分枝定界法在求解纯整数规划上的应用.

一、0-1 规划

例 3.1.2 中曾介绍过背包问题,其 0-1 规划模型如下:

$$P_0:\begin{cases}\max \quad z=\sum_{i=1}^{n} c_i x_i \\ \text{s.t.} \quad \sum_{i=1}^{n} a_i x_i \leqslant a \\ \qquad x_i=0,1, i=1,2,\cdots,n\end{cases}$$

P_0 的松弛线性规划问题一般取为

$$\overline{P}_0:\begin{cases}\max \quad z=\sum_{i=1}^{n} c_i x_i \\ \text{s.t.} \quad \sum_{i=1}^{n} a_i x_i \leqslant a \\ \qquad 0 \leqslant x_i \leqslant 1, i=1,2,\cdots,n\end{cases}$$

显然,P_0 和 $\overline{P}_0$ 之间具有如下关系:

定理 3.4.1 (1) $K(P_0) \subseteq K(\overline{P}_0)$;(2) P_0 的最优值不超过 $\overline{P}_0$ 的最优值.

1. 松弛线性规划问题的求解

背包问题的松弛线性规划问题的求解常采用贪心算法(greedy algorithm),即尽可能地将"价值—体积比" $\frac{c_i}{a_i}(1 \leqslant i \leqslant n)$ 中的最大者对应的变量 x_i 取值为 1,不能取值为 1 时则取为分数.

如背包问题

$$\begin{cases}\max \quad z=4x_1+3x_2+2x_3 \\ \text{s.t.} \quad 2x_1+5x_2+3x_3 \leqslant 7 \\ \qquad x_1,x_2,x_3=0,1\end{cases}$$

的松弛线性规划问题为

$$\begin{cases}\max \quad z=4x_1+3x_2+2x_3 \\ \text{s.t.} \quad 2x_1+5x_2+3x_3 \leqslant 7 \\ \qquad 0 \leqslant x_1,x_2,x_3 \leqslant 1\end{cases}$$

由 $\frac{4}{2}\left(\frac{c_1}{a_1}\right) > \frac{2}{3}\left(\frac{c_3}{a_3}\right) > \frac{3}{5}\left(\frac{c_2}{a_2}\right)$，得其最优解为 $\left(1,\frac{2}{5},1\right)^{\mathrm{T}}$.

2. 分枝(branch)

若 $\overline{P}_0$ 的最优解中存在变量 $\boldsymbol{x}_k \notin Z$(称为分枝变量)，则分别令 $x_k = 0$ 和 $x_k = 1$ 将 P_0 分枝为两个子问题(图 3.4.1)：

$$P_1:\begin{cases}\max & z = \boldsymbol{c}^{\mathrm{T}}\boldsymbol{x} \\ \text{s.t.} & \boldsymbol{A}\boldsymbol{x} = b \\ & x_k = 0 \\ & x_j = 0,1, j = 1,2,\cdots,n; j \neq k\end{cases}$$

$$P_2:\begin{cases}\max & z = \boldsymbol{c}^{\mathrm{T}}\boldsymbol{x} \\ \text{s.t.} & \boldsymbol{A}\boldsymbol{x} = b \\ & x_k = 1 \\ & x_j = 0,1, j = 1,2,\cdots,n; j \neq k\end{cases}$$

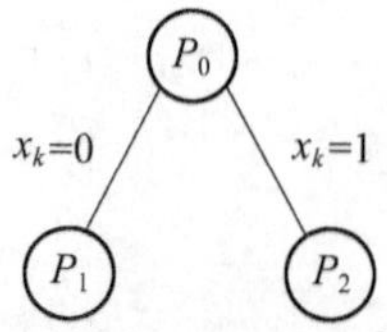

图 3.4.1

不难由定理 3.4.1 知，P_k 和其松弛线性规划问题 $\overline{P}_k$ 之间具有如下关系：

定理 3.4.2 (1) P_k 的任一子问题的最优值不超过 P_k 的最优值.

(2) $\overline{P}_k$ 的任一子问题的最优值不超过 $\overline{P}_k$ 的最优值.

3. 定界(bound)

先取定 P_0 的目标函数的一个下界(常用观察法). 每求得一个子问题 P_k 的最优解都要重新定界，即取 P_k 的最优值与 P_0 的当前下界二者中的最大者为 P_0 的新下界.

4. 探明、剪枝与再分枝

求解 $\overline{P}_k$，出现下列情形时，不必将 P_k 再分枝：

(1) 若 $\overline{P}_k$ 不可行，则 P_k 也不可行，从而 P_k 的任一子问题也不可行，故 P_k 已探明，不必再分枝.

(2) 若 $\overline{P}_k$ 的最优解为整数解，且相应的最优值大于 P_0 的当前下界，则此最优解也是 P_k 的最优解，将相应的最优值取作 P_0 的新下界，P_k 已探明，不必再分枝；

(3) 若 $\overline{P}_k$ 的最优值(不论对应的最优解是否为整数向量) 小于 P_0 的当前下界，则可将 P_k 剪枝，不必再分枝.

出现下列情形时，需继续将 P_k 再分枝.

若 $\overline{P}_k$ 的最优解不为整数解，且相应的最优值大于 P_0 的当前下界，则应继续将 P_k 再分枝.

5. 分枝定界法的基本思想

首先为 P_0 取定一个下界.

求解 P_0 的松弛线性规划问题 $\overline{P}_0$. 若 $\overline{P}_0$ 的最优解为整数向量,则此最优解亦为 P_0 的最优解,P_0 已探明;否则,将 P_0 分解为两个子问题 P_1 和 P_2,并逐一求解其松弛线性规划问题 $\overline{P}_k(k=1,2)$.

下面分两种情况讨论:

(1) 若 $\overline{P}_k$ 的最优解为整数向量,且相应的最优值大于 P_0 的当前下界,则此最优解也是 P_k 的最优解,可将相应的最优值取作 P_0 的新下界,P_k 已探明;否则,将 P_k 剪枝.

(2) 若 $\overline{P}_k$ 的最优解不为整数向量,且相应的最优值小于 P_0 的当前下界,则可将 P_k 剪枝;否则,应继续将 P_k 再分枝.

当所有子问题都已探明或剪枝时,即可求得 P_0 的最优解或判明 P_0 不可行.

例 3.4.1 利用分枝定界法求解背包问题

$$P_0:\begin{cases}\max \quad z = 7x_1 + 5x_2 + 9x_3 + 6x_4 + 3x_5 \\ \text{s.t.} \quad 56x_1 + 20x_2 + 54x_3 + 42x_4 + 15x_5 \leqslant 100 \\ \qquad x_1, x_2, x_3, x_4, x_5 = 0,1\end{cases}$$

解 显然,$(0,0,0,0,0)^{\mathrm{T}} \in K(P_0)$,故 P_0 有下界 0.

P_0 的松弛线性规划问题为

$$\overline{P}_0:\begin{cases}\max \quad z = 7x_1 + 5x_2 + 9x_3 + 6x_4 + 3x_5 \\ \text{s.t.} \quad 56x_1 + 20x_2 + 54x_3 + 42x_4 + 15x_5 \leqslant 100 \\ \qquad 0 \leqslant x_1, x_2, x_3, x_4, x_5 \leqslant 1\end{cases}$$

利用 Greedy 算法解之,因 $\frac{5}{20} > \frac{3}{15} > \frac{9}{54} > \frac{6}{42} > \frac{7}{56}$,故 $\overline{P}_0$ 的最优解为 $\boldsymbol{x}^0 = \left(0,1,1,\frac{11}{42},1\right)^{\mathrm{T}}$,最优值为 $z_0 = \frac{130}{7}$.

因 $x_4 = \frac{11}{42} \notin \mathbf{Z}$,故分别令 $x_4 = 0$ 和 $x_4 = 1$ 将 P_0 分枝为两个子问题:

$$P_1:\begin{cases}\max \quad z = 7x_1 + 5x_2 + 9x_3 + 3x_5 \\ \text{s.t.} \quad 56x_1 + 20x_2 + 54x_3 + 15x_5 \leqslant 100 \\ \qquad x_4 = 0 \\ \qquad x_1, x_2, x_3, x_5 = 0,1\end{cases}$$

$$P_2:\begin{cases}\max \quad z = 7x_1 + 5x_2 + 9x_3 + 3x_5 + 6 \\ \text{s.t.} \quad 56x_1 + 20x_2 + 54x_3 + 15x_5 \leqslant 58 \\ \qquad x_4 = 1 \\ \qquad x_1, x_2, x_3, x_5 = 0,1\end{cases}$$

先来考察 P_1,其松弛线性规划问题为

$$
\overline{P}_1:\begin{cases}\max & z = 7x_1 + 5x_2 + 9x_3 + 3x_5 \\ \text{s. t.} & 56x_1 + 20x_2 + 54x_3 + 15x_5 \leqslant 100 \\ & x_4 = 0 \\ & 0 \leqslant x_1, x_2, x_3, x_5 \leqslant 1 \end{cases}
$$

利用 Greedy 算法解之,得 $\overline{P}_1$ 的最优解为 $\boldsymbol{x}^1 = \left(\frac{11}{56},1,1,0,1\right)^{\mathrm{T}}$,最优值为 $z_1 = \frac{147}{8}$.

因 $x_1 = \frac{11}{56} \notin \boldsymbol{Z}$,故分别令 $x_1 = 0$ 和 $x_1 = 1$ 将 P_1 再分枝为两个子问题:

$$
P_3:\begin{cases}\max & z = 5x_2 + 9x_3 + 3x_5 \\ \text{s. t.} & 20x_2 + 54x_3 + 15x_5 \leqslant 100 \\ & x_1 = 0 \\ & x_4 = 0 \\ & x_2, x_3, x_5 = 0,1 \end{cases}
$$

$$
P_4:\begin{cases}\max & z = 5x_2 + 9x_3 + 3x_5 + 7 \\ \text{s. t.} & 20x_2 + 54x_3 + 15x_5 \leqslant 44 \\ & x_1 = 1 \\ & x_4 = 0 \\ & x_2, x_3, x_5 = 0,1 \end{cases}
$$

P_3 的松弛线性规划问题为

$$
\overline{P}_3:\begin{cases}\max & z = 5x_2 + 9x_3 + 3x_5 \\ \text{s. t.} & 20x_2 + 54x_3 + 15x_5 \leqslant 100 \\ & x_1 = 0 \\ & x_4 = 0 \\ & 0 \leqslant x_2, x_3, x_5 \leqslant 1 \end{cases}
$$

利用 Greedy 算法解之,得 $\overline{P}_3$ 的最优解为 $\boldsymbol{x}^3 = (0,1,1,0,1)^{\mathrm{T}}$,最优值为 $z_3 = 17$.

因此,P_3 的最优解为 $\boldsymbol{x}^3 = (0,1,1,0,1)^{\mathrm{T}}$,最优值为 $z_3 = 17$. 此时,P_3 已探明,不必再分枝,将 P_0 的下界改为 17.

P_4 的松弛线性规划问题为

$$
\overline{P}_4:\begin{cases}\max & z = 5x_2 + 9x_3 + 3x_5 + 7 \\ \text{s. t.} & 20x_2 + 54x_3 + 15x_5 \leqslant 44 \\ & x_1 = 1 \\ & x_4 = 0 \\ & 0 \leqslant x_2, x_3, x_5 \leqslant 1 \end{cases}
$$

利用 Greedy 算法解之,得 $\overline{P}_4$ 的最优解为 $\boldsymbol{x}^4 = \left(1,1,\frac{1}{6},0,1\right)^{\mathrm{T}}$,最优值为 $z_4 = \frac{33}{2}$.

显然,$\boldsymbol{x}^4$ 不是 P_4 的最优解;但由定理3.4.1知,P_4 的最优值 $\leqslant z_4 = \frac{33}{2} < 17$(当前下界),故 P_4 不必再分枝,剪枝.

再来考察 P_2,其松弛线性规划问题为

$$\overline{P}_2:\begin{cases}\max \quad z = 7x_1 + 5x_2 + 9x_3 + 3x_5 + 6 \\ \text{s.t.} \quad 56x_1 + 20x_2 + 54x_3 + 15x_5 \leqslant 58 \\ x_4 = 1 \\ 0 \leqslant x_1, x_2, x_3, x_5 \leqslant 1\end{cases}$$

利用 Greedy 算法解之,得 $\overline{P}_2$ 的最优解为 $\boldsymbol{x}^2 = \left(0,1,\frac{23}{54},1,1\right)^{\mathrm{T}}$,最优值为 $z_2 = \frac{107}{6}$.

显然,$z_2 = \frac{107}{6} > 17$,故 P_2 未探明,需继续再分枝.

因 $x_3 = \frac{23}{54}$ 不是整数,故分别令 $x_3 = 0$ 和 $x_3 = 1$ 将 P_2 分枝为两个子 问题:

$$P_5:\begin{cases}\max \quad z = 7x_1 + 5x_2 + 3x_5 + 6 \\ \text{s.t.} \quad 56x_1 + 20x_2 + 15x_5 \leqslant 58 \\ x_3 = 0 \\ x_4 = 1 \\ x_1, x_2, x_5 = 0,1\end{cases}$$

$$P_6:\begin{cases}\max \quad z = 7x_1 + 5x_2 + 3x_5 + 15 \\ \text{s.t.} \quad 56x_1 + 20x_2 + 15x_5 \leqslant 4 \\ x_3 = 1 \\ x_4 = 1 \\ x_1, x_2, x_5 = 0,1\end{cases}$$

P_5 的松弛线性规划问题为

$$\overline{P}_5:\begin{cases}\max \quad z = 7x_1 + 5x_2 + 3x_5 + 6 \\ \text{s.t.} \quad 56x_1 + 20x_2 + 15x_5 \leqslant 58 \\ x_3 = 0 \\ x_4 = 1 \\ 0 \leqslant x_1, x_2, x_5 \leqslant 1\end{cases}$$

利用 Greedy 算法解之,得 $\overline{P}_5$ 的最优解为 $\boldsymbol{x}^5 = \left(\frac{23}{56},1,0,1,1\right)^{\mathrm{T}}$,最优值为 $z_5 = \frac{135}{8}$.

显然,$\boldsymbol{x}^5$ 不是 P_5 的最优解;但由定理3.4.1知,P_5 的最优值 $\leqslant z_5 = \frac{135}{8} < 17$(当前下界),故 P_5 不必再分枝,剪枝.

P_6 的松弛线性规划问题为

$$\overline{P}_6:\begin{cases}\max & z = 7x_1 + 5x_2 + 3x_5 + 15 \\ \text{s. t.} & 56x_1 + 20x_2 + 15x_5 \leqslant 4 \\ & x_3 = 1 \\ & x_4 = 1 \\ & 0 \leqslant x_1, x_2, x_5 \leqslant 1\end{cases}$$

利用 Greedy 算法解之,得 $\overline{P}_6$ 的最优解为 $\boldsymbol{x}^6 = \left(0,\frac{1}{5},1,1,0\right)^{\mathrm{T}}$,最优值为 $z_6 = 16$.

显然,$\boldsymbol{x}^6$ 不是 P_6 的最优解;但由定理 3.4.1 知,P_6 的最优值 $\leqslant z_6 = 16 < 17$(当前下界),故 P_6 不必再分枝,剪枝.

至此,全部子问题都已探明,故 P_0 的最优解为 $\boldsymbol{x}^3 = (0,1,1,0,1)^{\mathrm{T}}$,最优值为 $z_3 = 17$.

以上求解过程如图 3.4.2 所示.

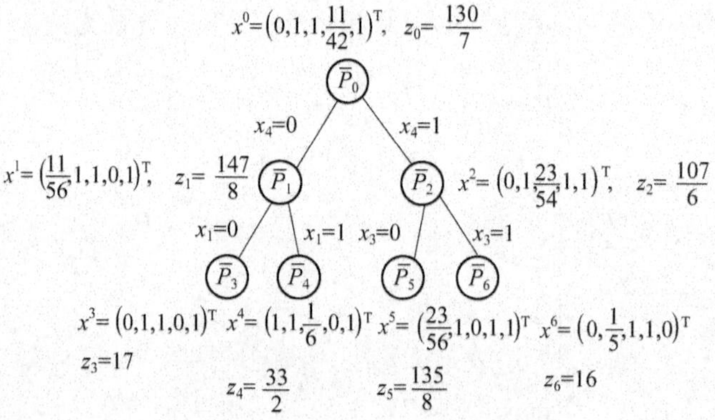

图 3.4.2

二、纯整数规划

用分枝定界法求解纯整数规划

$$P_0:\begin{cases}\min & z = \boldsymbol{c}^{\mathrm{T}}\boldsymbol{x} \\ \text{s. t.} & \boldsymbol{A}\boldsymbol{x} = \boldsymbol{b} \\ & \boldsymbol{x} \geqslant \boldsymbol{0}, \text{整数}\end{cases}$$

的思想和步骤与求解 0 – 1 规划基本相同,只是分枝的方法略有不同:若 P_0 的松弛线性规划问题 $\overline{P}_0$ 的最优解中变量 $x_k = a \notin \boldsymbol{Z}$,则分别令 $x_k \leqslant [a]$ 和 $x_k \geqslant [a]+1$ 将 P_0 分枝为两个子问题:

$$P_1:\begin{cases}\min & z = \boldsymbol{c}^{\mathrm{T}}\boldsymbol{x} \\ \text{s. t.} & \boldsymbol{A}\boldsymbol{x} = \boldsymbol{b} \\ & x_k \leqslant [a] \\ & \boldsymbol{x} \geqslant \boldsymbol{0}, \text{整数}\end{cases} \quad P_2:\begin{cases}\min & z = \boldsymbol{c}^{\mathrm{T}}\boldsymbol{x} \\ \text{s. t.} & \boldsymbol{A}\boldsymbol{x} = \boldsymbol{b} \\ & x_k \geqslant [a]+1 \\ & \boldsymbol{x} \geqslant \boldsymbol{0}, \text{整数}\end{cases}$$

当 $\overline{P}_0$ 的最优解中存在若干个非整数值的变量时,常取其中的最大者为分枝变量.

例 3.4.2 利用分枝定界法求解纯整数规划问题

$$P_0:\begin{cases}\max \quad z = 3x_1 + 2x_2 \\ \text{s. t.} \quad 2x_1 + 3x_2 \leqslant 14 \\ \quad 4x_1 + 2x_2 \leqslant 18 \\ \quad x_1, x_2 \geqslant 0, \text{整数}\end{cases}$$

解 首先,令 P_0 取下界0.

利用图解法求解 P_0 的松弛线性规划问题$\overline{P}_0$,得其最优解为 $\boldsymbol{x}^0 = (3.25, 2.5)^{\mathrm{T}}$,最优值为 $z_0 = 14.75$.

分别令 $x_1 \leqslant 3$ 和 $x_1 \geqslant 4$,将 P_0 分枝为 P_1 和 P_2. 求解 P_1 的松弛线性规划问题$\overline{P}_1$,得最优解为 $\boldsymbol{x}^1 = \left(3, \frac{8}{3}\right)^{\mathrm{T}}$,最优值为 $z_1 = \frac{43}{3}$;求解 P_2 的松弛线性规划问题$\overline{P}_2$,得最优解为 $\boldsymbol{x}^2 = (4,1)^{\mathrm{T}}$,最优值为 $z_2 = 14$.

P_2 不必再分枝,已探明;将 P_0 的下界改为14.

因 $z_1 = \frac{43}{3} > 14$,故分别令 $x_2 \leqslant 2$ 和 $x_2 \geqslant 3$,将 P_1 再分枝为 P_3 和 P_4. 求解 P_3 的松弛线性规划问题$\overline{P}_3$,得最优解为 $\boldsymbol{x}^3 = (3,2)^{\mathrm{T}}$,最优值为 $z_3 = 13$;求解 P_4 的松弛线性规划问题$\overline{P}_4$,得最优解为 $\boldsymbol{x}^4 = (2.5,3)^{\mathrm{T}}$,最优值为 $z_4 = 13.5$.

P_3 不必再分枝,已探明;因 $z_4 = 13.5 < 14$,故 P_4 不必再分枝,剪枝.

因此,P_0 的最优解为 $\boldsymbol{x}^2 = (4,1)^{\mathrm{T}}$,最优值为 $z_2 = 14$.

以上求解过程可用如图3.4.3所示.

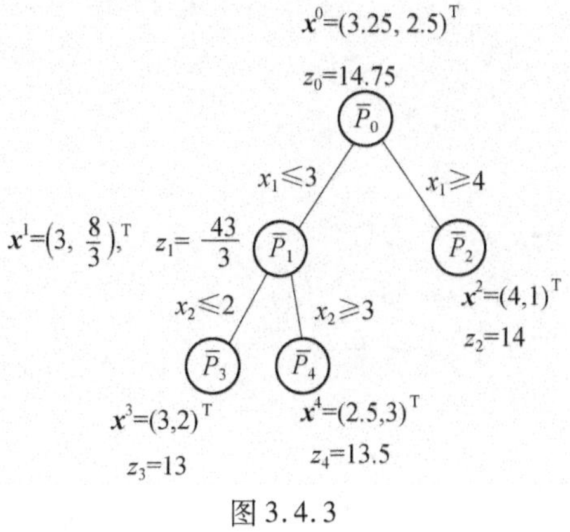

图3.4.3

练习3

1. 某公司拟将总额为 B 的资金用于投资 n 个可能的项目,第 j 个项目所需的投资金额为 a_j,预期获利为 c_j. 问:应如何选择投资项目,才能既满足资金总额的限制,又获利最大?

2. 某地现有资金总额750万元,拟建若干个港口. 有 A_1, A_2, A_3, A_4, A_5 五个待选方案,其所需投资额分别为100万元、150万元、125万元、200万元、250万元,建成后的年利润额据估计分别为 20 万元、25 万元、20 万元、40 万元、45 万元. 问:(1) 应如何确定建设哪些港口,才能在满足资金总额限制的前提下,使年利润最大?(2) 如要求建设港口 A_3 则必须先建设港口 A_2,如何?(3) 如要求至少建设港口 A_2,A_3 之一,如何?(4) 如要求必须建设港口 A_2,A_3 之一 ,如何?

3. 利用割平面法求解下列整数规划问题:

(1) $$\begin{cases} \min \quad z = -3x_1 - 4x_2 \\ \text{s. t.} \quad 2x_1 + 5x_2 \leqslant 15 \\ \qquad 2x_1 - 2x_2 \leqslant 5 \\ \qquad x_1, x_2 \geqslant 0, \text{整数} \end{cases}$$

(2) $$\begin{cases} \min \quad z = -7x_1 - 9x_2 \\ \text{s. t.} \quad -x_1 + 3x_2 \leqslant 6 \\ \qquad 7x_1 + x_2 \leqslant 35 \\ \qquad x_1, x_2 \geqslant 0, \text{整数} \end{cases}$$

(3) $$\begin{cases} \min \quad z = -3x_1 - 2x_2 \\ \text{s. t.} \quad 2x_1 + 3x_2 \leqslant 14 \\ \qquad 2x_1 + x_2 \leqslant 9 \\ \qquad x_1, x_2 \geqslant 0, \text{整数} \end{cases}$$

4. 利用分枝定界法求解下列整数规划问题:

(1) $$\begin{cases} \max \quad z = 12x_1 + 12x_2 + 9x_3 + 16x_4 + 30x_5 \\ \text{s. t.} \quad 3x_1 + 4x_2 + 3x_3 + 4x_4 + 6x_5 \leqslant 12 \\ \qquad x_1, x_2, x_3, x_4, x_5 = 0, 1 \end{cases}$$

(2) $$\begin{cases} \min \quad z = -x_1 - x_2 \\ \text{s. t.} \quad -4x_1 + 2x_2 \leqslant -1 \\ \qquad 4x_1 + 2x_2 \leqslant 11 \\ \qquad -2x_2 \leqslant -1 \\ \qquad x_1, x_2 \geqslant 0, \text{整数} \end{cases}$$

(3) $$\begin{cases} \max \quad z = 40x_1 + 90x_2 \\ \text{s. t.} \quad 9x_1 + 7x_2 \leqslant 56 \\ \qquad 7x_1 + 20x_2 \leqslant 70 \\ \qquad x_1, x_2 \geqslant 0, \text{整数} \end{cases}$$

第 4 章　运输问题

运输问题(Transportation Problem,TP)是一类常见而特殊的线性规划问题,它最早是在物资调运问题中提出来的,是物流优化管理的重要内容之一. 本章首先介绍运输问题的数学模型及其特点,然后介绍求解运输问题的表上作业法(graphical programming method),最后介绍与运输问题密切相关的指派问题及其算法.

4.1　运输问题

一、问题提出

从 m 个发点 $A_1, A_2, \cdots, A_m$ 往 n 个收点 $B_1, B_2, \cdots, B_n$ 运输货物,有关数据如图 4.1.1 所示.

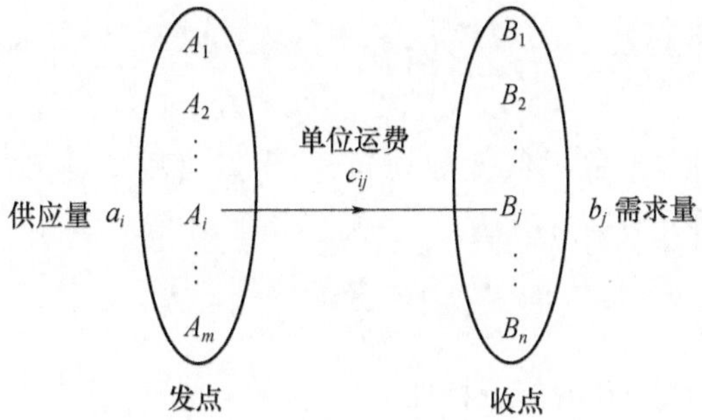

图 4.1.1

其中 $a_i, b_j \in Z^+ \ (i = 1,2,\cdots,m; j = 1,2,\cdots,n)$,且 $\sum_{i=1}^{m} a_i = \sum_{j=1}^{n} b_j$(供需平衡). 问:应如何组织运输,才能既满足供需关系,又使运费最省?

二、模型建立

设从发点 A_i 运往收点 B_j 的货物的数量为 $x_{ij}(i=1,2,\cdots,m; j=1,2,\cdots,n)$,则可建立如下线性规划模型:

$$
TP:\begin{cases}
\min \quad z = \sum_{i=1}^{m}\sum_{j=1}^{n} c_{ij}x_{ij} \\
\text{s.t.} \quad \sum_{j=1}^{n} x_{ij} = a_i, i = 1,2,\cdots,m \\
\qquad \sum_{i=1}^{m} x_{ij} = b_j, j = 1,2,\cdots,n \\
\qquad x_{ij} \geqslant 0, i = 1,2,\cdots,m; j = 1,2,\cdots,n
\end{cases}
$$

运输问题可分为供需平衡型、供大于需型和供小于需型三种,本节只讨论供需平衡型运输问题.

引入符号

$$x = (x_{11}, x_{12}, \cdots, x_{1n}, x_{21}, x_{22}, \cdots, x_{2n}, \cdots, x_{m1}, x_{m2}, \cdots, x_{mn})^{\mathrm{T}}$$

$$c = (c_{11}, c_{12}, \cdots, c_{1n}, c_{21}, c_{22}, \cdots, c_{2n}, \cdots, c_{m1}, c_{m2}, \cdots, c_{mn})^{\mathrm{T}}$$

$$d = (a_1, a_2, \cdots, a_m, b_1, b_2, \cdots, b_n)^{\mathrm{T}}$$

$$D = \begin{pmatrix} 1 & 1 & \cdots & 1 & 0 & 0 & \cdots & 0 & \cdots & 0 & 0 & \cdots & 0 \\ 0 & 0 & \cdots & 0 & 1 & 1 & \cdots & 1 & \cdots & 0 & 0 & \cdots & 0 \\ \vdots & \vdots & \ddots & \vdots & \vdots & \vdots & \ddots & \vdots & \ddots & \vdots & \vdots & \ddots & \vdots \\ 0 & 0 & \cdots & 0 & 0 & 0 & \cdots & 0 & \cdots & 1 & 1 & \cdots & 1 \\ \hdashline 1 & 0 & \cdots & 0 & 1 & 0 & \cdots & 0 & \cdots & 1 & 0 & \cdots & 0 \\ 0 & 1 & \cdots & 0 & 0 & 1 & \cdots & 0 & \cdots & 0 & 1 & \cdots & 0 \\ \vdots & \vdots & \ddots & \vdots & \vdots & \vdots & \ddots & \vdots & \ddots & \vdots & \vdots & \ddots & \vdots \\ 0 & 0 & \cdots & 1 & 0 & 0 & \cdots & 1 & \cdots & 0 & 0 & \cdots & 1 \end{pmatrix}$$

则 TP 可简记为

$$TP: \begin{cases} \min & z = \boldsymbol{c}^{\mathrm{T}}\boldsymbol{x} \\ \text{s.t.} & \boldsymbol{Dx} = \boldsymbol{d} \\ & \boldsymbol{x} \geqslant \boldsymbol{0} \end{cases}$$

显然,TP 是一种特殊形式的线性规划问题,当然可用单纯形法等来求解,但是鉴于 TP 的特殊性质,其求解亦有特殊方法.

三、TP 的特性

下面不加证明地给出 TP 的如下特性:

定理 4.1.1 ①$r(\boldsymbol{D}_{(m+n-1)\times mn}) = r(\boldsymbol{D} \vdots \boldsymbol{d}) = m+n-1$;②约束方程组 $\boldsymbol{Dx}=\boldsymbol{d}$ 中恰有一个多余的方程;③TP 总有可行解;④$\boldsymbol{D}$ 是全单模阵;⑤TP 的任一基本解均为整数向量;⑥TP 总有最优解;⑦TP 总有整数最优解.

注 特性①表明 $\boldsymbol{D}$ 中恰有一个多余的行;显然,当 $m+n$ 个发、收点中有 $m+n-1$ 个已确定运输关系时,剩下的一个发点(或收点)只能被动地发送(或接收)余下的货物. 因此,$\boldsymbol{D}$ 的任何一行都可取作多余的行,相应地,$\boldsymbol{Dx}=\boldsymbol{d}$ 中任一方程都可取作多余的方程.

定义 4.1.1 $\boldsymbol{D}$ 的任一$(m+n-1)$阶非奇异的子矩阵 $\boldsymbol{B}$ 称为 TP 的基(base).

根据定理 4.1.1,可按下述方法构造出 TP 的基.

定理 4.1.2 从 $\boldsymbol{D}$ 中删去任一行,再从剩下的矩阵中选取$(m+n-1)$个线性无关的列向量,所构成的矩阵 $\boldsymbol{B}$ 即为 TP 的一个基.

类似于一般线性规划问题,可定义基变量、非基变量、典式、单纯形表等,如 TP 关于基 $\boldsymbol{B}$ 的基本解为 $\boldsymbol{x} = \begin{pmatrix} \boldsymbol{x}_B \\ \boldsymbol{x}_N \end{pmatrix} = \begin{pmatrix} \boldsymbol{B}^{-1}\boldsymbol{d} \\ 0 \end{pmatrix}$,相应的检验数为 $\boldsymbol{c}_B^{\mathrm{T}}\boldsymbol{B}^{-1}\boldsymbol{N} - \boldsymbol{c}_N^{\mathrm{T}}$,即 $r_{ij} = \boldsymbol{c}_B^{\mathrm{T}}\boldsymbol{B}^{-1}\boldsymbol{P}_{ij} - c_{ij}$ (x_{ij}为非基变量),其中 $\boldsymbol{P}_{ij}$为 x_{ij}在 $\boldsymbol{D}$ 中对应的列向量.

鉴于运输问题的特性,其求解过程并不借助单纯形表,而是借助运输表(transportation

table)来实现(图 4.1.2).

c_{ij} \ j / i	1	2	$\cdots$	n	a_i
1	c_{11}	c_{12}	$\cdots$	c_{1n}	a_1
2	c_{21}	c_{22}	$\cdots$	c_{2n}	a_2
$\vdots$	$\vdots$	$\vdots$	$\ddots$	$\vdots$	$\vdots$
m	c_{m1}	c_{m2}	$\cdots$	c_{mn}	a_m
b_j	b_1	b_2	$\cdots$	b_n	

图 4.1.2

在运输表中,TP 的数据仅有 $\boldsymbol{c}$,$\boldsymbol{d}$ 体现出来,而未体现出 $\boldsymbol{D}$(数据结构固定,无需体现),这是运输表和单纯形表的显著区别之一.

四、格子

对 TP 的每一个变量 x_{ij},作一个格子(mesh)t_{ij}与之对应,得格子表(mesh table)和格子集(mesh set),如图 4.1.3 所示.

$T=$

t_{11}	t_{12}	$\cdots$	t_{1n}
t_{21}	t_{22}	$\cdots$	t_{2n}
$\vdots$	$\vdots$	$\ddots$	$\vdots$
t_{m1}	t_{m2}	$\cdots$	t_{mn}

$=\{t_{ij}\mid i=1,2,\cdots,m; j=1,2,\cdots,n\}$

格子表

格子表

图 4.1.3

显然,TP 的变量 x_{ij}、格子表 T 中的格子 t_{ij}、$\boldsymbol{D}$ 的列向量 $\boldsymbol{P}_{ij}$三者之间存在一一对应关系,这一对应关系便于在 $\boldsymbol{D}$ 中取出基来.

引入符号:对于 $S\subseteq T$,令 $D_S=\{\boldsymbol{P}_{ij}\mid t_{ij}\in S\}$.

规定:格子子集 S 线性无(相)关$\Leftrightarrow D_S$ 中的列向量组线性无(相)关.

定义 4.1.2 $|\Delta|=m+n-1$ 的线性无关的格子子集 Δ 称为基本格子集(basic mesh set).

显然,$D_\Delta=\{\boldsymbol{P}_{ij}\mid t_{ij}\in\Delta\}$ 中的$(m+n-1)$个列向量作成的矩阵去掉一个多余的行即为 TP 的一个基 $\boldsymbol{B}$,且基变量为 $\boldsymbol{x}_{ij}(t_{ij}\in\Delta)$,非基变量为 $\boldsymbol{x}_{ij}(t_{ij}\notin\Delta)$.

定义 4.1.3 设 $t_{ij}\in S\subseteq T$,若 t_{ij}为 S 在 T 的第 i 行中唯一的一个格子,则称 t_{ij}为 S 的一个行孤立格子(row - isolated mesh);若 t_{ij}为 S 在 T 的第 j 列中唯一的一个格子,则称 t_{ij}为 S 的一个列孤立格子(column - isolated mesh). 行孤立格子和列孤立格子合称为孤立格子(isolated mesh).

定义 4.1.4 (递归定义)设 $S\subseteq T$,$|S|\geqslant 2$,若:①单个格子构成的格子子集是孤立格子集;②当 $t_{ij}\in S$ 是一个孤立格子时,$S-\{t_{ij}\}$仍是一个孤立格子集,则称 S 是一个孤立格子集(isolated mesh set).

	t_{12}		t_{14}
t_{21}			t_{24}
	t_{32}	t_{33}	

S

图 4.1.4

如图 4.1.4 中,$S=\{t_{12},t_{14},t_{21},t_{24},t_{32},t_{33}\}$是一个孤立格子集.

孤立格子集和基本格子集之间有如下关系：

定理 4.1.3　$|S| = m + n - 1$ 的孤立格子集 S 必是基本格子集.

证明从略.

据此，可根据定理 4.1.3 来找基本格子集，进而取定 TP 的基.

4.2　初始基本可行解

本节介绍求 TP 的初始基本可行解的两种方法.

一、西北角法(northwest corner method)

基本思想：优先安排运输表中西北角处的格子对应的发点与收点之间的运输业务.

使用条件：已知 $\boldsymbol{d}$.

步骤：

步骤 1　令西北角格子 t_{pq} 对应的变量 x_{pq} 的值为 $x_{pq} = \min\{a_p, b_q\}$，将 x_{pq} 填入格子 t_{pq} 中，并画圈.

步骤 2　令 $a_p := a_p - x_{pq}, b_q := b_q - x_{pq}$.

当 $a_p = 0$ 时，在第 p 行的其余格子内画叉；当 $b_q = 0$ 时，在第 q 列的其余格子内画叉；当 $a_p = b_q = 0$ 时，在第 p 行或第 q 列之一的其余格子内画叉.

步骤 3　重复步骤 1 和步骤 2，直至所有格子都被画圈或画叉，即得 TP 的一个基本格子集 $\Delta = \{t_{pq} | x_{pq}$ 被画圈$\}$，相应的基本可行解为 $x_{ij} = \begin{cases} x_{pq}, & t_{pq} \in \Delta \\ 0, & \text{其他} \end{cases}$.

注　被画圈的元素为基变量的值，画 × 的元素为非基变量的值，且被画圈的元素的个数恰为 $m + n - 1$；算法仅用到 TP 的供应量和需求量，不涉及单位运费.

定理 4.2.1　利用西北角法必可求得 TP 的一个基本可行解.

证明从略(利用定理 4.1.3).

例 4.2.1　设 TP 中，$m = 3, n = 4, \boldsymbol{d} = (7,4,9,3,6,5,6)^{\mathrm{T}}$，利用西北角法求 TP 的初始基本可行解.

解　求解过程如图 4.2.1 所示.

$i \backslash j$	1	2	3	4	a_i
1	③	④	×	×	~~7~~ ~~4~~ 0
2	×	②	②	×	~~4~~ ~~2~~ 0
3	×	×	③	⑥	~~9~~ ~~6~~ 0
b_j	~~3~~ 0	~~6~~ ~~2~~ 0	~~5~~ ~~3~~ 0	~~6~~ 0	

图 4.2.1

因此，TP 的初始基本可行解为 $x_{11} = 3, x_{12} = 4, x_{22} = 2, x_{23} = 2, x_{33} = 3, x_{34} = 6$，其余 $x_{ij} = 0$.

注　当最后仅剩下一个格子时，不能画 ×，只能填数画圈.

二、最小元素法（minimum element method）

基本思想：优先安排运输表中的单位运费最小的格子对应的发点与收点之间的运输业务.

使用条件：已知 $\boldsymbol{c}$、$\boldsymbol{d}$.

步骤：

步骤 1　令 $c_{pq}=\min\limits_{\substack{1\leqslant i\leqslant m\\1\leqslant j\leqslant n}}\{c_{ij}\}$，$x_{pq}=\min\{a_p,b_q\}$，将 x_{pq} 填入格子 t_{pq} 中，并画圈.

步骤 2　令 $a_p:=a_p-x_{pq}$，$b_q:=b_q-x_{pq}$.

当 $a_p=0$ 时，在第 p 行的其余格子内画叉；当 $b_q=0$ 时，在第 q 列的其余格子内画叉；当 $a_p=b_q=0$ 时，在第 p 行或第 q 列之一的其余格子内画叉.

步骤 3　重复步骤 1 和步骤 2，直至所有格子都被画圈或画叉，即得 TP 的一个基本格子集 $\Delta=\{t_{pq}\mid x_{pq}$ 被画圈$\}$，相应的基本可行解为 $x_{ij}=\begin{cases}x_{pq}, & t_{pq}\in\Delta\\0, & \text{其余}\end{cases}$.

定理 4.2.2　利用最小元素法必可求得 TP 的一个基本可行解.

证明从略（利用定理 4.1.3）.

例 4.2.2　设 TP 中，$m=3$，$n=4$，$\boldsymbol{d}=(7,4,9,3,6,5,6)^{\mathrm{T}}$，$\boldsymbol{c}=(3,11,3,10,1,9,2,8,7,4,10,5)^{\mathrm{T}}$，利用最小元素法求 TP 的初始基本可行解.

解　求解过程如图 4.2.2 所示.

$i \backslash j$	1	2	3	4	a_i		
1	3 ×	11 ×	3 ④	10 ③	~~7~~	~~3~~	0
2	1 ③	9 ×	2 ①	8 ×	~~4~~	~~1~~	0
3	7 ×	4 ⑥	10 ×	5 ③	~~9~~	~~3~~	0
b_j	~~3~~	~~6~~	~~5~~	~~6~~			
	0	0	~~4~~	~~3~~			
			0	0			

图 4.2.2

因此，TP 的初始基本可行解为 $x_{13}=4$，$x_{14}=3$，$x_{21}=3$，$x_{23}=1$，$x_{32}=6$，$x_{34}=3$，其余 $x_{ij}=0$.

注　最小元素法优先安排单位运费最小的格子对应的发、收点之间的运输业务，因此比西北角法好.

4.3　最优性的检验

本节介绍如何判断 4.2 节中已求得的基本可行解的最优性.

一、知识准备

给定标准形

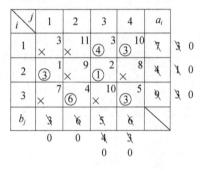

$$LP:\begin{cases}\min & z=\boldsymbol{c}^{\mathrm{T}}\boldsymbol{x}\\ \text{s.t.} & \boldsymbol{A}\boldsymbol{x}=\boldsymbol{b}\\ & \boldsymbol{x}\geqslant \boldsymbol{0}\end{cases}$$

的一个基 $\boldsymbol{B}$，则由 2.5 节知，检验数为 $r_j=\boldsymbol{c}_B^{\mathrm{T}}\boldsymbol{B}^{-1}\boldsymbol{P}_j-c_j$（$x_j$ 为非基变量），其中 $\boldsymbol{P}_j$ 为 $\boldsymbol{A}$ 的第 j 个列向量.

LP 的对偶问题为

$$DP:\begin{cases}\max & f=\boldsymbol{b}^{\mathrm{T}}\boldsymbol{y}\\ \text{s.t.} & \boldsymbol{A}^{\mathrm{T}}\boldsymbol{y}\leqslant \boldsymbol{c}\end{cases}$$

于是

$$\boldsymbol{A}^{\mathrm{T}}\boldsymbol{y}\leqslant\boldsymbol{c}\Leftrightarrow\boldsymbol{y}^{\mathrm{T}}\boldsymbol{A}\leqslant\boldsymbol{c}^{\mathrm{T}}\Leftrightarrow\boldsymbol{y}^{\mathrm{T}}(\boldsymbol{B},\boldsymbol{N})\leqslant\begin{pmatrix}\boldsymbol{c}_B\\ \boldsymbol{c}_N\end{pmatrix}^{\mathrm{T}}\Leftrightarrow(\boldsymbol{y}^{\mathrm{T}}\boldsymbol{B},\boldsymbol{y}^{\mathrm{T}}\boldsymbol{N})\leqslant(\boldsymbol{c}_B^{\mathrm{T}},\boldsymbol{c}_N^{\mathrm{T}})$$

$$\Leftrightarrow\begin{cases}\boldsymbol{y}^{\mathrm{T}}\boldsymbol{B}\leqslant\boldsymbol{c}_B^{\mathrm{T}}\\ \boldsymbol{y}^{\mathrm{T}}\boldsymbol{N}\leqslant\boldsymbol{c}_N^{\mathrm{T}}\end{cases}\Rightarrow\boldsymbol{y}^{\mathrm{T}}\boldsymbol{B}\leqslant\boldsymbol{c}_B^{\mathrm{T}}\Rightarrow\boldsymbol{y}^{\mathrm{T}}\leqslant\boldsymbol{c}_B^{\mathrm{T}}\boldsymbol{B}^{-1}\Rightarrow\boldsymbol{y}\leqslant(\boldsymbol{c}_B^{\mathrm{T}}\boldsymbol{B}^{-1})^{\mathrm{T}}$$

因此，将 DP 的约束条件 $\boldsymbol{A}^{\mathrm{T}}\boldsymbol{y}\leqslant\boldsymbol{c}$ 中与 LP 的基变量 $\boldsymbol{x}_B$ 对应的部分改为等式，即可求得向量 $(\boldsymbol{c}_B^{\mathrm{T}}\boldsymbol{B}^{-1})^{\mathrm{T}}\triangleq\bar{y}$.

从而，$r_j=c_B^{\mathrm{T}}\boldsymbol{B}^{-1}\boldsymbol{P}_j-c_j=\bar{y}^{\mathrm{T}}\boldsymbol{P}_j-c_j$.

上述结论对运输问题当然成立.

二、位势和检验数

给定 TP 运输问题

$$TP:\begin{cases}\min & z=\sum\limits_{i=1}^{m}\sum\limits_{j=1}^{n}c_{ij}x_{ij}\\ \text{s.t.} & \sum\limits_{j=1}^{n}x_{ij}=a_i,i=1,2,\cdots,m\\ & \sum\limits_{i=1}^{m}x_{ij}=b_j,j=1,2,\cdots,n\\ & x_{ij}\geqslant 0,i=1,2,\cdots,m;j=1,2,\cdots,n\end{cases}$$

的一个基本格子集 Δ，从 $D_\Delta=\{\boldsymbol{P}_{ij}\mid t_{ij}\in\Delta\}$ 中去掉一个多余的行，即得 TP 的一个基 $\boldsymbol{B}$. TP 关于基 $\boldsymbol{B}$ 的检验数为 $r_{ij}=c_B^{\mathrm{T}}\boldsymbol{B}^{-1}\boldsymbol{P}_{ij}-c_{ij}$（$t_{ij}\notin\Delta$），其中 $\boldsymbol{P}_{ij}$ 为变量 x_{ij} 在 D 中对应的列向量.

引入对偶变量 $y_i,z_j(i=1,2,\cdots,m;j=1,2,\cdots,n)$，得 TP 的对偶问题为

$$DP:\begin{cases}\max & f=\sum\limits_{i=1}^{m}a_iu_i+\sum\limits_{j=1}^{n}b_jv_j\\ \text{s.t.} & u_i+v_j\leqslant c_{ij},i=1,2,\cdots,m;j=1,2,\cdots,n\end{cases}$$

令向量

$$(\boldsymbol{c}_B^{\mathrm{T}}\boldsymbol{B}^{-1})^{\mathrm{T}} = \begin{pmatrix} u_1 \\ \vdots \\ u_m \\ v_1 \\ \vdots \\ v_n \end{pmatrix}$$

则由知识准备知,将 DP 的约束条件 $u_i + v_j \leqslant c_{ij}(i = 1,2,\cdots,m;j = 1,2,\cdots,n)$ 中与 TP 的基变量 $x_{ij}(t_{ij} \in \Delta)$ 对应的部分改为等式,即令 $u_i + v_j = c_{ij}(t_{ij} \in \Delta)$,即可求得上述向量$(\boldsymbol{c}_B^{\mathrm{T}}\boldsymbol{B}^{-1})^{\mathrm{T}}$.

定义 4.3.1 向量 $\begin{pmatrix} u_1 \\ \vdots \\ u_m \\ v_1 \\ \vdots \\ v_n \end{pmatrix}$ 称为 TP 关于基本格子集 Δ 的位势(potential).

在线性方程组 $u_i + v_j = c_{ij}(t_{ij} \in \Delta)$ 中,共有 $|\Delta| = m + n - 1$ 个方程、$m + n$ 个变量,方程的个数小于变量的个数,故此方程组有无穷多解. 为使此方程组有唯一解,考虑到 u_i, v_j 是自由变量,可令 $u_1 = 0$, 解方程组

$$\begin{cases} u_1 = 0 \\ u_i + v_j = c_{ij}(t_{ij} \in \Delta) \end{cases}$$

即得唯一一组位势

$$\begin{pmatrix} u_1 \\ \vdots \\ u_m \\ v_1 \\ \vdots \\ v_n \end{pmatrix}$$

于是,TP 关于基 B 的检验数为

$$r_{ij} = \boldsymbol{c}_B^{\mathrm{T}}\boldsymbol{B}^{-1}\boldsymbol{P}_{ij} - c_{ij} = (u_1,\cdots,u_m,v_1,\cdots,v_n)\begin{pmatrix} 0 \\ \vdots \\ 0 \\ 1 \\ 0 \\ \vdots \\ 0 \\ 1 \\ 0 \\ \vdots \\ 0 \end{pmatrix} - c_{ij} = u_i + v_j - c_{ij}(t_{ij} \notin \Delta).$$

当 $r_{ij} \leqslant 0(t_{ij} \notin \Delta)$ 时,当前的基本可行解即为 TP 的最优解.

例 4.3.1　设 TP 中,$m = 3, n = 4, \boldsymbol{d} = (7,4,9,3,6,5,6)^{\mathrm{T}}, \boldsymbol{c} = (3,11,3,10,1,9,2,8,7,4,10,5)^{\mathrm{T}}$,试求 TP 的初始基本可行解,并判断其最优性.

解　利用最小元素法求初始基本可行解:

$i \backslash j$	1	2	3	4	a_i	
1	3 ×	11 ×	3 ④	10 ③	~~7~~	~~3~~ 0
2	1 ③	9 ×	2 ①	8 ×	~~4~~	~~1~~ 0
3	7 ×	4 ⑥	10 ×	5 ③	~~9~~	~~3~~ 0
b_j	~~3~~	~~6~~	~~5~~	~~6~~		
	0	0	~~4~~ 0	~~3~~ 0		

计算检验数:

r_{ij} $u_i \backslash v_j$	2	9	3	10
0	3 −1	11 −2	3 ④	10 ③
−1	1 ③	9 −1	2 ①	8 1
−5	7 −10	4 ⑥	10 −12	5 ③

显然,此初始基本可行解不是最优解.

4.4　算法步骤

运输问题的算法——表上作业法同单纯形法一样,若运输表中所有检验数均非负,则当前的基本可行解即为最优解;否则,应通过转轴加以改进,使之更优,直至最优.

定义 4.4.1　设 $H \subseteq T$,若可将 H 中的格子排列为 $t_{i_1j_1}, t_{i_1j_2}, t_{i_2j_2}, t_{i_2j_3}, \cdots, t_{i_kj_k}, t_{i_kj_1}$,其中 $i_1, i_2, \cdots, i_k$ 互异,$j_1, j_2, \cdots, j_k$ 互异,则称 H 是一个闭回路(cycle).

如图 4.4.1 中,$H = \{t_{13}, t_{14}, t_{21}, t_{24}, t_{31}, t_{33}\}$ 是一个闭回路.

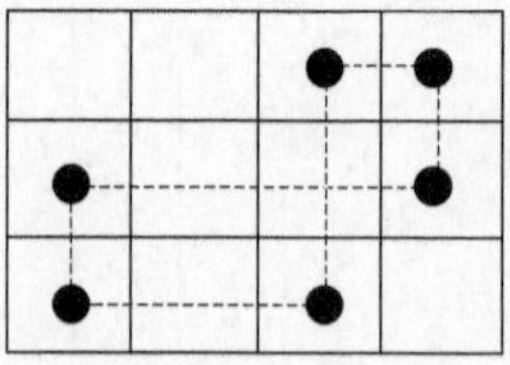

图 4.4.1

显然,闭回路上不可能有孤立格子,因此基本格子集本身不可能构成闭回路.

定理 4.4.1　设 Δ 是 TP 的基本格子集,$t_{pq} \notin \Delta$,则 $\Delta \cup \{t_{pq}\}$ 中存在唯一闭回路 H,且 $t_{pq} \in H$.

证明 从 $\Delta\cup\{t_{pq}\}$ 中递归地删去孤立格子，即得闭回路.

如在例4.3.1中，基本格子集为 $\Delta=\{t_{13},t_{14},t_{21},t_{23},t_{32},t_{34}\}$，因检验数 $r_{24}=1>0$，故取 $t_{pq}=t_{24}$，从 $\Delta\cup\{t_{pq}\}$ 中删去孤立格子 t_{21},t_{32},t_{34}，即得闭回路 $H=\{t_{13},t_{14},t_{pq},t_{23},t_{11}\}$，且 $t_{pq}\in H$(图4.4.2).

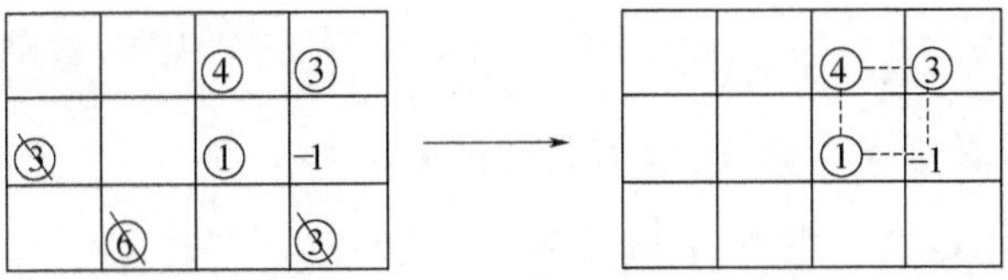

图4.4.2

基本可行解的修正(改进)仅在闭回路 H 上进行.

显然，格子 $t_{pq}=t_{24}$ 对应的非基变量 x_{24} 应取作进基变量. 此时，x_{24} 在基本可行解中的值将由0变正(出现退化情形时变为0)，即发点2开始给收点4供货，而收点4的需求量是固定的，这将导致发点1给收点4的供货量将减少，即 x_{14} 将变小. 同理，x_{13} 将变大，x_{33} 将变小.

为表征上述变量的变化情况，特在相应格子处画上"+"、"-"相间的标记(图4.4.3).

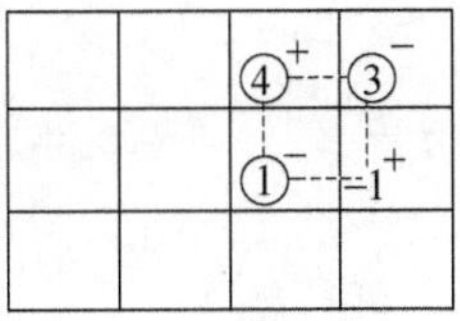

图4.4.3

当基变量变为非基变量时，其值将由正减小为0，故出基变量应为 x_{14} 和 x_{33} 之一. 因此，出基变量应取为 x_{33}；否则，若出基变量取为 x_{14}，则其值将由3减小为0，而 x_{33} 的值将由1减小为-2，这与变量取值的非负要求矛盾.

进、出基变量确定后，即可进行基本可行解的修正：

取闭回路 H 上标记"-"的格子对应变量的最小值为 θ. H 上标记"+"的格子对应变量的值都增加，标记"-"的格子对应变量的值都减少，增减的幅度均为 θ，H 外的格子对应变量的值不变(图4.4.4).

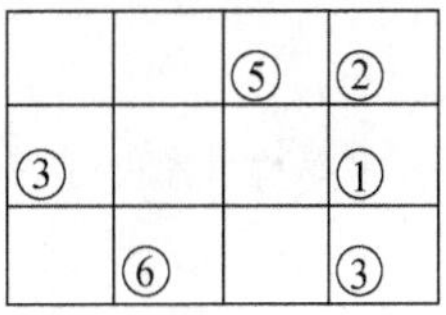

图4.4.4

据上述讨论，有如下结论：

定理4.4.2 设 TP 的基本格子集为 Δ，相应的基本可行解为 $\boldsymbol{x}$，$t_{pq}\notin\Delta$，$\Delta\cup\{t_{pq}\}$ 中的闭回路为 H. 按如下规则将 H 划分为 H^+ 和 H^-：$t_{pq}\in H^+$；H 的处在同一行、列的两个格子分属 H^+ 和 H^-. 令 $\theta=\min\{x_{ij}\mid t_{ij}\in H^-\}=x_{rk}$，$\Delta'=(\Delta\cup\{t_{pq}\})\setminus\{t_{rk}\}$，$x'_{ij}=\begin{cases}x_{ij}+\theta, & t_{ij}\in H^+\\ x_{ij}-\theta, & t_{ij}\in H^-\\ x_{ij}, & t_{ij}\notin H\end{cases}$，则 Δ' 仍是 TP 的基本格子集，且 $\boldsymbol{x}'$ 是相应的基本可行解.

根据上述分析，设计平衡型运输问题的算法——表上作业法如下：

步骤 1　求 TP 的初始基本格子集 Δ 及相应的初始基本可行解 $\boldsymbol{x}$.

步骤 2　求 TP 关于基 $\boldsymbol{B}$ 的位势 $\begin{cases} u_1 = 0 \\ u_i + v_j = c_{ij}(t_{ij} \in \Delta) \end{cases}$ 和检验数 $r_{ij} = u_i + v_j - c_{ij}\ (t_{ij} \notin \Delta)$.

步骤 3　令 $r_{pq} = \max\limits_{\substack{1 \leqslant i \leqslant m \\ 1 \leqslant j \leqslant n}} \{r_{ij}\}$. 若 $r_{pq} \leqslant 0$,则 $\boldsymbol{x}$ 为 TP 的最优解;否则,找出 $\Delta \cup \{t_{pq}\}$ 中的一条闭回路 H,并将 H 划分为 H^+ 和 H^-,转步骤 4.

步骤 4　修正:令 $\theta = \min\{x_{ij} \mid t_{ij} \in H^-\} = x_{rk}$,$\Delta' = (\Delta \cup \{t_{pq}\}) \setminus \{t_{rk}\}$,$x'_{ij} = \begin{cases} x_{ij} + \theta, & t_{ij} \in H^+ \\ x_{ij} - \theta, & t_{ij} \in H^- \\ x_{ij}, & t_{ij} \notin H \end{cases}$,转步骤 2.

注　表上作业法实际上是单纯形法在运输问题上的具体体现,其思想和步骤与单纯形法是一致的. 类似于单纯形法的转轴过程,在表上作业法的修正过程中,$r_{pq} = \max\limits_{\substack{1 \leqslant i \leqslant m \\ 1 \leqslant j \leqslant n}} \{r_{ij}\}$ 是选取枢轴列(进基变量 x_{pq}),$\theta = \min\{x_{ij} \mid t_{ij} \in H^-\} = x_{rk}$ 是选取枢轴行(出基变量 x_{rk}),这与单纯形法选取枢轴元的规则完全一致. 尤其应注意,修正前非基变量 $x_{pq} = 0$,修正后基变量 $x_{pq} = 0 + \theta = \theta$.

例 4.4.1　求解运输问题 TP:$m = 3, n = 4, \boldsymbol{c} = (10,6,20,11,12,7,9,20,6,14,16,18)^{\mathrm{T}}, \boldsymbol{d} = (15,25,5,5,15,15,10)^{\mathrm{T}}$.

解　利用最小元素法求初始基本可行解:

c_{ij} \ j, i	1	2	3	4	a_i	
1	× 10	⑮ 6	× 20	⓪ 11	~~15~~	0
2	× 12	× 7	⑮ 9	⑩ 20	~~25~~	~~10~~ 0
3	⑤ 6	× 14	× 16	⓪ 18	~~5~~	0
b_j	~~5~~	~~15~~	~~15~~	~~10~~		
	0	0	0	~~10~~ 0		

计算检验数:

u_i \ v_j	−1	6	0	11
0	−11 10	⑮ 6	−20 20	⓪ 11
9	−4 12	8 7	⑮ 9	⑩ 20
7	⑤ 6	−1 14	−9 16	⓪ 18

$r_{22} = 8 > 0$,找闭回路:

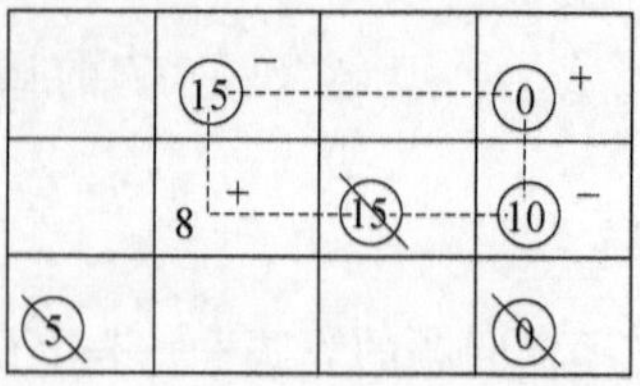

修正：$\theta = 10$

	⑤		⑩
	⑩	⑮	
⑤			⓪

计算检验数：

u_i \ v_j	−1	6	8	11
0	10 −11	6 ⑤	20 −12	11 ⑩
1	12 −12	7 ⑩	9 ⑮	20 −8
7	6 ⑤	14 −1	16 −1	18 ⓪

显然，所有检验数均非正，故 TP 的最优解为 $x_{12}=5, x_{14}=10, x_{22}=10, x_{23}=15, x_{31}=5, x_{34}=0$，其余 $x_{ij}=0$，最优值为 375.

4.5 不平衡型运输问题

本节在平衡型运输问题的基础上介绍不平衡型运输问题.

一、供大于需型

模型：

$$TP:\begin{cases} \min \quad x = \sum_{i=1}^{m}\sum_{j=1}^{n} c_{ij}x_{ij} \\ \text{s.t.} \quad \sum_{j=1}^{n} x_{ij} \leqslant a_i, i = 1,2,\cdots,m \\ \qquad \sum_{i=1}^{m} x_{ij} = b_j, j = 1,2,\cdots,n \\ \qquad x_{ij} \geqslant 0, i = 1,2,\cdots,m; j = 1,2,\cdots,n \end{cases}$$

其中 $\sum_{i=1}^{m} a_i \geqslant \sum_{j=1}^{n} b_j$.

解法 引入一个虚收点 B_{n+1}，令其需求量为 $b_{n+1} = \sum_{i=1}^{m} a_i - \sum_{j=1}^{n} b_j$，从发点 i 到此收点的单位运费为 $c_{i,n+1} = 0(i = 1,2,\cdots,m)$，化为平衡型运输问题来解.

例 4.5.1 求解运输问题 $TP: m = n = 3, \boldsymbol{d} = (15,18,17,18,12,16)^{\mathrm{T}}, \boldsymbol{c} = (5,9,2,3,1,7,6,2,8)^{\mathrm{T}}$.

解 因 $15+18+17>18+12+16$，故 TP 为供大于需型.

引入虚收点 B_4，令其需求量为 $b_4 = (15+18+17)-(18+12+16)=4$，单位运费为 $c_{14}=c_{24}=c_{34}=0$，化 TP 为平衡型. 作运输表，并利用平衡型运输问题的算法解之（过程略），得最优解为 $x_{13}=15, x_{21}=18, x_{31}=0, x_{32}=12, x_{33}=1$，其余 $x_{ij}=0$，最优值为116.

二、供小于需型

模型：

$$TP:\begin{cases} \min \quad z = \sum_{i=1}^{m}\sum_{j=1}^{n} c_{ij}x_{ij} \\ \text{s. t.} \quad \sum_{j=1}^{n} x_{ij} = a_i, i=1,2,\cdots,m \\ \qquad \sum_{i=1}^{m} x_{ij} \leqslant b_j, j=1,2,\cdots,n \\ \qquad x_{ij} \geqslant 0, i=1,2,\cdots,m; j=1,2,\cdots,n \end{cases}$$

其中 $\sum_{i=1}^{m} a_i \leqslant \sum_{j=1}^{n} b_j$.

解法 引入一个虚发点 A_{m+1}，令其供应量为 $a_{m+1} = \sum_{i=1}^{m} a_i - \sum_{j=1}^{n} b_j$，从此发点到收点 j 的单位运费为 $c_{m+1,j}=0(j=1,2,\cdots,n)$，化为平衡型运输问题来解.

例 4.5.2 求解运输问题 $TP: m=n=3, \boldsymbol{d}=(5,10,15,5,10,17)^{\mathrm{T}}, \boldsymbol{c}=(33,19,21,20,28,32,19,30,34)^{\mathrm{T}}$.

解 因 $5+10+15<5+10+17$，故 TP 为供小于需型.

引入虚发点 A_4，令其供应量为 $a_4=(5+10+17)-(5+10+15)=2$，单位运费为 $c_{41}=c_{42}=c_{43}=0$，化 TP 为平衡型. 作运输表，并利用平衡型运输问题的算法解之（过程略），得最优解为 $x_{13}=5, x_{22}=10, x_{31}=5, x_{32}=0, x_{33}=10$，其余 $x_{ij}=0$，最优值为820.

4.6 指派问题

指派问题（assignment problem, AP）：今有 n 个工人和 n 件工作，第 i 个工人做第 j 件工作的费用（如成本，时间，效能等）为 $c_{ij}, i,j=1,2,\cdots,n$. 问：应如何制订一个工人和工作之间的指派方案，才能使完成这 n 件工作的总费用最少？

令 $x_{ij}=\begin{cases}1, & \text{指派第 } i \text{ 个工人做第 } j \text{ 件工作;} \\ 0, & \text{否则,}\end{cases}$ $i,j=1,2,\cdots,n$，则可建立如下 0－1 规划模型：

$$AP:\begin{cases} \min \quad z = \sum_{i=1}^{n}\sum_{j=1}^{n} c_{ij}x_{ij} \\ \text{s. t.} \quad \sum_{j=1}^{n} x_{ij} = 1, i=1,2,\cdots,n \\ \qquad \sum_{i=1}^{n} x_{ij} = 1, j=1,2,\cdots,n \\ \qquad x_{ij} = 0,1, i,j=1,2,\cdots,n \end{cases}$$

其中"$\sum_{j=1}^{n} x_{ij} = 1, i = 1,2,\cdots,n$"表示第 i 个工人能且只能做一件工作,"$\sum_{i=1}^{n} x_{ij} = 1, j = 1,2,\cdots,n$"表示第 j 件工作能且只能由一个工人去做.

不难知道,指派问题是第 4 章中将要述及的运输问题在 $a_i = b_j = 1(i = 1,2,\cdots,m; j = 1,2,\cdots,n)$ 时的特殊情形,但二者的解法差别较大.

1931 年,匈牙利数学家 D. König 提出了关于矩阵的独立零元素的定理,并提出了求解指派问题的一个特殊解法,后于 1955 年被美国数学家 W. W. Kuhn 改进,后人称为匈牙利算法(Hungarian method).

定义 4.6.1 设将矩阵 $\boldsymbol{C}$ 的某一行(或列)的各元素都加上(或减去)一个常数得矩阵 $\boldsymbol{C}'$,则称 $\boldsymbol{C}'$ 为 $\boldsymbol{C}$ 的约化矩阵(simplified matrix).

注 约化也包括同时将 $\boldsymbol{C}$ 的若干行(或列)的各元素都加上(或减去)一个常数的情形.

定理 4.6.1 设将矩阵 $\boldsymbol{C}$ 约化为矩阵 $\boldsymbol{C}'$,则以 $\boldsymbol{C}$ 与 $\boldsymbol{C}'$ 为费用矩阵的两个指派问题有相同的最优解.

证明 不妨以减为例. 设将 $\boldsymbol{C}$ 的第 i 行各元素都减去 $a_i(i = 1,2,\cdots,n)$,第 j 列各元素都减去 $b_j(j = 1,2,\cdots,n)$ 得 $\boldsymbol{C}'$,则以 $\boldsymbol{C}'$ 为费用矩阵的指派问题的目标函数为

$$\begin{aligned} z' &= \sum_{i=1}^{n}\sum_{j=1}^{n}(c_{ij} - a_i - b_j)x_{ij} = \sum_{i=1}^{n}\sum_{j=1}^{n}c_{ij}x_{ij} - \sum_{i=1}^{n}\sum_{j=1}^{n}a_i x_{ij} - \sum_{i=1}^{n}\sum_{j=1}^{n}b_j x_{ij} \\ &= z - \sum_{i=1}^{n}a_i\sum_{j=1}^{n}x_{ij} - \sum_{j=1}^{n}\sum_{i=1}^{n}b_j x_{ij} = z - \sum_{i=1}^{n}a_i \cdot 1 - \sum_{j=1}^{n}b_j\sum_{i=1}^{n}x_{ij} \\ &= z - \sum_{i=1}^{n}a_i - \sum_{j=1}^{n}b_j \cdot 1 = z - \sum_{i=1}^{n}a_i - \sum_{j=1}^{n}b_j = z - \sum_{i=1}^{n}a_i - \sum_{j=1}^{n}b_j \end{aligned}$$

但因系数矩阵未变,当然约束条件未变,故最优解也未变.

矩阵约化的常用方法:将 $\boldsymbol{C}$ 的每一行的各元素都减去本行的最小元素,将 $\boldsymbol{C}$ 的每一列的各元素都减去本列的最小元素.

约化矩阵的特点:$\boldsymbol{C}'$ 的每一行和列都至少有一个零元素,且无负元素.

如

$$\boldsymbol{C} = \begin{pmatrix} 4 & 8 & 7 & 15 & 12 \\ 7 & 9 & 17 & 14 & 10 \\ 6 & 9 & 12 & 8 & 7 \\ 6 & 7 & 14 & 6 & 10 \\ 6 & 9 & 12 & 10 & 6 \end{pmatrix} \rightarrow \underset{\text{(约化行)}}{\begin{pmatrix} 0 & 4 & 3 & 11 & 8 \\ 0 & 2 & 10 & 7 & 3 \\ 0 & 3 & 6 & 2 & 1 \\ 0 & 1 & 8 & 0 & 4 \\ 0 & 3 & 6 & 4 & 0 \end{pmatrix}} \rightarrow \underset{\text{(约化列)}}{\begin{pmatrix} 0 & 3 & 0 & 11 & 8 \\ 0 & 1 & 7 & 7 & 3 \\ 0 & 2 & 3 & 2 & 1 \\ 0 & 0 & 5 & 0 & 4 \\ 0 & 2 & 3 & 4 & 0 \end{pmatrix}} = \boldsymbol{C}'$$

定义 4.6.2 对费用矩阵 $\boldsymbol{C} = (c_{ij})_{n\times n}$,引入格子集 $T = (t_{ij})_{n\times n}$,若 $Q = \{t_{i_1j_1}, t_{i_2j_2},\cdots, t_{i_pj_p} | t_{ij} \in T, c_{ij} = 0$,且 $i_1, i_2,\cdots, i_p$ 与 $j_1, j_2,\cdots, j_p$ 分别互异$\}$,则称 Q 是一个独立格子集(independent mesh set),其对应的 $\boldsymbol{C}$ 的零元素称为独立零元素. 若 Q 是独立格子集,且 $\forall t_{ij} \in \{t_{ij} \in T | c_{ij} = 0\} \setminus Q, Q \cup \{t_{ij}\}$ 都不是独立格子集,则称 Q 为一个极大独立格子集(maximal independent mesh set).

注 满足$|Q|=n$的格子集Q无疑是极大独立格子集.

如对

$$C=\begin{pmatrix} 1 & 3 & \textcircled{0} & 11 & 8 \\ 0 & \textcircled{0} & 6 & 6 & 2 \\ \textcircled{0} & 1 & 2 & 1 & 0 \\ 1 & 0 & 5 & \textcircled{0} & 4 \\ 1 & 2 & 3 & 4 & \textcircled{0} \end{pmatrix}$$

$Q=\{t_{13},t_{22},t_{31},t_{44},t_{55}\}$是一个极大独立格子集.

独立格子集的找法:

若矩阵$\boldsymbol{C}$的某行只有一个零元素,则将其圈起,并将与其同列的其余零元素画×;若$\boldsymbol{C}$的某列只有一个零元素,则将其圈起,并将与其同行的其余零元素画×.若$\boldsymbol{C}$的某行(列)只有一个零元素,而其所在列(行)无零元素,则只将其圈起,不画×.若$\boldsymbol{C}$的若干行(列)都有两个以上零元素,则取一零元素最少的行(列),比较该行(列)的各零元素所在列(行)的零元素的数目,将数目最小者对应的零元素圈起,并将与其同行、列的其余零元素画×.如此重复,直到$\boldsymbol{C}$的所有零元素都被圈起或画×为止(当符合条件的零元素不唯一时,任选其一即可).令$Q=\{t_{ij}|c_{ij}=0\text{ 被圈起}\}$,则$Q$即为一个独立格子集.

如对

$$C=\begin{pmatrix} 1 & 3 & \textcircled{0} & 11 & 8 \\ \not{0} & \textcircled{0} & 6 & 6 & 2 \\ \textcircled{0} & 1 & 2 & 1 & \not{0} \\ 1 & \not{0} & 5 & \textcircled{0} & 4 \\ 1 & 2 & 3 & 4 & \textcircled{0} \end{pmatrix}$$

$Q=\{t_{13},t_{22},t_{31},t_{44},t_{55}\}$是一个独立格子集.

当$|Q|=n$时,下面的结论显然成立.

定理 4.6.2 若Q是独立格子集,且$|Q|=n$,令$x_{ij}=\begin{cases}1, & t_{ij}\in Q \\ 0, & \text{否则}\end{cases}$,则$\{x_{ij}\}$是指派问题$AP$的 最优解.

注 定理4.6.2给出了利用独立格子集构造AP的最优解的方法.

匈牙利算法的基本思想:将费用矩阵$\boldsymbol{C}$约化为$\boldsymbol{C}'$,使$\boldsymbol{C}'$中恰有一个含n个格子的独立格子集Q,Q中的格子对应的工人和工作之间的一一对应关系即为指派问题的一个最优解.

$|Q|<n$时情形的处理:

若某行无圈起的零元素,则在此行打√.在打√的行中,对画×的零元素所在的列打

√；在打√的列中，对圈起的零元素所在的行打√. 如此重复，直到再也不存在可打√的行或列为止. 对未打√的行画一横线，对打√的列画一竖线. 如此，将得到覆盖（cover）$\boldsymbol{C}$ 的所有零元素的数目最少的直线. 令 $\boldsymbol{C}$ 的未被直线覆盖的最小元素为 θ，将未被直线覆盖的元素所在的行（或列）的各元素都减去 θ. 如此，未被直线覆盖的元素所在的行（或列）将出现零元素，而已被直线覆盖的元素所在的行（或列）将出现负元素. 为消除负元素，可将负元素所在的列（或行）的各元素都加上 θ.

如对

$$\boldsymbol{C}=\begin{pmatrix}0&3&0&11&8\\0&1&7&7&3\\0&2&3&2&1\\0&0&5&0&4\\0&2&3&4&0\end{pmatrix}$$

先求独立格子集：

$$\boldsymbol{C}=\begin{pmatrix}\not{0}&3&\textcircled{0}&11&8\\\textcircled{0}&1&7&7&3\\\not{0}&2&3&2&1\\\not{0}&\textcircled{0}&5&\not{0}&4\\\not{0}&2&3&4&\textcircled{0}\end{pmatrix}$$

显然，$Q=\{t_{13},t_{21},t_{42},t_{55}\}$ 是一个独立格子集，但 $|Q|=4<5=n$.

再找覆盖所有零元素的数目最少的直线：

打√：

$$\boldsymbol{C}=\begin{array}{c}\begin{pmatrix}\not{0}&3&\textcircled{0}&11&8\\\textcircled{0}&1&7&7&3\\\not{0}&2&3&2&1\\\not{0}&\textcircled{0}&5&\not{0}&4\\\not{0}&2&3&4&\textcircled{0}\end{pmatrix}\begin{array}{l}\\\surd\\\surd\\\\\\\end{array}\\\begin{array}{lllll}\surd&&&&\end{array}\end{array}$$

画直线：

$$\boldsymbol{C}=\begin{array}{c}\begin{pmatrix}\not{0}&3&\textcircled{0}&11&8\\\textcircled{0}&1&7&7&3\\\not{0}&2&3&2&1\\\not{0}&\textcircled{0}&5&\not{0}&4\\\not{0}&2&3&4&\textcircled{0}\end{pmatrix}\begin{array}{l}\\\surd\\\surd\\\\\\\end{array}\\\begin{array}{lllll}\surd&&&&\end{array}\end{array}$$

约化 $\boldsymbol{C}$:$\theta=1$

$$\boldsymbol{C}\to\begin{pmatrix}0&3&0&11&8\\-1&0&6&6&2\\-1&1&2&1&0\\0&0&5&0&4\\0&2&3&4&0\end{pmatrix}\to\begin{pmatrix}1&3&0&11&8\\0&0&6&6&2\\0&1&2&1&0\\1&0&5&0&4\\1&2&3&4&0\end{pmatrix}=\boldsymbol{C}'$$

综合以上讨论,设计匈牙利算法的步骤如下:

步骤1　约化费用矩阵 $\boldsymbol{C}$ 为 $\boldsymbol{C}'$:将 $\boldsymbol{C}$ 的每一行的各元素都减去本行的最小元素,每一列的各元素都减去本列的最小元素. 转步骤2.

步骤2　找独立格子集 Q:若 $\boldsymbol{C}'$的某行只有一个零元素,则将其圈起,并将与其同列的其余零元素画×;若 $\boldsymbol{C}'$的某列只有一个零元素,则将其圈起,并将与其同行的其余零元素画×. 如此重复,直到 $\boldsymbol{C}'$的所有零元素都被圈起或画×为止(当符合条件的零元素不唯一时,任选其一即可). 令 $Q=\{t_{ij}\mid c'_{ij}=0$ 被圈起$\}$. 若 $|Q|=n$,则得指派问题 AP 的最优解为 $x_{ij}=\begin{cases}1, & t_{ij}\in Q\\0, & 否则\end{cases}$,停;否则,转步骤3.

步骤3　找覆盖 $\boldsymbol{C}'$的所有零元素的数目最少的直线:若某行无圈起的零元素,则在此行打√. 在打√的行中,对画×的零元素所在的列打√;在打√的列中,对圈起的零元素所在的行打√. 如此重复,直到再也不存在可打√的行或列为止. 对未打√的行画一横线,对打√的列画一竖线.

继续约化 $\boldsymbol{C}'$:令 $\boldsymbol{C}'$的未被直线覆盖的最小元素为 θ,将未被直线覆盖的元素所在的行(或列)的各元素都减去 θ. 为消除负元素,可将负元素所在的列(或行)的各元素都加上 θ. 转步骤2.

例 4.6.1　今派遣甲、乙、丙、丁4位译员将一份中文文书分别译为英文、日文、德文、俄文4个版本,其耗时如下:

	英文版	日文版	德文版	俄文版
甲	2	15	13	4
乙	10	4	14	15
丙	9	14	16	13
丁	7	8	11	9

问:应如何分派任务,才能使总耗时最少?

解　这是一个指派问题,$n=4$,$\boldsymbol{C}=\begin{pmatrix}2&15&13&4\\10&4&14&15\\9&14&16&13\\7&8&11&9\end{pmatrix}$.

约化 $\boldsymbol{C}$:

$$C=\begin{pmatrix}2&15&13&4\\10&4&14&15\\9&14&16&13\\7&8&11&9\end{pmatrix}\to\begin{pmatrix}0&13&11&2\\6&0&10&11\\0&5&7&4\\0&1&4&2\end{pmatrix}\to\begin{pmatrix}0&13&7&0\\6&0&6&9\\0&5&3&2\\0&1&0&0\end{pmatrix}=C'$$

找独立格子集:圈 c'_{22},不画×;圈 c'_{31},将 c'_{11},c'_{41}画×;圈 c'_{43},将 c'_{44}画×;圈 c'_{14}

$$C'=\begin{pmatrix}\not{0}&13&7&\textcircled{0}\\6&\textcircled{0}&6&9\\\textcircled{0}&5&3&2\\\not{0}&1&\textcircled{0}&\not{0}\end{pmatrix}$$

$Q=\{t_{14},t_{22},t_{31},t_{43}\}$ 是一个独立格子集.

因 $|Q|=4=n$,故该指派问题的最优解为 $x_{14}=x_{22}=x_{31}=x_{43}=1$,其余 $x_{ij}=0$,最优值为 $4+4+9+11=28$.

因此,最优分派方案为:甲、乙、丙、丁分别去翻译俄文版、日文版、英文版和德文版.此时,总耗时最少,且最小耗时为28.

例4.6.2 (排课表问题)今有4个教师 A,B,C,D 和4门课程:微积分,线性代数,概率论和运筹学.不同教师上不同课程的课时费(单位:元)如下:

	微积分	线性代数	概率论	运筹学
A	2	10	9	7
B	15	4	14	8
C	13	14	16	11
D	4	15	13	9

问:应如何排定课表,才能使总课时费最少?

解 这是一个指派问题,$n=4$,$C=\begin{pmatrix}2&10&9&7\\15&4&14&8\\13&14&16&11\\4&15&13&9\end{pmatrix}$.

约化 C:

$$C=\begin{pmatrix}2&10&9&7\\15&4&14&8\\13&14&16&11\\4&15&13&9\end{pmatrix}\to\begin{pmatrix}0&8&7&5\\11&0&10&4\\2&3&5&0\\0&11&9&5\end{pmatrix}\to\begin{pmatrix}0&8&2&5\\11&0&5&4\\2&3&0&0\\0&11&4&5\end{pmatrix}=C'$$

找独立格子集:

$$
\boldsymbol{C}'=\begin{pmatrix} \textcircled{0} & 8 & 2 & 5 \\ 11 & \textcircled{0} & 5 & 4 \\ 2 & 3 & \textcircled{0} & \cancel{0} \\ \cancel{0} & 11 & 4 & 5 \end{pmatrix}
$$

$Q=\{t_{11},t_{22},t_{33}\}$是一个独立格子集.

找覆盖 $\boldsymbol{C}'$的所有零元素的数目最少的直线：

$$
\boldsymbol{C}'=\begin{pmatrix} \textcircled{0} & 8 & 2 & 5 \\ 11 & \textcircled{0} & 5 & 4 \\ 2 & 3 & \textcircled{0} & \cancel{0} \\ \cancel{0} & 11 & 4 & 5 \end{pmatrix}\begin{matrix} \surd \\ \\ \\ \surd \end{matrix}
$$
$$
\begin{matrix} \surd & & & \end{matrix}
$$

$$
\boldsymbol{C}'=\begin{pmatrix} \textcircled{0} & 8 & 2 & 5 \\ 11 & \textcircled{0} & 5 & 4 \\ 2 & 3 & \textcircled{0} & \cancel{0} \\ \cancel{0} & 11 & 4 & 5 \end{pmatrix}\begin{matrix} \surd \\ \\ \\ \surd \end{matrix}
$$
$$
\begin{matrix} \surd & & & \end{matrix}
$$

继续约化 $\boldsymbol{C}'$: $\theta=2$.

$$
\boldsymbol{C}\rightarrow\begin{pmatrix} -2 & 6 & 0 & 3 \\ 11 & 0 & 5 & 4 \\ 2 & 3 & 0 & 0 \\ -2 & 9 & 2 & 3 \end{pmatrix}\rightarrow\begin{pmatrix} 0 & 6 & 0 & 3 \\ 13 & 0 & 5 & 4 \\ 4 & 3 & 0 & 0 \\ 0 & 9 & 2 & 3 \end{pmatrix}=\boldsymbol{C}'
$$

找独立格子集：

$$
\boldsymbol{C}''=\begin{pmatrix} \cancel{0} & 6 & \textcircled{0} & 3 \\ 13 & \textcircled{0} & 5 & 4 \\ 4 & 3 & \cancel{0} & \textcircled{0} \\ \textcircled{0} & 9 & 2 & 3 \end{pmatrix}
$$

$Q=\{t_{13},t_{22},t_{34},t_{41}\}$是一个独立格子集，且$|Q|=4=n$，故此指派问题的最优解为$x_{13}=x_{22}=x_{34}=x_{41}=1$，其余$x_{ij}=0$，最优值为$9+4+11+4=28$.

因此，最优课表为：教师 A,B,C,D 分别上概率论、线性代数、运筹学和微积分. 此时，总课时费最小，且最小值为 28 元.

练习 4

1. 求解平衡型运输问题：

(1) $m=3, n=4, \boldsymbol{c}=(4,12,4,11,2,10,3,9,8,5,11,6)^{\mathrm{T}}, \boldsymbol{d}=(16,10,22,8,14,12,14)^{\mathrm{T}}$;

(2) $m=3, n=4, \boldsymbol{c}=(10,8,12,11,11,14,15,9,16,14,18,7)^{\mathrm{T}}, \boldsymbol{d}=(40,60,45,50,25,35,35)^{\mathrm{T}}$.

2. 某蔬菜公司计划从产地 A_1、A_2、A_3 分别调出大白菜 56t、82t、77t，分别供应城市 B_1、B_2、B_3 为 72t、102t、41t. 从产地到各城市之间的运费(单位:元/吨)如下：

运费 城市 / 产地	B_1	B_2	B_3
A_1	4	8	8
A_2	16	24	16
A_3	8	16	24

问：应如何调运，才能既满足供需关系，又使总运费最省？

3. 求解不平衡型运输问题：

(1) $m=2, n=3, \boldsymbol{c}=(6,4,6,6,5,5)^{\mathrm{T}}, \boldsymbol{d}=(300,300,150,150,200)^{\mathrm{T}}$;

(2) $m=2, n=3, \boldsymbol{c}=(6,4,6,6,5,5)^{\mathrm{T}}, \boldsymbol{d}=(200,300,250,200,200)^{\mathrm{T}}$.

4. 利用匈牙利算法求解如下指派问题：

(1) $n=5, \boldsymbol{C}=\begin{pmatrix} 7 & 5 & 9 & 8 & 11 \\ 9 & 12 & 7 & 11 & 9 \\ 8 & 5 & 4 & 6 & 9 \\ 7 & 3 & 6 & 9 & 6 \\ 4 & 6 & 7 & 5 & 11 \end{pmatrix}$

(2) $n=5, \boldsymbol{C}=\begin{pmatrix} 4 & 8 & 7 & 15 & 12 \\ 7 & 9 & 17 & 14 & 10 \\ 6 & 9 & 12 & 8 & 7 \\ 6 & 7 & 14 & 6 & 10 \\ 6 & 9 & 12 & 10 & 6 \end{pmatrix}$

第 5 章　多目标规划和目标规划

线性规划、整数规划和非线性规划都只有一个目标函数,但在实际问题中往往要考虑多个目标.如设计一个新产品的制作工艺,不仅希望利润大,而且希望产量高、消耗低等.由于需要同时考虑多个目标,这类多目标问题要比单目标问题复杂得多. 另一方面,这一系列目标之间,不仅有主次之分,而且有时会互相矛盾,这就给解决多目标问题传统方法带来了一定的困难.目标规划(goal programming,GP)正是为了解决多目标问题而提出的一种方法.

多目标规划(multiobjective programming,MP)是数学规划的一个分支,研究至少两个目标函数在给定可行域上的最优化.目标规划是求解多目标规划问题的方法之一,这一概念是由美国经济学家查恩斯(A. Charnes)和库伯(W. W. Cooper)于 1961 年在研究不可行线性规划问题的近似解时提出的.

多目标规划和目标规划的应用范围很广,包括生产计划、投资计划、市场战略、人事管理、环境保护、土地利用等.

5.1　多目标规划的概念

线性规划问题是单目标问题,即只考虑一个目标函数的最优化问题;然而,有时要考虑多个(两个以上)目标函数的最优化问题,这就是多目标规划.

1. 举例

例 5.1.1　某厂拟生产 A,B 两种产品,其生产成本分别为 2100 元/t、4800 元/t,利润分别为 3600 元/t、6500 元/t,月最大生产能力分别为 5t、8t,月总市场需求量不少于 9t. 问:该厂应如何安排生产,才能在满足市场需求的前提下,既使总生产成本最低,又使总利润最大?

解　设 A,B 两种产品的产量分别为 x_1,x_2,则可建立如下多目标规划模型

$$\begin{cases} \min \quad f_1(x_1,x_2) = 2100x_1 + 4800x_2 \\ \max \quad f_2(x_1,x_2) = 3600x_1 + 6500x_2 \\ \text{s. t.} \qquad x_1 \leqslant 5 \\ \qquad\qquad x_2 \leqslant 8 \\ \qquad\quad x_1 + x_2 \geqslant 9 \\ \qquad\quad x_1,x_2 \geqslant 0 \end{cases}$$

由此,可得多目标规划的一般形式:

$$
MP:\begin{cases}\min & (f_1(\boldsymbol{x}),f_2(\boldsymbol{x}),\cdots,f_p(\boldsymbol{x}))\\ \text{s. t.} & g_i(\boldsymbol{x})\leqslant 0,i=1,2,\cdots,k\\ & h_j(\boldsymbol{x})=0,j=1,2,\cdots,l\\ & \boldsymbol{x}\geqslant 0\end{cases}
$$

其中 $\boldsymbol{x}=(x_1,x_2,\cdots,x_n)^{\mathrm{T}},p\geqslant 2$. MP 的可行域记作 $K(MP)$.

2. 特点

目标规划包括线性目标规划、非线性目标规划、整数目标规划等,本章主要介绍线性多目标规划,其特点如下:

(1) 诸目标可能不一致. 如下述多目标规划

$$
\begin{cases}\max & (x_1,x_2)\\ \text{s. t.} & x_1^2+x_2^2\leqslant 1\\ & x_1,x_2\geqslant 0\end{cases}
$$

对应两个单目标规划

$$
\begin{cases}\max & x_1\\ \text{s. t.} & x_1^2+x_2^2\leqslant 1\\ & x_1,x_2\geqslant 0\end{cases}\qquad\qquad \begin{cases}\max & x_2\\ \text{s. t.} & x_1^2+x_2^2\leqslant 1\\ & x_1,x_2\geqslant 0\end{cases}
$$

前者的最优解为 $\boldsymbol{x}=\begin{pmatrix}1\\0\end{pmatrix}$,而后者的最优解为 $\boldsymbol{x}=\begin{pmatrix}0\\1\end{pmatrix}$.

(2) 绝对最优解(absolute optimal solution,使诸目标函数同时达到最优值的可行解)往往不存在,只有在特殊情形下可能存在. 如多目标规划

$$
\begin{cases}\max & (x_1,x_2)\\ \text{s. t.} & x_1^2+x_2^2\leqslant 1\\ & x_1,x_2\geqslant 0\end{cases}
$$

显然不存在绝对最优解;但多目标规划

$$
\begin{cases}\min & (x_1,x_2)\\ \text{s. t.} & x_1^2+x_2^2\leqslant 1\\ & x_1,x_2\geqslant 0\end{cases}
$$

却有绝对最优解 $\boldsymbol{x}=\begin{pmatrix}0\\0\end{pmatrix}$.

(3) 往往无法比较两个可行解的优劣.

因可行解对应的目标函数值是一个向量,而两个向量是无法比较大小的,故无法比较两个可行解的优劣. 如对多目标规划

$$
\begin{cases}\min & (f_1(\boldsymbol{x}),f_2(\boldsymbol{x}))\\ \text{s. t.} & x_1^2+x_2^2\leqslant 1\\ & x_1,x_2\geqslant 0\end{cases}\qquad (其中 f_1(x)=x_1,f_2(x)=x_2)
$$

的两个可行解 $\boldsymbol{x}^1 = \begin{pmatrix}1\\0\end{pmatrix}, \boldsymbol{x}^2 = \begin{pmatrix}0\\1\end{pmatrix}$, 因 $\begin{pmatrix}f_1(\boldsymbol{x}^1)\\f_2(\boldsymbol{x}^1)\end{pmatrix} = \begin{pmatrix}f_1(1,0)\\f_2(1,0)\end{pmatrix} = \begin{pmatrix}1\\0\end{pmatrix}$, $\begin{pmatrix}f_1(\boldsymbol{x}^2)\\f_2(\boldsymbol{x}^2)\end{pmatrix} = \begin{pmatrix}f_1(0,1)\\f_2(0,1)\end{pmatrix} = \begin{pmatrix}0\\1\end{pmatrix}$,故无法比较 $\boldsymbol{x}^1,\boldsymbol{x}^2$ 的优劣.

基于以上特点,引入适用于多目标规划的"最优解"的概念.

约定 给定两个向量 $\boldsymbol{\alpha} = \begin{pmatrix}a_1\\a_2\\\vdots\\a_n\end{pmatrix}, \boldsymbol{\beta} = \begin{pmatrix}b_1\\b_2\\\vdots\\b_n\end{pmatrix}$,若 $a_i \geqslant b_i (i = 1,2,\cdots,n)$,且 $\exists 1 \leqslant k \leqslant n$,使 $a_k > b_k$,则 $\boldsymbol{\alpha} \geqslant \boldsymbol{\beta}$.

定义 5.1.1 设 $\boldsymbol{x} \in K(MP)$,若 $\forall \boldsymbol{y} \in K(MP)$,有 $\begin{pmatrix}f_1(\boldsymbol{x})\\f_2(\boldsymbol{x})\\\vdots\\f_p(\boldsymbol{x})\end{pmatrix} \leqslant \begin{pmatrix}f_1(\boldsymbol{y})\\f_2(\boldsymbol{y})\\\vdots\\f_p(\boldsymbol{y})\end{pmatrix}$,则称 $\boldsymbol{x}$ 为 MP 的有效解(valid solution),亦称非劣解(non - inferior solution)或帕累托解(Pareto solution).

MP 的全体有效解的集合记为 K_{vs}.

注 多目标规划的有效解相当于单目标规划的最优解. 特别地,当诸目标同时达到最优时,有效解即为绝对最优解. 目标规划就是在满足现有约束条件下,求出尽可能接近绝对最优解的值.

3. 图解法

对于双变量多目标规划问题,可采用类似于求解双变量线性规划问题的图解法来解.

例 5.1.2 求多目标规划 $MP:\begin{cases}\max & (f_1(x), f_2(x))\\ \text{s.t.} & 0 \leqslant x \leqslant 2\end{cases}$ 的有效解,其中 $f_1(x) = 2x - x^2, f_2(x) = \begin{cases}x, & 0 \leqslant x \leqslant 1\\ 3 - 2x, & 1 < x \leqslant 2\end{cases}$.

解 如图 5.1.1 所示,$K(MP) = [0,2]$.

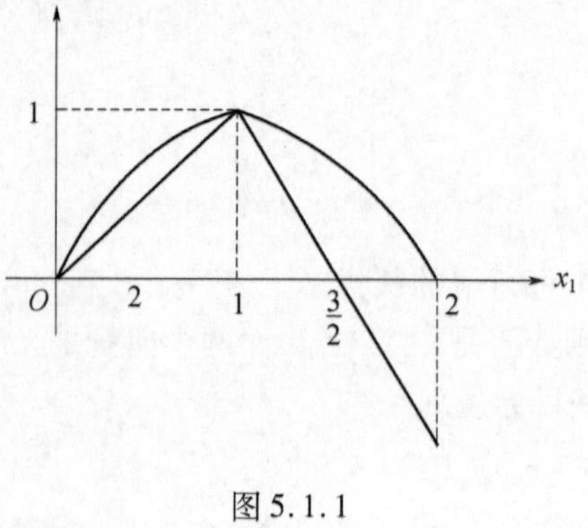

图 5.1.1

如图 5.1.1 所示,两个目标的最优解均为 $x = 1$,故 MP 的有效解(也是绝对最优解)

为 $x=1$.

例 5.1.3 求多目标规划 $MP:\begin{cases}\max & (f_1(x),f_2(x))\\ \text{s.t.} & 0\leqslant x\leqslant 2\end{cases}$ 的有效解,其中 $f_1(x)=2x-x^2,f_2(x)=x$.

解 如图 5.1.2 所示,$K(MP)=[0,2]$.

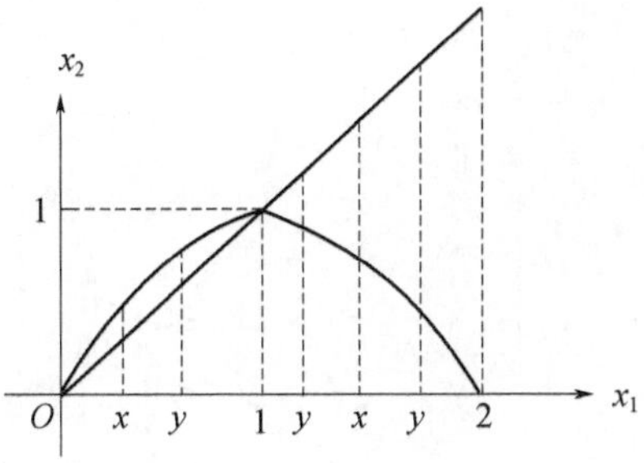

图 5.1.2

第一个目标 $f_1(x)$ 的最优解为 $x=1$,而第二个目标 $f_2(x)$ 的最优解为 $x=2$,不能同时达到,故 MP 无绝对最优解.

$\forall x\in[0,1)$, $\exists y\in[0,1)$,使 $\begin{pmatrix}f_1(x)\\ f_2(x)\end{pmatrix}\geqslant\begin{pmatrix}f_1(y)\\ f_2(y)\end{pmatrix}$,故 $x\in[0,1)$ 不是有效解;

$\forall x\in[1,2]$,不 $\exists y\in[1,2]$,使 $\begin{pmatrix}f_1(y)\\ f_2(y)\end{pmatrix}\geqslant\begin{pmatrix}f_1(x)\\ f_2(x)\end{pmatrix}$.

综上知,$x\in[1,2]$ 都是(MP) 的有效解,即 $K_{vs}=[1,2]$.

注 各目标的单调性相反的区间即为有效解.

5.2 多目标规划的解法

本节介绍求解多目标规划的一些常用方法.

1. 评价函数法(valuation function method)

主要思想:根据不同要求构造不同形式的评价函数(valuation function)$h(x)$,将多目标规划化为单目标规划来求解. 评价函数法种类较多,此处主要介绍理想点法、线性加权和法、乘除法和“min - max”法.

1) 理想点法

先求解 p 个单目标规划 $\min\limits_{x\in K(MP)} f_i(x)$,设其最优值为 f_i^* $(i=1,2,\cdots,p)$,得理想点 $(f_1^*,f_2^*,\cdots,f_p^*)$. 构造评价函数 $h(x)=\sqrt{\sum\limits_{i=1}^{p}(f_i-f_i^*)^2}$,求解单目标规划 $\min\limits_{x\in K(MP)} h(x)$,将其最优解作为 MP 的有效解.

为便利计算,可将评价函数简化为 $h(x)=\sum\limits_{i=1}^{p}(f_i-f_i^*)^2$.

命题 单目标规划 $\min\limits_{x\in K(MP)} h(x)$ 的最优解即为 MP 的有效解.

当然,亦可取 $h(x) = \sqrt[k]{\sum_{i=1}^{p}(f_i - f_i^*)^k}\ (k \geqslant 2)$ 为更一般的评价函数.

例 5.2.1 利用理想点法求多目标规划问题 MP: $\begin{cases}\min & (f_1(x), f_2(x)) \\ \text{s.t.} & 2x_1 + 3x_2 \leqslant 18 \\ & 2x_1 + x_2 \leqslant 10 \\ & x_1, x_2 \geqslant 0\end{cases}$ 的有效解,其中 $f_1(x) = 3x_1 - 2x_2, f_2(x) = -4x_1 - 3x_2$.

解 利用图解法求解单目标规划:

$$\begin{cases}\max & f_1(x) \\ \text{s.t.} & 2x_1 + 3x_2 \leqslant 18 \\ & 2x_1 + x_2 \leqslant 10 \\ & x_1, x_2 \geqslant 0\end{cases}$$

得最优解为 $x^1 = (0,6)^{\mathrm{T}}$,最优值为 $f_1^* = -12$.

利用图解法求解单目标规划:

$$\begin{cases}\max & f_2(x) \\ \text{s.t.} & 2x_1 + 3x_2 \leqslant 18 \\ & 2x_1 + x_2 \leqslant 10 \\ & x_1, x_2 \geqslant 0\end{cases}$$

得最优解为 $x^2 = (3,4)^{\mathrm{T}}$,最优值为 $f_2^* = -24$.

因此,理想点为 $(f_1^*, f_2^*)^{\mathrm{T}} = (-12, -24)^{\mathrm{T}}$.

构造评价函数 $h(x) = [f_1(x) - f_1^*]^2 + [f_2(x) - f_2^*]^2 = (-3x_1 + 2x_2 + 12)^2 + (4x_1 + 3x_2 + 24)^2$.

求解目标函数为 $h(x)$ 的单目标规划:

$$\begin{cases}\min & h(x) \\ \text{s.t.} & 2x_1 + 3x_2 \leqslant 18 \\ & 2x_1 + x_2 \leqslant 10 \\ & x_1, x_2 \geqslant 0\end{cases}$$

利用图解法解之,得最优解为 $x = \left(\frac{8}{15}, \frac{113}{20}\right)^{\mathrm{T}}$.

因此,MP 的有效解为 $x = \left(\frac{8}{15}, \frac{113}{20}\right)^{\mathrm{T}}$.

2) 线性加权和法

先对 p 个目标函数根据其重要程度给出一组权系数 $\lambda_1, \lambda_2, \cdots, \lambda_p \left(\lambda_i \geqslant 0, i = 1, 2, \cdots, p, \sum_{i=1}^{p}\lambda_i = 1\right)$,构造评价函数 $h(x) = \sum_{i=1}^{p}\lambda_i f_i(x)$,再求解单目标规划 $\min\limits_{x \in K(MP)} h(x)$,将其最优解作为 MP 的有效解.

命题 当$\lambda_1,\lambda_2,\cdots,\lambda_p>0$时，单目标规划$\min\limits_{x\in K(MP)} h(x)$的最优解即为$MP$的有效解.

例 5.2.2 利用线性加权和法求多目标规划(MP)：$\begin{cases}\max & (f_1(x),f_2(x))\\ \text{s.t.} & 0\leqslant x\leqslant 2\end{cases}$的有效解，其中$f_1(x)=2x-x^2,f_2(x)=x$.

解 构造评价函数$h(x)=\lambda f_1(x)+(1-\lambda)f_2(x)=\lambda(2x-x^2)+(1-\lambda)x$，其中$\lambda\in[0,1]$.

求解单目标规划$\begin{cases}\max & h(x)\\ \text{s.t.} & 0\leqslant x\leqslant 2\end{cases}$

令$h'(x)=1+\lambda-2\lambda x=0$，得$x=\dfrac{1+\lambda}{2\lambda}$. 易见，当$\dfrac{1}{3}\leqslant\lambda\leqslant 1$时，$x=\dfrac{1+\lambda}{2\lambda}\in[1,2]$.

3）乘除法

在MP的诸目标函数中，有些要求最大化，有些要求最小化，不妨设$\min(f_1(x),\cdots,f_s(x)),\max(f_{s+1}(x),\cdots,f_p(x))$，其中$1\leqslant s\leqslant p$. 构造评价函数$h(x)=\dfrac{\prod\limits_{i=1}^{s}f_i(x)}{\prod\limits_{i=s+1}^{p}f_i(x)}$，再求解单目标规划$\min\limits_{x\in K(MP)} h(x)$，将其最优解作为$MP$的有效解.

命题 单目标规划$\min\limits_{x\in K(MP)} h(x)$的最优解即为$MP$的有效解.

4）"min－max"法

借鉴第9章决策论中的悲观主义原则（劣中取优），构造评价函数$h(x)=\max\limits_{1\leqslant i\leqslant p}\{f_i(x)\}$，再求解单目标规划$\min\limits_{x\in K(MP)} h(x)$，将其最优解作为$MP$的有效解.

命题 单目标规划$\min\limits_{x\in K(MP)} h(x)$的最优解即为$MP$的有效解.

2. 目标变约束法

先解以某一目标为目标函数的单目标规划，再将其最优值作为约束条件添加到以其余目标为目标函数的多目标规划中去，逐次化多目标规划为单目标规划.

5.3 目标规划

本节介绍目标规划的有关概念.

理想目标(ideal goal)：决策者的某种愿望.

期望值(expected value)：理想目标达到程度的度量.

现实值(real value)：目标函数达到的实际值.

现实目标(real goal)：用期望值来限制目标函数的一个关系表达式.

给定目标函数$f_i(x)$，期望值f_{i0}，则理想目标为$\min(\max)f_i(x)$，现实目标为$f_i(x)\leqslant f_{i0}$，$f_i(x)\geqslant f_{i0}$或$f_i(x)=f_{i0}$.

目标偏差：现实值$f_i(x)$与期望值f_{i0}之间的差.

目标偏差可以分为两种：正偏差$d_i^+=f_i(x)-f_{i0}$、负偏差$d_i^-=f_{i0}-f_i(x)$.

显然，当$f_i(x)<f_{i0}$时，$d_i^->0,d_i^+=0$；当$f_i(x)>f_{i0}$时，$d_i^+>0,d_i^-=0$；当$f_i(x)=f_{i0}$时，

$d_i^+ = d_i^- = 0$.

在目标规划中,常将约束条件利用正、负偏差改为等式,并用正、负偏差的线性组合作为新的目标函数.

约束条件的处理:$f_i(x) \overset{\geqslant}{\underset{\leqslant}{=}} f_{i0} \Leftrightarrow f_i(x) + d_i^- - d_i^+ = f_{i0}$.

目标函数的处理:

要 求 $f_i(x)$ 不少于(至少)f_{i0}:$\min d_i^-$(负偏差尽可能小).

要求 $f_i(x)$ 不多于(至多)f_{i0}:$\min d_i^+$(正偏差尽可能小).

要求 $f_i(x)$ 恰好为 f_{i0}:$\min d_i^+ + d_i^-$(正、负偏差都尽可能小).

要求 $\min f_i(x)$:$\min d_i^+ - d_i^-$(正偏差尽可能小,负偏差尽可能大).

要求 $\max f_i(x)$:$\min d_i^- - d_i^+$(负偏差尽可能小,正偏差尽可能大).

由此,可得目标规划的一般形式:

$$GP:\begin{cases} \min \quad z = P_1 z_1(d^+, d^-) + P_2 z_2(d^+, d^-) + \cdots + P_q z_q(d^+, d^-) \\ \text{s. t.} \quad \sum_{j=1}^{n} a_{ij} x_j + d_i^- - d_i^+ = b_i, i = 1, 2, \cdots, m \\ \qquad x, d^+, d^- \geqslant 0 \end{cases}$$

其中 $\boldsymbol{x} = (x_1, x_2, \cdots, x_n)^{\mathrm{T}}$,$\boldsymbol{d}^+ = (d_1^+, d_2^+, \cdots, d_m^+)^{\mathrm{T}}$,$\boldsymbol{d}^- = (d_1^-, d_2^-, \cdots, d_m^-)^{\mathrm{T}}$,$P_1, P_2, \cdots, P_q$ 为优先因子,用以区分各个目标之间的优先等级(priority).

目标规划要求按照优先级从高到低的顺序 $P_1 > P_2 > \cdots > P_q$,逐一考虑 q 个目标的最优化问题,且低优先级目标不能以牺牲高优先级目标为前提.

类似于多目标规划,可定义目标规划的有效解,此处从略.

例 5.3.1 一股民拟将总额为 90000 元的资金用于购买 A,B 两种股票,有关数据如下:

股票	价格/(元/股)	年收益/(元/股)	年风险系数/股
A	20	3	0.5
B	50	4	0.2

问:该股民应如何购买股票,才能使(按照优先级从高到低的顺序)(1)年风险不高于 700 元;(2)年收益不低于 10000 元?

解 该股民购买股票 A,B 的股数分别为 x_1,x_2,则可建立如下目标规划:

$$\begin{cases} \min \quad z = P_1 d_1^+ + P_2 d_2^- \\ \text{s. t.} \quad 20x_1 + 50x_2 \leqslant 90000 \\ \qquad 10x_1 + 10x_2 + d_1^- - d_1^+ = 700 \\ \qquad 3x_1 + 4x_2 + d_2^- - d_2^+ = 10000 \\ \qquad x_1, x_2, d_1^-, d_1^+, d_2^-, d_2^+ \geqslant 0 \end{cases}$$

注 在上例中，"$20x_1+50x_2\leqslant 90000$"称为硬约束(hard constraint)，另外两个含有偏差变量的约束条件称为软约束(soft constraint).

例 5.3.2 某厂生产甲、乙两种产品，有关数据如下：

产品	生产耗时/(h/个)	正常生产利润/(元/个)	加班生产利润/(元/个)
甲	3	10	9
乙	2	8	7

问：该厂应如何组织生产才能使(按照优先级从高到低的顺序)(1)每周正常生产时间和加班生产时间分别不超过 120h、20h；(2)每周至少可销售甲、乙两种产品各 30 个；(3)每周的利润不少于 800 元？

解 设每周正常生产时间内生产甲、乙两种产品的数量分别为 x_1,x_2，加班生产时间内生产甲、乙两种产品的数量分别为 x_3,x_4，则可建立如下目标规划：

$$\begin{cases}\min\quad z=P_1(d_1^+ + d_2^+)+P_2(d_3^- + d_4^-)+P_3d_5^-\\ \text{s. t.}\quad 3x_1+2x_2+d_1^- - d_1^+ =120\\ 3x_3+2x_4+d_2^- - d_2^+ =20\\ x_1+x_3+d_3^- - d_3^+ =30\\ x_2+x_4+d_4^- - d_4^+ =30\\ 10x_1+8x_2+9x_3+7x_4+d_5^- - d_5^+ =800\\ x_1,x_2,x_3,x_4,d_i^-,d_i^+\geqslant 0,i=1,2,3,4,5\end{cases}$$

5.4 双变量目标规划的图解法

本节讨论如下双变量目标规划：

$$GP:\begin{cases}\min\quad z=P_1z_1(d^+,d^-)+P_2z_2(d^+,d^-)+\cdots+P_qz_q(d^+,d^-)\\ \text{s. t.}\quad a_{i1}x_1+a_{i2}x_2+d_i^- - d_i^+ =b_i,i=1,2,\cdots,m\\ \boldsymbol{x},\boldsymbol{d}^+,\boldsymbol{d}^-\geqslant 0\end{cases}$$

其中 $\boldsymbol{x}=(x_1,x_2)^{\mathrm{T}},\boldsymbol{d}^+=(d_1^+,d_2^+,\cdots,d_m^+)^{\mathrm{T}},\boldsymbol{d}^-=(d_1^-,d_2^-,\cdots,d_m^-)^{\mathrm{T}}$.

类似于双变量线性规划问题，双变量目标规划亦可利用图解法来求解.

图解法的基本思想：在坐标平面 x_1Ox_2 上，作出 GP 的各约束条件对应的直线；按照优先级从高到低的顺序，对每一目标函数，根据其和约束条件直线的关系找出其最优解集合，这些最优解集合的交集即为 GP 的有效解集合 K_{vs}.

注 (1)在找各单目标规划的最优解时，要按照优先级从高到低的顺序，逐一考虑，低优先级的目标不能以牺牲高优先级的目标为前提. (2)当各单目标规划的最优解集合的交集为空集时，可在满足高优先级目标的前提下，取低优先级目标的"最好的"可行解为 GP 的"近似"有效解. 当某单目标规划不存在最优解时，可取其"最优的"近似有效解.

例 5.4.1 利用图解法求解目标规划

$$GP:\begin{cases}\min \quad z = P_1 d_1^+ + P_2 d_2^+ + P_3 d_3^+ \\ \text{s.t.} \quad -x_1 + x_2 + d_1^- - d_1^+ = 4 \\ \quad -x_1 + 2x_2 + d_2^- - d_2^+ = -4 \\ \quad x_1 + 2x_2 + d_3^- - d_3^+ = 8 \\ \quad x_1, x_2, d_1^-, d_1^+, d_2^-, d_2^+, d_3^-, d_3^+ \geqslant 0\end{cases}$$

解 在坐标平面 x_1Ox_2 上，作出第一个约束条件 $-x_1 + x_2 + d_1^- - d_1^+ = 4$ 对应的直线 $-x_1 + x_2 = 4$，则 $d_1^- \geqslant 0$ 的区域即为第一个目标 $\min d_1^+$ 的最优解集合；同理，可作出另两个目标的最优解集合(图 5.4.1)。

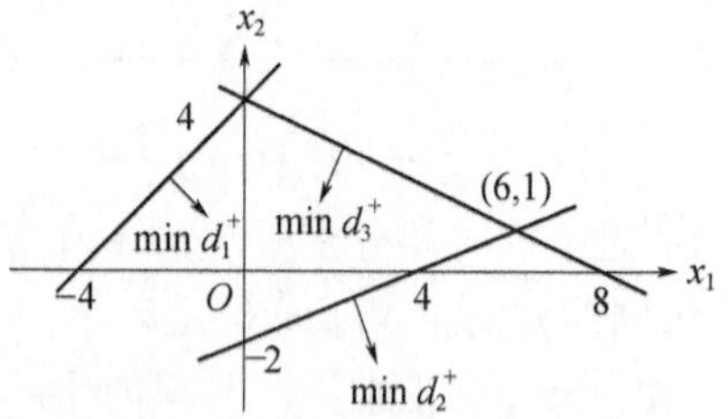

图 5.4.1

上述三个最优解集合的交集即以(4,0)，(8,0)和(6,1)为顶点的三角形区域即为 K_{vs}.

例 5.4.2 利用图解法求解目标规划

$$\begin{cases}\min \quad z = P_1 d_1^+ + P_2 d_2^- \\ \text{s.t.} \quad 20x_1 + 50x_2 \leqslant 90000 \\ \quad 0.5x_1 + 0.2x_2 + d_1^- - d_1^+ = 700 \\ \quad 3x_1 + 4x_2 + d_2^- - d_2^+ = 10000 \\ \quad x_1, x_2, d_1^-, d_1^+, d_2^-, \ d_2^+ \geqslant 0\end{cases}$$

解 过程略，如图 5.4.2 所示.

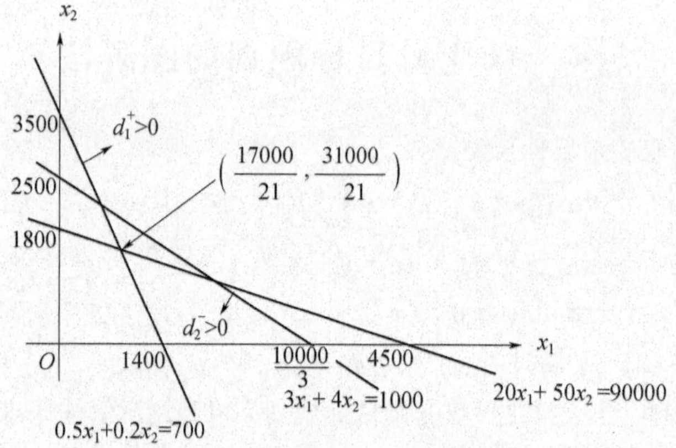

图 5.4.2

显然，两个单目标规划的最优解集合的交集为空集. 在第一个目标的最优解集合中取第二个目标的可行解$\left(\frac{17000}{21}, \frac{31000}{21}\right)^{\mathrm{T}}$作为原目标规划的有效解.

例 5.4.3 某电视机厂生产黑白和彩色两种电视机，其单台利润分别为 40 元、80 元. 每生产一台电视机需占用生产线 1h，生产线计划每周开动 40h. 据预测，市场对黑白和彩色电视机的需求量分别为 24 台、30 台. 该厂确定的目标是(按优先级从高到低的顺序):(1)尽量充分利用生产线每周计划开动的 40h;(2)允许生产线加班,但加班时间每周不超过 10h;(3)电视机的产量尽量满足市场需求;因彩色电视机的单台利润较黑白电视机高,故分别取其权重为 2、1. 试为该厂制定最佳的生产方案.

解 设黑白、彩色电视机的周产量分别为 x_1, x_2,则可建立如下目标规划模型

$$\begin{cases} \min \quad z = P_1 d_1^- + P_2 d_2^+ + P_3(d_3^- + 2d_4^-) \\ \text{s.t.} \quad x_1 + x_2 + d_1^- - d_1^+ = 40 \\ \qquad x_1 + x_2 + d_2^- - d_2^+ = 50 \\ \qquad x_1 \qquad + d_3^- - d_3^+ = 24 \\ \qquad\qquad x_2 + d_4^- - d_4^+ = 30 \\ \qquad x_1, x_2, d_i^-, d_i^+ \geqslant 0, i = 1,2,3,4 \end{cases}$$

过程略,如图 5.4.3 所示,有效解为$(20,30)^{\mathrm{T}}$,故最佳生产方案为:黑白、彩色电视机的周产量分别为 20 台和 30 台.

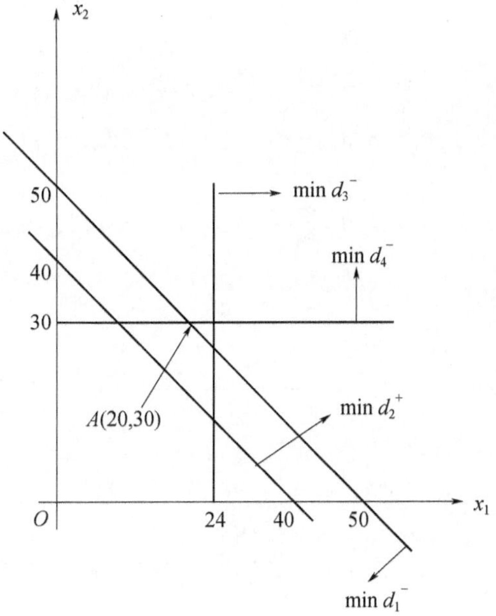

图 5.4.3

5.5 多阶段单纯形法

线性目标规划的数学模型结构与线性规划的数学模型结构极其类似,可以设想用单纯形法来求解目标规划. 这种方法叫多阶段单纯形法(multistage simplex method),是求解单目标线性规划问题的单纯形法的推广. 由于单目标规划有自己的特点,因此单纯形表要做一定的变化,也即将“多目标”和“优先级”体现出来.

目标规划的一般形式:

$$GP:\begin{cases}\min \quad z = P_1 z_1(d^+,d^-) + P_2 z_2(d^+,d^-) + \cdots + P_q z_q(d^+,d^-) \\ \text{s.t.} \quad \sum_{j=1}^{n} a_{ij}x_j + d_i^- - d_i^+ = b_i, i = 1,2,\cdots,m \\ \qquad x,d^+,d^- \geqslant 0 \end{cases}$$

其中 $\boldsymbol{x} = (x_1,x_2,\cdots,x_n)^{\mathrm{T}}, \boldsymbol{d}^+ = (d_1^+,d_2^+,\cdots,d_m^+)^{\mathrm{T}}, \boldsymbol{d}^- = (d_1^-,d_2^-,\cdots,d_m^-)^{\mathrm{T}}$.

多阶段单纯形法的基本思想是按照优先级从高到低的顺序,利用线性规划问题的单纯形法逐一求解各目标的最优化问题.

初始可行基的选取:显然,可取 GP 的系数矩阵中负偏差 $d_1^-,d_2^-,\cdots,d_m^-$ 对应的列向量为初始可行基 $\boldsymbol{B} = (\boldsymbol{P}_{n+1},\boldsymbol{P}_{n+3},\cdots,\boldsymbol{P}_{n+2m-1}) = \boldsymbol{I}_m$.

典式:将 GP 的基变量和各目标函数用非基变量表示出来,即

$$\begin{cases} d_i^- = b_i - \sum_{j=1}^{n} a_{ij}x_j + d_i^+, i = 1,2,\cdots,m \\ z_j = z_{0j} - \sum_{j=1}^{n} c_{ij}x_j - \sum_{j=1}^{m} e_{ij}d_j^+, j = 1,2,\cdots,q \end{cases}$$

则典式为

$$\begin{cases} \sum_{j=1}^{n} a_{ij}x_j + d_i^- - d_i^+ = b_i, i = 1,2,\cdots,m \\ z_j + \sum_{j=1}^{n} c_{ij}x_j + \sum_{j=1}^{m} e_{ij}d_j^+ = z_{0j}, j = 1,2,\cdots,q \end{cases}$$

多阶段初始单纯形表:

$\boldsymbol{x_B}$	x_1	x_2	$\cdots$	x_n	d_1^-	d_1^+	d_2^-	d_2^+	$\cdots$	d_m^-	d_m^+	$\bar{b}$
d_1^-	a_{11}	a_{12}	$\cdots$	a_{1n}	1	-1	0	0	$\cdots$	0	0	b_1
d_2^-	a_{21}	a_{22}	$\cdots$	a_{2n}	0	0	1	-1	$\cdots$	0	0	b_2
$\vdots$	$\vdots$	$\vdots$	$\ddots$	$\vdots$	$\vdots$	$\vdots$	$\vdots$	$\vdots$	$\ddots$	$\vdots$	$\vdots$	$\vdots$
d_m^-	a_{m1}	a_{m2}	$\cdots$	a_{mn}	0	0	0	0	$\cdots$	1	-1	b_m
z_1	c_{11}	c_{12}	$\cdots$	c_{1n}	0	e_{11}	0	e_{12}	$\cdots$	0	e_{1m}	z_{01}
z_2	c_{21}	c_{22}	$\cdots$	c_{2n}	0	e_{21}	0	e_{22}	$\cdots$	0	e_{2m}	z_{02}
$\vdots$	$\vdots$	$\vdots$	$\ddots$	$\vdots$	$\vdots$	$\vdots$	$\vdots$	$\vdots$	$\ddots$	$\vdots$	$\vdots$	$\vdots$
z_q	c_{q1}	c_{q2}	$\cdots$	c_{qn}	0	e_{q1}	0	e_{q2}	$\cdots$	0	e_{qm}	z_{0q}

注 (1) 按照优先级从高到低的顺序,根据检验数 $r_1,r_2,\cdots,r_q$ 逐一转轴. 也即,将检验数行按照优先级的次序分行,再从 P_1 的检验数行开始检查是否满足最优性准则.

(2) 因 $P_1 > P_2 > \cdots > P_q$,故从整体上看,非基变量的检验数的正负首先取决于 P_1 的检验数的正负;当 P_1 的检验数为0时,非基变量的检验数的正负取决于 P_2 的检验数的正负,…,余下可依此类推.

(3) 枢轴元的选取规则同单纯形法,亦采用最小比值原则. 当存在若干个比值同时

达到最小时,常取优先级较高的变量为出基变量.

下面举例说明用多阶段单纯形法求解目标规划的算法步骤.

例 5.5.1 利用多阶段单纯形法求解目标规划

$$GP:\begin{cases}\min \quad z = P_1 d_1^- + P_2 d_2^+ + P_3 d_3^- \\ \text{s. t.} \quad x_1 - 2x_2 + d_1^- - d_1^+ = 0 \\ 4x_1 + 4x_2 + d_2^- - d_2^+ = 36 \\ 6x_1 + 8x_2 + d_3^- - d_3^+ = 48 \\ x_1, x_2, d_1^-, d_1^+, d_2^-, d_2^+, d_3^-, d_3^+ \geqslant 0\end{cases}$$

解 取初始可行基为 $\boldsymbol{B} = (\boldsymbol{P}_3, \boldsymbol{P}_5, \boldsymbol{P}_7) = I_3$,则

$z_1 = d_1^- = -x_1 + 2x_2 + d_1^+, z_2 = d_2^+, z_3 = d_3^- = -6x_1 - 8x_2 + d_3^+ + 48$

典式为

$$\begin{cases} x_1 - 2x_2 + d_1^- - d_1^+ = 0 \\ 4x_1 + 4x_2 + d_2^- - d_2^+ = 36 \\ 6x_1 + 8x_2 + d_3^- - d_3^+ = 48 \\ z_1 + x_1 - 2x_2 - d_1^+ = 0 \\ z_2 \qquad\qquad - d_2^+ = 36 \\ z_3 + 6x_1 + 8x_2 - d_3^+ = 48 \end{cases}$$

作单纯形表

$\boldsymbol{x}_B$	x_1	x_2	d_1^-	d_1^+	d_2^-	d_2^+	d_3^-	d_3^+	$\bar{b}$
d_1^-	①	-2	1	-1	0	0	0	0	0
d_2^-	4	4	0	0	1	-1	0	0	36
d_3^-	6	8	0	0	0	0	1	-1	48
z_1	1	-2	0	-1	0	0	0	0	0
z_2	0	0	0	0	0	-1	0	0	36
z_3	6	8	0	0	0	0	0	-1	48

转轴,得

$\boldsymbol{x}_B$	x_1	x_2	d_1^-	d_1^+	d_2^-	d_2^+	d_3^-	d_3^+	$\bar{b}$
x_1	1	-2	1	-1	0	0	0	0	0
d_2^-	0	12	-4	4	1	-1	0	0	36
d_3^-	0	⑳	-6	6	0	0	1	-1	48
z_1	0	0	-1	0	0	0	0	0	0
z_2	0	0	0	0	0	-1	0	0	36
z_3	0	20	-6	6	0	0	0	-1	48

转轴,得

x_B	x_1	x_2	d_1^-	d_1^+	d_2^-	d_2^+	d_3^-	d_3^+	$\bar{b}$
x_1	1	0	$\frac{2}{5}$	$-\frac{2}{5}$	0	0	$\frac{1}{10}$	$-\frac{1}{10}$	$\frac{24}{5}$
d_2^-	0	0	$-\frac{2}{5}$	$\frac{2}{5}$	1	-1	$-\frac{3}{5}$	$\frac{3}{5}$	$\frac{36}{5}$
d_3^-	0	1	$-\frac{3}{10}$	$\frac{3}{10}$	0	0	$\frac{1}{20}$	$-\frac{1}{20}$	$\frac{12}{5}$
z_1	0	0	-1	0	0	0	0	0	0
z_2	0	0	0	0	0	-1	0	0	36
z_3	0	0	0	0	0	0	-1	0	0

至此,3 个目标都已最优,故 GP 的有效解为 $x=\left(\frac{24}{5},0\right)^{\mathrm{T}}$.

注 能否找到上例中 GP 的其他有效解,进而找到无穷多有效解?

练习 5

1. 利用图解法求下列多目标规划的有效解:

(1) $\begin{cases}\max & (f_1(x),f_2(x)) \\ \text{s.t.} & 0 \leqslant x \leqslant 2\end{cases}$

其中 $f_1(x)=2x-x^2, f_2(x)=-\frac{3}{2}x^2+\frac{9}{2}x-\frac{15}{8}$.

(2) $\begin{cases}\max & (f_1(x),f_2(x)) \\ \text{s.t.} & 2x_1+3x_2 \leqslant 18 \\ & 2x_1+x_2 \leqslant 10 \\ & x_1,x_2 \geqslant 0\end{cases}$

其中 $f_1(x)=-3x_1+2x_2, f_2(x)=x_1+2x_2$.

2. 某专业可为学生开设 10 门课程,有关信息如下:

课程编号	课程名称	学分	所属类别	先修课程
1	微积分	5	数学	
2	线性代数	4	数学	
3	最优化方法	4	数学;运筹学	微积分、线性代数
4	数据结构	3	数学;计算机	计算机编程
5	应用统计	4	数学;运筹学	微积分、线性代数
6	计算机模拟	3	运筹学;计算机	计算机编程
7	计算机编程	2	计算机	
8	预测理论	2	运筹学	应用统计
9	数学实验	3	运筹学;计算机	微积分、线性代数

专业规定:学生在毕业时必须至少学习过 2 门数学课、3 门运筹学课和 2 门计算

机课.

问:应如何选课,才能既合乎专业规定,又使所选课程的总门数最少,且所获的总学分最多,二者的权重之比为7:3?

3. 利用图解法求解下列目标规划:

(1) $$\begin{cases} \min & z = P_1 d_1^+ + P_2(d_2^+ + d_2^-) + P_3 d_3^- \\ \text{s.t.} & 2x_1 + x_2 \leqslant 11 \\ & x_1 - x_2 + d_1^- - d_1^+ = 0 \\ & x_1 + 2x_2 + d_2^- - d_2^+ = 10 \\ & 8x_1 + 10x_2 + d_3^- - d_3^+ = 56 \\ & x_1, x_2, d_1^-, d_1^+, d_2^-, d_2^+, d_3^-, d_3^+ \geqslant 0 \end{cases}$$

(2) $$\begin{cases} \min & z = P_1 d_1^+ + P_2 d_2^+ + P_3 d_3^- \\ \text{s.t.} & x_1 + x_2 + d_1^- - d_1^+ = 2 \\ & 4x_1 + 3x_2 + d_2^- - d_2^+ = 12 \\ & -x_1 + x_2 + d_3^- - d_3^+ = -1 \\ & x_1, x_2, d_1^-, d_1^+, d_2^-, d_2^+, d_3^-, d_3^+ \geqslant 0 \end{cases}$$

4. 作出如下目标规划的多阶段单纯形表:

$$\begin{cases} \min & f = P_1(d_1^+ + d_1^-) + P_2(d_2^+ - d_2^-) \\ \text{s.t.} & 3x_1 + 4x_2 + d_1^- - d_1^+ = 20 \\ & 4x_1 + 3x_2 + d_2^- - d_2^+ = 30 \\ & x_1 + 3x_2 + d_3^- - d_3^+ = 12 \\ & x_1, x_2, d_1^-, d_1^+, d_2^-, d_2^+, d_3^-, d_3^+ \geqslant 0 \end{cases}$$

5. 利用多阶段单纯形法求解目标规划:

(1) $$\begin{cases} \min & z = P_1(d_1^+ + d_2^+) + P_2 d_3^- + P_3 d_4^+ + P_4(d_1^- + 1.5 d_2^-) \\ \text{s.t.} & x_1 + d_1^- - d_1^+ = 30 \\ & x_2 + d_2^- - d_2^+ = 15 \\ & 8x_1 + 12x_2 + d_3^- - d_3^+ = 1000 \\ & x_1 + 2x_2 + d_4^- - d_4^+ = 40 \\ & x_1, x_2, d_i^-, d_i^+ \geqslant 0, i = 1,2,3,4 \end{cases}$$

(2) $$\begin{cases} \min & z = P_1(d_1^+ + d_2^+) + P_2 d_3^- + P_3 d_4^+ \\ \text{s.t.} & 2x_1 + x_2 + d_1^- - d_1^+ = 12 \\ & x_1 + x_2 + d_2^- - d_2^+ = 10 \\ & x_1 + d_3^- - d_3^+ = 7 \\ & x_1 + 4x_2 + d_4^- - d_4^+ = 4 \\ & x_1, x_2, d_i^-, d_i^+ \geqslant 0, i = 1,2,3,4 \end{cases}$$

6. 某厂计划利用 A,B 两种原料生产甲、乙两种产品,有关数据如下:

生产单位产品所需原料的数量 产品 / 原料	甲	乙	原料的供应量(t)
A	4	5	80
B	4	2	48
单位产品的利润(元/t)	80	100	

问:应如何安排生产计划,才能使得(按照优先级从高到低的顺序)(1)原料的消耗量不超过供应量;(2)利润不少于 800 元;(3)产品的产量不少于 7t? 试建立该问题的目标规划模型,并利用多阶段单纯形法解之.

第 6 章　动态规划

本章介绍一种用于解决多阶段决策问题的常用方法——动态规划.

动态规划(Dynamic Programming,DP)是研究多阶段决策问题的一个运筹学分支. 与动态规划相反,前几章介绍的线性规划、整数规划、非线性规划、多目标规划、目标规划等可以称为静态规划(static programming).

20 世纪 50 年代初,动态规划的创始人、美国数学家 R. E. Bellman 等在研究多阶段决策过程(multistage decision process)的最优化问题即多阶段决策问题(multistage decision problem)时提出了著名的最优化原理(principle of optimality),把多阶段决策问题转化为若干单阶段决策问题逐个求解,创立了动态规划理论. 1957 年,Bellman 的名著《Dynamic Programming》出版,是为动态规划领域的第一本著作.

动态规划自问世以来,在经济管理、军事工程、工程技术和最优控制等方面得到了广泛地应用,如最短路、库存、资源分配、设备更新、生产调度、质量控制、排序、装载等问题用动态规划方法比用其他方法求解更为方便和有效.

6.1　基 本 概 念

一、多阶段决策问题

在现实生活中,有一些活动过程,因其特殊性,可分为若干个互相联系的阶段. 在每一阶段都要做出决策,而且前一个阶段的决策常会对后一个阶段的决策产生影响. 应如何在每一阶段做出一个决策,以使得整个决策过程(策略)最优,是为多阶段决策问题.

在多阶段决策问题中,各个阶段所做出的决策一般来说是和时间有关的,它既依赖于当前状态,又随即引起状态的转移. 于是,一个前后关联的链状决策序列在这种"动态"的变化中产生,故称解决此种问题的方法为动态规划(图 6.1.1).

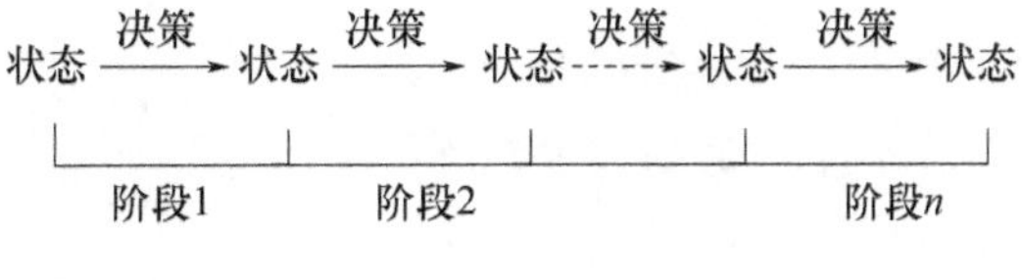

图 6.1.1

1. 动态规划的特征

无后效性,有边界条件,且划分为很明显的阶段;一般还存在一条或多条状态转移方程.

值得指出的是,动态规划仅是求解多阶段决策问题的一种方法,不是一种特殊的算法. 与线性规划不同,动态规划没有一个标准形式和定义规则,而必须针对具体问题作具体分析处理.

2. 动态规划的数学描述

我们借助下面的例子来介绍动态规划的基本概念.

例 6.1.1 (最短路问题)如图 6.1.2 所示,从起点 A 到终点 E 需经过三个中间站,第一中间站有 B_1, B_2 两个点,第二中间站有 C_1, C_2, C_3 三个点,第三中间站有 D_1, D_2, D_3 三个点. 试求一条从 A 到 E 的最短路.

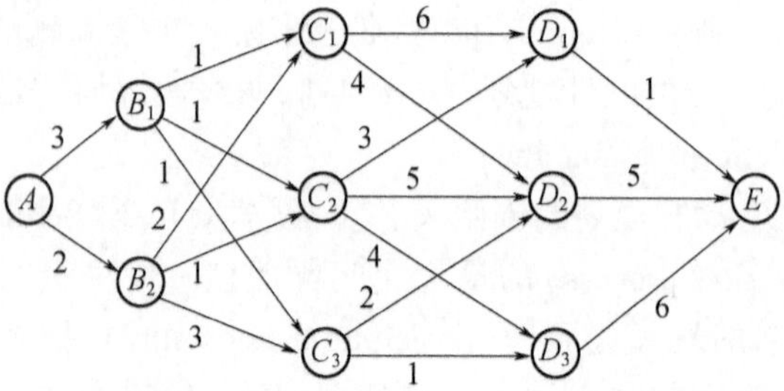

图 6.1.2

阶段(stage):将多阶段决策问题对应的活动过程分为若干个阶段,以便分阶段求解. 一般是根据时、空间的自然特征去划分.

阶段数:阶段的总数 n.

如在例 6.1.1 中,一条从 A 到 E 的最短路的寻找可分为 $n=4$ 个阶段.

状态(state):每个阶段开始时所处的自然状况或客观条件.

如在例 6.1.1 中,第一阶段只有一个状态(位置)$\{A\}$,第二阶段有两个状态$\{B_1, B_2\}$等.

状态变量(state variable):描述状态的变量. 通常用 S_k 表示第 k 阶段的状态.

如在例 6.1.1 中,$S_1=\{A\}, S_2=\{B_1, B_2\}$ 等.

决策(decision):在每一阶段所做出的选择.

决策变量(decision variable):描述决策的变量. 因与状态有关,通常用 $u_k(S_k)$ 表示在第 k 阶段处于状态 S_k 时所做出的决策.

如在例 6.1.1 中,$u_1(S_1)=u_1(A)=B_1$ 表示在第 1 阶段处于状态 A 时,选择第一中间站中的点 B_1.

策略(strategy):各阶段的所有决策的集合$\{u_k(S_k)\}_{k=1}^{n}$.

指标函数:衡量全过程策略优劣的数量指标.

如在例 6.1.1 中,指标函数为距离.

二、最优化原理

1951 年,美国学者 Bellman 提出了最优化原理:一个过程的最优策略具有这样的性质,即无论其初始状态和初始决策如何,其以后诸决策对以第一个决策所形成的状态作为初始状态的过程而言,必须构成最优策略. 简言之,一个最优策略的任一子策略总是最优的.

最优化原理的最短路解释:最短路上的任一点到终点之间的部分路必定也是从该点到终点的最短路. 即若 $APQ\cdots RB$ 是一条从 A 到 B 的最短路,则 $PQ\cdots RB$ 必定也是从 P 到 B 的一条最短路(图 6.1.3).

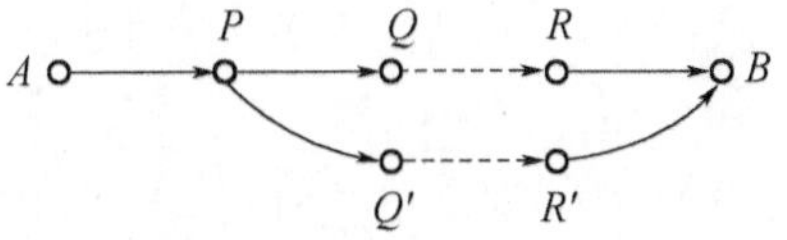

图 6.1.3

最优化原理是动态规划的理论基础. 在实际应用时,最优化原理有前向最优(forward optimality)和后向最优(backward optimality)之分(图 6.1.4).

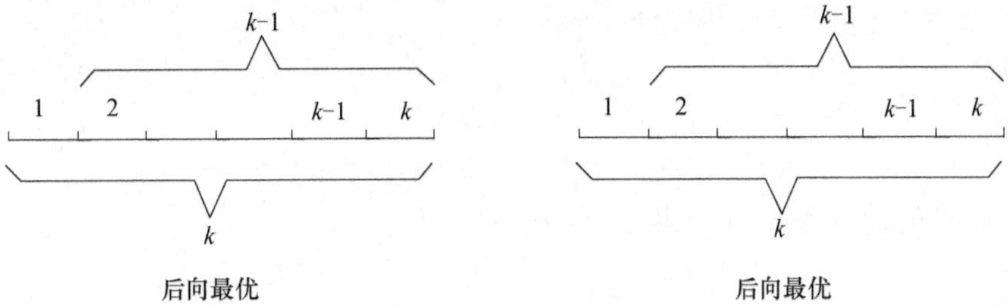

图 6.1.4

例 6.1.2 (最短路问题续)求一条从 A 到 E 的最短路.

解 令 $f_k(S)$:当前处于状态 S,还有 k 个阶段才能到达 E 时,从 S 到 E 的最短路的长度,则此最短路问题⇔求 $f_4(A)$.

由最优化原理(后向最优),得

$k=4$ 时,

$$f_4(A)=\min\{d(A,B_1)+f_3(B_1),d(A,B_2)+f_3(B_2)\}=\min\{3+f_3(B_1),2+f_3(B_2)\}.$$

$k=3$ 时,

$$\begin{aligned}f_3(B_1)&=\min\{d(B_1,C_1)+f_2(C_1),d(B_1,C_2)+f_2(C_2),d(B_1,C_3)+f_2(C_3)\}\\&=\min\{1+f_2(C_1),1+f_2(C_2),1+f_2(C_3)\}\end{aligned}$$

$$\begin{aligned}f_3(B_2)&=\min\{d(B_2,C_1)+f_2(C_1),d(B_2,C_2)+f_2(C_2),d(B_2,C_3)+f_2(C_3)\}\\&=\min\{2+f_2(C_1),1+f_2(C_2),3+f_2(C_3)\}\end{aligned}$$

$k=2$ 时,

$$\begin{aligned}f_2(C_1)&=\min\{d(C_1,D_1)+f_1(D_1),d(C_1,D_2)+f_1(D_2)\}\\&=\min\{6+f_1(D_1),4+f_1(D_2)\}\end{aligned}$$

$$\begin{aligned}f_2(C_2)&=\min\{d(C_2,D_1)+f_1(D_1),d(C_2,D_2)+f_1(D_2),d(C_2,D_3)+f_1(D_3)\}\\&=\min\{3+f_1(D_1),5+f_1(D_2),4+f_1(D_3)\}\end{aligned}$$

$$\begin{aligned}f_2(C_3)&=\min\{d(C_3,D_2)+f_1(D_2),d(C_3,D_3)+f_1(D_3)\}\\&=\min\{2+f_1(D_2),1+f_1(D_3)\}\end{aligned}$$

$k=1$ 时,

$f_1(D_1)=d(D_1,E)=1,u_1(D_1)=E$,最短路是 $D_1\to E$;

$f_1(D_2) = d(D_2,E) = 5, u_1(D_2) = E$,最短路是 $D_2 \to E$;

$f_1(D_1) = d(D_3,E) = 6, u_1(D_3) = E$,最短路是 $D_3 \to E$.

回代,得

$f_2(C_1) = \min\{6 + f_1(D_1), 4 + f_1(D_2)\} = \min\{6 + 1, 4 + 5\} = 7$

$u_2(C_1) = D_1$,最短路是 $C_1 \to D_1 \to E$;

$f_2(C_2) = \min\{3 + f_1(D_1), 5 + f_1(D_2), 4 + f_1(D_3)\} = \min\{3 + 1, 5 + 5, 4 + 6\} = 4$

$u_2(C_2) = D_1$,最短路是 $C_2 \to D_1 \to E$;

$f_2(C_3) = \min\{2 + f_1(D_2), 1 + f_1(D_3)\} = \min\{2 + 5, 1 + 6\} = 7$

$u_2(C_3) = D_2$,最短路是 $C_3 \to D_2 \to E$.

$f_3(B_1) = \min\{1 + f_2(C_1), 1 + f_2(C_2), 1 + f_2(C_3)\} = \min\{1 + 7, 1 + 4, 1 + 7\} = 5$

$u_3(B_1) = C_2$,最短路是 $B_1 \to C_2 \to D_1 \to E$;

$f_3(B_2) = \min\{2 + f_2(C_1), 1 + f_2(C_2), 3 + f_2(C_3)\} = \min\{2 + 7, 1 + 4, 3 + 7\} = 5$

$u_3(B_2) = C_2$,最短路是 $B_2 \to C_2 \to D_1 \to E$.

$f_4(A) = \min\{3 + f_3(B_1), 2 + f_3(B_2)\} = \min\{3 + 5, 2 + 5\} = 7$

$u_4(A) = B_2$,最短路是 $A \to B_2 \to C_2 \to D_1 \to E$.

因此,从 A 到 E 的最短路为 $A \to B_2 \to C_2 \to D_1 \to E$,其长度为 $f_4(A) = 7$.

注 (1)动态规划方法中渗透着枚举(enumeration)思想,故不是一个好的(或有效的)算法,但它和枚举法有本质的区别.(2)动态规划的实质是分治思想,即将问题分解为更小的、相似的子问题,通过计算子问题,以最终解决问题.

6.2 动态规划的应用

一、一维资源分配问题

问题:将总量为 a 的资源用于生产 n 种产品,以数量为 x 的资源去生产第 i 种产品可获收益 $g_i(x), i=1,2,\cdots,n$.问:应如何分配资源投入生产,才能使总收益最大?

设用于生产第 i 种产品的资源的数量为 $x_i, i=1,2,\cdots,n$,则可建立如下数学规划模型:

$$\begin{cases} \max \quad z = g_1(x_1) + g_2(x_2) + \cdots + g_n(x_n) \\ \text{s.t.} \quad x_1 + x_2 + \cdots + x_n = a \\ \qquad\quad x_1, x_2, \cdots, x_n \geqslant 0 \end{cases}$$

即

$$\begin{cases} \max \quad z = \sum_{i=1}^{n} g_i(x_i) \\ \text{s.t.} \quad \sum_{i=1}^{n} x_i = a \\ \qquad\quad x_i \geqslant 0, i = 1,2,\cdots,n \end{cases}$$

此问题可分为 n 个阶段，在这 n 个阶段上需分别确定用于生产的资源的数量. 设在第 i 个阶段时，资源的数量还有 y，以数量 $x_i(0 \leqslant x_i \leqslant y)$ 去生产第 i 种产品，可获收益 $g_i(x_i)$，剩下的数量为 $(y-x_i)$ 的资源将用于其他阶段. 如此，得到一个多阶段决策问题，可利用动态规划来解.

令 $f_k(x)$ = 当前资源的数量为 x，待分配给第 k 到第 n 个阶段，这些阶段采用最优分配方案时可获得的最大收益，则由最优化原理（后向最优）得递推方程为

$$\begin{cases} f_k(x) = \max\limits_{0 \leqslant x_k \leqslant x} \{g_k(x_k) + f_{k+1}(x - x_k)\}, k = 1,2,\cdots,n-1 \\ f_n(x) = \max\limits_{0 \leqslant x_n \leqslant x} \{g_n(x_n)\} \end{cases} \tag{6.2.1}$$

显然，资源分配问题⇔求 $f_n(a)$.

若资源总量 a 为整数，且变量 x_i 只能取整数，则递推方程变为

$$\begin{cases} f_k(x) = \max\limits_{x_k = 0,1,\cdots,x} \{g_k(x_k) + f_{k-1}(x - x_k)\}, k = 1,2,\cdots,n-1 \\ f_n(x) = \max\limits_{x_n = 0,1,\cdots,x} \{g_n(x_n)\} \end{cases}$$

此外，上述模型及解法对 $x_1 + x_2 + \cdots + x_n \leqslant a$ 的情形也是适用的.

例 6.2.1 求解非线性规划问题 $\begin{cases} \max \quad z = \dfrac{4}{9}x_1^2 - \dfrac{1}{4}x_2^2 + 2x_3^2 \\ \text{s.t.} \quad x_1 + x_2 + x_3 = 9 \\ \qquad x_1, x_2, x_3 \geqslant 0 \end{cases}$

解 本题可归结为一个资源分配问题，其中 $g_1(x_1) = \dfrac{4}{9}x_1^2, g_2(x_2) = -\dfrac{1}{4}x_2^2, g_3(x_3) = 2x_3^2$.

由式(6.2.1)，得

$$f_1(9) = \max_{0 \leqslant x_1 \leqslant 9} \{g_1(x_1) + f_2(9 - x_1)\} = \max_{0 \leqslant x_1 \leqslant 9} \left\{\frac{4}{9}x_1^2 + f_2(9 - x_1)\right\}$$

$$f_2(9 - x_1) = \max_{0 \leqslant x_2 \leqslant 9 - x_3} \{g_2(x_2) + f_3(9 - x_1 - x_2)\} = \max_{0 \leqslant x_2 \leqslant 9 - x_3} \left\{-\frac{1}{4}x_2^2 + f_3(9 - x_1 - x_2)\right\}$$

$$f_3(9 - x_1 - x_2) = \max_{0 \leqslant x_3 \leqslant 9 - x_1 - x_2} \{g_3(x_3)\} = \max_{0 \leqslant x_3 \leqslant 9 - x_1 - x_2} \{2x_3^2\} = 2(9 - x_1 - x_2)^2, x_3 = 9 - x_1 - x_2$$

于是

$$f_2(9 - x_1) = \max_{0 \leqslant x_2 \leqslant 9 - x_3} \left\{-\frac{1}{4}x_2^2 + 2(9 - x_1 - x_2)^2\right\} = \max_{0 \leqslant x_2 \leqslant 9 - x_3} \left\{\frac{7}{4}x_2^2 - 4(9 - x_1)x_2 + 2(9 - x_1)^2\right\}$$

$$= 2(9 - x_1)^2, x_2 = 0.$$

$$f_1(9) = \max_{0 \leqslant x_1 \leqslant 9} \left\{\frac{4}{9}x_1^2 + 2(9 - x_1)^2\right\} = \max_{0 \leqslant x_1 \leqslant 9} \left\{\frac{22}{9}x_1^2 - 36x_1 + 162\right\} = 162, x_1 = 0.$$

此时，$x_3 = 9 - x_1 - x_2 = 0$.

故原非线性规划问题的最优解为 $(0,0,9)^{\mathrm{T}}$，最优值为 162.

注 若脱离资源分配问题的背景，为求解非线性规划问题.

$$\begin{cases}\max \quad z = \sum_{i=1}^{n} g_i(x_i) \\ \text{s. t.} \quad \sum_{i=1}^{n} x_i = a \\ \qquad x_i \geqslant 0, i = 1,2,\cdots,n\end{cases}$$

可令$f_k(x) = \max\left\{z = \sum_{i=k}^{n} g_i(x_i) \;\middle|\; \sum_{i=k}^{n} x_i = x; x_i \geqslant 0, i = k,\cdots,n\right\}$.

例 6.2.2 求解非线性规划问题 $\begin{cases}\max \quad z = 4x_1^2 - x_2^2 + 2x_3^2 \\ \text{s. t.} \quad 3x_1 + 2x_2 + x_3 = 9 \\ \qquad x_1, x_2, x_3 \geqslant 0\end{cases}$

解 令 $y_1 = 3x_1, y_2 = 2x_2, y_3 = x_3$,则此问题即为例 6.1.1.

资源分配问题亦可利用最优化原理(前向最优)来解.

令$f_k(x)$ = 当前资源的数量为 x,待分配给第 1 到第 k 个阶段,这些阶段采用最优方案时可获得的最大收益,则由最优化原理(前向最优)得递推方程为

$$\begin{cases}f_1(x) = \max\limits_{0 \leqslant x_1 \leqslant x}\{g_1(x_1)\}; \\ f_k(x) = \max\limits_{0 \leqslant x_k \leqslant x}\{g_k(x_k) + f_{k-1}(x - x_k)\}, k = 2,3,\cdots,n\end{cases}$$

显然,资源分配问题⇔求 $f_1(a)$.

例 6.2.3 国家拟拨款 60 万元用于 4 个工厂的扩建工程. 各工厂扩建后创造的利润与投资额有关,具体数据如下:

利润 \ 投资额 x	0	10	20	30	40	50	60
$g_1(x)$	0	20	50	65	80	85	85
$g_2(x)$	0	20	40	50	55	60	65
$g_3(x)$	0	25	60	85	100	110	115
$g_4(x)$	0	25	40	50	60	65	70

问:应如何投资,才能使总利润最大?

解 (向前最优)(1)显然,由 $g_1(x)$ 的特点知,$f_1(x) = g_1(x), x_1 = x$.

(2)因$f_2(x) = \max\limits_{x_2 = 0,10,\cdots,x}\{g_2(x_2) + f_1(x - x_2)\}$,故

$f_2(0) = \max\limits_{x_2=0}\{g_2(x_2) + f_1(0 - x_2)\} = g_2(0) + f_1(0) = 0, x_2 = 0;$

$f_2(10) = \max\limits_{x_2=0,10}\{g_2(x_2) + f_1(10 - x_2)\} = \max\{g_2(0) + f_1(10), g_2(10) + f_1(0)\}$

$= \max\{0 + 20, 20 + 0\} = 20, x_2 = 0$ 或 10;

$f_2(20) = \max\limits_{x_2=0,10,20}\{g_2(x_2) + f_1(20 - x_2)\}$

$= \max\{g_2(0) + f_1(20), g_2(10) + f_1(10), g_2(20) + f_1(0)\}$

$= \max\{0 + 50, 20 + 20, 40 + 0\} = 50, x_2 = 0;$

同理,有

$f_2(30) = 70, x_2 = 10$;

$f_2(40) = 90, x_2 = 20$;

$f_2(50) = 105, x_2 = 20$;

$f_2(60) = 120, x_2 = 20$.

(3) 因$f_3(x) = \max\limits_{x_3=0,10,\cdots,x}\{g_3(x_3) + f_2(x - x_3)\}$,故

$f_3(0) = 0, x_3 = 0$;

$f_3(10) = 25, x_3 = 10$;

$f_3(20) = 60, x_3 = 20$;

$f_3(30) = 85, x_3 = 30$;

$f_3(40) = 110, x_3 = 20$;

$f_3(50) = 135, x_3 = 30$;

$f_3(60) = 155, x_3 = 30$.

(4) 问题要求解$f_4(60)$.

因$f_4(x) = \max\limits_{x_4=0,10,\cdots,x}\{g_4(x_4) + f_3(x - x_4)\}$,故

$$
\begin{aligned}
f_4(60) &= \max_{x_4=0,10,\cdots,60}\{g_4(x_4) + f_3(60 - x_4)\} \\
&= \max\{g_4(0) + f_3(60), g_4(10) + f_3(50), g_4(20) + f_3(40), g_4(30) + f_3(30) \\
&\quad g_4(40) + f_3(20), g_4(50) + f_3(10), g_4(60) + f_3(0)\} \\
&= \max\{0 + 155, 25 + 135, 40 + 110, 50 + 85, 60 + 60, 65 + 25, 70 + 0\} = 160, x_4 = 10.
\end{aligned}
$$

(5) 综上知,最优投资方案为 $x_1 = 20, x_2 = 0, x_3 = 30, x_4 = 10$,最大利润为 160.

二、二维资源分配问题

问题:将总量分别为 a, b 的两种资源用于生产 n 种产品,其中以数量分别为 x, y 的这两种资源去生产第 i 种产品可获收益 $g_i(x, y), i = 1, 2, \cdots, n$. 问:应如何分配资源投入生产,才能使总收益最大?

设用于生产第 i 种产品的两种资源的数量分别为 $x_i, y_i, i = 1, 2, \cdots, n$,则可建立如下数学规划模型:

$$
\begin{cases}
\max \quad z = g_1(x_1, y_1) + g_2(x_2, y_2) + \cdots + g_n(x_n, y_n) \\
\text{s. t.} \quad x_1 + x_2 + \cdots + x_n = a \\
\qquad\quad y_1 + y_2 + \cdots + y_n = b \\
\qquad\quad x_1, x_2, \cdots, x_n, y_1, y_2, \cdots, y_n \geqslant 0
\end{cases}
$$

显然,这是一个多阶段决策问题,可利用动态规划方法来解.

令$f_k(x, y)$ = 当前两种资源的数量分别为 x, y,待分配给第 k 个到第 n 个阶段,这些阶段采用最优分配方案可获得的最大收益,则由最优化原理(后向最优)得递推方程为

$$
\begin{cases}
f_k(x, y) = \max\limits_{\substack{0 \leqslant x_k \leqslant x \\ 0 \leqslant y_k \leqslant y}}\{g_k(x_k, y_k) + f_{k-1}(x - x_k, y - y_k)\}, k = 1, 2, \cdots, n - 1 \\
f_n(x, y) = \max\limits_{\substack{0 \leqslant x_n \leqslant x \\ 0 \leqslant y_n \leqslant y}}\{g_n(x_n, y_n)\}
\end{cases}
$$

三、连续资源分配问题

问题：拟将总量为 c 的某种资源投入到方式为 A,B 的两种生产中去. 将数量为 x,y 的资源分别用于生产方式 A,B 可获收益 $g(x),h(y)$，并可分别以回收率 a,b 回收部分资源用于下一个阶段的再生产，其中 g,h 为已知函数，且 $g(0)=h(0)=0,0\leqslant a,b\leqslant 1$. 生产过程分 n 个阶段连续进行. 问：应如何分配资源用于这 n 个阶段的生产，才能使总收益最大？

设在第 i 个阶段用于方式 A 的资源的数量为 $x_i,i=1,2,\cdots,n$，则可建立如下数学规划模型：

$$\begin{cases}\max \quad z=\sum\limits_{i=1}^{n}[g(x_i)+h(s_i-x_i)]\\ \text{s.t.} \quad s_1=c\\ \qquad s_2=ax_1+b(s_1-x_1)\\ \qquad \vdots\\ \qquad s_n=ax_{n-1}+b(s_{n-1}-x_{n-1})\\ \qquad s_{n+1}=ax_n+b(s_n-x_n)\\ \qquad 0\leqslant x_i\leqslant s_i,i=1,2,\cdots,n\end{cases}$$

显然，这也是一个多阶段决策问题，可利用动态规划方法来解.

令 $f_k(x)$ = 当前资源的数量为 x，待分配给第 k 个到第 n 个阶段，这些阶段采用最优分配方案可获得的最大收益，则由最优化原理（后向最优）得递推方程为

$$\begin{cases}f_k(x)=\max\limits_{0\leqslant x_k\leqslant x}\{g(x_k)+h(x-x_k)+f_{k+1}(ax_k+b(x-x_k))\},k=1,2,\cdots,n-1\\ f_n(x)=\max\limits_{0\leqslant x_n\leqslant x}\{g(x_n)+h(x-x_n)\}\end{cases}$$

例 6.2.4 某厂计划将 1000 台机器分配到 A,B 两个车间，连续使用 $n=5$ 年. 分配 x_k,y_k 台机器到车间 A,B 的年收益分别为 $g(x_k)=8x_k,h(y_k)=5y_k$，回收率分别为 $a=0.7,b=0.9$. 试制定该厂 5 年间总收益最大的机器分配方案.

解 （后向最优）递推方程为

$$\begin{cases}f_k(x)=\max\limits_{0\leqslant x_k\leqslant x}\{8x_k+5(x-x_k)+f_{k+1}(0.7x_k+0.9(x-x_k))\},k=1,2,\cdots,4\\ f_5(x)=\max\limits_{0\leqslant x_5\leqslant x}\{8x_5+5(x-x_5)\}\end{cases}$$

于是

$$f_5(x)=\max_{0\leqslant x_5\leqslant x}\{8x_5+5(x-x_5)\}=\max_{0\leqslant x_5\leqslant x}\{5x+3x_5\}=8x,x_5=x.$$

$$f_4(x)=\max_{0\leqslant x_4\leqslant x}\{8x_4+5(x-x_4)+f_5(0.7x_4+0.9(x-x_4))\}=\max_{0\leqslant x_4\leqslant x}\{5x+3x_4+f_5(0.9x-0.2x_4)\}$$

$$=\max_{0\leqslant x_4\leqslant x}\{5x+3x_4+8(0.9x-0.2x_4)\}=\max_{0\leqslant x_4\leqslant x}\{12.2x+1.4x_4\}=13.6x,x_4=x.$$

$$f_3(x)=\max_{0\leqslant x_3\leqslant x}\{8x_3+5(x-x_3)+f_4(0.7x_3+0.9(x-x_3))\}=\max_{0\leqslant x_3\leqslant x}\{5x+3x_3+f_4(0.9x-0.2x_3)\}$$

$$= \max_{0\leqslant x_3\leqslant x}\{5x + 3x_3 + 13.6(0.9x - 0.2x_3)\} = \max_{0\leqslant x_3\leqslant x}\{17.24x + 0.28x_3\} = 17.52x, x_3 = x.$$

$$f_2(x) = \max_{0\leqslant x_2\leqslant x}\{8x_2 + 5(x - x_2) + f_3(0.7x_2 + 0.9(x - x_2))\} = \max_{0\leqslant x_2\leqslant x}\{5x + 3x_2 + f_3(0.9x - 0.2x_2)\}$$

$$= \max_{0\leqslant x_2\leqslant x}\{5x + 3x_2 + 17.52(0.9x - 0.2x_2)\} = \max_{0\leqslant x_2\leqslant x}\{20.768x - 0.504x_2\} = 20.768x, x_2 = 0.$$

$$f_1(x) = \max_{0\leqslant x_1\leqslant x}\{8x_1 + 5(x - x_1) + f_2(0.7x_1 + 0.9(x - x_1))\} = \max_{0\leqslant x_1\leqslant x}\{5x + 3x_1 + f_2(0.9x - 0.2x_1)\}$$

$$= \max_{0\leqslant x_1\leqslant x}\{5x + 3x_1 + 20.768(0.9x - 0.2x_1)\} = \max_{0\leqslant x_1\leqslant x}\{23.6912x - 1.1536x_1\} = 23.6912x, x_1 = 0.$$

因此,最优方案为:前两年将拥有的机器全部分配到 B 车间,后三年将拥有的机器全部分配到 A 车间. 此时,可获得的最大收益为 $f_1(1000) = 23.6912 \times 1000 = 23691.2$.

注 当 g, h 均为凸函数,且 $g(0) = h(0) = 0$ 时,每个阶段的最优决策总是取端点值.

四、生产和存储问题

问题:一家企业生产某种产品,将每一生产周期分为 n 个生产阶段,每一阶段生产的产品都有一部分被存储起来以备下一阶段的需求. 在第一个阶段初产品的存储量为 u_0. 第 k 个阶段时产品的需求量为 d_k,生产能力为 p,单位存储费用为 c,存储容量为 s. 产量为 x 时的生产成本为 $g(x)$. 问:应如何制定生产和存储方案,才能在满足需求的条件下,使单一生产周期内的总成本最低?

设第 k 个阶段的产量为 x_k,阶段末的存储量为 u_k, $k = 1, 2, \cdots, n$,则可建立如下数学规划模型:

$$\begin{cases} \min \quad z = \sum_{k=1}^{n}[g(x_k) + cu_{k-1}] \\ \text{s.t.} \quad x_k \leqslant p, k = 1, \cdots, n \\ \qquad u_k \leqslant s, k = 1, \cdots, n \\ \qquad (u_{k-1} + x_k) - u_k = d_k, k = 1, \cdots, n \\ \qquad x_k \geqslant 0, k = 1, \cdots, n \end{cases}$$

现在利用动态规划来解.

令 $f(u_0, u_k)$ = 第一个阶段初的存储量为 u_0,第 k 个阶段末的存储量为 u_k,这 k 个阶段采用最优方案时的最低成本,则由最优化原理(前向最优)得递推方程为

$$\begin{cases} f(u_0, u_k) = \min_{u_{k-1}\geqslant 0}\{g(x_k) + cu_{k-1} + f(u_0, u_{k-1})\}, k = 2, \cdots, n \\ f(u_0, u_1) = g(x_1) + cu_0 \\ u_{k-1} + x_k - u_k = d_k, k = 1, \cdots, n \end{cases}$$

显然,问题⇔求 $f(u_0, u_n)$.

例 6.2.5 某公司计划全年生产某种产品,四个季度的订货量分别为 600kg、700kg、500kg 和 1200kg. 产品的生产成本与产量的平方成正比,比例系数为 0.005. 公司有仓库可存放产品,存储费为 1 元/kg/季度. 公司要求每年初、末的库存量为 0. 试为该公司制定最佳的生产和存储方案.

解 $u_0 = u_4 = 0$. 第 k 个阶段的生产成本为 $g(x_k) = 0.005x_k^2$,存储费为 $1 \cdot u_{k-1}$,故第 k 个阶段的总成本为 $g(x_k) + u_{k-1}$. 显然,问题⇔求 $f(u_0, u_4)$,其中 $u_4 = 0$.

（前向最优）递推方程为

$$\begin{cases}f(u_0,u_k)=\min\limits_{u_{k-1}\geqslant 0}\{0.005x_k^2+u_{k-1}+f(u_0,u_{k-1})\},k=2,3,4\\f(u_0,u_1)=0.005x_1^2\\u_{k-1}+x_k-u_k=d_k,k=1,2,3,4\end{cases}$$

于是，$k=4$ 时，有

$$u_3+x_4-u_4=d_4\Rightarrow u_3+x_4-0=1200\Rightarrow x_4=1200-u_3$$

$$f(u_0,u_4)=\min_{u_3\geqslant 0}\{0.005x_4^2+u_3+f(u_0,u_3)\}=\min_{u_3\geqslant 0}\{0.005(1200-u_3)^2+u_3+f(u_0,u_3)\};$$

$k=3$ 时，有

$$u_2+x_3-u_3=d_3\Rightarrow u_2+x_3-u_3=500\Rightarrow x_3=500+u_3-u_2$$

$$f(u_0,u_3)=\min_{u_2\geqslant 0}\{0.005x_3^2+u_2+f(u_0,u_2)\}=\min_{u_2\geqslant 0}\{0.005(500+u_3-u_2)^2+u_2+f(u_0,u_2)\};$$

$k=2$ 时，有

$$u_1+x_2-u_2=d_2\Rightarrow u_1+x_2-u_2=700\Rightarrow x_2=700+u_2-u_1$$

$$f(u_0,u_2)=\min_{u_1\geqslant 0}\{0.005x_2^2+u_1+f(u_0,u_1)\}=\min_{u_1\geqslant 0}\{0.005(700+u_2-u_1)^2+u_1+f(u_0,u_1)\};$$

$k=1$ 时，有

$$u_0+x_1-u_1=d_1\Rightarrow 0+x_1-u_1=600\Rightarrow x_1=600+u_1$$

$$f(u_0,u_1)=0.005x_1^2=0.005(600+u_1)^2.$$

因此

$$f(u_0,u_2)=\min_{u_1\geqslant 0}\{0.005(700+u_2-u_1)^2+u_1+0.005(600+u_1)^2\}$$

$$=\min_{u_1\geqslant 0}\{0.01u_1^2-0.01u_2u_1+0.005u_2^2+7u_2+4250\}$$

$$=0.025u_2^2+7u_2+4250,u_1=0.5u_2.$$

$$f(u_0,u_3)=\min_{u_2\geqslant 0}\{0.005(500+u_3-u_2)^2+u_2+0.025u_2^2+7u_2+4250\}$$

$$=\min_{u_2\geqslant 0}\{0.03u_2^2+(3-0.01u_3)u_2+0.005u_3^2+5u_3+5500\}$$

$$=0.005u_3^2+5u_3+5500,u_2=0.$$

$$f(u_0,u_4)=\min_{u_3\geqslant 0}\{0.005(1200-u_3)^2+u_3+0.005u_3^2+5u_3+5500\}$$

$$=\min_{u_3\geqslant 0}\{0.01u_3^2-6u_3+12700\}$$

$$=11800,u_3=300.$$

从而 $u_1=u_2=0$；$x_4=1200-u_3=900$，$x_3=500+u_3-u_2=800$，$x_2=700+u_2-u_1=700$
$x_1=600+u_1=600$.

例 6.2.6 某厂生产一种季节性产品，全年为一个生产周期，分为 6 个生产阶段，各阶段的需求量如下：

生产阶段	1	2	3	4	5	6
需求量/t	5	5	10	30	50	8

根据需要，生产可分为日班和夜班进行. 每一生产阶段日班的生产能力为 15t，单位成

本为 100 元,夜班的生产能力为 15t,单位成本为 120 元. 因生产能力的限制,可在需求淡季多生产一些产品存储起来以备需求旺季之需,但每一生产阶段单位产品需支付存储费 16 元. 年初的存储量为 0. 试为该厂制订最优的生产和存储方案.

解 第 k 个阶段的生产成本为 $g(x_k)=\begin{cases}100x_k, & 0\leqslant x_k\leqslant 15\\ 100\times 15+120\times(x_k-15), & 15<x_k\leqslant 30\end{cases}$,存储费为 $16u_{k-1}$,故第 k 个阶段的总成本为 $g(x_k)+16u_{k-1}$.

(前向最优)递推方程为

$$\begin{cases}f(u_0,u_k)=\min\limits_{u_{k-1}\geqslant 0}\{16u_{k-1}+g(x_k)+f(u_0,u_{k-1})\},k=2,\cdots,6\\ f(u_0,u_1)=16u_0+g(x_1)\\ u_{k-1}+x_k-u_k=d_k,k=1,\cdots,6\end{cases}$$

显然,问题⇔求 $f(u_0,u_n)$,下略.

五、复合系统的可靠性问题

问题:如图 6.2.1 所示,某种机器的工作系统由 n 个支路串联而成,每个支路上安装有相应的元件. 只要元件失灵,那么支路就不能正常工作,并最终导致整个系统不能正常工作. 为此,可在每个支路上安装(并联)多个元件,以提高系统的可靠性. 元件 i 的价格为 c_i,支路 i 在装有 x 个元件时可正常工作的概率为 $p_i(x)$,$i=1,2,\cdots,n$. 显然,元件安装得越多,整个系统的可靠性就越大,但系统的成本也会相应增大. 问:应如何确定各支路应安装的元件的数目,才能使系统的可靠性最大(可用系统正常工作的概率来衡量),且系统总成本不超过 c?

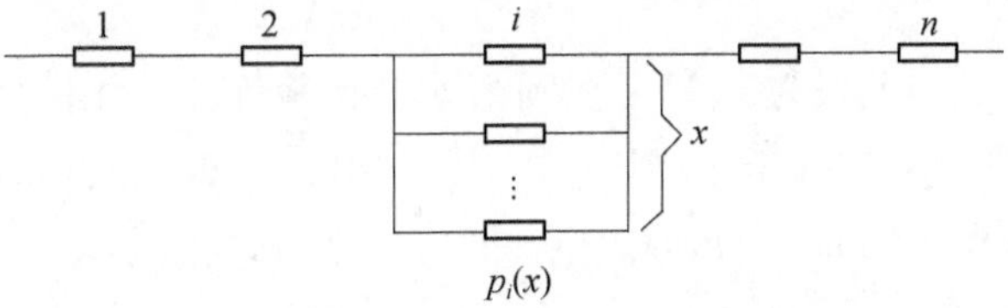

图 6.2.1

设在支路 i 上安装 x_i 个元件,$i=1,2,\cdots,n$,则可建立如下数学规划模型:

$$\begin{cases}\max\quad z=\prod\limits_{i=1}^{n}p_i(x_i)\\ \text{s. t.}\quad \sum\limits_{i=1}^{n}c_ix_i\leqslant c\\ \qquad x_i\geqslant 0,\text{整数},i=1,2,\cdots,n\end{cases}$$

这是一个非线性整数规划,比较难于求解. 现在利用动态规划来解.

1. 前向最优

令 $f_k(x)$ = 当前成本上限为 x,第 1 到第 k 个支路待确定元件的数目,这 k 个支路采用最优方案时可获得的最大可靠性,则由最优化原理得递推方程为

$$\begin{cases} f_1(x) = p_1\left(\left[\dfrac{x}{c_1}\right]\right); \\ f_k(x) = \max\limits_{\substack{0 \leqslant x_k \leqslant \left[\frac{x}{c_k}\right] \\ x_k\text{为整数}}} \{p_k(x_k) f_{k-1}(x - c_k x_k)\}, k = 2,3,\cdots,n \end{cases}$$

其中$\left[\dfrac{x}{c_k}\right]$表示不超过$\dfrac{x}{c_k}$的最大整数.

显然,系统的可靠性问题⇔求$f_n(c)$.

特别地,当"$x_i \geqslant 0, i=1,2,\cdots,n$"(不要求$x_i$为整数)时,为解非线性规划

$$\begin{cases} \max \quad z = \prod\limits_{i=1}^{n} p_i(x_i) \\ \text{s.t.} \quad \sum\limits_{i=1}^{n} c_i x_i \leqslant c \\ \qquad x_i \geqslant 0, i = 1,2,\cdots,n \end{cases}$$

可使用下述公式来求解:

$$\begin{cases} f_1(x) = p_1\left(\dfrac{x}{c_1}\right); \\ f_k(x) = \max\limits_{0 \leqslant x_k \leqslant \frac{x}{c_k}} \{p_k(x_k) f_{k-1}(x - c_k x_k)\}, k = 2,3,\cdots,n \end{cases}$$

2. 后向最优

令$f_k(x)$=当前成本上限为x,第k个到第n个支路待确定元件的数目,这些支路采用最优方案时可获得的最大可靠性,则由最优化原理(后向最优)得递推方程为

$$\begin{cases} f_k(x) = \max\limits_{\substack{0 \leqslant x_k \leqslant \left[\frac{x}{c_k}\right] \\ x_k\text{为整数}}} \{p_k(x_k) f_{k+1}(x - c_k x_k)\}, k = 1,2,\cdots,n-1 \\ f_n(x) = p_n\left(\left[\dfrac{x}{c_n}\right]\right); \end{cases}$$

显然,系统的可靠性问题⇔求$f_1(c)$.

另外,上述问题中的"$0 \leqslant x_k \leqslant \left[\dfrac{x}{c_k}\right]$"根据实际需要应增强为"$1 \leqslant x_k \leqslant \left[\dfrac{x}{c_k}\right]$".

例 6.2.7 某厂拟设计生产一种电子设备,由D_1,D_2,D_3三种元件组成,要求所用元件的总成本不超过105元.三种元件的价格和可靠性如下:

元件	价格/元	可靠性
D_1	30	0.9
D_2	25	0.8
D_3	20	0.5

问:应如何设计,才能使设备的可靠性最高?

解 由概率论知识知,$p_1(x_1)=1-(1-0.9)^{x_1}=1-0.1^{x_1}$,$p_2(x_2)=1-0.2^{x_2}$,$p_3(x_3)=1-0.5^{x_5}$.

(后向最优)递推方程为

$$\begin{cases} f_k(x)=\max\limits_{\substack{0\leqslant x_k\leqslant\left[\frac{x}{c_k}\right]\\ x_k\text{为整数}}}\{p_k(x_k)f_{k+1}(x-c_kx_k)\},k=1,2,\\ f_3(x)=p_3\left(\left[\frac{x}{20}\right]\right); \end{cases}$$

于是

$$f_1(105)=\max\limits_{\substack{0\leqslant x_1\leqslant\left[\frac{105}{30}\right]\\ x_1\text{为整数}}}\{p_1(x_1)f_2(105-30x_1)\}=\max\limits_{x_1=0,1,2,3}\{(1-0.1^{x_1})f_2(105-30x_1)\}$$

$$=\max\{0\times f_2(105),0.9f_2(75),0.99f_2(45),0.999f_2(15)\}$$

(1) 计算$f_2(75)$:

$$f_2(75)=\max\limits_{\substack{0\leqslant x_2\leqslant\left[\frac{75}{25}\right]\\ x_1\text{为整数}}}\{p_2(x_2)f_3(75-25x_2)\}=\max\limits_{x_2=0,1,2,3}\{(1-0.2^{x_2})f_3(75-25x_2)\}$$

$$=\max\{0\times f_3(75),0.8f_3(50),0.96f_3(25),0.992f_3(0)\}$$

而

$$f_3(50)=p_3\left(\left[\frac{50}{20}\right]\right)=p_3(2)=0.75,x_3=2$$

$$f_3(25)=p_3\left(\left[\frac{25}{20}\right]\right)=p_3(1)=0.5,x_3=1$$

$$f_3(0)=p_3\left(\left[\frac{0}{20}\right]\right)=p_3(0)=1,x_3=0$$

故$f_2(75)=\max\{0.8\times0.75,0.96\times0.5,0.992\times1\}=0.992,x_2=3,x_3=1$.

(2) 计算$f_2(45)$:

$$f_2(45)=\max\limits_{\substack{0\leqslant x_2\leqslant\left[\frac{45}{25}\right]\\ x_1\text{为整数}}}\{p_2(x_2)f_3(45-25x_2)\}=\max\limits_{x_2=0,1}\{(1-0.2^{x_2})f_3(45-25x_1)\}$$

$$=\max\{0\times f_3(45),0.8f_3(20)\}$$

而$f_3(20)=p_3\left(\left[\frac{20}{20}\right]\right)=p_3(1)=0.5,x_3=1$

故$f_2(45)=0.8\times0.5=0.4,x_2=1,x_3=1$.

(3) 计算$f_2(15)$:

$$f_2(15)=\max\limits_{\substack{0\leqslant x_2\leqslant\left[\frac{15}{25}\right]\\ x_1\text{为整数}}}\{p_2(x_2)f_3(15-25x_2)\}=\max\limits_{x_2=0}\{(1-0.2^{x_2})f_3(15-25x_1)\}=0\cdot$$

$f_3(15)=0,x_2=0$(不必再计算$f_3(15)$).

综上,有

$$f_1(105)=\max\{0.9\times0.992,0.99\times0.4,0.999\times0\}=0.8928,x_1=1,x_2=3,x_3=1.$$

故最优设计方案为：D_1 安装 1 个，D_2 安装 3 个，D_3 安装 1 个，设备的最大可靠性为 89.28%.

例 6.2.8 求解非线性规划问题 $\begin{cases}\max & z = x_1x_2^2x_3 \\ \text{s.t.} & x_1 + x_2 + x_3 = 4 \\ & x_1, x_2, x_3 \geqslant 0\end{cases}$

解 （前向最优）$p_1(x_1) = x_1, p_2(x_2) = x_2^2, p_3(x_3) = x_3$.

$$f_3(4) = \max_{0\leqslant x_3\leqslant 4}\{p_3(x_3)f_2(4 - x_3)\} = \max_{0\leqslant x_3\leqslant 4}\{x_3f_2(4 - x_3)\}$$

$$f_2(4 - x_3) = \max_{0\leqslant x_2\leqslant 4-x_3}\{p_2(x_2)f_1(4 - x_3 - x_2)\} = \max_{0\leqslant x_2\leqslant 4-x_3}\{x_2^2f_1(4 - x_3 - x_2)\}$$

$$f_1(4 - x_3 - x_2) = p_1(4 - x_3 - x_2) = 4 - x_3 - x_2.$$

于是，$f_2(4 - x_3) = \max\limits_{0\leqslant x_2\leqslant 4-x_3}\{x_2^2(4 - x_3 - x_2)\} = \dfrac{4}{27}(4 - x_3)^3, x_2 = \dfrac{2}{3}(4 - x_3)$

$$f_3(4) = \max_{0\leqslant x_3\leqslant 4}\left\{x_3 \cdot \frac{4}{27}(4 - x_3)^3\right\} = \frac{4}{27}\max_{0\leqslant x_3\leqslant 4}\{x_3(4 - x_3)^3\} = 4, x_3 = 1$$

（以上两个最大值均利用微分法求出）

此时，$x_2 = 2, x_1 = 1$. 故原非线性规划问题的最优解为 $(1,2,1)^{\mathrm{T}}$，最优值为 $f_3(4) = 4$.

六、背包问题

问题：今有 n 种物品各若干，待装入容积为 a 的背包中. 第 i 种物品的单件体积为 a_i，单件价值为 $c_i, i = 1,2,\cdots,n$. 问：应如何确定装入背包的各种物品的数量，才能使所装入物品的总体积不超过背包的容积，且总价值最大？

设将 x_i 件第 i 种物品装入背包，$i = 1,2,\cdots,n$，则可建立如下整数规划模型：

$$\begin{cases}\max & z = \sum\limits_{i=1}^{n} c_ix_i \\ \text{s.t.} & \sum\limits_{i=1}^{n} a_ix_i \leqslant a \\ & x_i \geqslant 0, \text{整数}, i = 1,2,\cdots,n\end{cases}$$

令 $f_k(x)$ = 背包的当前容积为 x，第 1 到第 k 种物品需确定装入件数，这 k 种物品的最大价值，则由最优化原理（前向最优），得

$$\begin{cases}f_1(x) = c_1\left[\dfrac{x}{a_1}\right] \\ f_k(x) = \max\limits_{\substack{0\leqslant x_k\leqslant \left[\frac{x}{a_k}\right] \\ x_k\text{为整数}}}\{c_kx_k + f_{k-1}(x - a_kx_k)\}, k = 2,3,\cdots,n\end{cases}$$

特别地，当"$x_i \geqslant 0, i = 1,2,\cdots,n$"（不要求 x_i 为整数）时，为解非线性规划

$$\begin{cases}\max & z = \sum\limits_{i=1}^{n} c_ix_i \\ \text{s.t.} & \sum\limits_{i=1}^{n} a_ix_i \leqslant a \\ & x_i \geqslant 0, i = 1,2,\cdots,n\end{cases}$$

可使用下述公式来求解：

$$\begin{cases} f_1(x) = c_1 \dfrac{x}{a_1} \\ f_k(x) = \max\limits_{0\leqslant x_k\leqslant \frac{x}{a_k}} \{c_k x_k + f_{k-1}(x - a_k x_k)\}, k = 2,3,\cdots,n \end{cases}$$

例 6.2.9 求解背包问题

$$\begin{cases} \max \quad z = 8x_1 + 5x_2 + 12x_3 \\ \text{s. t.} \quad 2x_1 + 2x_2 + 5x_3 \leqslant 5 \\ \qquad x_1, x_2, x_3 \geqslant 0, \text{整数} \end{cases}$$

解 （前向最优）递推方程为

$$\begin{cases} f_1(x) = 8\left[\dfrac{x}{2}\right]; \\ f_k(x) = \max\limits_{\substack{0\leqslant x_k\leqslant [\frac{x}{a_k}] \\ x_k\text{为整数}}} \{c_k x_k + f_{k-1}(x - a_k x_k)\}, k = 2,3 \end{cases}$$

于是

$$f_3(5) = \max_{\substack{0\leqslant x_3\leqslant [\frac{5}{5}]=1 \\ x_3\text{为整数}}} \{12x_3 + f_2(5 - 5x_3)\} = \max_{x_3=0,1}\{12x_3 + f_2(5 - 5x_3)\}$$

$$= \max\{f_2(5), 12 + f_2(0)\}$$

$$= \max\{f_2(5), 12 + 0\} = \max\{f_2(5), 12\}$$

$$f_2(5) = \max_{\substack{0\leqslant x_2\leqslant [\frac{5}{2}]=2 \\ x_2\text{为整数}}} \{5x_2 + f_1(5 - 2x_2)\} = \max_{x_2=0,1,2}\{5x_2 + f_1(5 - 2x_2)\}$$

$$= \max_{x_2=0,1,2}\{f_1(5), 5 + f_1(3), 10 + f_1(1)\}$$

$$= \max\{f_1(5), 5 + f_1(3), 10 + 0\} = \max\{f_1(5), 5 + f_1(3), 10\}$$

$$f_1(5) = 8 \times \left[\frac{5}{2}\right] = 8 \times 2 = 16, x_1 = 2$$

$$f_1(3) = 8 \times \left[\frac{3}{2}\right] = 8 \times 1 = 8, x_1 = 1$$

于是，$f_2(5) = \max\{16, 5 + 8, 10\} = 16, x_2 = 0$;

$f_3(5) = \max\{16, 12\} = 16, x_3 = 0$

因此最优解为$(2,0,0)^{\mathrm{T}}$，最优值为16.

例 6.2.10 （二维背包问题）今有 n 种物品各若干，待装入一个容积为 a、载重为 b 的背包中. 第 i 种物品的单件体积为 a_i、质量为 b_i、价值为 $c_i, i=1,\cdots,n$. 问：应如何确定装入背包的各种物品的件数，才能使所装物品合乎背包的容积和载重限制，且总价值最大？

解 设将 x_i 件第 j 种物品装入背包，$i=1,2,\cdots,n$，则可建立如下整数规划模型：

$$\begin{cases}\max \quad z = \sum_{i=1}^{n} c_i x_i \\ \text{s. t.} \quad \sum_{i=1}^{n} a_i x_i \leqslant a \\ \qquad \sum_{i=1}^{n} b_i x_i \leqslant b \\ \qquad x_i \geqslant 0, \text{整数}, i = 1,2,\cdots,n \end{cases}$$

令 $f_k(x,y)$ = 背包的当前容积为 x、载重为 y，还有 k 种物品需确定装入件数，这 k 种物品的最大价值，则由最优化原理（前向最优）得

$$\begin{cases} f_1(x,y) = c_1 \cdot \min\left\{\left[\frac{x}{a_1}\right], \left[\frac{y}{b_1}\right]\right\}; \\ f_k(x,y) = \max\limits_{\substack{0 \leqslant x_k \leqslant \left[\frac{x}{a_k}\right] \\ 0 \leqslant y_k \leqslant \left[\frac{y}{b_k}\right] \\ x_k, y_k \text{为整数}}} \{c_k x_k + f_{k-1}(x - a_k x_k, y - b_k y_k)\}, k = 2,3,\cdots,n \end{cases}$$

七、旅行售货员问题

问题：有 n 个城市 $v_1, v_2, \cdots, v_n$，每两个城市之间都有道路相通，城市 i 和 j 之间的距离为 d_{ij}（其中 $d_{ii} = +\infty$）. 有一售货员拟从城市 v_1 出发，经过其余各城市 $v_2, \cdots, v_n$ 都恰好一次，再回到出发城市 v_1. 试为这个售货员求出一条总路程最短的旅行路线.

这就是旅行售货员问题（货郎担问题、旅行商问题，Traveling Salesman Problem，TSP），另见 8.5 节.

(1) 旅行售货员问题的数学规划模型：

令

$$x_{ij} = \begin{cases} 1, & \text{售货员从城市 } v_i \text{ 进入城市 } v_j \\ 0, & \text{否则} \end{cases}, \ i,j = 1,2,\cdots,n$$

则可建立如下混合整数规划模型：

$$\begin{cases} \min \quad z = \sum_{i=1}^{n} \sum_{j=1}^{n} d_{ij} x_{ij} \\ \text{s. t.} \quad \sum_{j=1}^{n} x_{ij} = 1, i = 1,\cdots,n \\ \qquad \sum_{i=1}^{n} x_{ij} = 1, j = 1,\cdots,n \\ \qquad u_i - u_j + (n+1) x_{ij} \leqslant n, i = 1,\cdots,n; j = 2,\cdots,n; i \neq j \\ \qquad x_{ij} = 0,1, i,j = 1,\cdots,n \\ \qquad u_i \in R, i = 1,\cdots,n \end{cases}$$

其中约束条件“$\sum_{j=1}^{n} x_{ij}=1, i=1,\cdots,n$”保证恰好离开各城市一次,“$\sum_{i=1}^{n} x_{ij}=1, j=1,\cdots,n$”保证恰好进入各城市一次,“$u_i-u_j+(n+1)x_{ij}\leqslant n, 1\leqslant i\neq j\leqslant n$”既能防止出现互不连通的若干回路(圈),又不会将任一可行线路排除在外. 如对于$n=6$个城市的TSP,令$x_{12}=x_{23}=x_{31}=1, x_{45}=x_{56}=x_{64}=1$,其余$x_{ij}=0$,则线路中出现互不连通的两个回路(图6.2.2).

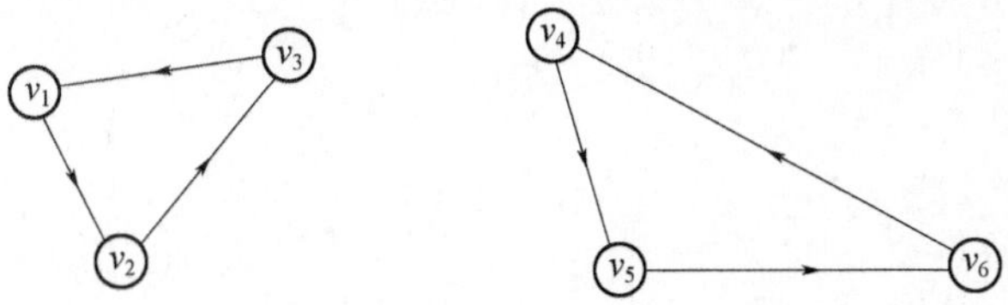

图6.2.2

这是因为如上构造的$\{x_{ij}\}_{i,j=1}^{6}$并不满足第三组约束条件:

$$\begin{cases} u_4-u_5+7\leqslant 6 \\ u_5-u_6+7\leqslant 6 \\ u_6-u_4+7\leqslant 6 \end{cases} \Rightarrow 21\leqslant 18, \text{矛盾.}$$

(2) 注意到旅行售货员问题是一个多阶段决策问题,可以利用动态规划来求解.

令

(v_i,U):(状态变量)当前位置为城市v_i,尚未经过的城市的集合为U;

$f_k(v_i,U)$ = 从城市v_i出发,经过U中的$k=|U|$个城市恰好一次,再回到v_1的最短路长,

则由最优化原理(后向最优),有(图6.2.3)

$$\begin{cases} f_0(v_i,\Phi)=d_{i1} \\ f_k(v_i,U)=\min\limits_{v_j\in U}\{d_{ij}+f_{k-1}(v_j,U\setminus\{v_j\})\}, k=1,2,\cdots,n-1 \end{cases} \tag{6.2.2}$$

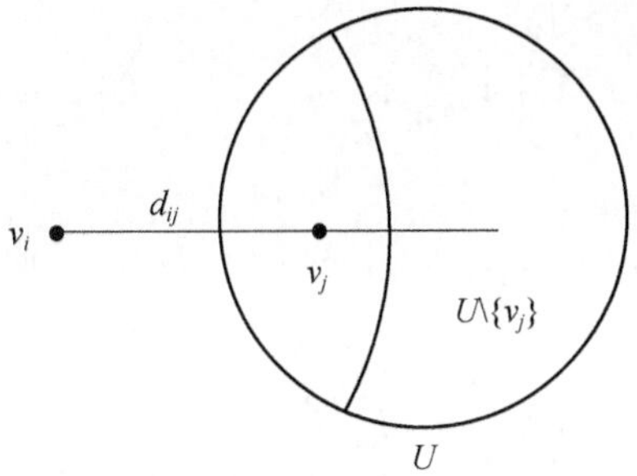

图6.2.3

因此,旅行售货员问题$\Leftrightarrow$求$f_{n-1}(v_1,\{v_2,\cdots,v_n\})$.

例 6.2.11 求解旅行售货员问题:$n=4$,距离矩阵为$\boldsymbol{D}=(d_{ij})_{4\times4}=\begin{pmatrix} +\infty & 8 & 5 & 6 \\ 6 & +\infty & 8 & 5 \\ 7 & 9 & +\infty & 5 \\ 9 & 7 & 8 & +\infty \end{pmatrix}$.

解　作图如图 6.2.4 所示.

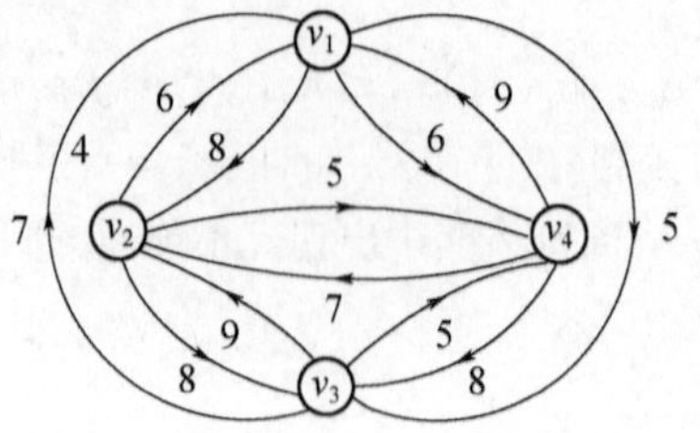

图 6.2.4

此问题⇔求 $f_3(v_1,\{v_2,v_3,v_4\})$.

由(后向最优)式(6.2.3),得

$k=0$ 时,有

$f_0(v_2,\Phi)=d_{21}=6, v_2 \to v_1$.

$f_0(v_3,\Phi)=d_{31}=7, v_3 \to v_1$.

$f_0(v_4,\Phi)=d_{41}=9, v_4 \to v_1$.

$k=1$ 时,有

$f_1(v_3,\{v_4\})=d_{34}+f_0(v_4,\Phi)=5+9=14, v_3 \to v_4 \to v_1$.

$f_1(v_4,\{v_3\})=d_{43}+f_0(v_3,\Phi)=8+7=15, v_4 \to v_3 \to v_1$.

$f_1(v_2,\{v_4\})=d_{24}+f_0(v_4,\Phi)=5+9=14, v_2 \to v_4 \to v_1$.

$f_1(v_4,\{v_2\})=d_{42}+f_0(v_2,\Phi)=7+6=13, v_4 \to v_2 \to v_1$.

$f_1(v_2,\{v_3\})=d_{23}+f_0(v_3,\Phi)=8+7=15, v_2 \to v_3 \to v_1$.

$f_1(v_3,\{v_2\})=d_{32}+f_0(v_2,\Phi)=9+6=15, v_3 \to v_2 \to v_1$.

$k=2$ 时,有

$f_2(v_2,\{v_3,v_4\})=\min\{d_{23}+f_1(v_3,\{v_4\}), d_{24}+f_1(v_4,\{v_3\})\}=\min\{8+14, 5+15\}=20$

$v_2 \to v_4 \to v_3 \to v_1$.

$f_2(v_3,\{v_2,v_4\})=\min\{d_{32}+f_1(v_2,\{v_4\}), d_{34}+f_1(v_4,\{v_2\})\}=\min\{9+14, 5+13\}=18$

$v_3 \to v_4 \to v_2 \to v_1$.

$f_2(v_4,\{v_2,v_3\})=\min\{d_{42}+f_1(v_2,\{v_3\}), d_{43}+f_1(v_3,\{v_2\})\}=\min\{7+15, 8+15\}=22$

$v_4 \to v_2 \to v_3 \to v_1$.

$k=3$ 时,有

$f_3(v_1,\{v_2,v_3,v_4\})=\min\{d_{12}+f_2(v_2,\{v_3,v_4\}), d_{13}+f_2(v_3,\{v_2,v_4\}), d_{14}+f_2(v_4,\{v_2,v_3\})\}$

$=\min\{8+20, 5+18, 6+22\}=23$,

$v_1 \to v_3 \to v_4 \to v_2 \to v_1$.

因此,最短路线为 $v_1 \to v_3 \to v_4 \to v_2 \to v_1$,其长度为 23.

练习 6

1. 利用动态规划方法求解最短路问题:A 为起点,D 为终点.

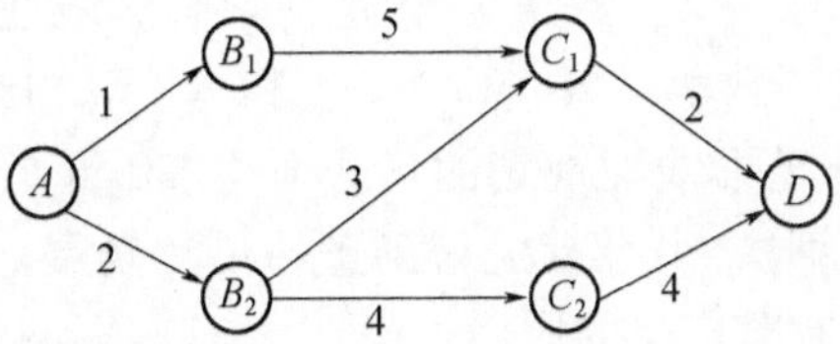

2. 求解资源分配问题:生产阶段数为 $n=3$,收益为 $g_1(x)=0.6x$,$g_2(x)=0.5x$,回收率为 $a=0.1$,$b=0.4$,资源总量为 $c=100$.

3. 求解整数规划问题 $\begin{cases} \max \quad z=4x_1+5x_2+6x_3 \\ \text{s.t.} \quad 3x_1+4x_2+5x_3 \leqslant 10 \\ \qquad x_1,x_2,x_3 \geqslant 0,\text{整数}. \end{cases}$

4. 求解非线性规划问题 $\begin{cases} \max \quad z=x_1x_2\cdots x_n \\ \text{s.t.} \quad x_1+x_2+\cdots+x_n=c \\ \qquad x_1,x_2,\cdots,x_n \geqslant 0 \end{cases}$,其中 $c \geqslant 0$.

5. 求解非线性规划问题 $\begin{cases} \max \quad z=4x_1^2-x_2^2+2x_3^2+12 \\ \text{s.t.} \quad 3x_1+2x_2+x_3 \leqslant 9 \\ \qquad x_1,x_2,x_3 \geqslant 0. \end{cases}$

6. 求解非线性规划问题 $\begin{cases} \max \quad z=4x_1+9x_2+2x_3^2 \\ \text{s.t.} \quad x_1+x_2+x_3=10 \\ \qquad x_1,x_2,x_3 \geqslant 0. \end{cases}$

7. 求解旅行售货员问题:$n=5$,距离矩阵为 $\boldsymbol{D}=\begin{pmatrix} +\infty & 10 & 8 & 18 & 14 \\ 10 & +\infty & 7 & 11 & 4 \\ 8 & 7 & +\infty & 6 & 5 \\ 18 & 11 & 6 & +\infty & 9 \\ 14 & 4 & 5 & 9 & +\infty \end{pmatrix}$.

第 7 章　非线性规划

非线性规划是运筹学的一个重要分支,它是指具有非线性约束条件或非线性目标函数的数学规划. 1951 年,美国数学家 H. W. Kuhn 和 A. W. Tucker 发表关于非线性规划的最优性条件的论文,标志着非线性规划的正式诞生. 20 世纪 50 年到 60 年代出现了许多解决非线性规划问题的算法,70 年代又得到进一步的发展. 非线性规划在工程、管理、经济、科研、军事等方面都有着广泛的应用.

7.1　非线性规划的概念

例 7.1.1　(最小二乘拟合,least square fitting)拟合是数据处理中的一类重要问题,它要求用一条相对光滑的曲线来近似地描述给定的一组二维数据点的关系,其具体提法是:设给定的一组数据点$(x_i,y_i)(i=1,\cdots,n)$近似的满足函数关系 $y=f(x)$,试确定 $y=f(x)$ 的具体解析式. 这里,$y=f(x)$称为拟合函数或经验公式,不要求它经过每一个数据点,只需使之与各数据点之间的距离尽可能小即可,其具体形式可用散点图或建立数学模型来确定(图 7.1.1).

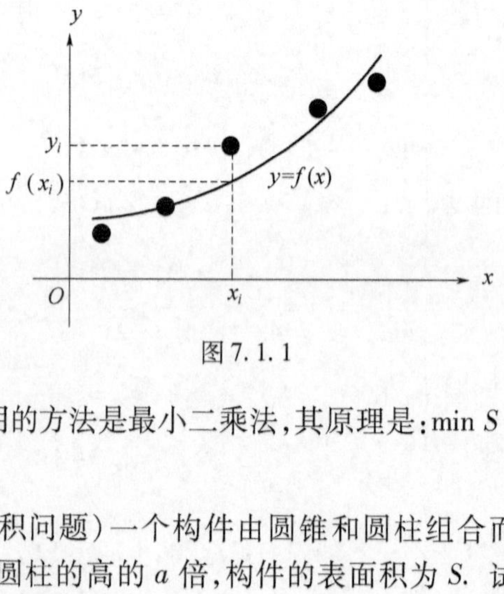

图 7.1.1

解决拟合问题最常用的方法是最小二乘法,其原理是:$\min S = \sum_{i=1}^{n}[f(x_i)-y_i]^2$(残差平方和最小).

例 7.1.2　(构件容积问题)一个构件由圆锥和圆柱组合而成(图 7.1.2),圆锥的高为圆柱的高的 a 倍,构件的表面积为 S. 试确定此构件的尺寸,使其体积最大.

解　设圆柱(圆锥)的底面圆的半径为 x_1,高为 x_2,则可建立如下数学模型:

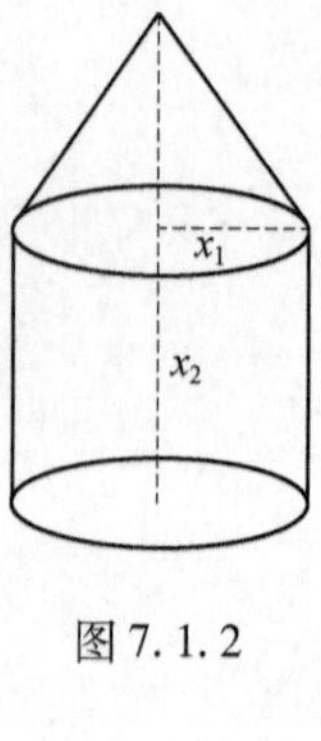

图 7.1.2

$$\begin{cases}\max \quad V=\pi x_1^2x_2+\dfrac{a\pi}{3}x_1^2x_2\\ \text{s. t.} \quad \pi x_1^2+2\pi x_1x_2+\pi x_1\sqrt{x_1^2+a^2x_2^2}=S\\ \qquad\qquad x_1,x_2\geqslant 0.\end{cases}$$

上述两个例子都是非线性规划问题,下面给出其定义.

定义 7.1.1 给定数学规划

$$\begin{cases}\min & z=f(x)\\ \text{s.t.} & g_i(x)\leqslant 0, i=1,2,\cdots,p\\ & h_j(x)=0, j=1,2,\cdots,q\end{cases}$$

其中 $x=(x_1,x_2,\cdots,x_n)^{\mathrm{T}}$,若 $f(x)$, $g_i(x)$, $h_j(x)$ 均为线性函数,则为线性规划;否则,则为非线性规划(Nonlinear Programming,NP).

类似于线性规划问题,可以定义非线性规划问题的目标函数、约束条件、可行域、可行解、最优解和最优值等概念.

根据有无约束条件,非线性规划问题可分为约束非线性规划(constrained nonlinear programming)和无约束非线性规划(unconstrained nonlinear programming).

图解法

非线性规划问题的求解比线性规划问题要困难得多,目前尚无适用于一般非线性规划问题的通用算法;但对于双变量非线性规划问题,仍可利用类似于线性规划问题的图解法来求解.

双变量非线性规划问题:

$$\begin{cases}\min & z=f(x_1,x_2)\\ \text{s.t.} & g_i(x_1,x_2)\leqslant 0, i=1,2,\cdots,p\\ & h_j(x_1,x_2)=0, j=1,2,\cdots,q\end{cases}$$

其可行域为 $K=\{x=(x_1,x_2)^{\mathrm{T}}|g_i(x_1,x_2)\leqslant 0, i=1,2,\cdots,p; h_j(x_1,x_2)=0, j=1,2,\cdots,q\}$.

在平面直角坐标系 x_1Ox_2 上,线性函数的图像为直线,非线性函数的图像为曲线,线性或非线性不等式函数的图像为半平面,故 K 就是这些直线、曲线和半平面的交集.

在空间直角坐标系 $O-x_1x_2z$ 中,目标函数 $z=f(x_1,x_2)$ 表示一个曲面;若固定 z,则 $f(x_1,x_2)=z$ 对应平面 x_1Ox_2 上的一条曲线,其上各点到平面 $z=c$ 的高度都相同,称为等高线.

图解法的基本思想:在平面 x_1Ox_2 上,作出可行域 K 及目标函数的等高线,根据等高线和可行域 K 的关系,从图上直接找出最优解.

例 7.1.3 利用图解法求解非线性规划问题

$$\begin{cases}\min & z=(x_1+1)^2+(x_2+1)^2\\ \text{s.t.} & x_1^2+x_2^2\leqslant 1\\ & x_1,x_2\geqslant 0\end{cases}$$

解 在平面 x_1Ox_2 上,分别作出可行域 K 及目标函数的等高线(一族同心圆),如图 7.1.3 所示.

易见,当等高线运动到坐标原点 $O(0,0)$ 时,其半径 $\sqrt{z}$ 最小,当然 z 也最小. 故原非线性规划问题的最优解为 $(0,0)^{\mathrm{T}}$,最优值为 2.

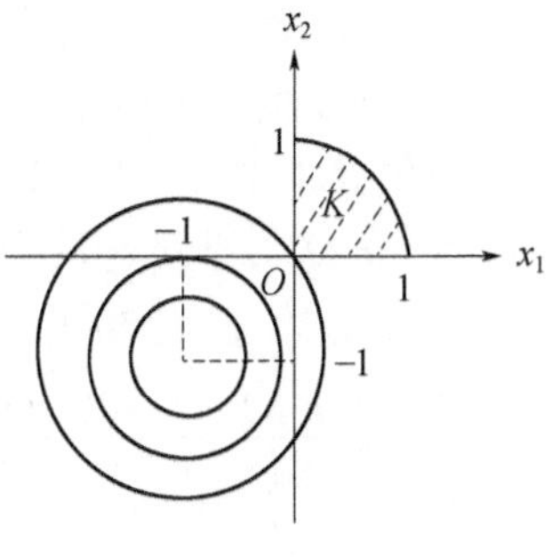

图 7.1.3

例 7.1.4 利用图解法求解非线性规划问题.

$$\begin{cases}\min & z = x_1^2 + x_2^2 \\ \text{s.t.} & x_1 + x_2 \geqslant 1 \\ & x_1, x_2 \leqslant 1\end{cases}$$

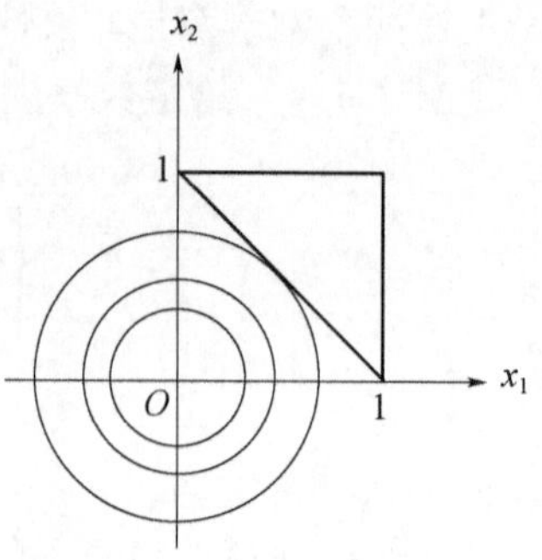

图 7.1.4

解 在平面 x_1Ox_2 上,分别作出可行域 K 及目标函数的等高线(一族同心圆),如图 7.1.4 所示.

易见,当等高线运动到点 $\left(\frac{1}{2},\frac{1}{2}\right)$ 时,其半径 $\sqrt{z}$ 最小,当然 z 也最小. 故原非线性规划问题的最优解为 $\left(\frac{1}{2},\frac{1}{2}\right)^{\mathrm{T}}$,最优值为 $\frac{1}{2}$.

7.2 非线性规划基本定理

1. 凸函数

定义 7.2.1 给定函数 $f(x)$ $(x \in D \subset \mathbf{R})$,若 $\forall x_1, x_2 \in D, \lambda \in [0,1]$,有 $f(\lambda x_1 + (1-\lambda)x_2) \leqslant \lambda f(x_1) + (1-\lambda)f(x_2)$,则称 $f(x)$ 为 D 上的凸函数(convex function);特别地,若 $f(\lambda x_1 + (1-\lambda)x_2) < \lambda f(x_1) + (1-\lambda)$,则称 $f(x)$ 为 D 上的严格凸函数(strictly convex function).

注 (1)几何解释:凸函数曲线上任一点的切线总在曲线下方(图 7.2.1).

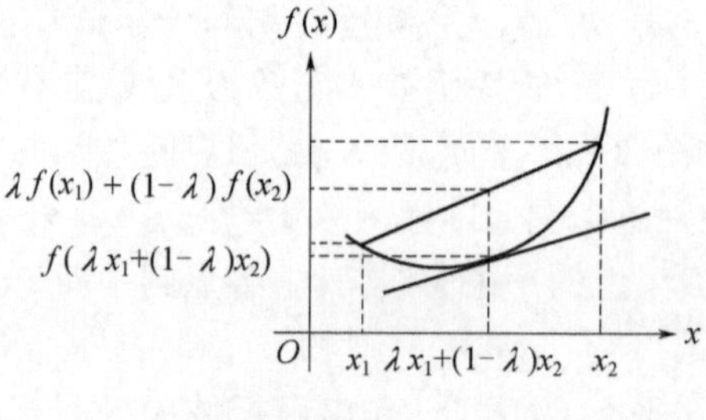

图 7.2.1

(2)凸函数的和、非负数乘仍是凸函数.

(3)类似地,可以来定义凹函数(concave function). 凸函数的相反数是凹函数.

(4)线性函数既是凸函数,也是凹函数.

(5)定义中的凸函数是一元变量的情形,可推广到多元情形.

在微积分学中,有如下判定凸函数的充要条件:一元函数 $f(x)$ 为 D 上的凸函数 $\Leftrightarrow$ $f''(x) > 0$ $(x \in D)$. 此结论可推广到多元函数的情形.

定义 7.2.2 多元函数 $f(x)$ $(x = (x_1, x_2, \cdots, x_n)^{\mathrm{T}})$ 的一阶偏导数组成的向量称为其梯度 $\left(\frac{\partial f(x)}{\partial x_1}, \frac{\partial f(x)}{\partial x_2}, \cdots, \frac{\partial f(x)}{\partial x_n}\right)^{\mathrm{T}}$,记为 $\nabla f(x)$;二阶偏导数组成的矩阵称为其海赛(Hesse)矩阵,记为:

$$\nabla^2 f(x)=\begin{pmatrix}\dfrac{\partial^2 f(x)}{\partial x_1^2} & \dfrac{\partial^2 f(x)}{\partial x_1\partial x_2} & \cdots & \dfrac{\partial^2 f(x)}{\partial x_1\partial x_n}\\ \dfrac{\partial^2 f(x)}{\partial x_2\partial x_1} & \dfrac{\partial^2 f(x)}{\partial x_2^2} & \cdots & \dfrac{\partial^2 f(x)}{\partial x_2\partial x_n}\\ \vdots & \vdots & \ddots & \vdots\\ \dfrac{\partial^2 f(x)}{\partial x_n\partial x_1} & \dfrac{\partial^2 f(x)}{\partial x_n\partial x_2} & \cdots & \dfrac{\partial^2 f(x)}{\partial x_n^2}\end{pmatrix}$$

由偏导数的性质$\dfrac{\partial^2 f(x)}{\partial x_i\partial x_j}=\dfrac{\partial^2 f(x)}{\partial x_j\partial x_i}$知，海赛矩阵是对称矩阵.

定理 7.2.1 多元函数$f(x)$是凸函数$\Leftrightarrow \nabla^2 f(x)$是半正定矩阵，$f(x)$是严格凸函数$\Leftrightarrow$ $\nabla^2 f(x)$是正定矩阵.

证明从略.

例 7.2.1 称$f(x)=\dfrac{1}{2}x^{\mathrm{T}}\boldsymbol{A}x+b^{\mathrm{T}}x+c$为二次函数(quadratic function)，其中$\boldsymbol{A}$为n阶对称矩阵，$\boldsymbol{b},\boldsymbol{x}\in\boldsymbol{R}^n$，$c\in R$. 若$\boldsymbol{A}$为正定矩阵，则$f(x)=\dfrac{1}{2}x^{\mathrm{T}}\boldsymbol{A}x+b^{\mathrm{T}}x+c$为$\boldsymbol{R}^n$上的凸函数，称为二次凸函数.

2. 凸规划

定义 7.2.3 对非线性规划问题NP: $\begin{cases}\min & z=f(x)\\ \text{s.t.} & g_i(x)\leqslant 0, i=1,2,\cdots,p\\ & h_j(x)=0, j=1,2,\cdots,q\end{cases}$ 及$x^*\in K$，若$\forall x\in K$，有$f(x^*)\leqslant f(x)$，则称x^*为NP的整体最优解(global optimal solution)，$f(x^*)$为NP的(整体)最优值；若在x^*的某领域内，有$f(x^*)\leqslant f(x)$，则称x^*为NP的局部最优解(local optimal solution)，$f(x^*)$为NP的局部最优值.

定义 7.2.4 对非线性规划问题NP，若$f(x)$为K上的凸函数，$g_i(x)$$(i=1,2,\cdots,p)$为$\boldsymbol{R}^n$上的凸函数，$h_j(x)$$(j=1,2,\cdots,q)$为$\boldsymbol{R}^n$上的线性函数，则称$NP$为凸规划(convex programming).

例 7.2.2 二次规划问题

$$\begin{cases}\min & z=2x_1^2+x_2^2+2x_3^2-x_1x_2+x_1x_3+x_1+2x_2\\ \text{s.t.} & x_1^2+x_2^2-x_3\leqslant 0\\ & x_1+x_2+2x_3\leqslant 16\\ & -x_1-x_2+x_3\leqslant 0\end{cases}$$

是一个凸规划.

凸规划有如下性质.

(1) 可行域K是凸集.

(2) 凸规划的任一局部最优解也是其整体最优解.

(3) 当目标函数是严格凸函数时，若凸规划的最优解存在，则最优解唯一.

3. K－T 条件

1951 年，美国数学家 H. W. Kuhn 和 A. W. Tucker 提出了非线性规划问题的最优解应满足的必要条件，后人称之为 Kuhn－Tucker 条件，简称为 K－T 条件，其具体内容为：

对非线性规划问题

$$NP:\begin{cases}\min & z=f(x)\\ \text{s.t.} & g_i(x)\leqslant 0, i=1,2,\cdots,p\\ & h_j(x)=0, j=1,2,\cdots,q\end{cases}$$

其中 $\boldsymbol{x}=(x_1,x_2,\cdots,x_n)^{\mathrm{T}}$，引入拉格朗日函数 $L(x,\lambda,\mu)=f(x)+\sum\limits_{i=1}^{p}\lambda_i g_i(x)+\sum\limits_{i=1}^{q}\mu_j h_j(x)$，其中 $\boldsymbol{\lambda}=(\lambda_1,\lambda_2,\cdots,\lambda_p)^{\mathrm{T}}$，$\boldsymbol{\mu}=(\mu_1,\mu_2,\cdots,\mu_q)^{\mathrm{T}}$ 为拉格朗日乘子，则 K－T 条件为

$$\begin{cases}\dfrac{\partial L(x,\lambda,\mu)}{\partial x_i}=0, i=1,2,\cdots,n\\ \lambda_i g_i(x)=0, i=1,2,\cdots,p\\ \lambda_i\geqslant 0, i=1,2,\cdots,p\end{cases}$$

定理 7.2.2 （必要条件）若 $\boldsymbol{x}$ 为非线性规划问题 NP 的（局部）最优解，则 $\exists\lambda,\mu$，使 $\boldsymbol{x},\lambda,\mu$ 满足 K－T 条件.

证明从略.

注 NP 的满足 K－T 条件的点 $\boldsymbol{x}$ 称为 K－T 点，则 K－T 点必为可行解，即满足所有约束条件，且 NP 的（局部）最优解一定是 K－T 点.

定理 7.2.1 和定理 7.2.2 给出了非线性规划问题的最优解应满足的充分条件和必要条件，二者合称为非线性规划基本定理.

推论 7.2.1 若 $\boldsymbol{x}$ 为非线性规划问题 $\begin{cases}\min & z=f(x)\\ \text{s.t.} & g_i(x)\leqslant 0, i=1,2,\cdots,p\end{cases}$ 的（局部）最优解，则 $\exists\lambda$，使 $\boldsymbol{x},\lambda$ 满足 K－T 条件：$\begin{cases}\dfrac{\partial L(x,\lambda)}{\partial x_i}=0, i=1,2,\cdots,n\\ \lambda_i g_i(x)=0, i=1,2,\cdots,p\\ \lambda_i\geqslant 0, i=1,2,\cdots,p\end{cases}$，其中拉格朗日函数为 $L(x,\lambda)=f(x)+\sum\limits_{i=1}^{p}\lambda_i g_i(x)$.

推论 7.2.2 若 $\boldsymbol{x}$ 为非线性规划问题 $\begin{cases}\min & z=f(x)\\ \text{s.t.} & h_j(x)=0, j=1,2,\cdots,q\end{cases}$ 的（局部）最优解，则 $\exists\mu$，使 $\boldsymbol{x},\mu$ 满足 K－T 条件：$\begin{cases}\dfrac{\partial L(x,\mu)}{\partial x_i}=0, i=1,2,\cdots,n\\ \mu_j h_j(x)=0, i=1,2,\cdots,q\\ \mu_j\geqslant 0, i=1,2,\cdots,q\end{cases}$，其中拉格朗日函数为 $L(\boldsymbol{x},\mu)=f(x)+\sum\limits_{i=1}^{q}\mu_j h_j(x)$.

注 (1) 推论7.2.2给出的K－T条件与微积分学中求条件极值问题的拉格朗日乘子法是一致的.

(2) 对凸规划而言,K－T条件亦是其最优解应满足的充分条件.

定理7.2.3 (充分条件)若 $\boldsymbol{x}$ 满足K－T条件,则 $\boldsymbol{x}$ 必为凸规划的局部最优解,进而为整体最优解.

证明从略.

推论7.2.3 $\boldsymbol{x}$ 为凸规划的(局部、整体)最优解⇔$\boldsymbol{x}$ 满足K－T条件.

例7.2.3 求非线性规划问题 $\begin{cases}\min & z=\sum\limits_{i=1}^{n}x_i \\ \text{s.t.} & x_i\geqslant x_n^2, i=1,2,\cdots,n-1\end{cases}$ 的K－T点.

解 原问题等价于 $NP:\begin{cases}\min & z=\sum\limits_{i=1}^{n}x_i \\ \text{s.t.} & x_n^2-x_i\leqslant 0, i=1,2,\cdots,n-1\end{cases}$.

构造拉格朗日函数 $L(x_1,x_2,\cdots,x_n,\lambda_1,\lambda_2,\cdots,\lambda_{n-1})=\sum\limits_{i=1}^{n}x_i+\sum\limits_{i=1}^{n-1}\lambda_i(x_n^2-x_i)$,则K－T条件为

$$\begin{cases}\dfrac{\partial L}{\partial x_i}=1-\lambda_i=0, i=1,2,\cdots,n-1 \\ \dfrac{\partial L}{\partial x_n}=1+2x_n\sum\limits_{i=1}^{n-1}\lambda_i=0 \\ \lambda_i(x_n^2-x_i)=0, i=1,2,\cdots,n-1 \\ \lambda_i\geqslant 0, i=1,2,\cdots,n-1\end{cases}$$

解得

$$\begin{cases}x_i=\dfrac{1}{4(n-1)^2}, i=1,2,\cdots,n-1 \\ x_n=-\dfrac{1}{2(n-1)} \\ \lambda_i=1, i=1,2,\cdots,n-1\end{cases}$$

故K－T点为 $x_i=\dfrac{1}{4(n-1)^2}, i=1,2,\cdots,n-1; x_n=-\dfrac{1}{2(n-1)}$.

例7.2.4 利用K－T条件求解非线性规划问题

$$NP:\begin{cases}\min & z=-x_1-x_2 \\ \text{s.t.} & 3x_1^2+x_2^2\leqslant 1\end{cases}$$

解 $NP\Leftrightarrow\begin{cases}\min & z=-x_1-x_2 \\ \text{s.t.} & 3x_1^2+x_2^2-1\leqslant 0\end{cases}$.

构造拉格朗日函数 $L(x_1,x_2,\lambda)=-x_1-x_2+\lambda(3x_1^2+x_2^2-1)$,则K－T条件为

$$
\begin{cases}
\dfrac{\partial L}{\partial x_1} = -1 + 6\lambda x_1 = 0 & (7.2.1) \\
\dfrac{\partial L}{\partial x_2} = -1 + 2\lambda x_2 = 0 & (7.2.2) \\
\lambda(3x_1^2 + x_2^2 - 1) = 0 & (7.2.3) \\
\lambda \geqslant 0 & (7.2.4)
\end{cases}
$$

由式(7.2.1)知 $\lambda \neq 0$(否则,$-1=0$,矛盾),再由式(7.2.3)得 $3x_1^2 + x_2^2 - 1 = 0$,又由式(7.2.1)和式(7.2.2)得 $x_2 = 3x_1$,代入上式得 $x_1 = \frac{\sqrt{3}}{6}, x_2 = \frac{\sqrt{3}}{2}, \lambda = \frac{\sqrt{3}}{3}$,因此 K-T 点为 $x = \left(\frac{\sqrt{3}}{6}, \frac{\sqrt{3}}{2}\right)^{\mathrm{T}}$.

显然,NP 为凸规划,故其(整体)最优解为 $x = \left(\frac{\sqrt{3}}{6}, \frac{\sqrt{3}}{2}\right)^{\mathrm{T}}$,最优值为 $-\frac{2\sqrt{3}}{3}$.

例 7.2.5 利用 K-T 条件求解非线性规划问题

$$
NP: \begin{cases}
\min \quad z = (x_1 - 1)^2 + (x_2 - 2)^2 \\
\text{s.t.} \quad x_1 + x_2 - 2 \leqslant 0 \\
\qquad -x_1 \leqslant 0 \\
\qquad -x_2 \leqslant 0 \\
\qquad -x_1 + x_2 - 1 = 0
\end{cases}
$$

解 构造拉格朗日函数

$L(x_1, x_2, \lambda_1, \lambda_2, \lambda_3, \mu) = (x_1 - 1)^2 + (x_2 - 2)^2 + \lambda_1(x_1 + x_2 - 2) + \lambda_2(-x_1) + \lambda_3(-x_2) + \mu(-x_1 + x_2 - 1)$ 则 K-T 条件为

$$
\begin{cases}
\dfrac{\partial L}{\partial x_1} = 2(x_1 - 1) + \lambda_1 - \lambda_2 - \mu = 0 & (7.2.5) \\
\dfrac{\partial L}{\partial x_1} = 2(x_2 - 2) + \lambda_1 - \lambda_3 + \mu = 0 & (7.2.6) \\
\lambda_1(x_1 + x_2 - 2) = 0 & (7.2.7) \\
\lambda_2(-x_1) = 0 & (7.2.8) \\
\lambda_3(-x_2) = 0 & (7.2.9) \\
\lambda_1, \lambda_2, \lambda_3 \geqslant 0 & (7.2.10)
\end{cases}
$$

分两种情况讨论:

① $\lambda_1 \neq 0$. 此时,由式(7.2.7)知,$x_1 + x_2 - 2 = 0$,与 NP 的最后一个约束条件 $-x_1 + x_2 - 1 = 0$ 联立,得 $x_1 = \frac{1}{2}, x_2 = \frac{3}{2}$. 代入其余各式,得 $\lambda_2 = \lambda_3 = 0, \lambda_1 = 1, \mu = 0$. 因此,K-T 点为 $x = \left(\frac{1}{2}, \frac{3}{2}\right)^{\mathrm{T}}$.

② $\lambda_1 = 0$. 此时,必有 $x_1, x_2 \neq 0$(否则,若 $x_1 = x_2 = 0$,则与 NP 的最后一个约束条件矛盾;若 $x_2 = 0$,则由(NP)的最后一个约束条件得 $x_1 = -1$,与(NP)的第二个约束条件矛盾;

若 $x_1=0$，则由（NP）的最后一个约束条件得 $x_2=1$，代入式（7.2.9）得 $\lambda_3=0$，再代入式（7.2.5）和式（7.2.6）得 $\lambda_2=-4$，与式（7.2.10）矛盾）.

于是，由式（7.2.8）和式（7.2.9）知，$\lambda_2=\lambda_3=0$. 代入式（7.2.5）和式（7.2.6），并与最后一个约束条件 $-x_1+x_2-1=0$ 联立，得 $x_1=1, x_2=2, \mu=0$，但与第一个约束条件 $x_1+x_2-2\leqslant 0$ 矛盾，故 K-T 点不存在.

综上，并由 NP 显然是凸规划知，NP 的（整体）最优解为 $x=\left(\frac{1}{2},\frac{3}{2}\right)^{\mathrm{T}}$，最优值为 $\frac{1}{2}$.

7.3 无约束非线性规划

1. 无约束非线性规划

考虑无约束非线性规划问题：

$$NP: \min z=f(x)$$

其中 $x=(x_1,x_2,\cdots,x_n)^{\mathrm{T}}$.

显然，无约束非线性规划问题就是一个无条件函数极值问题.

如 7.2 节所述，函数 $f(x)=f(x_1,x_2,\cdots,x_n)$ 的一阶导数 $\nabla f(x)=\left(\frac{\partial f(x)}{\partial x_1},\frac{\partial f(x)}{\partial x_2},\cdots,\frac{\partial f(x)}{\partial x_n}\right)^{\mathrm{T}}$ 称为其梯度，记 $f(x)$ 在点 $x^0=(x_1^0,x_2^0,\cdots,x_n^0)^{\mathrm{T}}$ 处的梯度为 $\nabla f(x^0)=\left(\frac{\partial f(x^0)}{\partial x_1},\frac{\partial f(x^0)}{\partial x_2},\cdots,\frac{\partial f(x^0)}{\partial x_n}\right)^{\mathrm{T}}$.

在微积分学中，有如下一元函数取极值的必要条件：可导的一元函数 $f(x)$ 在 x^* 处取极值，则 $f'(x^*)=0$（极值点必为驻点）. 此结论可推广到多元函数的情形.

定理 7.3.1 （必要条件）设函数 $f(x)$ 可微，若 x^* 为无约束非线性规划问题 $NP: \min z=f(x)$ 的局部最优解，则 $\nabla f(x^*)=0$（驻点）.

定理 7.3.2 （充分条件）若梯度 $\nabla f(x^*)=0$，且海赛矩阵 $\nabla^2 f(x^*)$ 正定，则 x^* 为无约束非线性规划问题 NP 的局部最优解.

定理 7.3.3 （充要条件）若 $f(x)$ 为可微的凸函数，则梯度 $\nabla f(x^*)=0 \Leftrightarrow x^*$ 为无约束非线性规划问题 NP 的整体最优解.

推论 7.3.1 若 $f(x)$ 为可微的凸函数，且 $\nabla f(x^*)=0$，$\nabla^2 f(x^*)$ 正定，则 x^* 为无约束非线性规划问题 NP 的整体最优解.

例 7.3.1 求解无约束非线性规划问题 $NP: \min f(x)=x_1^2+4x_2^2+x_3^2-2x_1$.

解 $$\nabla f(x)=\begin{pmatrix}\dfrac{\partial f(x)}{\partial x_1}\\[2mm] \dfrac{\partial f(x)}{\partial x_2}\\[2mm] \dfrac{\partial f(x)}{\partial x_3}\end{pmatrix}=\begin{pmatrix}2x_1-2\\ 8x_2\\ 2x_3\end{pmatrix}, \nabla^2 f(x)=\begin{pmatrix}2&0&0\\0&8&0\\0&0&2\end{pmatrix}.$$

令 $\nabla f(x)=0$，得 $f(x)$ 的驻点为 $x^*=(1,0,0)^{\mathrm{T}}$.

又显然 $\nabla^2 f(x^*)$ 正定，故 $f(x)$ 为凸函数，（NP）为凸规划，因此 $x^*=(1,0,0)^{\mathrm{T}}$ 为

(NP)的局部最优解，当然也是整体最优解.

显然，上述求解无约束非线性规划问题的微分法是有局限性的（目标函数未必可微），因此，需寻求其他方法.

2. 梯度的性质

定理 7.3.4 函数$f(x)$在点x^0处的负梯度$-\nabla f(x^0)$是$f(x)$在点x^0处下降最快的方向.

证明 由泰勒公式知$f(x^0+\lambda p)-f(x^0)=\nabla f(x^0)^{\mathrm T}\cdot\lambda p+o(\|\lambda p\|)=\lambda\cdot\nabla f(x^0)^{\mathrm T}p+o(\|\lambda p\|)$.

因此，略去高阶无穷小量$o(\|\lambda p\|)$不计，取$p=-\nabla f(x^0)$时，函数$f(x)$的值下降最快.

定理 7.3.5 若$\nabla f(x^0)=0$，则$f(x)$在点x^0处沿负梯度方向$-\nabla f(x^0)$不会再下降，故x^0为(NP)的最优解.

注 （1）为增强算法的可操作性，判定“$\nabla f(x^0)=0$”可等价地转化为判定“$\nabla f(x^0)=0$”.

（2）在多数情况下，要有“$\|\nabla f(x^0)\|=0$”成立是很困难的，为此只要有“$\|\nabla f(x^0)\|\approx 0$”，即可接受，此时算法返回的是近似解.

3. 最速下降法

1847 年，法国数学家柯西（Cauchy）提出最速下降法，亦称为梯度法，是最古老的数值优化算法. 该方法的基本思想如下：给定初始点x^0，若$\nabla f(x^0)=0$，则由定理 7.3.5 知，x^0即为NP的最优解；否则，由定理 7.3.4 知，$f(x)$在点x^0处沿负梯度方向$-\nabla f(x^0)$下降得最快. 于是，求解$NP\Leftrightarrow$在点x^0处沿方向$-\nabla f(x^0)$求函数$f(x)$的最小值$\Leftrightarrow$求解极值问题$P:\min\limits_{\lambda\geqslant 0}\{f(x^0+\lambda\nabla f(x^0))\}$，其中$\lambda$为步长. 这里，$P$是一个以$\lambda$为自变量的一元函数的极值问题，可利用微积分知识求解. 设求得P的极值点为λ_0（最优步长），令$x^1:=x^0+\lambda_0\nabla(f(x^0))$，由定理 7.3.4 易证，$f(x^1)<f(x^0)$. 重复上述步骤（图 7.3.1）.

算法步骤：

步骤 1 取初始点x^0及允许误差$\varepsilon>0$，令$k:=0$.

步骤 2 计算$p^k=-\nabla f(x^k)$.

步骤 3 若$\|p^k\|\leqslant\varepsilon$，则$x^k$即为$NP$的最优解，停；否则，转步骤 4.

步骤 4 求解极值问题$\min\limits_{\lambda\geqslant 0}\{f(x^k+\lambda p^k)\}$，设得极值点$\lambda_k$.

步骤 5 令$x^{k+1}:=x^k+\lambda_k p^k$，$k:=k+1$，转步骤 2.

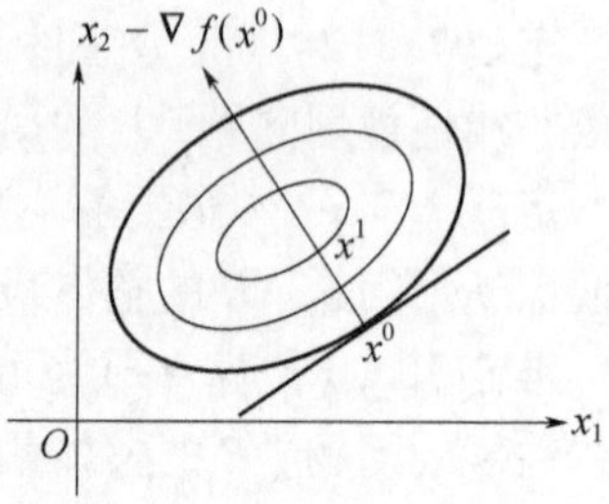

图 7.3.1

最速下降法的算法模式实质上是一种特定形式的迭代法（iterative method），其中x^0为初始点，p^k为搜索方向（下降方向，区别不同算法的主要标志），λ_k为步长，$x^{k+1}:=x^k+\lambda_k p^k$为迭代格式.

例 7.3.2 用最速下降法求解无约束非线性规划问题$NP:\min z=(x_1-1)^2+4(x_2-1)^2$，取初始点$x^0=(1,0)^{\mathrm T}$，允许误差$\varepsilon=0.01$.

解 （1）$f(x)=(x_1-1)^2+4(x_2-1)^2$，$\nabla f(x)=(2(x_1-1),8(x_2-1))^{\mathrm T}$.

$$p^0=-\nabla f(x^0)=-(0,-8)^{\mathrm T}=(0,8)^{\mathrm T}$$

(2) $|p^0| = \sqrt{0^2+8^2} = 8 > \varepsilon$.

(3) $x^0 + \lambda p^0 = (1,0)^{\mathrm{T}} + \lambda(0,8)^{\mathrm{T}} = (1,8\lambda)^{\mathrm{T}}$,

$$f(x^0 + \lambda p^0) = (1-1)^2 + 4(8\lambda - 1)^2 = 4(8\lambda - 1)^2.$$

求解极值问题$\min\limits_{\lambda \geq 0}\{f(x^0 + \lambda p^0)\} = \min\limits_{\lambda \geq 0}\{4(8\lambda - 1)^2\}$：极值点显然为$\lambda_0 = \frac{1}{8}$.

(4)$x^1 := x^0 + \lambda_0 p^0 = (1,0)^{\mathrm{T}} + \frac{1}{8}(0,8)^{\mathrm{T}} = (1,1)^{\mathrm{T}}$，$p^1 = -\nabla f(x^1) = -(0,0)^{\mathrm{T}} = (0,0)^{\mathrm{T}}$.

因$\| p^1 \| = \sqrt{0^2+0^2} = 0 < \varepsilon$，故 NP 的最优解为$x^1 = (1,1)^{\mathrm{T}}$，最优值为$f(x^1) = 0$.

7.4 约束非线性规划

约束非线性规划

考虑约束非线性规划问题：

$$\begin{cases} \min & z = f(x) \\ \text{s.t.} & g_i(x) \leq 0, i = 1,2,\cdots,p \\ & h_j(x) = 0, j = 1,2,\cdots,q \end{cases}$$

其中$x = (x_1,x_2,\cdots,x_n)^{\mathrm{T}}$，可行域$K = \{x = (x_1,x_2,\cdots,x_n)^{\mathrm{T}} \mid g_i(x) \leq 0, i = 1,2,\cdots,p;\ h_j(x) = 0, j = 1,2,\cdots,q\}$.

如前所述，利用 K－T 条件(包括拉格朗日乘子法)求解约束非线性规划问题是有局限性的，故需寻找其他方法.

求解约束非线性规划问题的一般思路是将其转化为等价的无约束非线性规划问题. 一般做法如下：构造新函数$T(x,M) = f(x) + M\left[\sum\limits_{i=1}^{p}\varphi(g_i(x)) + \sum\limits_{j=1}^{q}h_j^2(x)\right] = f(x) + M\left[\sum\limits_{i=1}^{p}(\max\{0,g_i(x)\})^2 + \sum\limits_{j=1}^{q}h_j^2(x)\right]$，其中$M$是一个充分大的(要多么大就有多么大，甚至可以是$+\infty$)正数.

当$x \in K$时，有$\max\{0,g_i(x)\} = 0, h_j^2(x) = 0$，故$T(x,M) = f(x) + M \cdot 0 = f(x)$；

当$x \notin K$时，有$\max\{0,g_i(x)\} = g_i(x), h_j^2(x) = 0$是否成立未知，故$T(x,M) > f(x) + 0 = f(x)$.

综上，$T(x,M)\begin{cases} = f(x), & x \in K \\ > f(x), & x \notin K \end{cases}$.

构造无条件极值问题P：$\min\limits_{x} T(x,M)$，并解得极值点x^*.

若$x^* \notin K$，则根据上述分析知，$\sum\limits_{i=1}^{p}(\max\{0,g_i(x^*)\})^2 + \sum\limits_{j=1}^{q}h_j^2(x^*) = \sum\limits_{i=1}^{p}g_i^2(x^*) + \sum\limits_{j=1}^{q}h_j^2(x^*) > 0$，又$M$是一个充分大的正数，故函数$T(x,M)$的值是一个充分大的正数，$P$不可能取得最小值(受到惩罚)，因此称$T(x,M)$为惩罚函数(penalty function)，并称

$M\left[\sum_{i=1}^{p}(\max\{0,g_i(x)\})^2+\sum_{j=1}^{q}h_j^2(x)\right]$ 为惩罚项,M 为惩罚因子.

换言之,P 要取得最小值,须有 $x^* \in K$. 此时,在一定的允许误差下,可将 x^* 作为 NP 的(近似的)最优解;更进一步地,有如下结论:

定理 7.4.1 若 P 的极值点 $x \in K$,则 x 必为 NP 的最优解.

惩罚函数法(penalty function method)

基本思想:取某正数 $M=M_1$,求解无条件极值问题 $\min\limits_x T(x,M_1)$,设得其极值点 x^1. 若 $x^1 \in K$,则由定理 7.4.1 知,x^1 即为(NP)的最优解;否则,令 $M=M_2:=10M_1$,重复以上步骤.

算法步骤:

步骤 1 令 $M:=M_1>0$,允许误差 $\varepsilon>0$,$k:=1$.

步骤 2 求解无条件极值问题 $\min\limits_x T(x,M_k)$,设得其极值点 x^k.

步骤 3 若 $g_i(x^k)\leqslant\varepsilon$,$|h_j(x^k)|\leqslant\varepsilon(i=1,\cdots,p;j=1,\cdots,q)$,则 x^k 即为 NP 的近似最优解,停;否则,转步骤 4.

步骤 4 令 $M:=M_{k+1}=10M_k$,$k:=k+1$,转步骤 2.

例 7.4.1 利用惩罚函数法求解非线性规划问题 $NP:\begin{cases}\min & z=x\\ \text{s.t.} & x\geqslant 0\end{cases}$.

解 显然,$NP \Leftrightarrow \begin{cases}\min & z=x\\ \text{s.t.} & -x\leqslant 0\end{cases}$,$f(x)=x$,$g_1(x)=-x$.

令 $T(x,M_k)=f(x)+M_k(\max\{0,g_1(x)\})^2=x+M_k(\max\{0,-x\})^2=\begin{cases}x, & x\geqslant 0\\ x+M_kx^2, & x<0\end{cases}$.

求解无条件极值问题 $\min\limits_x\{T(x,M_k)\}$:由 $T'(x,M_k)=\begin{cases}1, & x>0\\ 1+2M_kx, & x<0\end{cases}$ 得极值点 $x^k=-\dfrac{1}{2M_k}$.

因 $\lim\limits_{k\to\infty}x^k=\lim\limits_{M_k\to\infty}\left(-\dfrac{1}{2M_k}\right)=0$,故 NP 的最优解为 $x=0$,最优值为 $z=0$.

例 7.4.2 利用惩罚函数法求解非线性规划问题 $NP:\begin{cases}\min & z=x_1^2+x_2^2+x_3^2\\ \text{s.t.} & x_1+x_2+x_3=1\end{cases}$.

解 $f(x)=x_1^2+x_2^2+x_3^2$,$h_1(x)=x_1+x_2+x_3-1$.

令 $T(x,M_k)=f(x)+M_kh_1^2(x)=x_1^2+x_2^2+x_3^2+M_k(x_1+x_2+x_3-1)^2$.

求解无约束非线性规划问题 $\min\limits_x\{T(x,M_k)\}$:

由

$$\begin{cases}\dfrac{\partial T(x,M_k)}{\partial x_1}=2x_1+2M_k(x_1+x_2+x_3-1)=0\\[2ex] \dfrac{\partial T(x,M_k)}{\partial x_2}=2x_2+2M_k(x_1+x_2+x_3-1)=0\\[2ex] \dfrac{\partial T(x,M_k)}{\partial x_3}=2x_3+2M_k(x_1+x_2+x_3-1)=0\end{cases}$$

得极值点为 $x^k=(x_1^k,x_2^k,x_3^k)^{\mathrm{T}}=\left(\dfrac{M_k}{1+3M_k},\dfrac{M_k}{1+3M_k},\dfrac{M_k}{1+3M_k}\right)^{\mathrm{T}}$. 因 $\lim\limits_{k\to\infty}x_i^k=\lim\limits_{M_k\to\infty}\left(\dfrac{M_k}{1+3M_k}\right)=\dfrac{1}{3}$, $i=1,2,3$, 故 NP 的最优解为 $x=\left(\dfrac{1}{3},\dfrac{1}{3},\dfrac{1}{3}\right)^{\mathrm{T}}$, 最优值为 $f\left(\dfrac{1}{3},\dfrac{1}{3},\dfrac{1}{3}\right)=\dfrac{1}{3}$.

练习 7

1. 建立如下投资问题的数学模型:某公司现有资金总额为 b,拟用于投资 n 个项目. 第 j 个项目的投资为 a_j,收益为 c_j. 问:应如何进行投资,才能使利润率(利润与成本之比)最高?

2. 利用图解法求解下列非线性规划问题:

(1) $\begin{cases}\min & z=x_1+x_2\\ \text{s.t.} & x_1-x_2^2\geqslant 0\end{cases}$

(2) $\begin{cases}\max & z=x_1^2+(x_2-2)^2\\ \text{s.t.} & -2\leqslant x_1\leqslant 2\\ & -1\leqslant x_2\leqslant 1\end{cases}$

(3) $\begin{cases}\min & z=(x_1-2)^2+(x_2-2)^2\\ \text{s.t.} & x_1+x_2=6\end{cases}$

3. 利用 K-T 条件求解非线性规划问题:

(1) $\begin{cases}\min & z=-x\\ \text{s.t.} & (x^2-4)^2\leqslant 25\end{cases}$

(2) $\begin{cases}\min & z=x_1+x_2+x_3\\ \text{s.t.} & x_1\geqslant x_3^2\\ & x_2\geqslant x_3^2\end{cases}$

(3) $\begin{cases}\min & z=(x-3)^2\\ \text{s.t.} & 0\leqslant x\leqslant 5\end{cases}$

(4) $\begin{cases}\min & z=2x_1^2+2x_1x_2+x_2^2-10x_1-10x_2\\ \text{s.t.} & x_1^2+x_2^2\leqslant 5\\ & 3x_1+x_2\leqslant 6\end{cases}$

4. 利用最速下降法求解无约束非线性规划问题:

(1) $\min z=x_1^2+25x_2^2$,取初始点为 $x^0=(2,2)^{\mathrm{T}}$,允许误差为 $\varepsilon=10^{-6}$.

(2) $\min z=(x_1-1)^2+(x_2-1)^2$,取初始点 $x^0=(0,0)^{\mathrm{T}}$,允许误差 $\varepsilon=0.1$.

5. 利用惩罚函数法求解非线性规划问题:

(1) $\begin{cases}\min & z=x^2\\ \text{s.t.} & 1-x\leqslant 0\end{cases}$

(2) $\begin{cases}\min & z=x_1^2+2x_2^2\\ \text{s.t.} & x_1+x_2=1\end{cases}$

第8章 图 论

图论(graph theory)是一个年轻而活跃的运筹学分支,是网络(network)技术的理论基础.

近几十年来,计算机科学和技术的飞速发展大大地促进了图论的研究和应用.图论的理论和方法已经渗透到物理、化学、通信科学、建筑学、生物遗传学、心理学、经济学、社会学等学科中.

8.1 图论的起源

图论起源于哥尼斯堡(Königsberg)七桥问题.18世纪30年代,流经东普鲁士王国小城哥尼斯堡(现为俄罗斯加里宁格勒)的一条河流——普雷格尔河(Pregel)中有两个小岛,小岛与两岸有七座桥相连(图8.1.1).

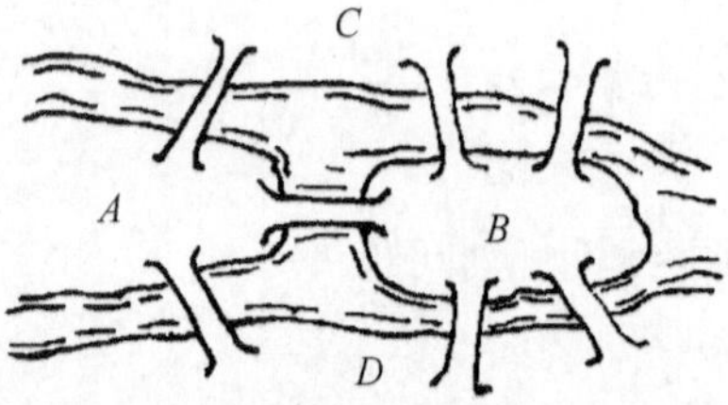

图8.1.1

当地居民热衷于讨论如下问题:一个散步者能否从某处出发,依次走过每座桥恰好一次,再回到出发处?

1736年,瑞士数学家欧拉(Leonhard Euler,1707—1783)研究了七桥问题,并将其归结为一个"一笔画"问题:将两个小岛和两岸分别用点A,B,C,D表示,顶点之间有线相连当且仅当岛、岸之间有桥,得到一个图G(图8.1.2).

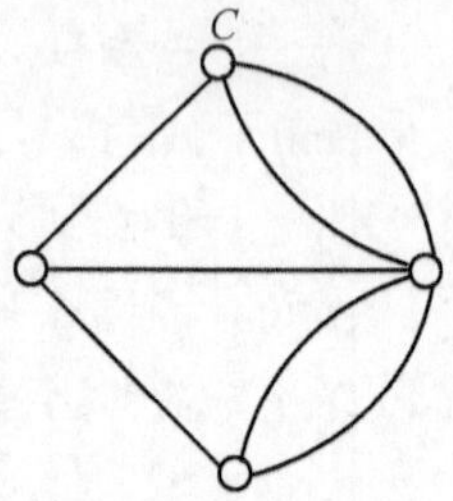

图8.1.2

于是,哥尼斯堡七桥问题等价于图G能一笔画吗?为此,欧拉曾撰文《Solution Problematis ad geometrian Situs Pertinentis》(依据几何位置的解题方法),证明了这样的散步路线不存在,这也是历史上的第一篇图论论文.欧拉因此而成为图论的创始人,被称为"图论之父".

8.2 图的基本概念

在许多实际问题中,为了更方便快捷地解决问题,通常用点表示研究对象,用点和点之间的线表示研究对象间的某种特定关系,这样就得到了一个以点和线所组成的图.如

图 8.2.1 所示就是 5 个城市之间的交通关系图.

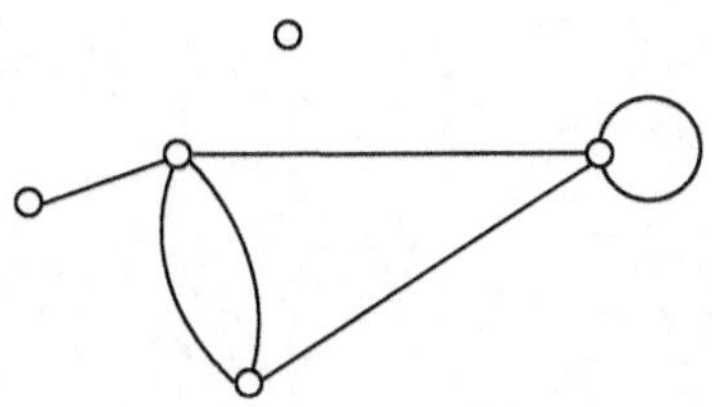

图 8.2.1

定义 8.2.1 图(graph)是一个以顶点和边为要素的二元结构,其顶点表示研究对象,顶点之间的边表示对象之间的关系.

图常表示为 $G=(V,E)$,其中 V 为顶点集,E 为边集. 顶点(vertex)用小写英文字母表示,如 v;边(edge)用表示其端点(endpoint)的两个字母来表示,也可以用一个小写英文字母表示,如 $e=uv$.

在不引起混淆的情况下,图中顶点的个数记为 ν,边的条数记为 ε.

定义 8.2.2 $\varepsilon=0(\nu\geqslant 1)$的图称为空图(empty graph),否则称为非空图.

定义 8.2.3 若两个顶点之间有一条边相连接,则称它们是邻接的(adjacent). 若两条边有一个公共顶点,则称它们是邻接的(adjacent). 若一个顶点是一条边的端点,则称它们是关联的(incident).

定义 8.2.4 两个端点不重合的边称为连杆(link),两个端点重合的边称为环(loop),两个顶点之间的若干条边称为重边(multiedge)或平行边(parallel edge).

定义 8.2.5 不含有重边和环的图称为简单图(simple graph).

显然,若图 G 是简单图,则 $\varepsilon\leqslant C_\nu^2$(何时取等号?).

定义 8.2.6 任两个互异顶点之间均恰好有唯一一条边相连的图称为完全图(complete graph),记为 K_ν.

例如图 8.2.2 中的图都是完全图.

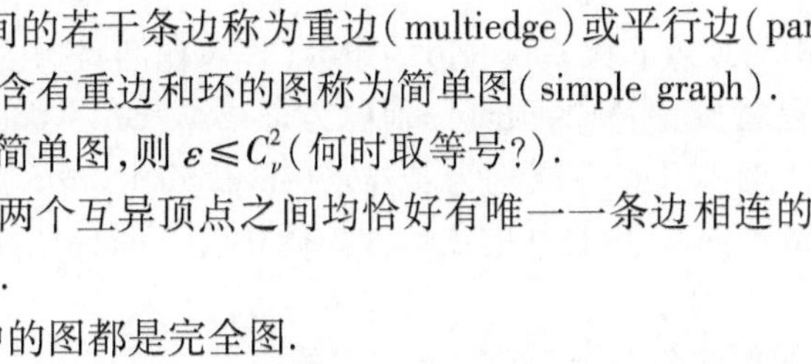

K_1 K_2 K_3 K_4 K_5

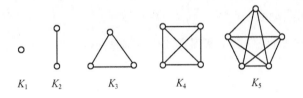

图 8.2.2

显然,在 K_ν 中,$\varepsilon=C_\nu^2$.

定义 8.2.7 顶点分为两个不相交的集合,边仅在两集合顶点之间产生的图称为二分图(bipartite graph).

例如图 8.2.3 中的图都是二分图.

定义 8.2.8 设 $G=(X,Y)$ 是一个二分图,其中 $|X|=m$, $|Y|=n$, $m+n=\nu$,若 X 中的每一顶点与 Y 中的每一顶点之间都有一条边相连,则称为完全二分图(complete bipartite

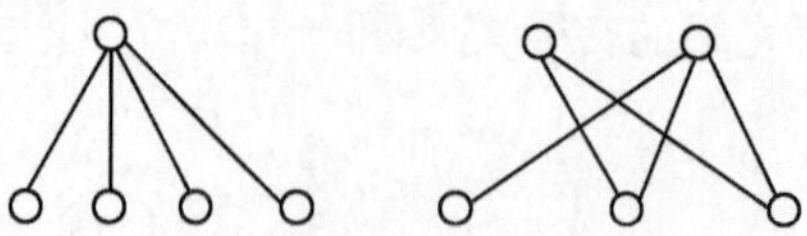

图 8.2.3

graph)，记为 $K_{m,n}$.

例如图 8.2.4 中的图都是完全二分图.

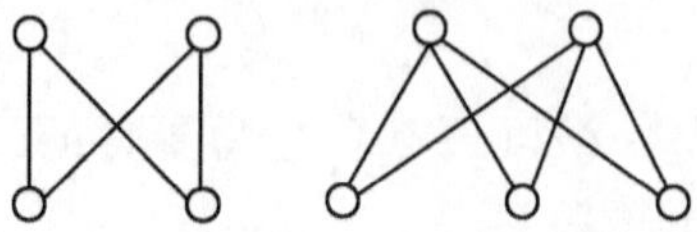

图 8.2.4

显然，在 $K_{m,n}$ 中，$\varepsilon = mn$.

例 8.2.1 求证：若 G 是二分图，则 $\varepsilon(G) \leqslant \frac{\nu^2}{4}$，且 $\varepsilon(G) = \frac{\nu^2}{4} \Leftrightarrow G \cong K_{\frac{\nu}{2},\frac{\nu}{2}}$.

证明 $\varepsilon(G) \leqslant \varepsilon(K_{m,n}) = mn \leqslant \left(\frac{m+n}{2}\right)^2 = \left(\frac{\nu}{2}\right)^2 = \frac{\nu^2}{4}$.

$$\varepsilon(G) = \frac{\nu^2}{4} \Leftrightarrow \begin{cases} \varepsilon(G) = \varepsilon(K_{m,n}) \\ m = n \end{cases} \xLeftrightarrow{m+n=\nu} \begin{cases} G \cong K_{m,n} \\ m = n = \frac{\nu}{2} \end{cases} \Leftrightarrow G \cong K_{\frac{\nu}{2},\frac{\nu}{2}}.$$

定义 8.2.9 图中与顶点 v 相关联的边的条数（环算作两条边）称为顶点 v 的度（degree），记为 $d(v)$. 度是奇数、偶数的顶点分别称为奇顶点（odd - degree vertex）和偶顶点（even - degree vertex）. 度是 1 的顶点称为悬挂点（suspended vertex），与悬挂点关联的边称为悬挂边（suspended edge）. 度是 0 的顶点称为孤立点（isolated vertex）. 图的最小度和最大度分别记为 δ、Δ.

下面的关于顶点的度的两个结论是显然成立的.

定理 8.2.1 （图论第一定理）$\sum\limits_{v \in V} d(v) = 2\varepsilon$.

推论 （握手定理）任一图中奇顶点的个数都是偶数.

例 8.2.2 求证：$\delta \leqslant \frac{2\varepsilon}{\nu} \leqslant \Delta$.

证明 $\delta \cdot \nu \leqslant \sum\limits_{v \in V} d(v) = 2\varepsilon \leqslant \Delta \cdot \nu \Rightarrow \delta \leqslant \frac{2\varepsilon}{\nu} \leqslant \Delta$.

例 8.2.3 图的各顶点的度按不增顺序排成的序列称为图的度序列（degree sequence）. 问：以下数列能否为某简单图的度序列？（1）3,2,2,1,1；（2）7,6,5,4,3,3,2；（3）6,6,5,4,3,3,1；（4）10,6,3,2,2,1,1,1.

解 （1）不能，因为奇顶点的个数为 3.

（2）不能，因为 $v = 7$，$d(v) \leqslant \nu - 1 = 6$.

（3）假设此数列是图 G 的度序列，$d(v_1) = d(v_2) = 6$，$d(v_7) = 1$，因 $\nu = 7$，故 v_1 必和其余 6 个顶点均相邻；同理，v_2 也必和其余 6 个顶点均相邻. 故 $d(v_7) \geqslant 2$，矛盾.

(4) 不能,因为 $\nu=8, d(v)\leqslant 8-1=7$.

定义 8.2.10 给定图 $G=(V,E)$,$G_1=(V_1,E_1)$,若 $V_1\subseteq V$,$E_1\subseteq E$,则称 G_1 为 G 的子图(subgraph),记作 $G_1\subseteq G$. 若 $G_1\subseteq G$,但 $G_1\neq G$,则称 G_1 为 G 的真子图(proper subgraph),记作 $G_1\subset G$. 若 G_1 是 G 的子图,且 $V_1=V$,则称 G_1 为 G 的支撑子图(spanning subgraph).

如图 8.2.5 所示的三个图都是 K_4 的支撑子图.

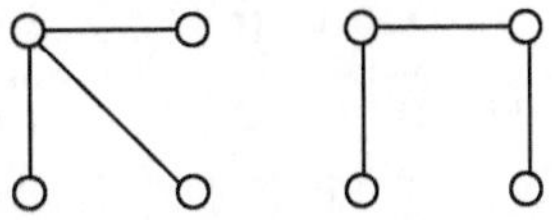

图 8.2.5

定义 8.2.11 图的一个顶点和边交错地出现的有限非空序列称为链(walk),其中边不重合的链称为迹(trail),顶点不重合的链称为路(path),起点和终点重合、顶点和边都不重的链称为圈(cycle)(图 8.2.6).

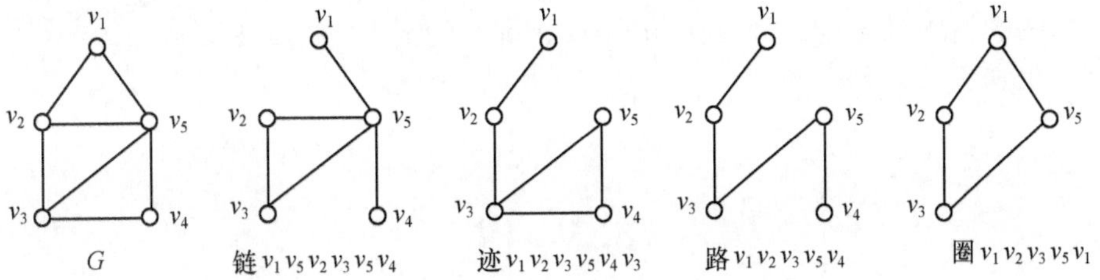

图 8.2.6

例 8.2.4 求证:若 $\delta(G)=2$,则图 G 中必含有圈.

证明 $\forall v_1\in V$,则 $d(v_1)\geqslant\delta=2$,所以 $\exists v_2\in V$,使得 v_1 与 v_2 相连;同理,$\exists v_3\in V$,使得 v_2 与 v_3 相连;…;$\exists v_k\in V$,使得 v_{k-1} 与 v_k 相连. 但由 G 是有限图知,$\nu<+\infty$,所以 v_k 必与 $v_1,v_2,\cdots,v_{k-1}$ 中的某一个相连(图 8.2.7). 不妨设 v_k 与 v_2 相连,则 $v_2v_3\cdots v_{k-1}v_kv_2$ 即为 G 的一个圈.

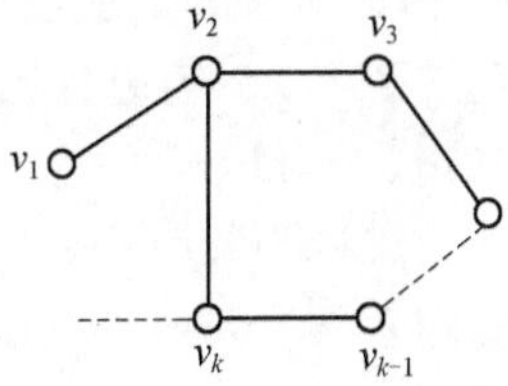

图 8.2.7

定义 8.2.12 若顶点 u,v 之间存在一条路,则称它们是连通的. 任两顶点都连通的图称为连通图(connected graph). 图的每一极大连通子图(maximal connected subgraph)称为其连通分支(connected components). 图的所有连通分支的数目称为连通分支数,记为 ω.

例 8.2.5 求证:若图中恰含有两个奇顶点,则它们必连通.

证明 设图 G 的两个奇顶点为 u,v,若 G 为连通图,则由连通图的定义知,u,v 必连通;否则,u,v 必存在于 G 的同一个连通分支中(因任一图的奇顶点的个数必为偶数,而连通分支本身也是图,且是连通图),当然也连通.

在计算机科学中,常借助关联矩阵(incident matrix)和邻接矩阵(adjacent matrix)来存储图和进行计算.

定义 8.2.13 给定一个图 $G=(V,E)$,其中 $V=\{v_1,v_2,\cdots,v_\nu\}$,$E=\{e_1,e_2,\cdots,e_\varepsilon\}$,定义关联矩阵为 $\boldsymbol{M}=(m_{ij})_{\nu\times\varepsilon}$,其中 m_{ij} 为顶点 v_i 和边 e_j 关联的次数;定义邻接矩阵为 $\boldsymbol{A}=$

$(a_{ij})_{\nu\times\nu}$，其中 a_{ij} 为顶点 v_i 和 v_j 邻接的次数（连接二者的边的条数）.

如图 8.2.8，有

$$
M = \begin{matrix} & e_1 & e_2 & e_3 & e_4 & e_5 & e_6 & e_7 & e_8 \\ v_1 & 1 & 1 & 0 & 0 & 0 & 0 & 0 & 0 \\ v_2 & 1 & 0 & 1 & 0 & 0 & 0 & 1 & 0 \\ v_3 & 0 & 0 & 1 & 1 & 0 & 1 & 0 & 0 \\ v_4 & 0 & 0 & 0 & 1 & 1 & 0 & 0 & 2 \\ v_5 & 0 & 1 & 0 & 0 & 1 & 1 & 1 & 0 \end{matrix}, \quad A = \begin{matrix} & v_1 & v_2 & v_3 & v_4 & v_5 \\ v_1 & 0 & 1 & 0 & 0 & 1 \\ v_2 & 1 & 0 & 1 & 0 & 1 \\ v_3 & 0 & 1 & 0 & 1 & 1 \\ v_4 & 0 & 0 & 1 & 2 & 1 \\ v_5 & 1 & 1 & 1 & 1 & 0 \end{matrix}.
$$

定义 8.2.14 每条边（此时称为弧）都赋予一个方向的图称为有向图（digraph，directed graph），记为 $D=(V,A)$，其中为 V 为顶点集，A 为弧集.

有向图的弧常表示为 (u,v)，其中 u 为起点（tail），v 为终点（head）.

无向图的概念，如子图、路、圈（directed cycle）等亦可类似地在有向图中来定义.

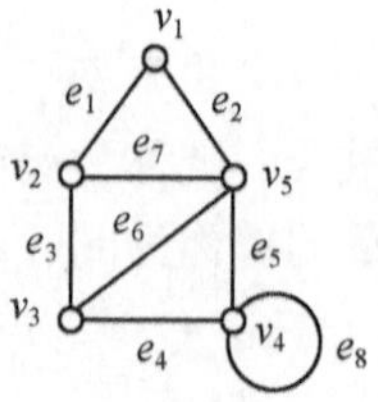

图 8.2.8

8.3 树

1847 年，德国物理学家克希霍夫（Kirchhoff）在研究电网络方程时首次提出了树的概念.

在所有图中，树的结构很简单，但其应用很广泛. 树在概率树（probability tree）、组织结构、家谱（family tree）、化学物质的结构（同分异构体）、决策树（decision tree）和 Windows 操作系统目录管理等方面都有重要的应用.

1. 树的概念和性质

定义 8.3.1 连通且无圈的图称为树（tree），记为 T. $\nu=1$ 的树称为平凡树（trivial tree）；否则，称为非平凡树（nontrivial tree）. 树中度为 1 的顶点称为叶（leaf）.

如图 8.3.1 所示即为树.

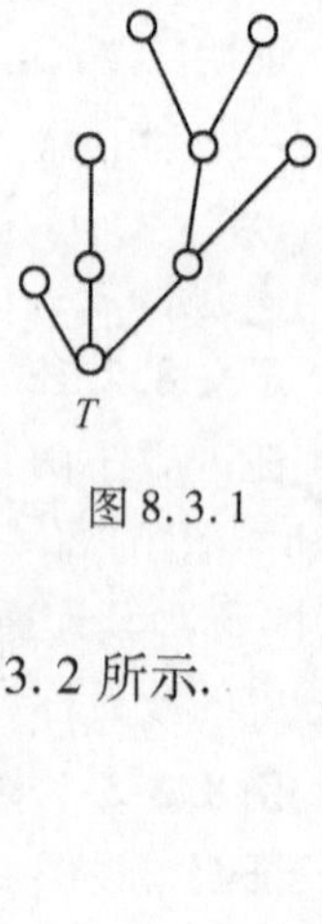

图 8.3.1

引理 8.3.1 任一非平凡树均至少有两个叶.

证明 设 T 是树，$\nu\geq 2$，取 T 的一条最长路 $P=v_1v_2\cdots v_{k-1}v_k$，如图 8.3.2 所示.

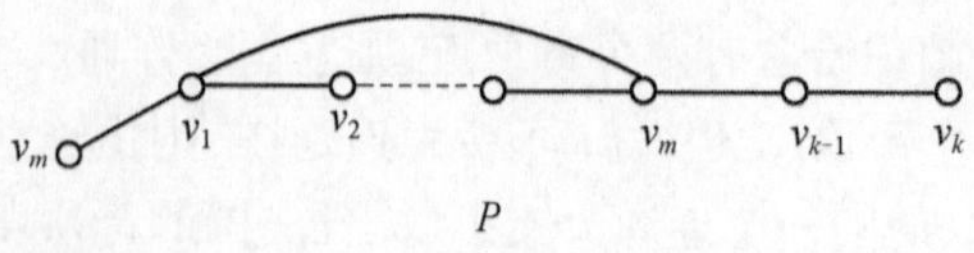

图 8.3.2

因 $\nu\geq 2$，且 T 连通，故 P 的长度 ≥ 1，于是 $v_1\neq v_k$.

下证 v_1 是悬挂点，即 $d(v_1)=1$.（反证法）假设 $d(v_1)\geq 2$，则 $\exists v_m\in V(T)$，$v_m\neq v_1$，使得 $v_1v_m\in E(T)$. 若 $v_m\notin P$，则令 $P'=P+v_1v_m$，显然 P' 是 T 的一条路，且比 P 的长度多 1，矛盾；若 $v_m\in P$，则 $v_1v_2\cdots v_mv_1$ 是 T 的一个圈，与 T 是树矛盾. 同理可证，v_k 也是悬挂点.

下面不加证明地给出图的如下性质.

定理 8.3.1 ①T 是树⇔②T 无圈,且 $\varepsilon=\nu-1$⇔③T 连通,且 $\varepsilon=\nu-1$④⇔T 的任两顶点之间恰有唯一一条路相连⇔⑤T 连通,且去掉任一条边后即不连通⇔⑥T 无圈,且在任两顶点之间添加一条边即得一个圈.

定理 8.3.1⑤表明,在顶点数相同的所有连通图中,树含有的边数是最少的,故称树是极小连通图(minimal connected graph). 类似地,由定理 8.3.1⑥知,树也是极大无圈图(maximal acyclic graph).

例 8.3.1 一个树中度为 2、3、4 的顶点的个数分别为 2、1、3,其余顶点为叶,求叶的个数.

解 设叶的个数为 x,则 $\nu=x+2+1+3$.

由图论第一定理得 $1\cdot x+2\times2+3\times1+4\times3=2(x+2+1+3-1)$,故 $x=9$.

定义 8.3.2 无圈的图称为森林(forest).

显然,森林的每一个连通分支都是树,且 $\varepsilon=\nu-\omega(\omega\geqslant1)$.

2. 支撑树问题

定义 8.3.3 图的本身是树的支撑子图成为其支撑树(spanning tree).

如图 8.3.3 中,右面两个图都是左图 G 的支撑树.

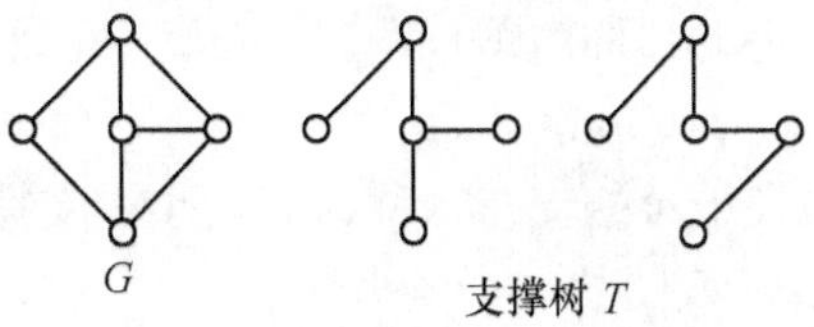

图 8.3.3

不难知道,图的支撑树是其极小连通支撑子图(minimal connected spanning subgraph)、极大无圈支撑子图(minimal connected spanning subgraph).

定理 8.3.2 图 G 有支撑树⇔G 连通.

证明 ⇒设图 G 有支撑树 T,则显然有 G 连通.

⇐设 G 连通,若 G 无圈,则 G 本身即为其支撑树;否则,可在保持连通性的前提下,逐次破开 G 的所有圈(去掉圈的任一条边即可),即得其一个支撑树.

寻找给定连通图的一个支撑树的问题称之为支撑树问题. 目前我们有破圈法和避圈法两种算法可以解决此类问题. 下面给出这两种算法的基本思想.

算法 1 破圈法

基本思想:在保持连通性的前提下,逐次破开图的所有圈(去掉圈的任一条边即可),直到无圈时为止.

算法 2 避圈法

基本思想:在保持无圈性的前提下,从图的某一顶点开始,逐次生长边,直到连通(所有顶点都被生长到)时为止.

例 8.3.2 求图 8.3.4 的支撑树.

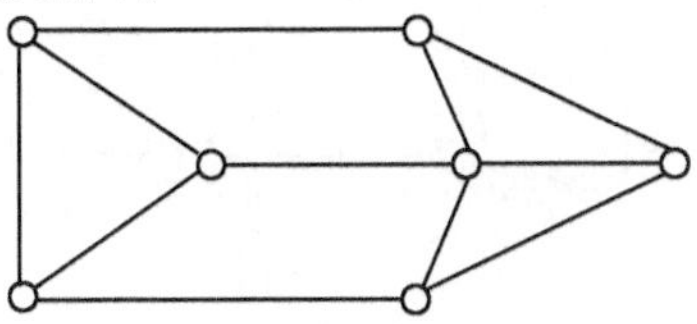

图 8.3.4

解 (1) 破圈法,如图 8.3.5 所示.

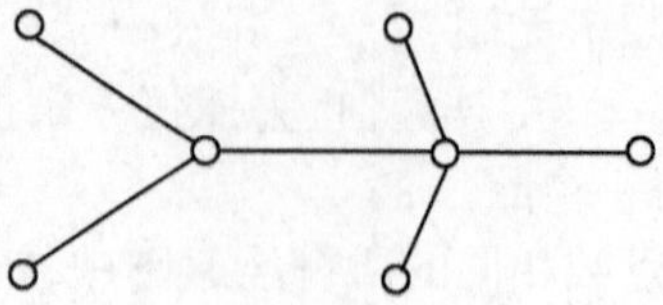

图 8.3.5

(2) 避圈法,如图 8.3.6 所示.

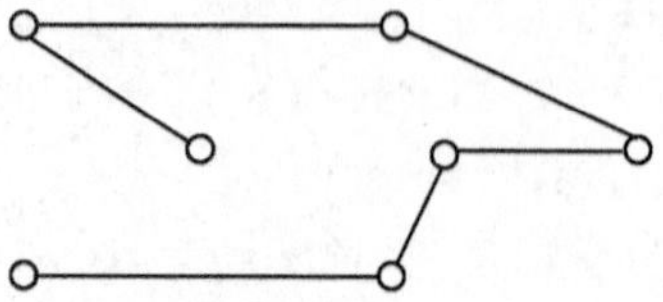

图 8.3.6

3. 最小树问题

定义 8.3.4 边上带数字的图称为赋权图,其中边上的数字称为边的权,所有边上的权之和称为图的权.

定义 8.3.5 赋权图的权最小的支持树称为其最小权支撑树,简称为最小树.

最小树问题要求找出找赋权图的一个最小树.

与支撑树问题类似,我们有如下最小树问题算法:

算法 1 破圈法

基本思想:在保持连通性的前提下,逐次去掉图 G 的所有圈中的权最大的边,直到无圈时为止.

算法 2 避圈法(Kruscal 算法)

基本思想:在保持无圈性的前提下,从图 G 的某一顶点开始,逐次生长权最小的边,直到连通(所有顶点都被生长到)时为止.

例 8.3.3 求图 8.3.7 的最小树.

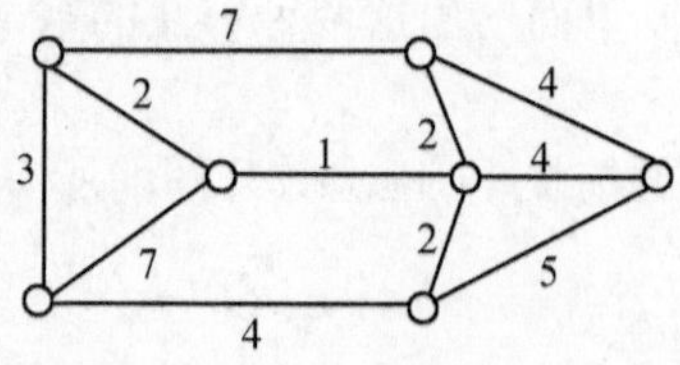

图 8.3.7

解 (1) 破圈法,如图 8.3.8 所示.

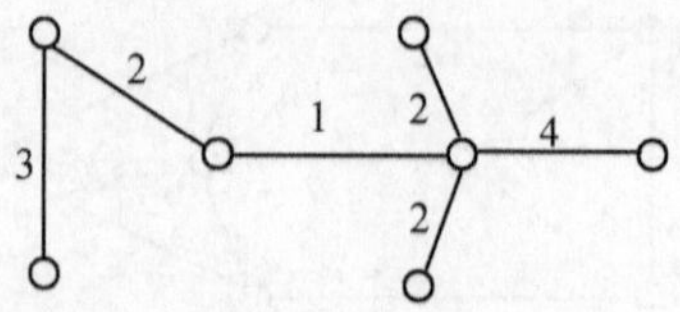

图 8.3.8

(2) 避圈法,如图 8.3.9 所示.

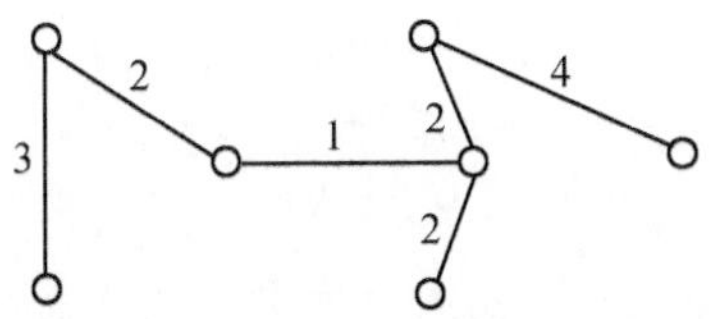

图 8.3.9

8.4　中国邮递员问题

1. 概念

定义 8.4.1　经过图的每条边恰好一次的迹称为欧拉迹(Eulerian trail),其中闭合的欧拉迹称为欧拉回路(Eulerian tour). 含有欧拉回路的图称为欧拉图(Eulerian graph),仅含有欧拉迹、不含有欧拉回路的图称为半欧拉图(semiEulerian graph),其他图称为非欧拉图(nonEulerian graph).

如图 8.4.1 所示的三个图依次分别为欧拉图、半欧拉图和非欧拉图.

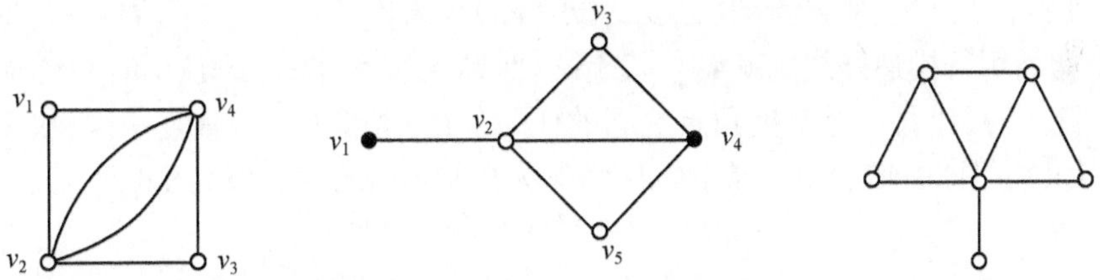

图 8.4.1

1736 年,欧拉给出如下判定欧拉图和半欧拉图的方法.

定理 8.4.1　(1)非空连通图 G 是欧拉图$\Leftrightarrow G$ 中不含有奇顶点;(2)非空连通图 G 是半欧拉图$\Leftrightarrow G$ 中恰含有两个奇顶点.

证明从略.

推论 8.4.1　K_ν 为欧拉图$\Leftrightarrow \nu$ 为奇数($\nu \geqslant 3$),$K_{m,n}$ 为欧拉图$\Leftrightarrow m,n$ 均为偶数.

与欧拉图有关的一个有趣的问题是"一笔画"问题,我们有下面的结论.

推论 8.4.2　对欧拉图,任选一个顶点为始点和终点,即可一笔画;对半欧拉图,任选两个奇度顶点的一个为始点,另一个为终点,即可一笔画;对非欧拉图,不可一笔画(图 8.4.2).

2. 中国邮递员问题

一个邮递员投递信件必须走遍某街区的所有街道,任务完成后再回到邮局. 问他应如何安排投递路线,才能使得所走路线最短? 这一问题由我国著名数学家管梅谷于 1962 年首先提出,并给出了奇偶点图上作业法,故在国际上被称为中国邮递员问题, 也称为中国邮路问题(Chinese Postman Problem,CPP).

以街道为边,以街口(街道与街道的交叉处)为顶点,以街道的长度为边的权作图 G,我们得到中国邮递员问题的图论模型. 于是,中国邮递员问题就是求赋权连通图 G 的一

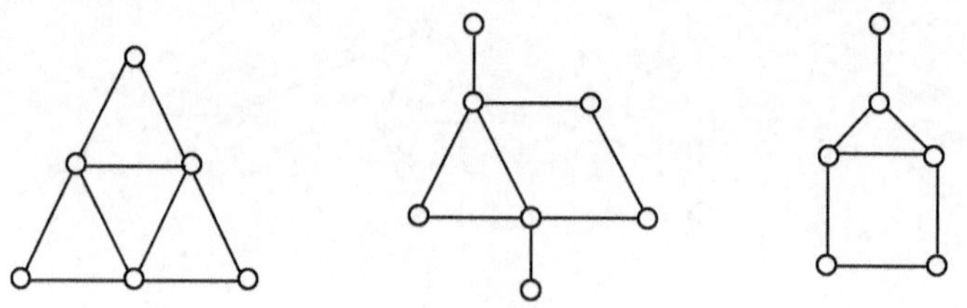

图 8.4.2

条经过每条边至少一次的最小权闭迹.

奇偶点图上作业法可以用来解决中国邮递员问题,其基本思想为:若 G 是欧拉图,则 G 含有一条欧拉回路. 显然,此欧拉回路即为唯一最优投递路线;若 G 不是欧拉图,则 G 不含有欧拉回路,故可行投递路线中必含有某些重复边,而且这些重复边显然必仅与 G 的奇度顶点相关联. 为使得投递路线最优,应设法使这些重复边的权之和最短.

在算法上,奇偶点图上作业法要求从某一个可行投递路线开始,不断修正之,直到满足最优性判断标准,即得最优投递路线. 因此,中国邮递员问题要求在半欧拉图和非欧拉图中,添加某些重复边,使得新图(已变为欧拉图)无奇度顶点,且重复边的权之和最小.

(1) 初始可行投递路线的确定　找出图(半欧拉图和非欧拉图) G 的所有奇度顶点,将其一一配对. 找出每一对奇度顶点之间的任一条路,将路上各边重复一次,权不变. 取新图(已变为欧拉图)中唯一的一条欧拉回路作为初始可行投递路线(图 8.4.3).

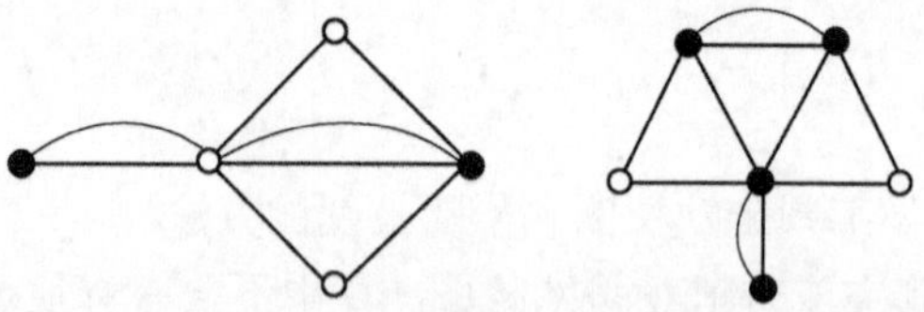

图 8.4.3

(2) 最优投递路线的判断标准.

① 图的每条边至多有一条重复边;

② 图的每个圈上的重复边的权之和不大于该圈的权的 1/2(即重复边的权之和不大于未重复边的权之和).

易证,投递路线最优⇔判断标准①、②成立.

(3) 投递路线的调整.

① 若某条边的重复边的条数≥2,则可从中去掉偶数条,使得此边至多有一条重复边(图 8.4.4);

② 若某个圈上的重复边的权之和大于该圈的权的 1/2(即重复边的权之和大于未重复边的权之和),则可去掉重复边,而将未重复边均重复一次(图 8.4.5).

奇偶点图上作业法的缺陷:算法要检查图的每一个圈. 当图的规模较大时,圈的数目很大,难于一一检查.

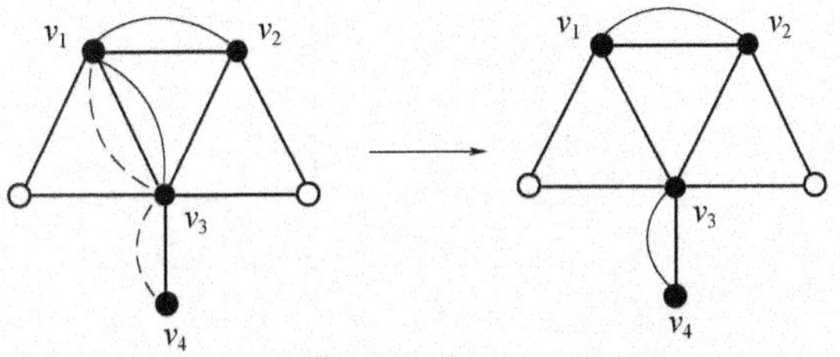

将 v_1 和 v_4，v_2 和 v_3 分别配对

对 v_1 和 v_4，取路 $v_1v_3v_4$；

对 v_2 和 v_3，取路 $v_2v_1v_3$

图 8.4.4

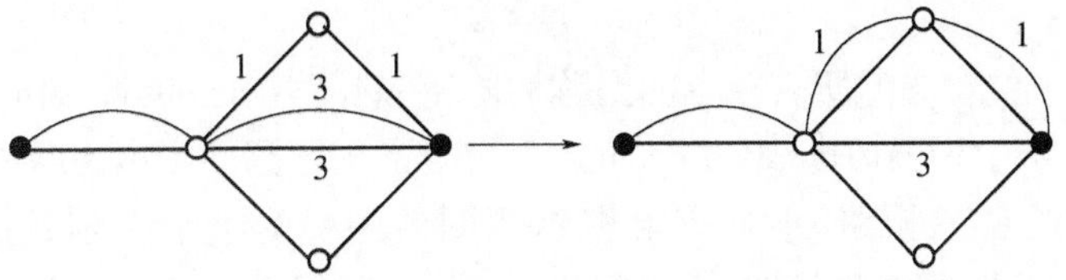

图 8.4.5

例 8.4.1 求解中国邮递员问题，其中 s 为邮局(图 8.4.6).

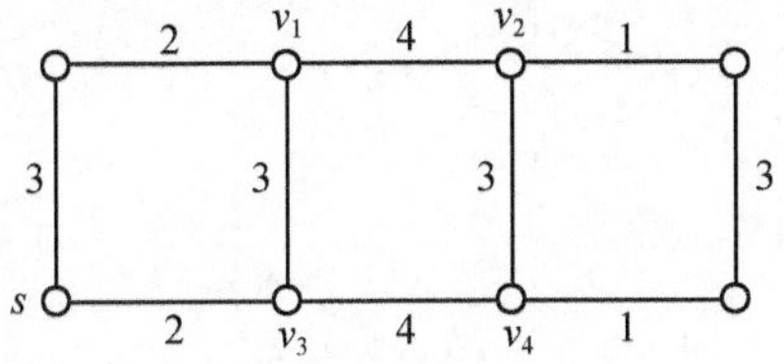

图 8.4.6

解 图中有四个奇顶点 v_1, v_2, v_3, v_4，将 v_1 与 v_4，v_2 与 v_3 分别配对.

取 v_1 与 v_4 之间的路为 $v_1v_3v_4$，v_2 与 v_3 之间的路为 $v_2v_1v_3$，将路上各边重复一次(图 8.4.7).

因边 v_1v_3 的重复边为两条，去掉边 v_1v_3 两条重复边(图 8.4.8).

在图 8.4.8 中的圈 $v_1v_3v_4v_2v_1$ 上，因为(重复边的权之和)$4+4>3+3$(未重复边的权之和)，所以去掉重复边，而将未重复边均重复一次(图 8.4.9).

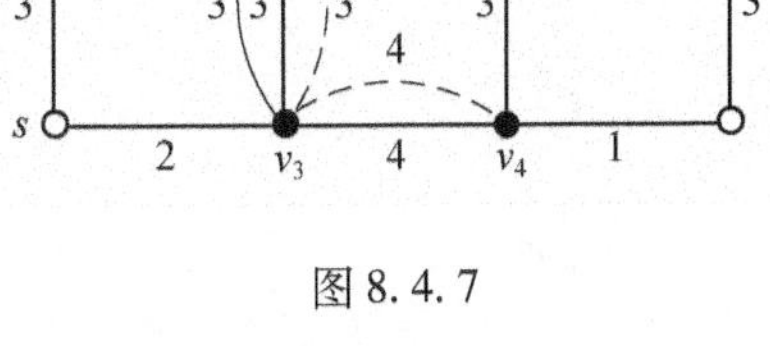

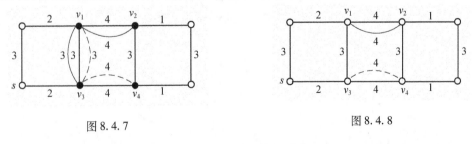

图 8.4.7

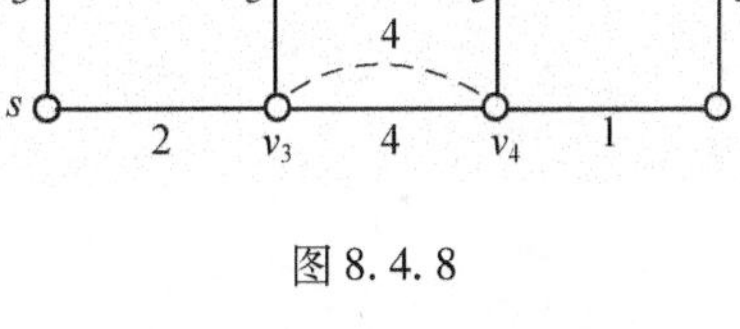

图 8.4.8

此时，判断标准①、②成立，则图 8.4.9 中的欧拉回路就是一个最优投递路.

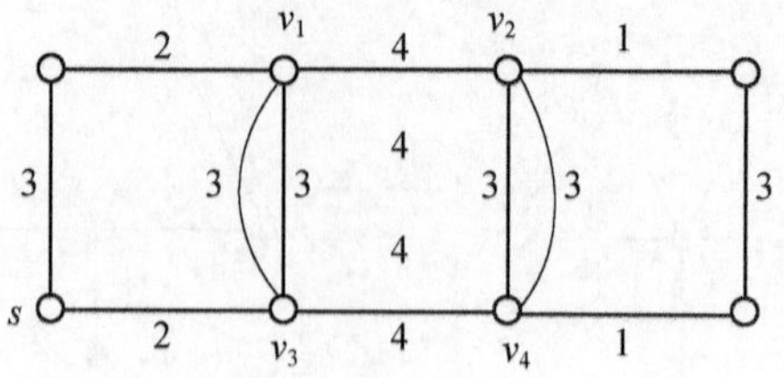

图 8.4.9

8.5 旅行售货员问题

1. 概念

定义 8.5.1 包含图的所有顶点的路称为哈密尔顿路(Hamilton path),包含图的所有顶点的圈称为哈密尔顿圈(Hamilton cycle). 含有哈密尔顿圈的图称为哈密尔顿图(Hamilton graph),含有哈密尔顿路、不含有哈密尔顿圈的图称为半哈密尔顿图(semiHamilton graph),其他图称为非哈密尔顿图(nonHamilton graph)(图 8.5.1).

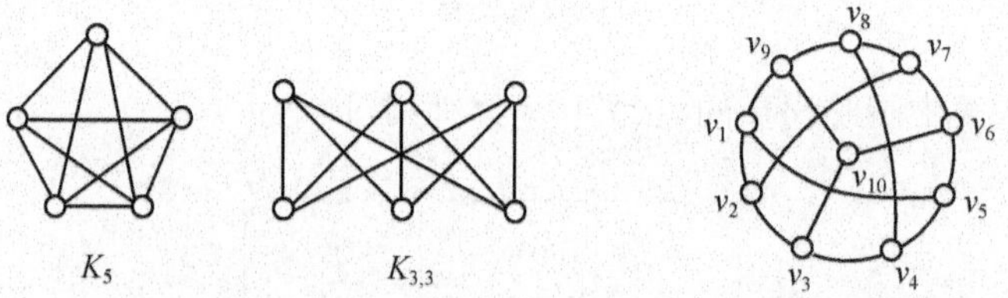

图 8.5.1

与欧拉图不同,至今未找到判定一个图是哈密尔顿图的充分必要条件,这是一个悬而未决的图论难题.

设 V 是图 G 的顶点集,S 是 V 的子集,则从图 G 中去掉 S 以及和 V 中顶点相关联的边得到的子图记作 $G-S$.

定理 8.5.1 (必要性)若图 G 是哈密尔顿图,则 $\forall\ \Phi \neq S \subset V$,有 $\omega(G-S) \leqslant |S|$.

证明从略.

可利用定理 8.5.1 的逆否命题来判断一个图不是哈密尔顿图. 如图 8.5.2 所示,取 $S=\{u,v\}$, 因 $\omega(G-S)=3>2=|S|$,故 G 不是哈密尔顿图.

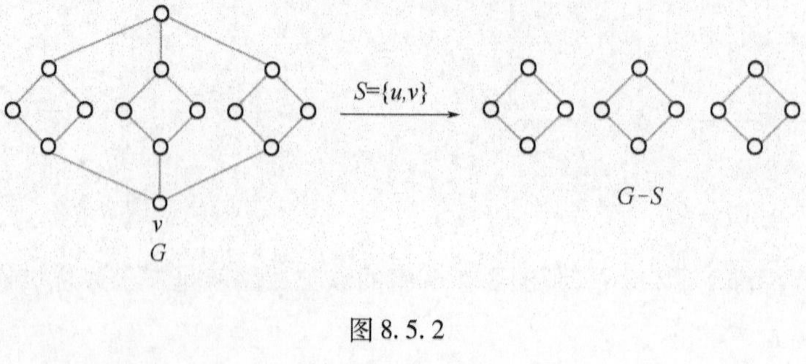

图 8.5.2

定理 8.5.2 （充分性）设 G 是简单图，$\nu \geqslant 3$，若 $\forall u, v \in V, uv \notin E$，有 $d(u)+d(v) \geqslant \nu$，则 G 是哈密尔顿图.

推论 8.5.1 设 G 是简单图，$\nu \geqslant 3$，若 $\delta \geqslant \frac{\nu}{2}$，则 G 是哈密尔顿图.

据此不难知道，$K_\nu(\nu \geqslant 3)$、$K_{n,n}(n \geqslant 2)$ 都是哈密尔顿图.

2. 环游世界问题

与哈密尔顿图有关的一个有趣的问题是环游世界问题. 世界上的 20 个城市恰好构成一个正十二面体的顶点（图 8.5.3）. 某旅行者欲从某一城市出发，经过每个城市恰好一次，再回到原出发城市. 问：这样的旅行路线是否存在？

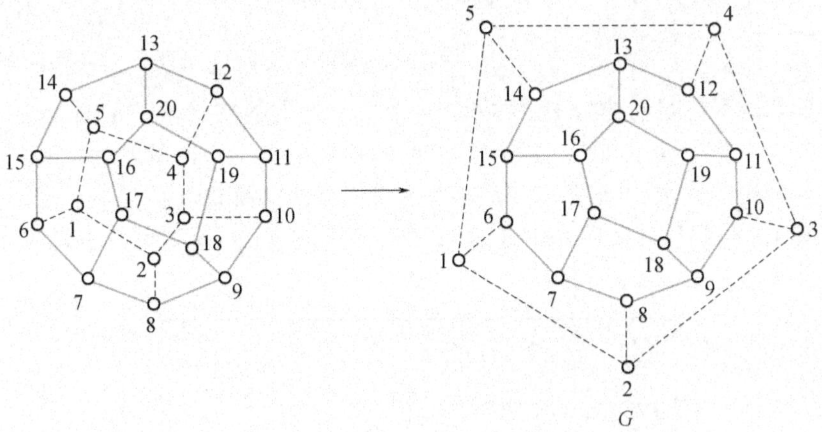

图 8.5.3

1859 年，英国数学家和天文学家哈密尔顿（William Hamilton，1805—1865）爵士提出了上述被称为"Icosian game"的环游世界的游戏. 后来，他把这个游戏的想法以 25 英镑的价钱卖给了一个玩具制造商.

如图 8.5.3 所示，将正十二面体"拉平"得到一个平面图 G. 于是，周游世界问题 $\Leftrightarrow$ 在图 G 中能否找到一个哈密尔顿圈？$\Leftrightarrow G$ 是哈密尔顿图吗？不难看出，图 G 中存在一个 Hamilton 圈：1、2、3、4、12、11、10、9、8、7、6、15、16、17、18、19、20、13、14、5、1.

3. 旅行售货员问题

旅行售货员问题最早是由德国著名数学家 K. Menger 在 1932 年提出的，亦称为旅行商问题或货郎担问题（traveling salesman problem，tourist salesman problem，TSP），另见 6.2 节. 具体叙述为：有 n 个城市，任两个城市之间均有道路相通，道路的长度已知. 一个售货员欲从自己的家所在的城市去另外的 $n-1$ 个城市售货. 问：这个售货员应如何选择行走路线，才能经过每个城市恰好一次，再回到原出发城市，且总行程最短？

以 n 个顶点表示 n 个城市，两个顶点之间有边相连当且仅当两个城市之间有道路相通，以道路的长度作为边的权，得一个赋权完全图 G. 于是，旅行售货员问题就是求赋权完全图 G 的一个最小权哈密尔顿圈的问题.

显然，$\nu \geqslant 3$ 的完全图均为哈密尔顿图，即含有哈密尔顿圈. 不难知道，含有 n 个顶点的旅行售货员问题的可行解的个数为 $n!$. 显然，枚举法不是一个"好"算法；遗憾的是，人们至今未提出一个求解旅行售货员问题的有效算法. 下面给出一个近似算法(approximation algorithm)——改进圈算法.

改进圈算法的基本思想是从某一个哈密尔顿圈开始,不断进行改进,以得到一个最小权哈密尔顿圈(图 8.5.4). 具体改进过程如下:

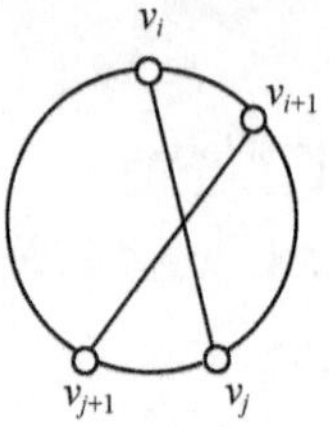

设 C 是图 G 的一个哈密尔顿圈,若

$$w(v_i, v_{i+1}) + w(v_j, v_{j+1}) > w(v_i, v_j) + w(v_{i+1}, v_{j+1}),$$

则令 $C' = C - \{v_iv_{i+1}, v_jv_{j+1}\} + \{v_iv_j, v_{i+1}v_{j+1}\}$.

显然,$w(C') < w(C)$.

图 8.5.4

改进圈算法最终得到的哈密尔顿圈完全取决于选取的初始哈密尔顿圈,因此它未必最优. 为求得一个"尽可能最优的"哈密尔顿圈,可选取若干不同的初始哈密尔顿圈分别去求最小权哈密尔顿圈,再从中取权最小者为最优哈密尔顿圈即可.

例 8.5.1 某奶厂 A 每天往 B,C,D,E 四个小区送奶,五地之间均有道路直达,且道路的长度如下表所示:

	A	B	C	D	E
A	—	15	15	5	25
B	15	—	10	15	20
C	15	10	—	35	30
D	5	15	35	—	15
E	25	20	30	15	—

试为该厂设计一条最佳的送奶路线,即由奶厂 A 将奶送到 B,C,D,E 四个小区后,再回到奶厂 A,且总路程最短?

解 以五个顶点 A,B,C,D,E 表示奶厂和四个小区,以五地之间的道路为边,以道路的长度为边的权,作完全图 $G=K_5$(图 8.5.5). 于是,送奶问题等价于求赋权连通图 G 的一个最小权哈密尔顿圈.

取图 G 的一个哈密尔顿圈(图 8.5.6).

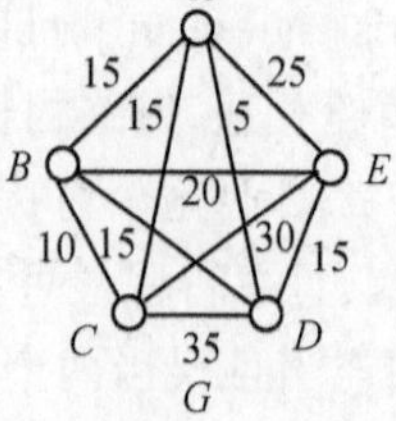

图 8.5.5

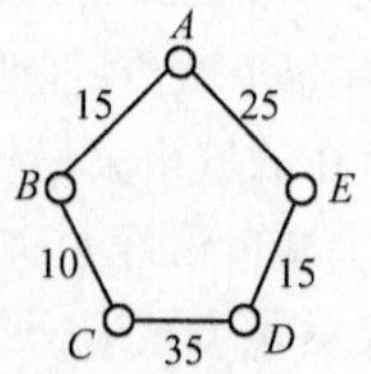

图 8.5.6

观察到 $w(AB) + w(DE) > w(AD) + w(BE)$(图 8.5.7),去掉圈(图 8.5.6)中的边 AB 和 DE,并加入边 AD 和 BE 得图 8.5.8,也就是如图 8.5.9 所示的圈.

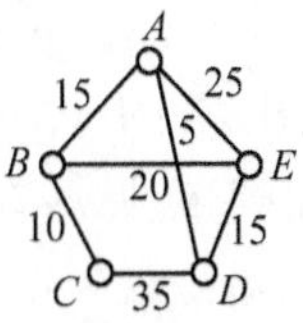

图 8.5.7

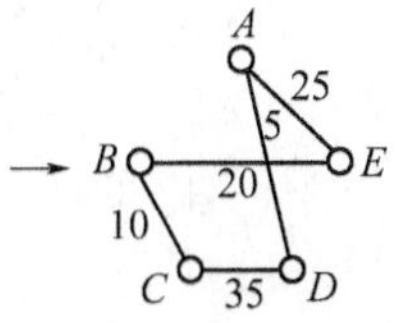

图 8.5.8

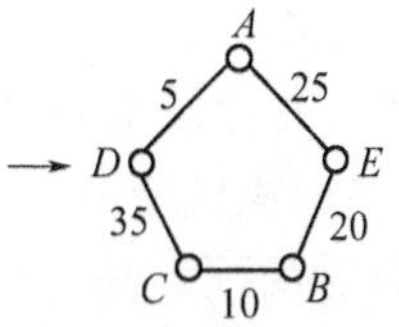

图 8.5.9

同理继续不断改进,如图 8.5.10 ~ 图 8.5.18 所示.

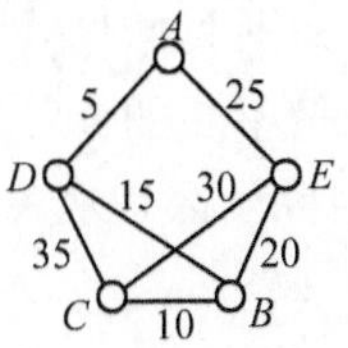

图 8.5.10

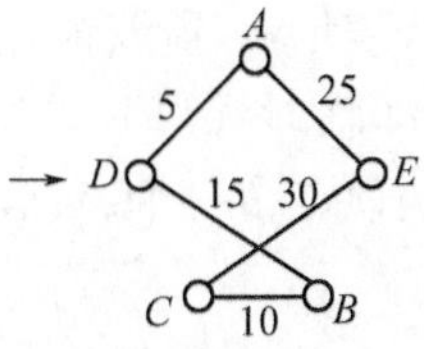

图 8.5.11

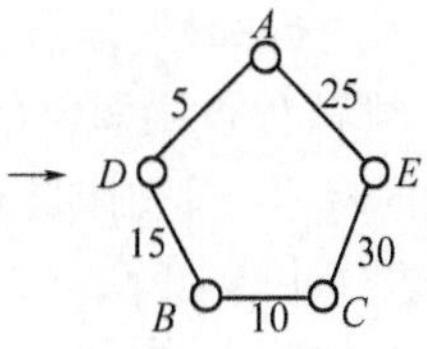

图 8.5.12

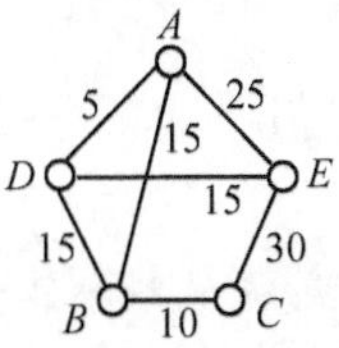

图 8.5.13

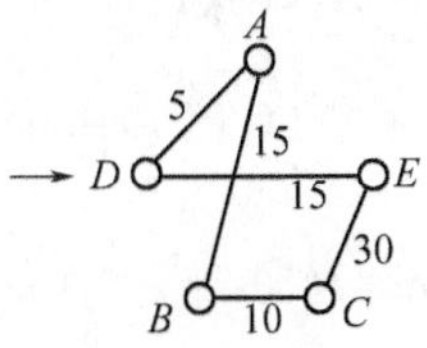

图 8.5.14

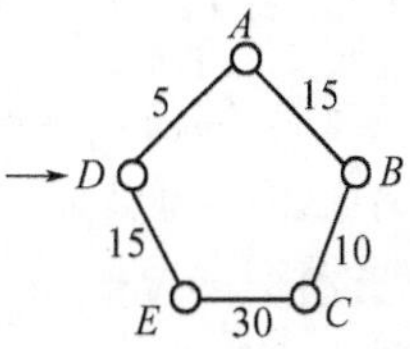

图 8.5.15

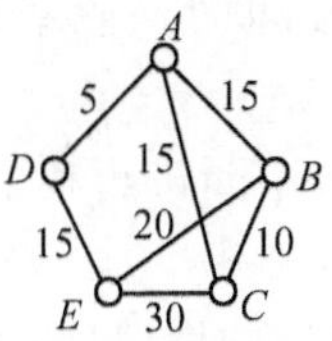

图 8.5.16

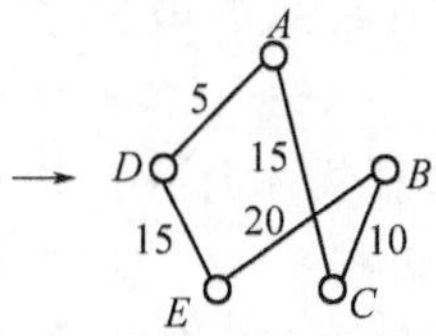

图 8.5.17

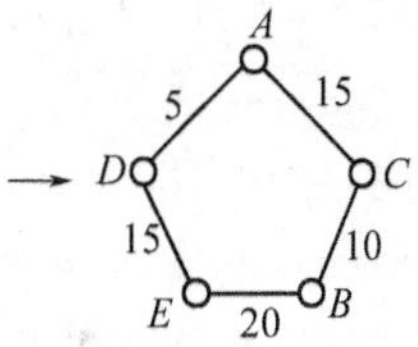

图 8.5.18

至此,得 G 的一个最小权哈密尔顿圈 $ADEBCA$,其权为 65.

因此,最佳送奶路线为 $A \to D \to E \to B \to C \to A$,且总路程为 65.

8.6 最短路问题

最短路问题(shortest path problem)是指在一个赋权有向(或无向)图中,求某一顶点到其余各顶点或另一指定顶点的最小权路的问题. 这里,路的权定义为路上各弧(边)的权之和.

最短路问题可分为两类:①求某一顶点到其余各顶点或另一指定顶点的最短路,可用 Dijkstra 算法求解;②求任意两个顶点之间的最短路,可用 Flyod 算法求解. 本节只介绍 Dijkstra 算法.

1959 年,荷兰数学家 E. W. Dijkstra 提出解决最短路问题的 Dijkstra 算法,它适用于边或弧的权为非负值的有向图或无向图. 下面以有向图的情形为例来说明 Dijkstra 算法.

算法的理论依据－最优化原理：一个过程的最优策略应该具有这样的性质，即不论其初始状态和初始决策如何，其以后诸决策对以第一个决策所形成的状态作为初始状态的过程而言，必须构成最优策略．简言之，一个最优策略的任一子策略也是最优策略（见 6.2 节）．

设起始顶点为 v_1，弧 (v_i,v_j) 的权为 $w(v_i,v_j)$（当弧 (v_i,v_j) 不存在时，令 $w(v_i,v_j)=+\infty$），起始顶点为 v_1 到顶点 v_k 的最短路的长度为 $d_k=d(v_1,v_k)$，顶点 v 到顶点集 S 的距离为 $d(v,S)=\min\limits_{u\in S}\{d(v,u)\}$．

Dijkstra 算法的基本思想是从 v_1 开始，逐次向外搜索距 v_1 最近的顶点．在该算法中，对顶点进行标号，顶点上的数字要么表示 v_1 到该顶点最短路的权（即永久标号），要么表示 v_1 到该顶点最短路的权的上界（即临时标号）．算法的每一步就是不断的修改顶点上的临时标号，而且让具有永久标号的顶点多一个，直到所有顶点上的标号都是永久标号为止．具体步骤如下．

在初始阶段，令 $S=\{v_1\}$，$\bar{S}=V\backslash S$．给 v_1 以标号(label) $l(v_1)=0$；若 $(v_1,u)\in A$，则给 u 以标号 $l(u)=w(v_1,u)$；否则，给 u 以标号 $l(u)=+\infty$．

生长：若 $l(v_k)=\min\limits_{v\in\bar{S}}\{l(v)\}$，则令 $S:=S\cup\{v_k\}$，即顶点 v_k 上的数字为永久标号，已找到从顶点 v_1 到顶点 v_k 的最短路，$\bar{S}:=\bar{S}\backslash\{v_k\}$（每次都生长 $\bar{S}$ 中标号最小的顶点，即到 v_1 的距离最短的顶点）．

修改标号：$\forall v\in\bar{S}$，令 $l(v):=\min\{l(v),l(v_k)+w(v_k,v)\}$（每次都应从最新生长到的顶点开始去修改标号）．

交替重复进行上述标号—生长过程（最多经过 $\nu-1$ 次）．

当 $\bar{S}=\Phi$ 时，即得从 v_1 到其余各顶点的最短路，且顶点的标号即为相应最短路的长度．

注　(1) Dijkstra 算法的执行过程实际上是一个从顶点 v_1 开始，不断进行树的生长，直到得到图的支撑树或支撑森林的过程．

(2) 从算法步骤易见，S 即为获得永久标号的顶点集，$\bar{S}$ 即为获得临时标号的顶点集，顶点 v 的永久标号 $l(v)$ 即为从 v_1 到 v 的最短路的长度．当 $\bar{S}=\Phi$ 时，D 的所有顶点均已获得永久标号，即已求得从 v_1 到其余各顶点的最短路，故算法停止．

(3) 利用 Dijkstra 算法不仅可求出从 v_1 到其余各顶点的最短路的长度，而且可求出相应的最短路．

(4) Dijkstra 算法对有向图和无向图均适用．

例 8.6.1　利用 Dijkstra 算法求解最短路问题：v_1 为起点，如图 8.6.1 所示．

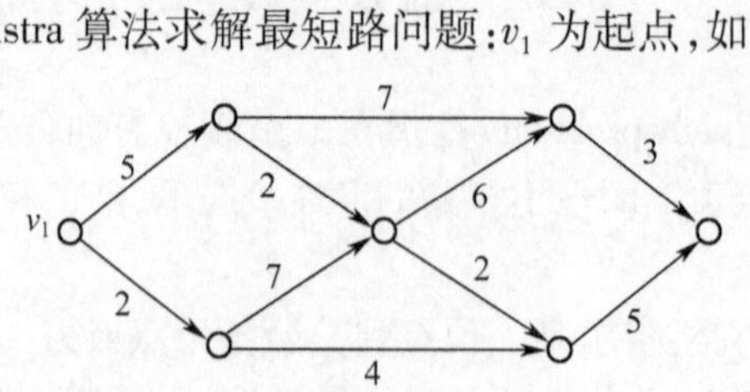

图 8.6.1

解　过程如图 8.6.2 所示．

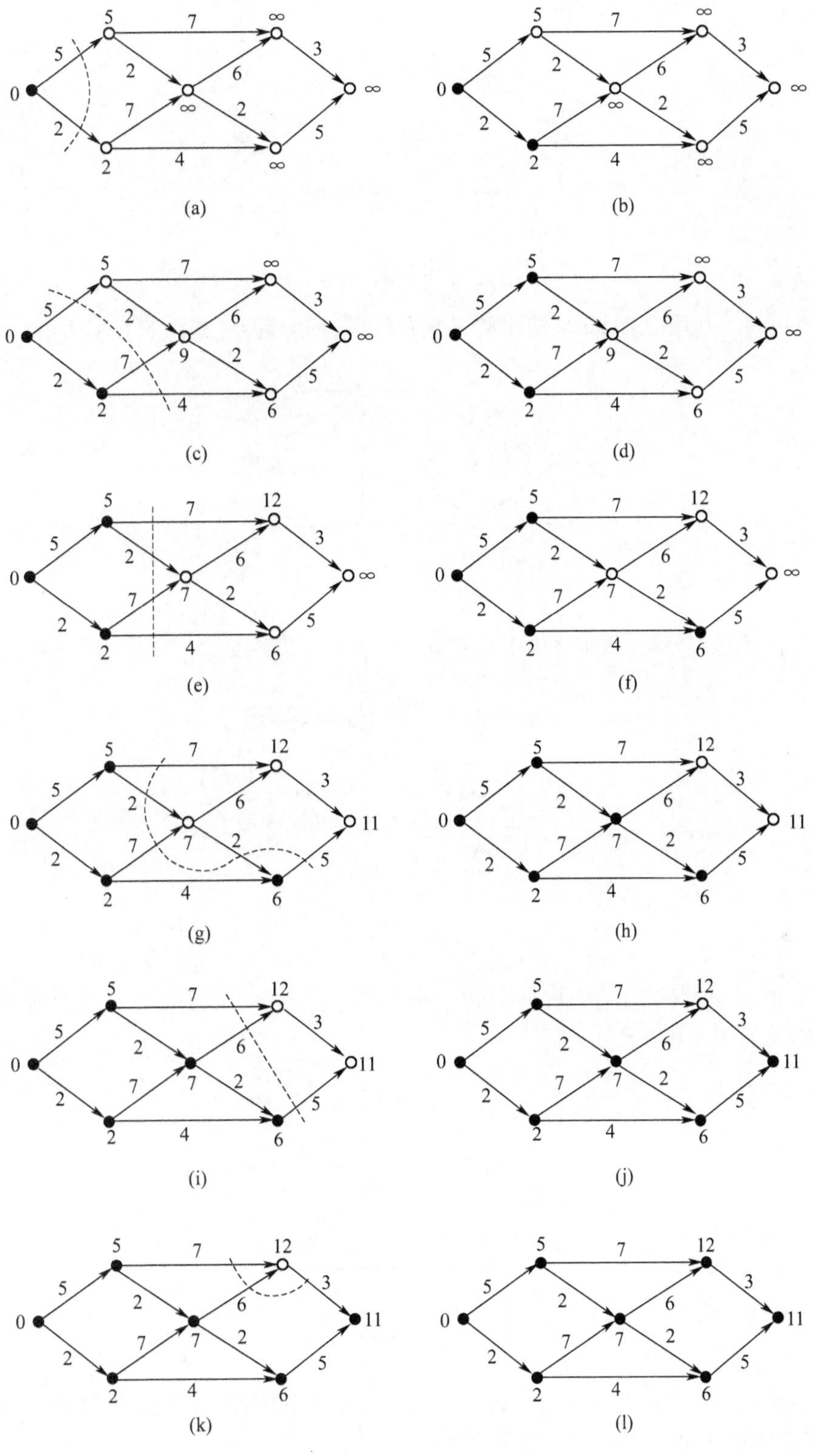

图 8.6.2

最终结果如图 8.6.3 所示.

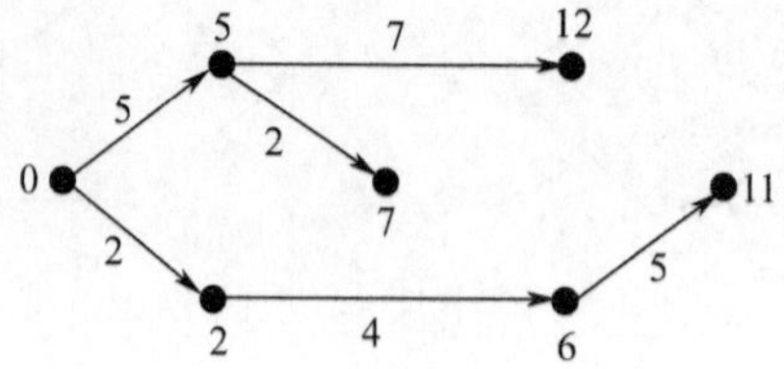

图 8.6.3

例 8.6.2 利用 Dijkstra 算法求解最短路问题:v_1 为起点,如图 8.6.4 所示.

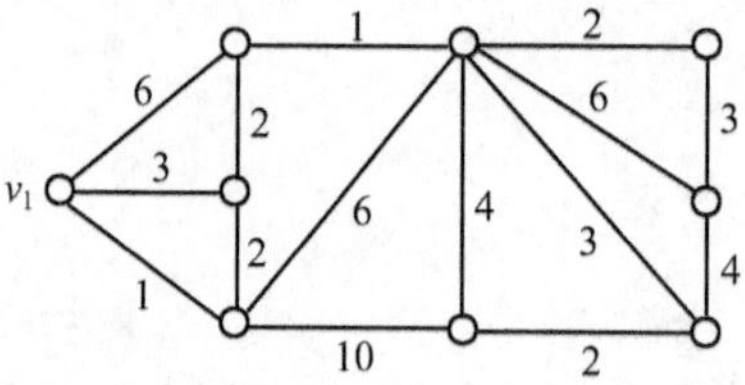

图 8.6.4

解 过程略,最终结果如图 8.6.5 所示.

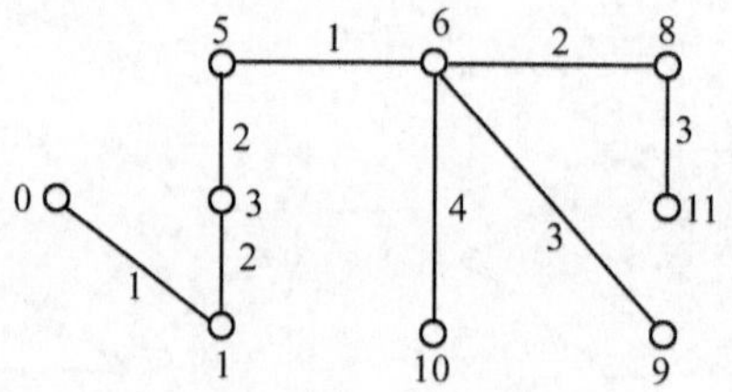

图 8.6.5

例 8.6.3 (连锁店的选址问题)有 6 个居民小区 $v_1, v_2, \cdots, v_6$,各小区的位置及相互之间的距离如图 8.6.6 所示.

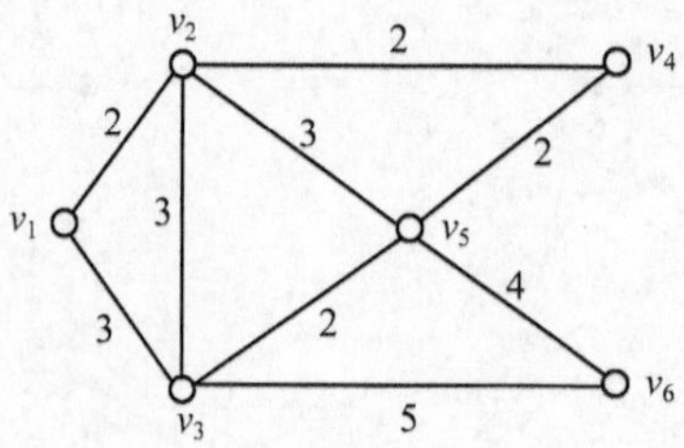

图 8.6.6

某连锁店零售商拟在这 6 个小区之一开设一个连锁店,问:他应把此连锁店设在哪个小区,才能使这 6 个小区到连锁店的最远距离最近?

解 利用 Dijkstra 算法求出任意两个小区之间的最短距离(过程略)如下:

	v_1	v_2	v_3	v_4	v_5	v_6	最远距离
v_1	0	2	3	4	5	8	8
v_2	2	0	3	2	3	7	7
v_3	3	3	0	4	2	5	5
v_4	4	2	4	0	2	6	6
v_5	5	3	2	2	0	4	5
v_6	8	7	5	6	4	0	8

因此,把连锁店设在小区 v_3 或 v_5 即可满足要求.

8.7 最大流问题

先来介绍网络的概念.

定义 8.7.1 设 N 是一个有向图(如图 8.7.1 所示),$V = X \cup I \cup Y, X \cap Y \neq \Phi$,任一弧 a 赋以一个非负整数 $c(a)$,称 N 为网络(network),X, I, Y 中的顶点分别为发点(源,source)、中间点(intermediate),收点(汇,sink),$c(a)$ 为弧 a 的容量(capacity).

在运筹学中,与图和网络相关的最优化问题称为网络最优化(network optimization)问题,又称为网络流(network flows)问题,其内容之一为最大流(maximum flow)问题. 最大流问题的一个特殊情形是单发点单收点网络,其他形式的最大流问题都可以转化为这种特殊形式,其图论描述如图 8.7.2 所示.

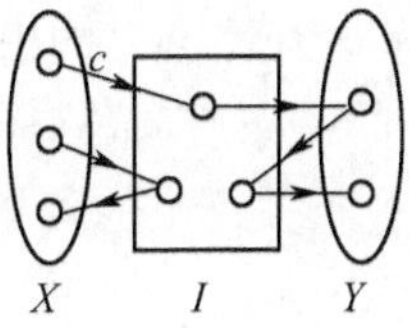

图 8.7.1

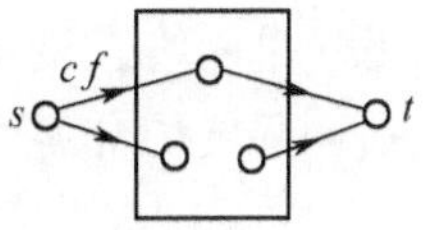

图 8.7.2

其中 s 为发点(只流出),t 为收点(只流入),$I = V \backslash \{s,t\}$ 为中间点(仅起到中转站的作用).

定义 8.7.2 设 $S \subseteq V, \bar{S} = V \backslash S, s \in S, t \in \bar{S}$,称所有形如$(v_i, v_j)(v_i \in S, v_j \in \bar{S})$的弧构成的集合为割(cut),记作$(S,\bar{S})$,其容量为 $c(S,\bar{S}) = \sum_{(v_i,v_j) \in (S,\bar{S})} c(v_i, v_j)$ (图 8.7.3). 网络 N 的容量最小的割称为最小割(minimum cut).

例如图 8.7.4 中的网络的最小割为$\{v_1t, v_2v_3\}$,其容量为 5.

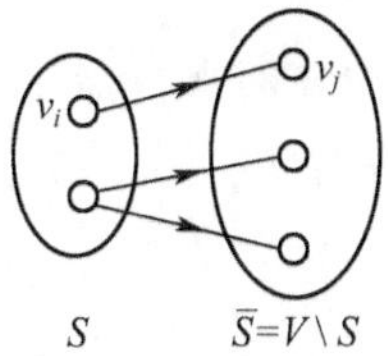

图 8.7.3

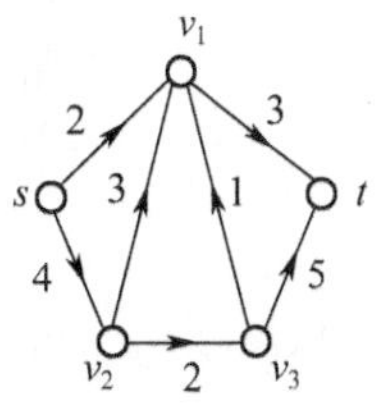

图 8.7.4

定义 8.7.3 在最大流问题中，网络 N 的每一条弧 a 除容量外，还要最终给定一个非负整数 $f(a)$，称为弧的流量(flux)，由此确定的一个从弧集到非负整数集的一一对应称为网络 N 的流(flow)，记为 f.

定义 8.7.4 若网络 N 的一个流 f 满足：(1)容量限制：有 $0 \leqslant f(a) \leqslant c(a)$；(2)守恒条件：任一顶点的流入量等于流出量，则称之为 N 的一个可行流(feasible flow). 在可行流中，发点的总流出量等于收点的总流入量，这个值称为流值(flow value)，记为 $val(f)$.

显然，零流(每条弧的流量都是0)是一个可行流，且流值为0.

网络 N 的流值最大的可行流称为最大流. 最大流问题就是要求出网络 N 的一个最大流.

定理 8.7.1 (整流定理)若网络 N 的弧的容量都是非负整数，则最大流问题恒存在最优解，且任一最优解均为整数解.

证明从略.

定义 8.7.5 给定一条弧 a，有如下分类：

(1) 按流量和容量的大小关系分：若 $f(a)=c(a)$，则称 a 为饱和弧(saturated arc)；否则，称 a 为不饱和弧(unsaturated arc).

(2) 按流量和0的大小关系分：若 $f(a)=0$，则称 a 为零弧(zero arc)；否则，称 a 为非零弧(nonzero arc).

(3) 按流量和有向路的关系分：设 P 是一条有向 (s,t)-路，其方向为 $s \to t$，若 a 与 P 方向一致，则称 a 为前(正)向弧(forward arc)；否则，称 a 为后(反)向弧(backward arc).

定义 8.7.6 设 f 是网络 N 的一个可行流，P 是 N 的一条有向 (s,t)-路，若 P 的前向弧均为不饱和弧，后向弧均为非零弧，则称 P 为 N 的一条关于 f 的可增广路(augmenting path).

下面不加证明地给出如下结论.

定理 8.7.2 设 f 是网络 N 的一个可行流，$(S,\bar{S})$ 是 N 的的一个割，则(1) $val(f) \leqslant c(S,\bar{S})$；(2) $val(f)=c(S,\bar{S}) \Leftrightarrow (S,\bar{S})$ 中的前向弧均为饱和弧，后向弧均为零弧.

推论 8.7.1 设 f 是网络 N 的最大流，$(S,\bar{S})$ 是 N 的最小割，则 $val(f) \leqslant c(S,\bar{S})$.

推论 8.7.2 网络 N 一定存在最大流和最小割.

推论 8.7.3 若 $val(f)=c(S,\bar{S})$，则 f 是最大流，$(S,\bar{S})$ 是最小割.

定理 8.7.3 设 P 为网络 N 的一条关于 f 的可增广路，则可以利用 P 来改进 f 以增大其流值 $val(f)$.

证明 令 $l(P)=\min\{c_{ij}-f_{ij}((v_i,v_j)\text{为前向弧}), f_{ij}((v_i,v_j)\text{为后向弧})\}$

$$\hat{f}_{ij}:=\begin{cases} f_{ij}+l(P), & (v_i,v_j)\text{ 为前向弧} \\ f_{ij}-l(P), & (v_i,v_j)\text{ 为后向弧} \\ f_{ij}, & (v_i,v_j)\notin P \end{cases}$$

则 $\hat{f}$ 仍为可行流，且 $val(\hat{f})=val(f)+l(P)>val(f)$.

定理 8.7.4 设 f 是网络 N 的一个可行流，则 f 是最大流 $\Leftrightarrow N$ 中不存在关于 f 的可增广路.

定理 8.7.5 （最大流最小割定理）网络 N 的任一最大流的流值等于任一最小割的容量.

推论 8.7.4 设网络 N 的一个可行流为 f，一个割为 $(S,\bar{S})$，则 f 为最大流，$(S,\bar{S})$ 为最小割充分必要条件是 $val(f)=c(S,\bar{S})$.

根据定理 8.7.3 和定理 8.7.4，下面介绍求解最大流问题的 Ford – Fulkerson 算法.

算法的计算过程：从 s 开始，不断生长一棵非饱和树——生长程序（growing procedure）.

在树 T 的生长过程中，为便于流的修改，算法同时进行标号程序（labeling procedure）.

令 $T:=\{s\}, S=V(T), l(s)=+\infty$.

若前向不饱和弧 $(v_i,v_j)\in(S,\bar{S})$，则令 $T:=T+(v_i,v_j)+v_j, S:=S\cup\{v_j\}, l(v_j)=\min\{l(v_i),c_{ij}-f_{ij}\}$（如图 8.7.5(a) 所示）；若后向非零弧 $(v_j,v_i)\in(\bar{S},S)$，则令 $T:=T+(v_j,v_i)+v_j, S:=S\cup\{v_j\}, l(v_j)=\min\{l(v_i),f_{ij}\}$（如图 8.7.5(b) 所示）.

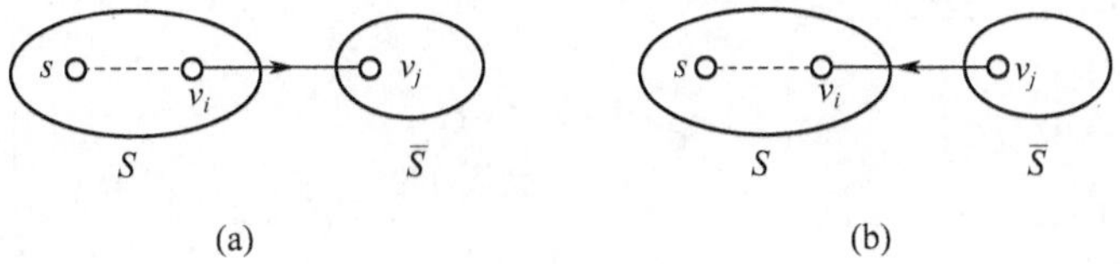

图 8.7.5

若 T 在到达 t 之前停止生长，则 N 中不存在关于 f 的可增广路，f 即为最大流；若 T 生长到达 t（发生突破），则 T 中的有向 (s,t) – 路即为 N 的一条关于 f 的可增广路 P；此时，t 被标号，且 $l(P)=l(t)$. 接下来修改 f 即可.

重复上述过程，直到得到 N 的最大流.

生长过程应遵循"先标号者，先检查（first labeling, first checking）"的原则，以尽可能地减少修改次数.

例 8.7.1 求解图 8.7.6 的最大流.

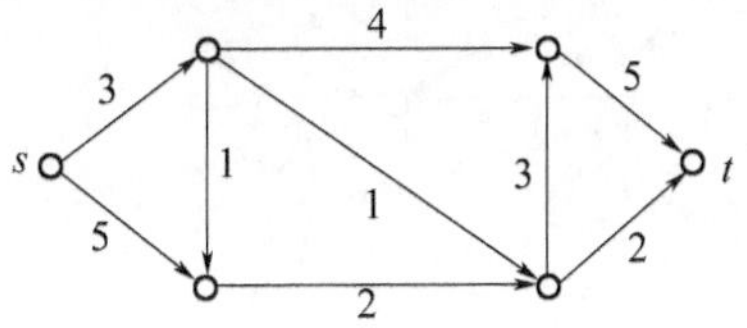

图 8.7.6

解 过程如图 8.7.7 所示.

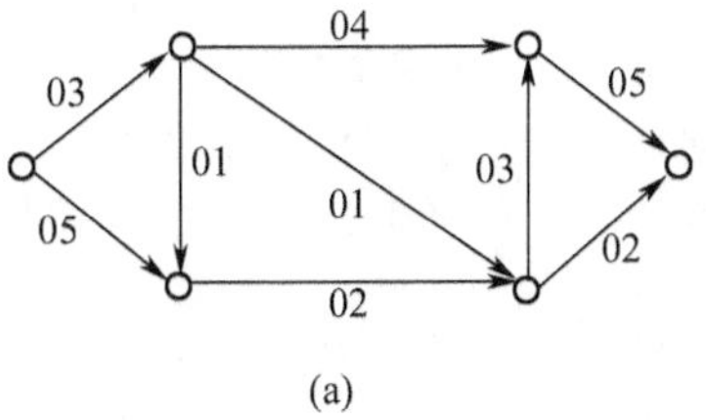

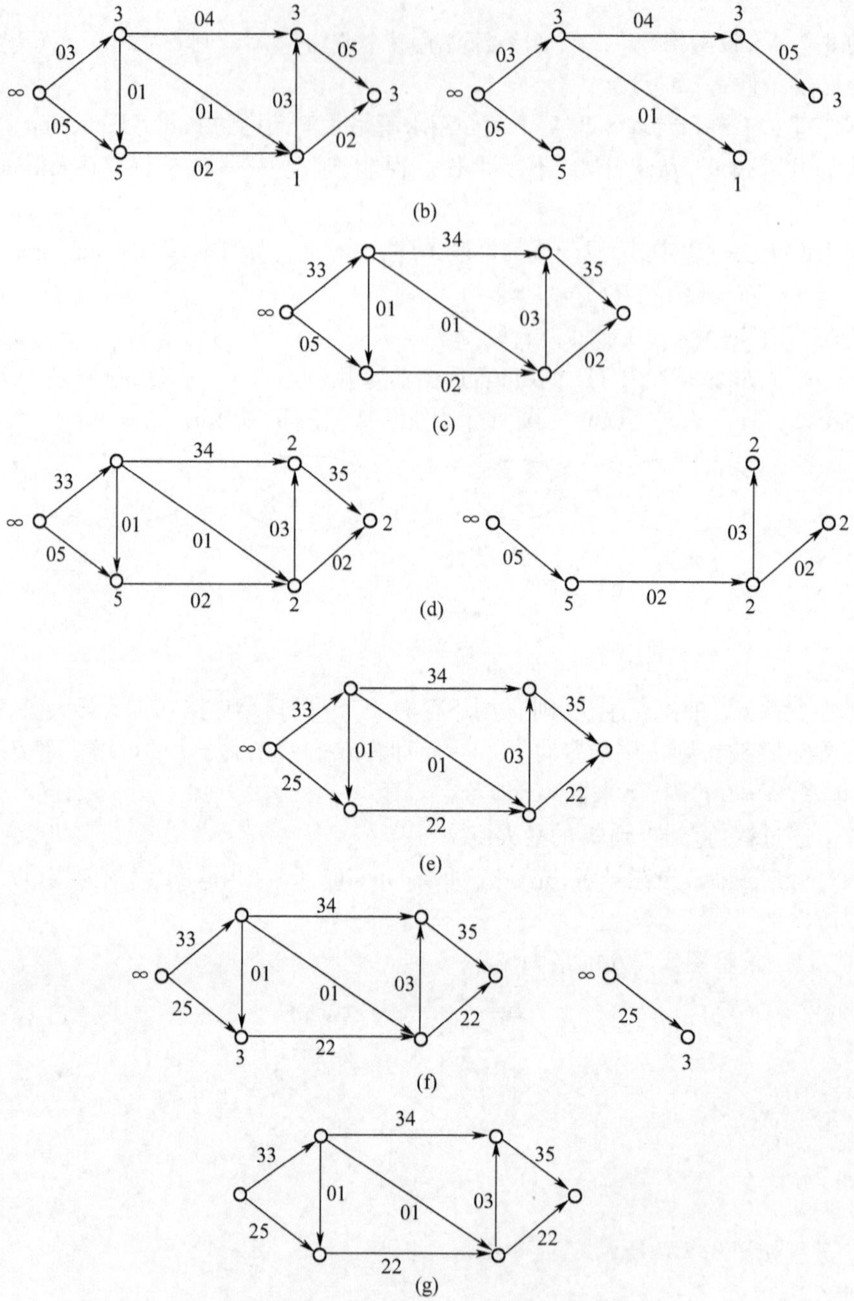

图 8.7.7

(a) 初始可行流；(b) 可增广路；(c) 修改；(d) 可增广路；
(e) 修改；(f) 不存在可增广路；(g) 最大流.

例 8.7.2 求网络图 8.7.8 的一个最大流和一个最小割.

解 过程略,最终结果如图 8.7.9 所示.

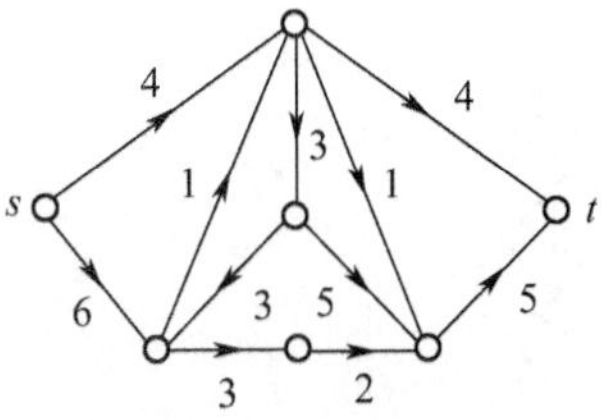

图 8.7.8

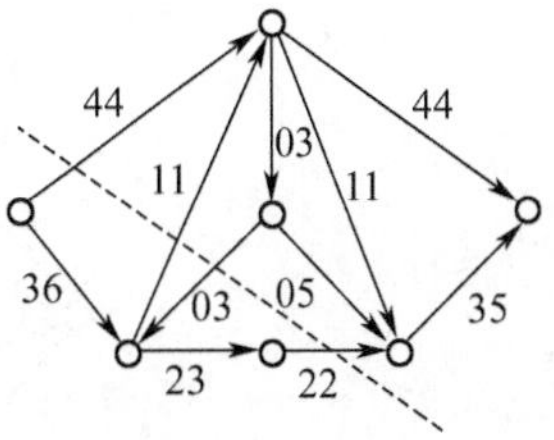

图 8.7.9

练习 8

1. 有 n 个药箱,每两个药箱恰好装有一种相同的药,每种药也恰好装在两个药箱里,问有多少种药?

2. 试画出一个图 G,使得其邻接矩阵为 $\boldsymbol{A}=\begin{pmatrix}0&1&1&1&1\\1&0&1&0&0\\1&1&0&1&0\\1&0&1&0&1\\1&0&0&1&0\end{pmatrix}$,并求其关联矩阵.

3. 所有顶点的度都是 k 的图称为 k-正则图(regular graph). 求证:若 $G=(X,Y)$ 是正则二分图,则 $|X|=|Y|$.

4. 求证:若 G 为简单图,且 $\nu\geqslant 2$,则 G 中至少有两个顶点的度数相等.

5. 问以下数列能否是某简单图的各顶点的度序列?如果是简单图,请画出图.

(1)5,3,2,2,1,1;(2)4,4,3,2,2,1;(3)2,1,1,0.

6. (1) 求证:若 G 是简单图,且 $\varepsilon>C_{\nu-1}^2$,则 G 必为连通图;(2)找一个顶点数为 ν 的不连通的简单图 G,使得 $\varepsilon=C_{\nu-1}^2$,其中 $\nu\geqslant 3$.

7. 一个树有 20 个顶点,其中有 8 个叶,其余顶点的度均 $\leqslant 3$,求 2、3 度顶点的个数.

8. 求证:恰含有 2 个悬挂点的树必为一条路.

9. 由碳元素和氢元素组成的有机化合物称为碳氢化合物,又称为烃. "烃"这个字是化学家们发明的,他们用"碳"的声母加上"氢"的韵母合成字音,用"碳"和"氢"的内部结构组成字型. 烃是有机物的母体,所有其他形式的有机化合物都不过是其他原子取代烃的某些原子而已. 烃可以分为烷烃,烯烃,炔烃,脂环烃,芳香烃等,各种烃的氢原子的化合价都是 1. 烷烃是一种饱和烃,其碳原子的化合价为 4,且不存在任何化学键构成圈. 试证:(1)烃的氢原子的个数为偶数;(2)烷烃的分子式为 C_nH_{2n+2}.

10. 在完全图 K_ν 中去掉多少条边才能得到其支撑树?

11. 求证:若 G 是有 ν 个顶点的连通图,则 $\varepsilon\geqslant\nu-1$;(2)当 G 是何种连通图时,$\varepsilon=\nu-1$?

12. 分别利用破圈法和避圈法求图的最小树:

(1)

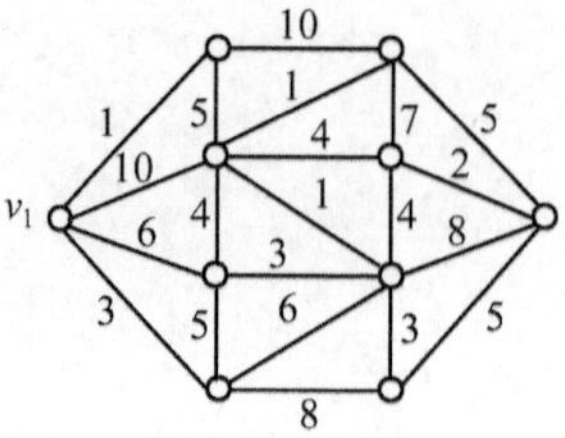

(2)

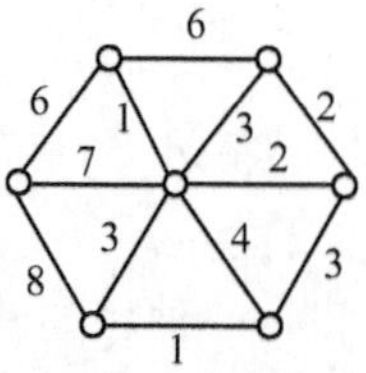

13. 试证:(1)F 是森林$\Leftrightarrow F$ 的每一个连通分支都是树;(2)F 是森林$\Leftrightarrow \varepsilon = \nu - \omega$,其中 ω 为连通分支数.

14. 求解中国邮递员问题(s 为邮局):

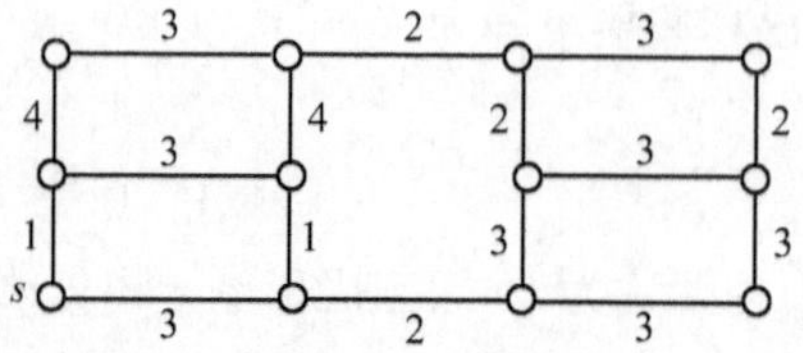

15. 从北京乘飞机到东京、纽约、莫斯科、伦敦、巴黎五个城市各旅游一次,再回到北京. 各城市之间的航线距离如下:

	伦敦	莫斯科	纽约	巴黎	北京	东京
伦敦	—	56	35	21	51	60
莫斯科	56	—	21	57	78	70
纽约	35	21	—	36	68	68
巴黎	21	57	36	—	51	61
北京	51	78	68	51	—	13
东京	60	70	68	61	13	—

问应如何安排旅游路线,才能使总旅程最短?

16. 求解最短路问题;v_1 为起点.

(1)

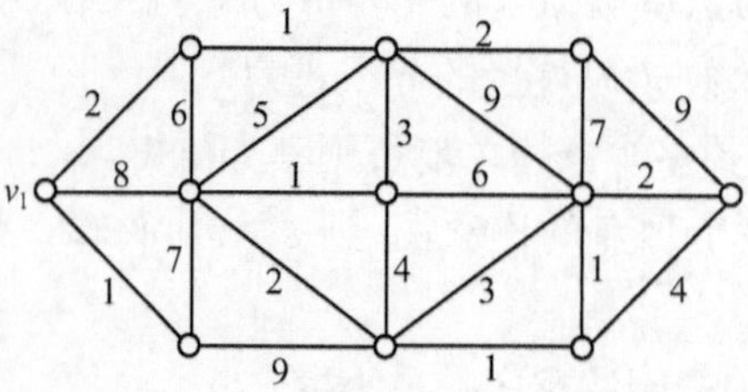

（2）

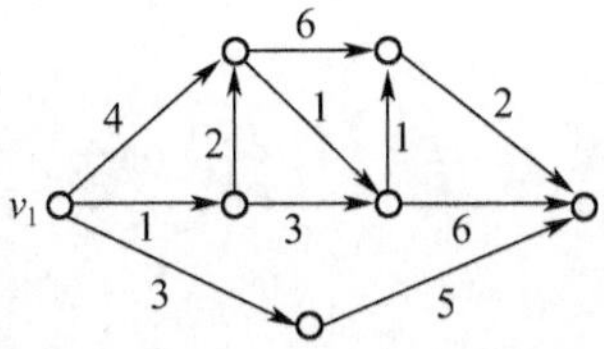

17. 有 6 个村庄，其位置及相互之间的距离如下图所示：

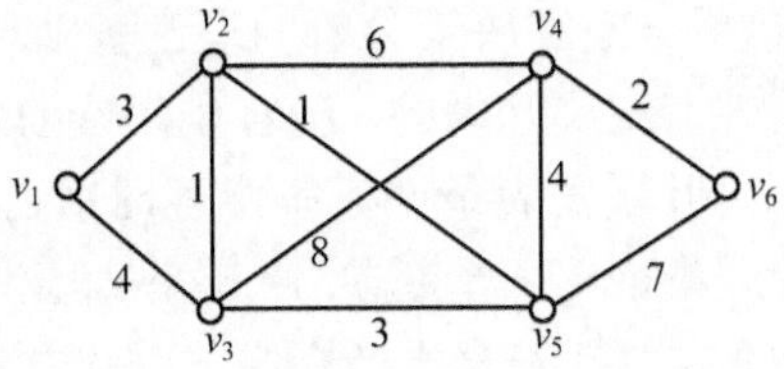

乡政府拟在这 6 个村庄之一建立一所小学，问：应在哪个村庄建立此小学，才能使学生上学所走的总路程最短？

18. (农夫过河)一个农夫要把一只狼、一只羊和一棵白菜用船运过一条河. 但是当人不在场时，狼要吃羊，羊要吃白菜，而且他的船每趟只能将狼、羊、白菜之一运过河. 问他应怎样才能在最短的时间内把三者都运过河呢？

19. 求解最大流问题：

（1）

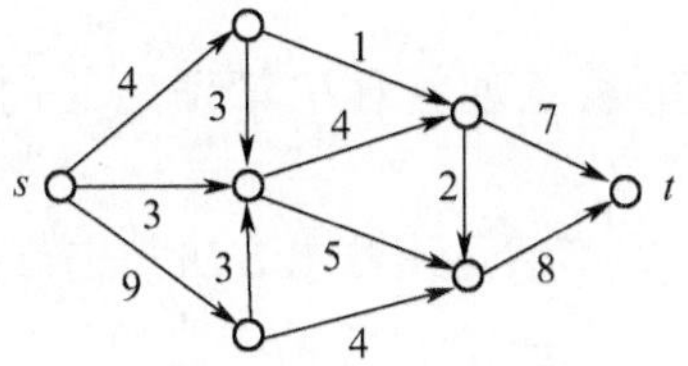

（2）

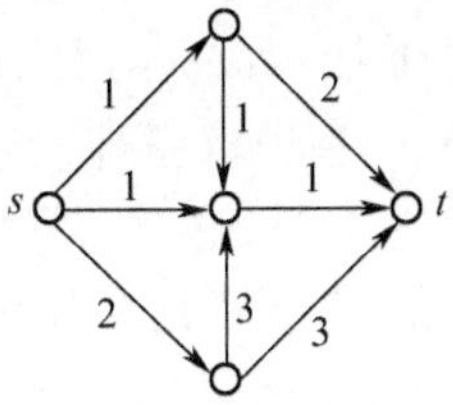

第9章　决策论

决策论(decision theory)是根据信息和评价准则用数量方法寻找或选取最优决策方案的科学,是运筹学的一个重要分支和决策分析的理论基础.

决策论是在概率论的基础上发展起来的. 随着概率论的发展,统计判定理论(风险情况下的决策理论)在1763年贝叶斯发表条件概率定理时就已经萌芽. 1815年,拉普拉斯利用贝叶斯定理把统计判定理论推向一个新阶段. 这些理论和对策理论概念上的结合发展成为现代的决策论. 决策论在包括安全生产在内的许多领域都有着重要应用.

9.1　决策的概念

1. 决策

在日常生活或者生产管理中为达到特定的目标,常运用科学的理论和方法制定各种可行的方案,从中选择并执行最佳方案,这个过程称为决策(decision,decision making).

可行方案只有一个时,只能被迫执行,不能称为决策. 只有从两个或两个以上的方案中选择最佳方案才是决策.

决策贯穿于管理过程的始终,正如管理决策理论的代表人物美国的西蒙(H. A. Simon)所言,“管理就是决策”.

运筹学的中心任务就是研究如何运用数量方法去进行决策.

2. 决策过程

决策过程一般包含下列四个部分.

(1) 确定目标. 如在存贮论中,目标是总存贮费用最低.

目标是管理者采取决策行为的动力. 如海尔(Haier)集团尽管目前经营状况良好,但却主动提出进入世界500强,这就是一种进取精神;再如比尔 · 盖茨(Bill Gates)曾说,微软(Microsoft)公司离破产永远只有18个月,这是一种危机意识,也是一种进取精神.

(2) 拟定可行方案. 在拟定方案时,要考虑到影响方案实施的各种自然因素及受其影响所产生的效果. 可行方案必须是可以相互替代的;可行方案的制定要求尽可能详尽,以免遗漏掉最优方案.

(3) “拍板”,选取最优方案. 决策过程中的“决断”时刻,即从各种可行方案中选择一个最优方案. 最优方案的选取要根据决策者的选优原则而定.

(4) 决策的实施和效果评价.

3. 决策的分类

按照不同的需要和标准,决策常常分类如下:

(1) 按决策的重要性可分为战略决策与战术决策.

战略决策是对长期性、全局性、方向性的重大问题的决策. 战略决策通常处理全新的、内部结构无序的重大问题.

战术决策是对局部性并为实现战略决策服务的问题的决策. 战术决策带有实战技术性,通常处理信息量较多、风险可以估计、表现出一定的稳定有序结构的问题.

(2) 根据决策问题出现的重复程度和解决问题的可用技术可分为程序化决策和非程序化决策.

程序化决策指决策的问题经常出现,以至于管理决策过程的每一步骤都有规范化的程序,这些程序可以重复地使用以解决同类的问题,如生产计划的制订.

非程序化决策指对没有固定程序和常规办法的,一次性新问题的决策,这些问题难以量化,而要靠管理决策者的知识、经验、信念、才干来决策, 如中国加入 WTO.

(3) 根据决策目标的数量可分为单目标决策和多目标决策.

单目标决策是只有一个需要达到的目标的决策, 如企业追求最大利润.

多目标决策指决策要达到的目标是两个以上. 如新上一个项目,决策目标就可能有预期投资利润率、投资回收期、销售额、环境保护指标等.

(4) 根据决策的阶段性可分为单阶段决策和多阶段决策.

单阶段决策是对某个时段某一问题的决策.

多阶段决策是指一个决策问题由多个不同阶段的子问题组成;前一阶段的最优决策结果直接影响下一阶段决策的出发点;必须分别作出各个阶段的决策,但每个阶段最优决策结果之和并不能构成整体的最优决策结果.

(5) 根据决策者对不同方案可能面临的情况即自然状态的了解程度可分为确定型决策、风险型决策、不确定型决策.

确定型决策是指决策者完全知晓各种可行方案将面临的自然状态及相应的收益值.

例 9.1.1 某厂计划生产甲、乙、丙三种产品之一,已知受市场因素影响,三种产品的年利润分别为 150、100、80,问应如何决策,才能使得年利润最大?

这是一个确定型决策问题. 显然,对于确定型决策,只需选择损益值最大(小)为最优方案即可,故此类型决策问题将不再作专门讨论.

风险型决策是指决策者不完全知晓各种自然状态将出现的情况. 决策的预期效果取决于外部条件提供的机会. 如证券投资,股票交易.

例 9.1.2 某农场计划修建一个水坝,有Ⅰ、Ⅱ、Ⅲ三种方案可选. 由历史资料知,年降水量大、中、小的概率分别为 0.2、0.5、0.3. 因降水对水坝的破坏,采用不同方案建成的水坝的维护费各不相同,费用如下:

年降水量 / 维护费 / 方案	大	中	小
	0.2	0.5	0.3
Ⅰ	150	90	60
Ⅱ	120	80	80
Ⅲ	100	100	100

问应如何决策,才能使得年利润最大?

这是一个风险型决策问题. 风险型决策见 9.3 节.

不确定型决策是指决策者完全不知晓各种可行方案将面临的自然状态. 如新产品投放市场.

例 9.1.3 某电视机厂 2005 年的产品更新方案：A_1：彻底改型；A_2：只改机芯，不改外壳；A_3：只改外壳，不改机芯. 各种方案在高、中、低三种市场需求下的收益如下：

收益 市场需求 方案	高	中	低
A_1	20	1	-6
A_2	9	8	0
A_3	6	5	4

问应如何决策，才能使得收益最大？

这是一个不确定型决策. 不确定型决策见 9.2 节.

不同类型的决策问题，有不同的解决方法；但一般而言，决策者在决策过程中，也可借助经验进行分析和判断.

经验方法主要有：

(1) 个人直观判断法，即决策者根据个人的知识和认识，对决策的结果作出推断.

(2) 连锁推断法(因果推断法，相关推断法)，即根据政治、社会、经济、技术发展趋势来推断决策问题的结果. 采用连锁推断法则既符合逻辑，又快捷且准确.

如 1998 年中国政府宣布禁伐森林. 据此推断，木材将要涨价；木材一涨价，木材家具也要涨价.

(3) 对比类推法，即根据类比原理，将需要解决的问题同其他类似的问题作对比分析，以推断决策的结果. 类比原理往往能达到由此及彼，触类旁通的效果.

如药用酒为广大消费者所喜爱，因为它不仅具有普通酒的性质，而且具有药用价值. 故可以推断，药物牙膏也将会受到消费者的欢迎.

(4) 集体经验判断法，即与问题有(无)关的内部人员或外部专家共同进行判断. 在一定程度上可以克服个人推断的片面性.

9.2 不确定型决策

如 9.1 节所述，不确定型决策是决策者对自然状态发生的概率未知，仅仅根据自己的经验、性格及其势力进行决策. 显然，不确定型决策带有一定的主观性. 按照决策者的主观态度不同，不确定型决策有五种原则可遵循，他们分别是悲观主义原则、乐观主义原则、折衷主义原则、保守主义原则和平均主义原则. 本节结合下面的例子来说明各种原则的运用.

例 9.2.1 某电视机厂 2005 年的产品更新方案有三个，分别如下：A_1：彻底改型；A_2：只改机芯，不改外壳；A_3：只改外壳，不改机芯. 各种方案在高、中、低三种市场需求下的收益分别为：

收益 市场需求 方案	高	中	低
A_1	20	1	-6
A_2	9	8	0
A_3	6	5	4

问:应如何决策?

为便利问题的讨论,可引入收益矩阵 $\boldsymbol{R}=(r_{ij})_{m\times n}$. 如对例 9.2.1,有

$$\boldsymbol{R}=\begin{pmatrix}20 & 1 & -6\\ 9 & 8 & 0\\ 6 & 5 & 4\end{pmatrix}$$

悲观主义原则(pessimism rule)又叫最大最小原则,其决策的原则是“小中取大”. 采用这种决策方法的决策者对事物抱有悲观和保守的态度,在各种最坏的可能结果中选择最好的,即从各个可行方案的最小收益中选取最大者为最优方案(劣中选优). 最佳方案收益的计算公式为 $\max\limits_i\{\min\limits_j\{r_{ij}\}\}$.

此原则反映了决策者的悲观情绪.

如对例 9.2.1,根据悲观主义原则有,$\max\limits_i\{\min\limits_j\{r_{ij}\}\}=\max\limits_i\{-6,0,4\}=4$,所以选择方案 A_3.

乐观主义原则(optimism rule)又叫最大最大原则,其决策的原则是“大中取大”. 采用这种决策方法的决策者对事物抱有乐观积极的态度,从各种最好的可能结果中选取最好者,即从各个可行方案中,选取收益最大者为最优方案(优中选优). 最佳方案收益的计算公式为 $\max\limits_i\{\max\limits_j\{r_{ij}\}\}$.

此原则反映了决策者的冒进乐观态度,带有一定的冒险性质.

如对例 9.2.1,根据乐观主义原则有,$\max\limits_i\{\max\limits_j\{r_{ij}\}\}=\max\limits_i\{20,9,6\}=20$,所以选择方案 A_1.

折中主义原则(eclecticism rule)为通过赋予一个乐观系数(加权系数),将每个方案的最大收益和最小收益折中(加权)起来,求出方案的折中收益(加权收益),择其最大者为最优方案. 方案的折中收益 $=\alpha\cdot$ 方案的最大收益 $+(1-\alpha)\cdot$ 方案的最小收益,则最佳方案的收益为 $\max\limits_i\{$方案的折中收益$\}$,其中乐观系数 $\alpha\in[0,1]$.

显然,当 $\alpha=0$ 时,此原则即为悲观主义原则;当 $\alpha=1$ 时,此原则即为乐观主义原则.

如对例 9.2.1,取乐观系数 $\alpha=0.6$,则根据折中主义原则,有

方案 A_1 的折中收益 $=0.6\cdot 20+(1-0.6)\cdot(-6)=9.6$,

方案 A_2 的折中收益 $=0.6\cdot 9+(1-0.6)\cdot 0=5.4$,

方案 A_3 的折中收益 $=0.6\cdot 6+(1-0.6)\cdot 4=5.2$.

于是,$\max\limits_i\{$方案的折中收益$\}=\max\limits_i\{9.6,5.4,5.2\}=9.6$,所以选择方案 A_1.

保守主义原则(conservative rule)又叫最小机会损失决策原则. 该方法先计算出在各种自然状态下各方案的后悔值(某一自然状态下最大收益值与其他收益值之差),其含义

是某一自然状态出现后决策者因没有选用最大收益的方案而产生的损失值，然后从各方案的最大后悔值中选取最小者为最优方案.

如对例 9.2.1，计算各方案在不同市场需求下的后悔值：

收益 / 市场需求 / 方案	高	中	低	后悔值			最大后悔值
				高	中	低	
A_1	20	1	-6	0	7	10	10
A_2	9	8	0	11	0	4	11
A_3	6	5	4	14	3	0	14

根据保守主义原则，有$\min\limits_{i}\{10,11,14\}=10$，所以选择方案 A_1.

平均主义原则(equalitarianism rule)又叫等可能性原则，等概率原则或拉普拉斯原则.该方法在假定各种自然状态出现的可能性(概率)相等的前提下，计算各个行动方案的期望收益值，择其最大者为最优方案.

最佳方案收益的计算公式：$\max\limits_{i}\left\{\frac{1}{n}\sum\limits_{j=1}^{n} r_{ij}\right\}$.

如对例 9.2.1，计算各方案的期望收益值：

方案 A_1 的期望收益 $=\frac{1}{3}[20+1+(-6)]=5$

方案 A_2 的期望收益 $=\frac{1}{3}(9+8+0)=\frac{17}{3}$

方案 A_3 的期望收益 $=\frac{1}{3}(6+5+4)=5$

根据平均主义原则有，$\max\limits_{i}\left\{5,\frac{17}{3},5\right\}=\frac{17}{3}$，所以选择方案 A_2.

9.3 风险型决策

如 9.1 节所述，风险型决策是决策者根据各种自然状态出现的概率去作出决策. 显然，通过概率作出决策带有一定的风险性，故称为风险型决策.

风险型决策要求存在两个或两个以上的自然状态，并可估算所有自然因素出现的概率. 概率可以根据以往的经验和历史统计资料来确定.

运用何种概率和概率的准确程度是做好风险型决策的重要因素. 风险型决策所使用的概率有两种：

(1) 客观概率：根据过去和现在的资料所确定的概率.

可分为先验概率(根据历史资料来确定)与后验概率(综合历史资料和现实资料计算出来). 显然，决策时，利用后验概率要比利用先验概率准确可靠一些.

(2) 主观概率：由决策者根据以往的表象和经验并结合当前信息而主观判断出来的概率.

显然，主观概率与决策者个人的智慧、经验、胆识、知识等有密切关系. 一般地，主观概率不如客观概率准确可靠.

一、风险型决策方法

1. 期望值法

期望值法先计算各种方案的期望收益,然后选择期望收益最大的方案为最优方案.

例 9.3.1 某建筑公司承建一项工程,需要决定下个月是否开工.若开工后天气好,则可以按期完工,并可获得利润 5 万元;若开工后天气坏,则不能按期完工,并将损失 2 万元;若不开工,不管天气好坏,都要损失窝工费 5 千元.根据气象统计资料,预计下月天气好的概率是 0.4.问:该公司下月开工还是不开工?

解 计算各方案的期望收益值:

开工的期望收益值:$5\times0.4+(-2)\times0.6=(0.8)$万元

不开工的期望收益值:$(-0.5)\times0.4+(-0.5)\times0.6=-0.5$(万元)

根据期望值法,应选择开工方案.

例 9.3.2 某商场拟新进一种商品,进货方案有 A_1,A_2,A_3,A_4,A_5,A_6 六种,进货的数量分别为 36,40,44,48,56,60 个.据估计,市场需求状况出现 S_1,S_2,S_3,S_4,S_5,S_6 六种,相应的需求量分别为 36,40,44,48,56,60 个,且各市场需求状况出现的概率分别为 0.1,0.1,0.2,0.4,0.1,0.1.各种进货方案在不同市场需求状况下的利润如下:

需求 / 利润 / 进货方案	$S_1(36)$ 0.1	$S_2(40)$ 0.1	$S_3(44)$ 0.2	$S_4(48)$ 0.4	$S_5(56)$ 0.1	$S_6(60)$ 0.1
$A_1(36)$	198	236	275	313	392	732
$A_2(40)$	222	220	258	297	374	413
$A_3(44)$	246	244	242	280	357	396
$A_4(48)$	270	268	266	264	341	379
$A_5(56)$	318	316	314	312	308	346
$A_6(60)$	342	340	338	336	332	330

问:(1)该商场应选择何种进货方案?(2)若将"利润"改为"损失",如何?

解 计算各进货方案的期望利润:

$EA_1=198\times0.1+236\times0.1+275\times0.2+313\times0.4+392\times0.1+732\times0.1\approx336$,

同理可得 $EA_2\approx293,EA_3\approx285,EA_4\approx285,EA_5\approx316,EA_6\approx336$.

(1)因 $EA_1=EA_6\approx336$,故 A_1,A_6"似乎"均应为最优决策.

但$\min\limits_j\{a_{1j}\}=\min\{198,236,275,313,392,732\}=198$

$\min\limits_j\{a_{6j}\}=\min\{342,340,338,336,332,330\}=330$

故最优决策应为 A_6.

(2)因 $EA_3=EA_4\approx285$,又

$\max\limits_j\{a_{3j}\}=\max\{246,244,242,280,357,396\}=396$

$\max_j\{a_{4j}\} = \max\{270,268,266,264,341,379\} = 379$

故最优决策为 A_4.

例 9.3.3 （报童问题）报童每天到邮局去订报，再拿去卖，卖一份报纸可获利润 a 分钱；卖不出去的报可退回邮局，但每份报纸要损失 b 分钱. 根据以往经验，报纸的日需求量为 k 份的概率为 p_k. 问：报童每天应订购多少份报纸，才能使获利最大？

解 设报童每天应订购报纸 n 份，报纸的日需求量为随机变量 X，于是 $p(X=k)=p_k$，报童每天的获利为 $f(X)=\begin{cases} an, & X\geqslant n \\ aX-(n-X)b, & X<n \end{cases}$.

因此，报童每天的期望获利为 $Ef(X)=\sum_{k=0}^{\infty}f(k)p(X=k)=\sum_{k=0}^{n-1}[ak-(n-k)b]p_k+\sum_{k=n}^{\infty}anp_k$.

显然，给定具体的 a,b,p_k，即可确定一个订购量 n，使 $Ef(X)$ 最大.

2. 决策树法

有些决策问题，每个自然状态可能会引出两个或多个事件，出现不同的结果，这样需要在决策的过程中进行新的决策. 而描述这种情况的有效工具就是决策树. 决策树是以方框、圆圈和三角号为节点，由直线连接而形成的一种树形结构（图 9.3.1）. 在决策树中会用到下面的一些概念.

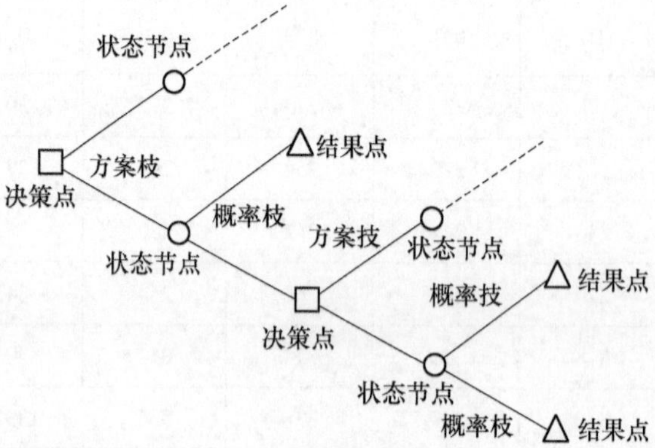

图 9.3.1

在图 9.3.1 中，“□“表示决策点，上面标决策的期望收益值；“ - ”表示方案枝，线上标方案名称；“○”表示（自然）状态节点（方案点），上面标方案的期望收益值；“△”表示结果点，上面标每个方案在自然状态下的收益值；概率枝是状态节点和结果点的连线，线上标自然状态的概率.

一般地，决策树都是由左向右，由简入繁，构成一个树形网状图.

决策树法的优点是能使决策问题形象直观，思路清晰，便于思考与探讨.

决策树法的决策过程是由右向左逐步后退进行分析. 即先根据结果点的收益值和概率枝的概率计算出各方案的期望收益值，然后利用期望值法选取最优方案.

为使得计算过程条理清晰，可适时地将落选方案剪枝，画“ × ”表示.

1）单阶段决策

例 9.3.4 某电视机厂要扩大电视机的生产规模. 有两个方案可选，方案一：建设大厂；方案二：建设小厂. 在销路好时，建设大、小厂可分别获利 200 万元和 80 万元；在销路不好时，建设大厂将损失 40 万元，建设小厂将获利 60 万元；又知：根据市场行情，预计销路好的概率是 0.7. 问：该厂应选择何种方案？

解 作决策树：

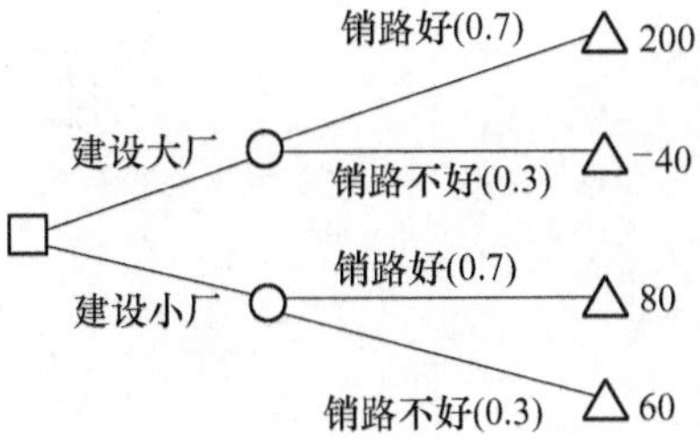

计算各方案的期望收益值：

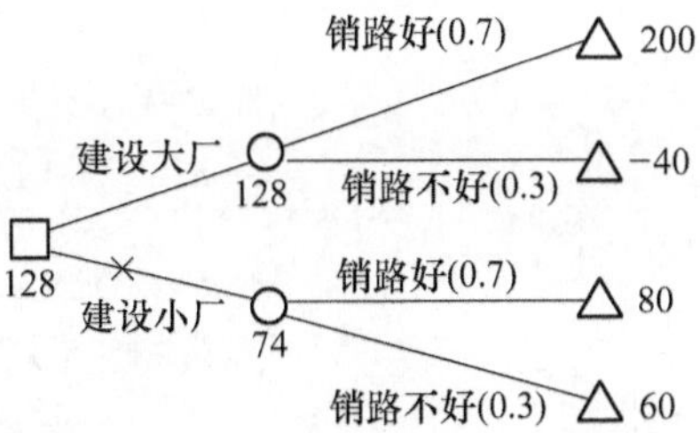

作出决策：根据期望值法，选取方案一，即建设大厂. 此时，可获得期望利润 128 万元.

2）多阶段决策

决策树法在求解多阶段决策问题时显得格外便捷.

例 9.3.5 某企业拟投产一种新产品，新产品能否获利主要取决于以下几种情况：

① 本企业生产批量的大小.

本企业有两种生产批量的方案可选：大批量生产和中批量生产.

② 竞争企业是否也生产此产品.

据市场调查，竞争企业也生产该产品的概率为 0.7.

③ 竞争企业的生产规模.

据市场调查，当本企业大批量生产时，竞争企业也大批量生产的概率为 0.4，此时，本企业可获利 2 万元；竞争企业中批量生产的概率为 0.6，此时，本企业可获利 5 万元.

当本企业中批量生产时，竞争企业大批量生产的概率为 0.8，此时，本企业可获利润 1 万元；竞争企业中批量生产的概率为 0.2，此时，本企业可获利 3 万元.

若竞争企业不生产此新产品，则当本企业大批量生产时，将获利 10 万元；当本企业中批量生产时，将获利 6 万元.

问：该企业是否应投产此种新产品？若应投产，应采取何种生产批量的方案？

解 作决策树：

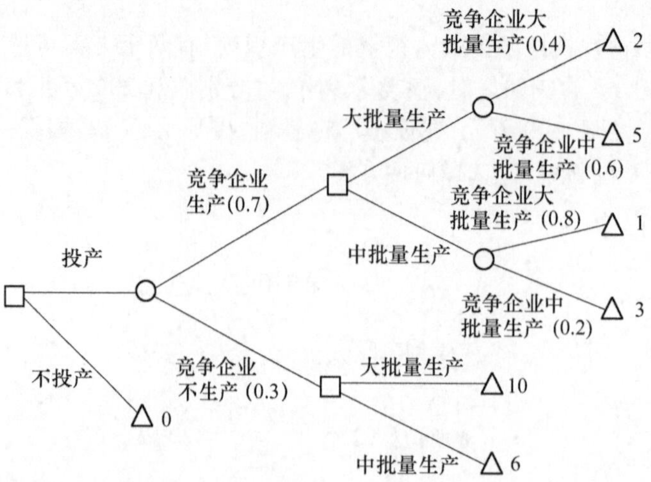

计算各方案的期望收益值:

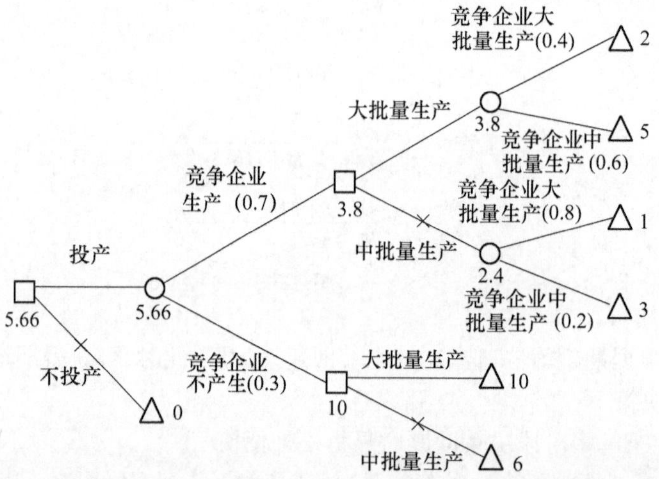

作出决策:根据期望值法,本企业应投产此新产品,并采取大批量生产方案. 此时,可获得期望利润 3. 66 万元.

二、风险型决策的敏感性分析

在风险型决策中,决策者是根据各可行方案在(以不同概率出现的)各自然状态下的期望收益作出决策的;然而,自然状态出现的概率常常是通过预估得到的,实际上并不一定准确. 因此,有必要分析一下概率的变化对最优方案选择的影响,这就是敏感性分析. 风险型决策的敏感性分析的主要内容之一就是求转折概率. 所谓转折概率是指最优方案的概率界限,即只有当某种自然状态的概率不超过这个概率值时,某方案才是最优决策.

例 9. 3. 6 某化肥厂计划新建一个合成氨生产线,有两个生产方案可供选择:一是生产碳铵,一是生产尿素. 据以往市场需求情况知,碳铵、尿素畅销的概率分别为 70% 和 30%. 另外,据估算,当碳铵畅销时,生产碳铵可年创利税 500 万元,而生产尿素则会亏损 150 万元;当尿素畅销时,生产尿素可年创利税 1000 万元,而生产碳铵则会亏损 200

万元.

决策树：

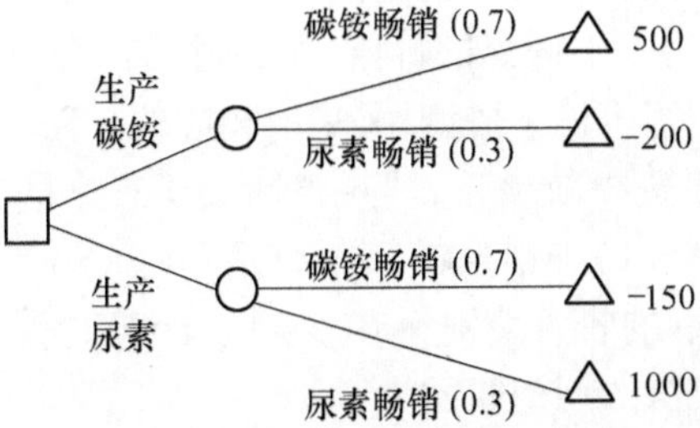

由决策树知，生产碳铵的期望收益：$500\times0.7+(-200)\times0.3=290$；生产尿素的期望收益：$(-150)\times0.7+1000\times0.3=195$，故最优方案为生产碳铵.

显然，市场需求情况即碳铵、尿素畅销的概率的变化会影响最优决策的选择. 下面对这一决策问题作敏感性分析，即求转折概率.

设碳铵畅销的概率为 p，则尿素畅销的概率为 $(1-p)$，于是生产碳铵，尿素的期望收益为 $500p+(-200)(1-p)=700p-200$，$(-150)p+1000(1-p)=1000-1150p$. 令二者相等，即 $700p-200=1000-1150p$. 解之得转折概率 $p\approx0.65$（图 9.3.2）.

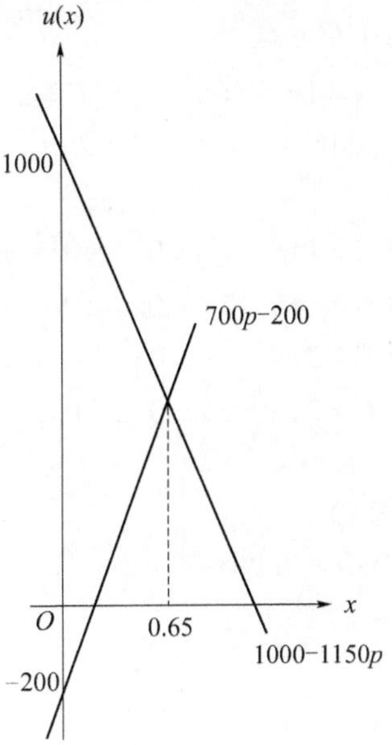

图 9.3.2

显然，当 $p>0.65$ 时，最优方案为生产碳铵；当 $p<0.65$ 时，最优方案为生产尿素.

9.4 信息的价值

决策的准确与否与决策者所获取的信息（information）的质量直接相关. 决策者所获信息越准越多，据以作出的决策就越可靠，获得的收益就越大；但是为获取信息，决策者需要进行调查、试验、分析、预测、咨询等活动，统称为咨询(consult)，这当然需要花费一定数额的咨询费.通过咨询获取的信息如果是有价值的，那么将有益于作出正确的决策，从而带来更大的收益.显然，咨询前、后的收益之间会有一个差异，这个差称为信息的价值(e-valuation).因此，有必要分析一下信息的价值，在支付的咨询费和因咨询而产生的经济效益之间进行权衡，以判断是否值得去咨询，再采取相应的行动.

例 9.4.1 某公司拟投资一新项目，其收益取决于未来的市场状况.据预测，未来的市场状况有两种：销量高($S=1$)和销量低($S=2$)，而且 $p(S=1)=0.4$，$p(S=2)=0.6$. 该投资项目在不同市场状况下的收益分别为 $R(S=1)=6000$ 元，$R(S=2)=-4000$ 元.

易知，投资该项目可获得的期望收益为

$$ER=R(S=1)\cdot R(S=1)+R(S=2)\cdot R(S=2)=6000\times 0.4+(-4000)\times 0.6=0;$$

当然，不投资该项目获得的收益也是0. 即不论投资与否，获得的(期望)收益都是0.

显然，该公司是否应投资取决于所获得的期望收益，而期望收益又取决于市场状况.因此，为保证决策的正确性，该公司可去中介机构做有关未来市场状况的咨询.设咨询的结果有销量高($C=1$)和销量低($C=2$)两种，且信息 C 的质量体现为下面的条件概率：$p(C=1|S=1)=0.8$，$p(C=2|S=2)=0.6$. 于是 $p(C=2|S=1)=0.2$，$p(C=1|S=2)=0.4$.

由全概率公式，得

$$p(C=1)=p(S=1)p(C=1|S=1)+p(S=2)p(C=1|S=2)$$
$$=0.4\times 0.8+0.6\times 0.4=0.56$$
$$p(C=2)=p(S=1)p(C=2|S=1)+p(S=2)p(C=2|S=2)$$
$$=0.4\times 0.2+0.6\times 0.6=0.44.$$

由乘法公式，得

$$p(S=1,C=1)=p(S=1)p(C=1|S=1)=0.4\times 0.8=0.32$$
$$p(S=2,C=1)=p(S=2)p(C=1|S=2)=0.6\times 0.4=0.24$$
$$p(S=1,C=2)=p(S=1)p(C=2|S=1)=0.4\times 0.2=0.08$$
$$p(S=2,C=2)=p(S=2)p(C=2|S=2)=0.6\times 0.6=0.36$$

于是

$$p(S=1|C=1)=\frac{p(S=1,C=1)}{p(C=1)}=\frac{0.32}{0.56}\approx 0.57$$

$$p(S=2|C=1)=\frac{p(S=2,C=1)}{p(C=1)}=\frac{0.24}{0.56}\approx 0.43$$

$$p(S=1|C=2)=\frac{p(S=1,C=2)}{p(C=2)}=\frac{0.08}{0.44}\approx 0.18$$

$$p(S=2|C=2)=\frac{p(S=2,C=2)}{p(C=2)}=\frac{0.36}{0.44}\approx 0.82$$

在信息 C 下收益 R 的条件期望为

$$E(R|C=1)=R(S=1)p(S=1|C=1)+R(S=2)p(S=2|C=1)$$
$$=6000\times 0.57+(-4000)\times 0.43=1700,$$
$$E(R|C=2)=R(S=1)p(S=1|C=2)+R(S=2)p(S=2|C=2)$$
$$=6000\times 0.18+(-4000)\times 0.82=-2200.$$

因此,决策规则为:当咨询的结果为 $C=1$(销量高)时,就应投资;当咨询的结果为 $C=2$(销量低)时,就不应投资.

在上述决策过程中,有关概率的计算实质上是借助贝叶斯公式来完成的,故这种决策也称为贝叶斯决策.

显然,按照此决策规则进行决策所获得的收益 R^* 为 S 和 C 的函数,即

$$R^*=R^*(S,C)=\begin{cases}6000, & S=1,C=1\\ -4000, & S=2,C=1\\ 0, & C=2\end{cases}$$

于是,因咨询而带来的期望收益为

$$\begin{aligned}ER^* &= 6000\cdot p(S=1,C=1)+(-4000)\cdot p(S=2,C=1)+0\cdot p(C=2)\\ &= 6000\cdot 0.32+(-4000)\times 0.24=960.\end{aligned}$$

因咨询而产生的收益为 $ER^*-ER=960-0=960$,这个收益称为信息 C 的价值. 显然,若咨询费小于咨询获取的信息 C 的价值,则应去咨询.

然而,描述信息 C 的质量的条件概率 $p(C=1|S=1)=0.8<1, p(C=2|S=2)=0.6<1$ 表明:咨询获取的信息并不能准确地反映真实的市场状况. 这样的信息称为不完全信息(imperfect information)或抽样信息(sampling information),ER^*-ER 称为抽样信息的价值(EVSI).

与抽样信息相对立的是完全信息(perfect information). 完全信息是关于自然状态的准确信息,可据以作出正确的决策. 同样地,完全信息也有其价值(EVPI).

设在例 9.4.1 中该公司经咨询获得的信息为完全信息为 D:销量高($D=1$)和销量低($D=2$),则 $p(D=1|S=1)=1, p(D=2|S=2)=1$.

显然,决策规则为:当 $D=1$ 时,就应投资;当咨询的结果为 $D=2$ 时,就不应投资.

按照此决策规则进行决策所获得的收益 $\tilde{R}$ 为 D 的函数,即 $\tilde{R}=\tilde{R}(D)=\begin{cases}6000, & D=1\\ 0, & D=2\end{cases}$.

于是,因咨询而带来的期望收益为

$E\tilde{R}=6000\cdot p(D=1)=6000\cdot p(S=1)=6000\times 0.4=2400.$

故完全信息 D 的价值为 $E\tilde{R}-ER=2400-0=2400.$

例 9.4.2 某厂计划扩建生产线以生产某种新产品,有三个备选方案:建造大型厂房(Ⅰ),建造中型厂房(Ⅱ),建造小型厂房(Ⅲ). 产品的市场需求状况有需求量高($S=1$)和需求量低($S=2$)两种,且 $p(S=1)=0.6, p(S=2)=0.4$. 各方案在不同市场需求状况下的收益如表 9.4.1 所列(单位:万元).

表 9.4.1

	$S=1$	$S=2$
Ⅰ	18	−15
Ⅱ	12	−5
Ⅲ	10	−1

为慎重决策起见，该厂拟聘请顾问对产品未来的市场需求状况进行预测，而且要求预测结果有需求量高（$C=1$）和需求量低（$C=2$）两种。另知，聘请顾问的费用为 5000 元，该顾问的预测水平为 $p(C=1|S=1)=0.7$，$p(C=2|S=2)=0.6$。问：该厂是否值得聘请顾问？

解 1）不聘请顾问

三个方案的期望收益分别为：

$ER_{\mathrm{I}}=18\times0.6+(-15)\times0.4=4.8$

$ER_{\mathrm{II}}=12\times0.6+(-5)\times0.4=5.2$

$ER_{\mathrm{III}}=10\times0.6+(-1)\times0.4=5.6$

故最优决策为方案Ⅲ，其期望收益为 $ER=ER_{\mathrm{III}}=5.6$。

2）聘请顾问

计算概率：

$p(C=2|S=1)=0.3$，$p(C=1|S=2)=0.4$；

$$p(C=1)=p(S=1)p(C=1|S=1)+p(S=2)p(C=1|S=2)$$
$$=0.6\times0.7+0.4\times0.4=0.58$$

$$p(C=2)=p(S=1)p(C=2|S=1)+p(S=2)p(C=2|S=2)$$
$$=0.6\times0.3+0.4\times0.6=0.42$$

$$p(S=1,C=1)=p(S=1)p(C=1|S=1)=0.6\times0.7=0.42$$

$$p(S=2,C=1)=p(S=2)p(C=1|S=2)=0.4\times0.4=0.16$$

$$p(S=1,C=2)=p(S=1)p(C=2|S=1)=0.6\times0.3=0.18$$

$$p(S=2,C=2)=p(S=2)p(C=2|S=2)=0.4\times0.6=0.24$$

$$p(S=1|C=1)=\frac{p(S=1,C=1)}{p(C=1)}=\frac{0.42}{0.58}=\frac{21}{29}$$

$$p(S=2|C=1)=\frac{p(S=2,C=1)}{p(C=1)}=\frac{0.16}{0.58}=\frac{8}{29}$$

$$p(S=1|C=2)=\frac{p(S=1,C=2)}{p(C=2)}=\frac{0.18}{0.42}=\frac{3}{7}$$

$$p(S=2|C=2)=\frac{p(S=2,C=2)}{p(C=2)}=\frac{0.24}{0.42}=\frac{4}{7}$$

计算条件期望收益：

$$E(R_{\mathrm{I}}|C=1)=R_{\mathrm{I}}(S=1)p(S=1|C=1)+R_{\mathrm{I}}(S=2)p(S=2|C=1)$$
$$=18\times\frac{21}{29}+(-15)\times\frac{8}{29}\approx8.9$$

$$E(R_{\mathrm{II}}|C=1)=R_{\mathrm{II}}(S=1)p(S=1|C=1)+R_{\mathrm{II}}(S=2)p(S=2|C=1)$$
$$=12\times\frac{21}{29}+(-5)\times\frac{8}{29}\approx7.3$$

$$E(R_{\mathrm{III}}|C=1)=R_{\mathrm{III}}(S=1)p(S=1|C=1)+R_{\mathrm{III}}(S=2)p(S=2|C=1)$$

$$=10\times\frac{21}{29}+(-1)\times\frac{8}{29}\approx 7.0;$$

$$E(R_{\mathrm{I}}|C=2)=R_{\mathrm{I}}(S=1)p(S=1|C=2)+R_{\mathrm{I}}(S=2)p(S=2|C=2)$$

$$=18\times\frac{3}{7}+(-15)\times\frac{4}{7}\approx -0.81,$$

$$E(R_{\mathrm{II}}|C=2)=R_{\mathrm{II}}(S=1)p(S=1|C=2)+R_{\mathrm{II}}(S=2)p(S=2|C=2)$$

$$=12\times\frac{3}{7}+(-5)\times\frac{4}{7}\approx 2.29,$$

$$E(R_{\mathrm{III}}|C=2)=R_{\mathrm{III}}(S=1)p(S=1|C=2)+R_{\mathrm{III}}(S=2)p(S=2|C=2)$$

$$=10\times\frac{3}{7}+(-1)\times\frac{4}{7}\approx 3.71.$$

因此,决策规则为:当 $C=1$ 时,选择方案Ⅰ;当 $C=2$ 时,选择方案Ⅲ.

按照此决策规则进行决策所获得的收益为

$$R^*=R^*(S,C)=\begin{cases}18, & S=1,C=1\\ -15, & S=1,C=1\\ 10, & S=1,C=2\\ -1, & S=2,C=2\end{cases}$$

于是,因咨询而带来的期望收益为

$$ER^*=18\cdot p(S=1,C=1)+(-15)\cdot p(S=2,C=1)+10\cdot p(S=1,C=2)+(-1)\cdot p(S=2,C=2)=18\times 0.42+(-15)\times 0.16+10\times 0.18+(-1)\times 0.24$$
$$=6.72.$$

信息 C 的价值为 $ER^*-ER=6.72-5.6=1.12$,即聘请顾问可增加收益 1.12 万元,而聘请费用仅为 5000 元,故值得聘请顾问.

9.5 效用理论

在风险型决策中,以期望收益值作为选择最优方案的标准,有时与实际并不一致.这是因为:即使在同等风险条件下,不同人受地位、经济和性格的影响,对风险的态度也会各不相同,相同的收益对他们有着不同的“效用”(utility),就会作出不同的决策.

例 9.5.1 某公司拟建一新厂,有两个备选方案:建大厂(S_1),建小厂(S_2).S_1 成功、失败的概率分别为 0.7,0.3,相应的收益分别为 700 万元,−500 万元;S_2 成功的概率为 1,相应的收益为 50 万元.

显然,S_1,S_2 的期望收益分别为 $700\times 0.7+(-500)\times 0.3=340$ 万元,$500\times 1=50$ 万元.

根据期望值法知,该公司应选择方案 S_1.

然而,概率的不确定性可能会使得有的决策者不愿冒损失 500 万元的风险,而情愿选择方案 S_2,以稳获 50 万元.这表明每个决策者的头脑中都有着自己的一套评价标准.若决策模型不能反映决策者的评价标准,则很难被他接受.为此,引入效用函数(utility function)来描述决策者的决策偏向和评价标准.

效用函数 $u(x):x$(收益)$\to u(x)\in[0,1]$,其定义域为各方案的所有收益的值,函数值称为效用值. 显然,效用值是无量纲的相对的数值,它表示决策者对风险的态度、倾向、偏好程度.

一般的,常规定各方案在不同自然状态下可能获得的最小和最大收益对应的效用值分别为 0 和 1. 如在例 9.5.1 中,可令 $u(-500)=0,u(700)=1$,其他收益值对应的效用值常采用对比提问法来确定.

如前所述,决策者宁愿选择稳获 50 万元的方案 S_2,而不愿选择期望收益为 340 万元的方案 S_1,这说明在决策者看来,S_2 的效用比 S_1 高.

为确定 $u(50)$,我们适当提高 S_1 成功的概率后提问:"如果方案 S_1 以概率 0.8 获得 700 万元,以概率 0.2 损失 500 万元,而 S_2 仍以概率 1 获得 50 万元,那么,你将如何决策?"答案是"我会选择方案 S_1". 这说明在决策者看来,S_1 的效用比 S_2 高.

我们再次适当降低 S_1 成功的概率后提问:"如果方案 S_1 以概率 0.75 获得 700 万元,以概率 0.25 损失 500 万元,而 S_2 仍以概率 1 获得 50 万元,那么,你将如何决策?"答案变成"两个方案都可以选择". 这说明在决策者看来,S_1 与 S_2 的效用是相等的.

因此,令 $u(50)=u(700)\cdot 0.75+u(-500)\cdot 0.25=1\times 0.75+0\times 0.25=0.75$.

一般的,为得到效用函数,常采用插值方法:设决策者分别以概率 p_α 和 $p_\beta=1-p_\alpha$ 获得收益 α,β,以概率 1 获得收益 $\gamma\in[\alpha,\beta]$,若通过对比提问不断修正 p_α,直至最后发现:在决策者心目中,分别以概率 p_α,p_β 获得 α,β 的方案与以概率 1 获得 γ 的方案的效用值是相等的,则令 $u(\gamma)=u(\alpha)p_\alpha+u(\beta)p_\beta$.

所以,在给定方案的收益 x_i 后,总可根据上述插值方法得到其效用值 $u(x_i)$. 我们在坐标平面上描绘出点$(x_i,u(x_i))$,即可得到一条光滑的曲线,称之为效用(函数)曲线(图 9.5.1).

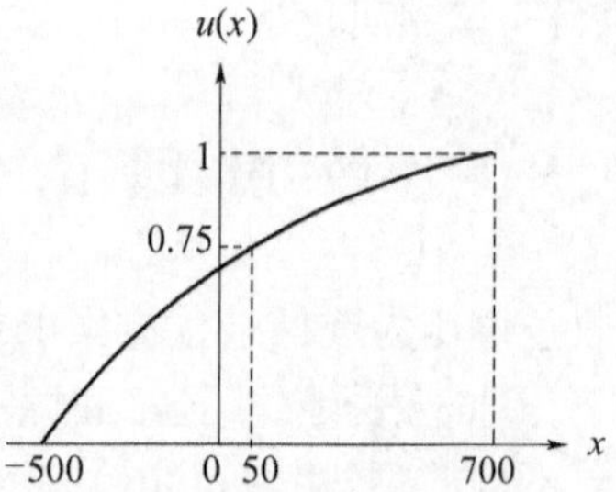

图 9.5.1

一般的,效用曲线有三种类型(图 9.5.2).

保守型:效用曲线为凸函数曲线. 从曲线上看,随着收益值的增加,效用值也增加,但效用值的增加速度越来越慢—对收益的反映较迟缓,对损失的反映较敏感. 该类决策者对肯定会获得的某一收益的效用大于对带有风险的相同收益的效用,即他们不愿冒风险.

冒险型:效用曲线为凹函数曲线. 从曲线上看,随着收益值的增加,效用值也增加,但效用值的增加速度越来越快—对损失的反映较迟缓,对收益的反映较敏感. 该类决策者对带有风险的某一收益的效用大于肯定会获得的相同收益的效用,即他们愿冒风险.

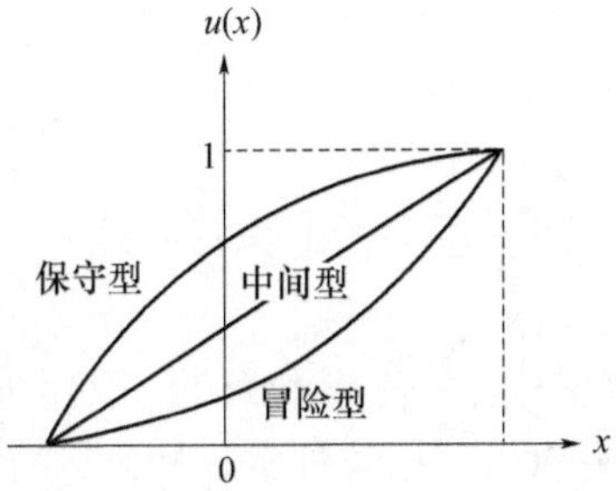

图 9.5.2

中间型:效用曲线为直线.从曲线上看,收益值和效用值按相同比例增减—对收益和损失的反映同等程度地敏感.该类决策者对肯定会获得的某一收益的效用等于对带有风险的相同收益的效用,即他们循规蹈矩,坚持中庸.

大多数人都是属于保守型的,中间型也占用一定比例,冒险型的人仅有少数一部分.改革开放的新时代需要更多进取型(冒险型)的人才.

练习 9

1. 某电视机厂 2005 年的产品更新方案有 A_1, A_2, A_3 三种.各种方案在高、中、低、差四种市场需求下的收益分别为

市场需求 / 收益 / 方案	高	中	低	差
A_1	15	8	0	-6
A_2	4	14	8	3
A_3	1	4	10	12

试分别利用悲观主义原则、乐观主义原则、折中主义原则(取 $\alpha=0.6$)、保守主义原则、平均主义原则作出决策.

2. 某企业有三种方案可供选择:方案一是对原厂进行扩建;方案二是对原厂进行技术改造;方案三是建新厂,而未来市场可能出现滞销、一般和畅销三种状态,其收益矩阵如下表.

	滞销	一般	畅销
方案一	-4	13	14
方案二	4	7	10
方案三	-5	12	16

试分别利用悲观主义原则、乐观主义原则、折中主义原则(取 $\alpha=0.6$)、保守主义原则、平均主义原则作出决策.

3. 某企业生产一种一次性商品. 当需求量为 A 时,企业生产 x 件商品获得的利润为(单位:元):$f(x)=\begin{cases}2x, & 0\leqslant x\leqslant A\\ 3A-x, & x>A\end{cases}$. 设 A 只有四个可能的取值:200 件、300 件、400 件和 500 件,并且它们出现的概率均为 0.25. 问若企业追求最大的期望利润,那么企业的最佳产量为多少件?

4. 某企业生产一种易变质产品,单位成本为 20 元,售价为 60 元. 每件售出可获利 40 元,如果当天剩余一件就要损失 20 元. 据统计资料知,日销售量及其概率如下:

日销售量/件	100	110	120	130
概率	0.2	0.4	0.3	0.1

试用收益最大化准则确定最优的生产量.

5. 某公司有 5 万元多余资金,如用于某项产品开发估计成功率为 96%,成功时一年可获利 12%,但一旦失败,有丧失全部资金的危险. 如把资金存进银行,则可稳得年利 6%. 为获得更多情报,该公司可求助于咨询服务,咨询费用为 500 元,但咨询意见只是提供决策参考. 据过去咨询公司类似 200 例咨询意见实施结果,统计结果如下:

	投资成功	投资失败	合计
可以投资	154	2	156
不宜投资	38	6	44
合计	192	8	200

试用决策树法分析:该公司是否值得求助于咨询公司?若求助于咨询公司,这部分多余资金该如何合理使用?

第10章　对策论

对策论(Game Theory)又称为博弈论、对策论或竞赛论,是研究对策现象中的对策各方是否存在最优行动方案,以及如何找到最优行动方案的数学理论和方法. 对策论既是现代数学的一个新分支,也是运筹学的一个重要研究内容.

对策论的思想古已有之,如我国战国时期的"齐王与田忌赛马". 人们对对策问题的研究最早可追溯到18世纪,如1838年古诺(Cournot)提出了经典的古诺模型;1883年,伯特兰德(Bertrand)提出了伯特兰德模型. 最早利用数学方法来研究对策论的是数学家齐默罗(E. Zermelo),他于1912年发表了论文《关于集合论在象棋对策中的应用》. 1944年,冯·诺伊曼(J. Von Neumann)和摩根斯特恩(O. Morgenstern)总结了前人关于对策论的研究成果,合著了《对策论与经济行为》(Theory of Games and Economic Behavior)一书,使得对策论的研究开始系统化和公理化,并具有了深刻的经济背景,标志着对策论的初步形成. 1950年,纳什(John Nash)将对策论扩展到非合作对策,提出了"纳什均衡"(Nash Equilibrium)的概念,证明了纳什定理(纳什均衡存在性定理),发展了以纳什均衡概念为核心的非合作对策的基础理论. 1965年,塞尔顿(R. Selten)发现并非所有纳什均衡都是合理的,进而提出了用"子博弈完美纳什均衡"(Subgame Perfect Nash Equilibrium)对纳什均衡作完美化精炼的思想;1975年,他还提出了"颤抖手均衡"(Trembling Hand Equilibrium)的概念. 1967—1968年,海萨尼(J. Harsanyi)提出了不完全信息对策理论,以及"贝叶斯纳什均衡"(Bayesian Nash Equilibrium)的概念. 1994年,纳什、海萨尼和塞尔顿共同获得诺贝尔经济学奖,使得对策论作为重要的经济学分支学科的地位和作用得到了最具权威性的肯定. 1996年,对策论和信息经济学家莫里斯(James A. Mirrlees)和维克瑞(William Wickrey)因在不对称信息条件下激励机制问题的基础性研究而共同获得诺贝尔经济学奖. 2005年10月10日,持有以色列和美国双重国籍的罗伯特·奥曼(Robert J. Aumann)和美国公民托马斯·谢林(Thomas C. Schelling)因将博弈论应用于经济领域的出色成果而共同获得诺贝尔经济学奖.

10.1　对策模型

具有对抗、竞争、冲突等性质的现象称为对策现象. 对策现象在日常生活中是普遍存在的,如下棋,打桥牌,体育比赛,商业竞争,商务谈判,战争等. 在对策现象中,参与对策的各方为获得各自的利益,总是力图考虑到对手的各种可能的行动方案,并选择对自己最有利的行动方案.

1. 对策问题的三个要素

(1) 局中人(player):参加对策的各方.

由局中人组成的集合称为局中人集合,常记为 $I=\{1,2,\cdots,n\}$. 对策问题中规定局中人是理智的(reasonable),不存在侥幸心理,不存在利用其他局中人的决策失误来扩大自身利益的行为;局中人可以是个人,也可以是一个集体;利益完全一致的参加者视为一个局中人.

(2) 策略(strategy):局中人在对策中选择的一个可行的完整的行动方案.

局中人 i 的全部策略构成的集合称为局中人 i 的策略集合,用 S_i 表示. 在一局对策中,各局中人分别选择作出的一个策略构成的一个策略组称为局势,用 S 表示. 若在一局对策中局中人 i 的策略为 α_i,则 n 个局中人的策略构成一个局势 $S=(\alpha_1,\alpha_2,\cdots,\alpha_n)$. 对策过程中所有局势的集合称为局势集合,记为 $S_1\times S_2\times\cdots\times S_n=\{(\alpha_1,\alpha_2,\cdots,\alpha_n)\mid\alpha_i\in S_i,i=1,2,\cdots,n\}$.

显然,局势唯一确定本局对策的结果——收益.

(3) 收益(return):一局对策的结果的数量表示.

收益或为赢得(earning)或为支付(payoff);收益和局势之间一一对应,在局势集合上构成了一个函数关系. 局中人 i 的收益函数记为 $H_i=H_i(S),S\in S_1\times S_2\times\cdots\times S_n$.

具备了以上三个要素,即可建立对策模型:$G=(I,\{S_i\}_{i\in I},\{H_i\}_{i\in I})$.

例 10.1.1 (猜硬币游戏)甲、乙两人各抛掷一枚硬币,在落地以前,以手覆之. 双方约定:若两枚都是正面或反面,则甲得 1 分,乙得 −1 分;若一个正面一个反面,则甲得 −1 分,乙得 1 分;最终得分最多者为胜.

显然,这是一个对策问题 $G=(I,\{S_1,S_2\},\{H_1,H_2\})$,其中局中人为甲(1),乙(2),局中人集合为 $I=\{1,2\}$.

局中人 1 的策略有 $\alpha_1=$(出正面),$\alpha_2=$(出反面),故局中人 1 的策略集合为 $S_1=\{\alpha_1,\alpha_2\}$;同样,局中人 2 的策略有 $\beta_1=$(出正面),$\beta_2=$(出反面),故局中人 2 的策略集合为 $S_2=\{\beta_1,\beta_2\}$. 局势集合为 $S_1\times S_2=\{(\alpha_1,\beta_1),(\alpha_1,\beta_2),(\alpha_2,\beta_1),(\alpha_2,\beta_2)\}$.

局中人 1 的收益为 $H_1(\alpha_1,\beta_1)=1,H_1(\alpha_1,\beta_2)=-1,H_1(\alpha_2,\beta_1)=-1,H_1(\alpha_2,\beta_2)=1$;局中人 2 的收益为 $H_2(\alpha_1,\beta_1)=-1,H_2(\alpha_1,\beta_2)=1,H_2(\alpha_2,\beta_1)=1,H_2(\alpha_2,\beta_2)=-1$.

为表达简明起见,可将局中人 1、2 的收益分别用下面的两个收益矩阵来描述:

$$\boldsymbol{A}=\begin{pmatrix}1&-1\\-1&1\end{pmatrix},\ -\boldsymbol{A}=\begin{pmatrix}-1&1\\1&-1\end{pmatrix}$$

例 10.1.2 (齐王与田忌赛马)这是一个对策问题策 $G=(I,\{S_1,S_2\},\{H_1,H_2\})$,其中局中人为齐王(1),田忌(2),局中人集合为 $I=\{1,2\}$.

局中人 1 的策略有 $\alpha_1=$(上中下),$\alpha_2=$(上下中),$\alpha_3=$(中上下),$\alpha_4=$(中下上),$\alpha_5=$(下上中),$\alpha_6=$(下中上),故局中人 1 的策略集合为 $S_1=\{\alpha_1,\alpha_2,\alpha_3,\alpha_4,\alpha_5,\alpha_6\}$;局中人 2 的策略有 $\beta_1=$(上中下),$\beta_2=$(上下中),$\beta_3=$(中上下),$\beta_4=$(中下上),$\beta_5=$(下上中),$\beta_6=$(下中上),故局中人 2 的策略集合为 $S_2=\{\beta_1,\beta_2,\beta_3,\beta_4,\beta_5,\beta_6\}$.

(局中人 1 的)收益矩阵为

$$\boldsymbol{A}=\begin{pmatrix}3&1&1&1&1&-1\\1&3&1&1&-1&1\\1&-1&3&1&1&1\\-1&1&1&3&1&1\\1&1&-1&1&3&1\\1&1&1&-1&1&3\end{pmatrix}$$

例 10.1.3 （剪子，包袱，锤游戏）两小儿玩“剪子，包袱，锤”游戏. 双方约定：剪子可裁包袱，包袱可包锤，锤可砸剪子；胜者得 1 分，输者失 1 分，平局时各得 0 分.

这是一个对策问题 $G=(I,\{S_1,S_2\},\{H_1,H_2\})$，其中局中人为小儿 1(1)，小儿 2(2)，局中人集合为 $I=\{1,2\}$.

局中人 1 的策略有 $\alpha_1=\{$剪子$\}$，$\alpha_2=\{$包袱$\}$，$\alpha_3=\{$锤$\}$，故局中人 1 的策略集合为 $S_1=\{\alpha_1,\alpha_2,\alpha_3\}$；局中人 2 的策略有 $\beta_1=\{$剪子$\}$，$\beta_2=\{$包袱$\}$，$\beta_3=\{$锤$\}$，故局中人 2 的策略集合为 $S_2=\{\beta_1,\beta_2,\beta_3\}$.

（局中人 1 的）收益矩阵为

$$\boldsymbol{A}=\begin{pmatrix} 0 & 1 & -1 \\ -1 & 0 & 1 \\ 1 & -1 & 0 \end{pmatrix}$$

2. 对策问题的分类

(1) 根据局中人的个数，可分为二人对策(2 - player game)和多人对策(many - player game).

(2) 根据各局中人的收益之代数和是否为 0，可分为零和对策(zero - sum game)和非零和对策(nonzero - sum game). 如“齐王与田忌赛马”是一个零和对策.

(3) 根据各局中人之间是否允许合作，可分为合作对策(cooperative game)和非合作对策(uncooperative game).

例 10.1.4 （囚徒的困境）警方逮捕了两个犯罪嫌疑人，为防其串供，将其分别关押、审讯. 面对审讯，两囚犯可选择的策略都是“坦白”和“不坦白”. 如果他们都坦白，将分别获刑 6 年；如果他们都不坦白，将分别获刑 1 年；如果他们之中有一人坦白，一人不坦白，则坦白者立即获释，不坦白者将获刑 10 年. 问：两囚犯应选择何种策略？显然，这是一个非合作对策.

(4) 根据局中人的策略的个数，可分为有限对策(finite game)和无限对策(infinite game).

(5) 根据策略的选择是否与时间有关，可分为静态对策(static game)（各局中人同时选择自己的策略），动态对策(dynamic game)和重复对策(repeated game).

(6) 根据对策模型的数学特征，可分为矩阵对策(matrix game)、连续对策、微分对策、阵地对策、凸对策和随机对策等.

(7) 根据各局中人是否都完全了解所有局中人各种情况下的收益，可分为完全信息对策(complete information game)和不完全信息对策(incomplete information game).

(8) 根据轮到行为的局中人是否都完全了解此前的全部对策过程，可分为完美信息对策(perfect information game)和不完美信息对策(imperfect information game).

在众多对策模型中，矩阵对策（二人有限零和对策）是一类最简单的对策模型，也是到目前为止在理论研究和解决方法方面都比较成熟的一个对策分支. 基于这一原因，本章将主要介绍矩阵对策.

定义 10.1.1 给定对策 $G=(I,\{S_i\}_{i\in I},\{H_i\}_{i\in I})$ 及其一个局势 $S=(\alpha_1,\cdots,\alpha_{i-1},\alpha_i,\alpha_{i+1},\cdots,\alpha_n)$，若任一局中人 $i\in I$ 的策略 α_i 都是其余局中人的策略组合 $(\alpha_1,\cdots,\alpha_{i-1},$

α_{i+1}, …, α_n)的最优对策,即 $\forall \alpha \in S_i$,有 $H_i(\alpha_1,\cdots,\alpha_{i-1},\alpha_i,\alpha_{i+1},\cdots,\alpha_n) \geqslant H_i(\alpha_1,\cdots,\alpha_{i-1},\alpha,\alpha_{i+1},\cdots,\alpha_n)$,则 S 称为 G 的一个纳什均衡(Nash Equilibrium).

显然,在纳什均衡下,任一局中人单方面改变自己的策略都会减少自己的收益. 如(坦白,坦白)就是"囚徒的困境"的唯一的一个纳什均衡;然而,收益矩阵为如下矩阵的对策问题不存在纳什均衡:

		局中人2 β_1	局中人2 β_2
局中人1	α_1	2.3	5.2
	α_2	3.1	1.5

我们称它不存在纯策略纳什均衡(pure strategy Nash equilibrium);但两个局中人可以分别以某种概率分布来选择自己的策略,称为混合策略(mixed strategy),相应的纳什均衡称为混合策略纳什均衡(mixed strategy Nash equilibrium).

定理 10.1.1 (纳什定理,Nash,1950 年)任一有限对策都至少存在一个混合策略纳什均衡,即若不存在纯策略纳什均衡,则必至少存在一个混合策略纳什均衡.

10.2 矩阵对策的纯策略

二人有限零和对策(2 - player finite zero - sum game)是指有两个局中人,每个局中人的策略集合为有限集,两个局中人的收益之和为 0 的对策问题.

给定一个二人有限零和对策 $G=(I,\{S_1,S_2\},\{H_1,H_2\})$,可确定一个收益矩阵 $\boldsymbol{A}=(a_{ij})_{m\times n}$,其中 $a_{ij}=H_1(\alpha_i,\beta_j)(i=1,2,\cdots,m,j=1,2,\cdots,n)$. 当然,局中人 2 的收益矩阵为 $-\boldsymbol{A}$. 反之,给定一个矩阵 $\boldsymbol{A}=(a_{ij})_{m\times n}$,若令 $I=\{1,2\}$,$S_1=\{\alpha_1,\alpha_2,\cdots,\alpha_m\}$,$S_2=\{\beta_1,\beta_2,\cdots,\beta_n\}$,$H_1(\alpha_i,\beta_j)=a_{ij}$,$H_2(\alpha_i,\beta_j)=-a_{ij}(i=1,2,\cdots,m,j=1,2,\cdots,n)$,则可确定一个二人有限零和对策 $G=(I,\{S_1,S_2\},\{H_1,H_2\})$. 如此,二人有限零和对策和矩阵一一对应,故二人有限零和对策亦称为矩阵对策(matrix game),记为 $G=(S_1,S_2,\boldsymbol{A})$.

显然,猜硬币游戏、齐王与田忌赛马、"剪子,包袱,锤游戏"都是矩阵对策.

引例 给定矩阵对策 $\Gamma=(S_1,S_2,\boldsymbol{A})$,其中 $S_1=\{\alpha_1,\alpha_2,\alpha_3\}$,$S_2=\{\beta_1,\beta_2,\beta_3\}$,

$$\boldsymbol{A}=\begin{pmatrix} -1 & 3 & -2 \\ 4 & 3 & 2 \\ 6 & 1 & -8 \end{pmatrix}.$$

从收益矩阵 $\boldsymbol{A}$ 可见,局中人 1 的最大收益为 6,故理智的局中人 1 为获得此收益,基于贪心心理,应出策略 α_3;但理智的局中人 2 虑及局中人 1 的此种心理,会出策略 β_3,致使局中人 1 在局势(α_3,β_3)下,不仅不会获得收益 6,而且会获得收益 -8;同样,局中人 1 也会虑及局中人 2 的上述心理而出策略 α_2,获得收益 2;同样,局中人 2 也会虑及局中人 1 的上述心理而出策略 β_3,获得收益 -2.

在上述"角逐"中,局中人 1,2 最终在局势(α_2,β_3)下分别获得了最大收益 $H_1(\alpha_2,\beta_3)=a_{23}=2$,$H_2(\alpha_2,\beta_3)=-a_{23}=-2$. 故局中人 1,2 的最优策略分别为 α_2,β_3.

显然,上述寻找局中人的最优策略的"角逐式"方法未免过于繁琐,那么有无其他方法呢？不妨分别利用解决不确定性决策问题的悲观主义原则来求局中人 1,2 的最优策略.

先利用悲观主义原则来求局中人 1 的最优策略：由 $\max\{\min\{-1,3,-2\},\min\{4,3,2\},\min\{6,1,-8\}\}=\max\{-2,2,-8\}=2=a_{23}$ 知，局中人 1 的最优策略为 α_2，最优收益为 $H_1(\alpha_2,\beta_3)=a_{23}=2$.

再利用悲观主义原则来求局中人 2 的最优策略：由局中人 1 的收益矩阵 $\boldsymbol{A}$ 知，局中人 2 的收益矩阵为 $-\boldsymbol{A}=\begin{pmatrix}1 & -3 & 2\\ -4 & -3 & -2\\ -6 & -1 & 8\end{pmatrix}$.

由 $\max\{\min\{1,-4,-6\},\min\{-3,-3,-1\},\min\{2,-2,8\}\}=\max\{-6,-3,-2\}=-2$ 知，局中人 2 的最优策略为 β_3，最优收益为 $H_2(\alpha_2,\beta_3)=-a_{23}=-2$.

事实上，亦可直接由局中人 1 的收益矩阵 $\boldsymbol{A}$ 来求局中人 2 的最优策略：由 $\min\{\max\{-1,4,6\},\max\{3,3,1\},\max\{-2,2,-8\}\}=\min\{6,3,2\}=2=a_{23}$ 知，局中人 2 的最优策略为 β_3，最优收益为 $H_2(\alpha_2,\beta_3)=-a_{23}=-2$.

这样，在局势 (α_2,β_3) 下，局中人 1 获得最优收益 2，局中人 2 获得最优收益 -2，局中人 1 的最优策略为 α_2，局中人 2 的最优策略为 β_3，且 $\max\limits_i\min\limits_j\{a_{ij}\}=\min\limits_j\max\limits_i\{a_{ij}\}=a_{23}$.

很巧，当分别利用悲观主义原则求得的局中人 1、2 的最优收益在某一个局势下达到一致时，即得局中人 1、2 的最优策略，而此最优策略竟然与利用"角逐式"方法达到的最优策略是相同的.

定义 10.2.1 给定矩阵对策 $G=(S_1,S_2,\boldsymbol{A})$，若 $\exists$ 局势 $(\alpha_{i^*},\beta_{j^*})\in S_1\times S_2$，使 $\max\limits_i\min\limits_j\{a_{ij}\}=\min\limits_j\max\limits_i\{a_{ij}\}=a_{i^*j^*}$，则称 $(\alpha_{i^*},\beta_{j^*})$ 是 G 的一个纯策略解或鞍点(saddle point)，α_{i^*}，β_{j^*} 分别为局中人 1、2 的最优纯策略(optimal pure strategy)，$a_{i^*j^*}$ 为 G 的值(value)，记为 $v(G)=a_{i^*j^*}$.

定理 10.2.1 矩阵对策 $G=(S_1,S_2,\boldsymbol{A})$ 存在纯策略解 $\Leftrightarrow\exists$ 局势 $(\alpha_{i^*},\beta_{j^*})\in S_1\times S_2$，使 $\forall i=1,2,\cdots,m,j=1,2,\cdots,n$，有 $a_{ij^*}\leqslant a_{i^*j^*}\leqslant a_{i^*j}$.

证明 "$\Leftarrow$"设 $\forall i,j$，有 $a_{ij^*}\leqslant a_{i^*j^*}\leqslant a_{i^*j}$，则

(1) $\max\limits_i\{a_{ij^*}\}\leqslant a_{i^*j^*}\leqslant\min\limits_j\{a_{i^*j}\}$

$\Rightarrow\min\limits_j\max\limits_i\{a_{ij}\}\leqslant\max\limits_i\{a_{ij^*}\}\leqslant a_{i^*j^*}\leqslant\min\limits_j\{a_{i^*j}\}\leqslant\max\limits_i\min\limits_j\{a_{ij}\}$；

(2) $\forall i,j$，有 $\min\limits_j\{a_{ij}\}\leqslant a_{ij}\leqslant\max\limits_i\{a_{ij}\}\Rightarrow\max\limits_i\min\limits_j\{a_{ij}\}\leqslant\min\limits_j\max\limits_i\{a_{ij}\}$.

联合(1)、(2)，有 $\max\limits_i\min\limits_j\{a_{ij}\}=\min\limits_j\max\limits_i\{a_{ij}\}=a_{i^*j^*}$.

由定义 10.2.1 知，G 存在纯策略解.

"$\Rightarrow$"设 G 存在纯策略解，则由定义 10.2.1 知，$\exists$ 局势 $(\alpha_{i^*},\beta_{j^*})\in S_1\times S_2$，使 $\max\limits_i\min\limits_j\{a_{ij}\}=\min\limits_j\max\limits_i\{a_{ij}\}=a_{i^*j^*}$.

于是，有

(3) $\max\limits_i\min\limits_j\{a_{ij}\}=a_{i^*j^*}\Rightarrow\min\limits_j\{a_{i^*j}\}=a_{i^*j^*}\Rightarrow a_{i^*j^*}\leqslant a_{i^*j}$；

(4) $\min\limits_j\max\limits_i\{a_{ij}\}=a_{i^*j^*}\Rightarrow\max\limits_i\{a_{ij^*}\}=a_{i^*j^*}\Rightarrow a_{ij^*}\leqslant a_{i^*j^*}$.

联合(3)、(4)，有 $a_{ij^*}\leqslant a_{i^*j^*}\leqslant a_{i^*j}$.

注 在定理 10.2.1 中,根据纳什均衡理论,$(\alpha_{i^*},\beta_{j^*})$即为矩阵对策 G 的一个纯策略纳什均衡.

性质 10.2.1 (无差别性)若$(\alpha_{i_1},\beta_{j_1})$,$(\alpha_{i_2},\beta_{j_2})$都是矩阵对策 $G=(S_1,S_2,\boldsymbol{A})$的纯策略解,则 $a_{i_1j_1}=a_{i_2j_2}=v(G)$.

性质 10.2.2 (可交换性)若$(\alpha_{i_1},\beta_{j_1})$,$(\alpha_{i_2},\beta_{j_2})$都是矩阵对策 $G=(S_1,S_2,\boldsymbol{A})$的纯策略解,则$(\alpha_{i_1},\beta_{j_2})$,$(\alpha_{i_1},\beta_{j_2})$也是 G 的纯策略解.

性质 10.2.3 (线性性)(1)给定两个纯策略矩阵对策 $G_1=(S_1,S_2,\boldsymbol{A})$和 $G_2=(S_1,S_2,k\boldsymbol{A})$,其中 k 是任一正常数,则 G_1 与 G_2 有相同的纯策略解,且 $v(G_2)=kv(G_1)$.(2)给定两个纯策略矩阵对策 $G_1=(S_1,S_2,\boldsymbol{A}_1)$和 $G_2=(S_1,S_2,\boldsymbol{A}_2)$,其中 $\boldsymbol{A}_1=(a_{ij})_{m\times n}$,$\boldsymbol{A}_2=(a_{ij}+k)_{m\times n}$,$k$ 是任一常数,则 G_1 与 G_2 有相同的纯策略解,且 $v(G_2)=v(G_1)+k$.

定义 10.2.2 给定纯策略矩阵对策 $G=(S_1,S_2,\boldsymbol{A})$,若 $a_{ij}\geqslant a_{kj}(j=1,2,\cdots,n)$,则称局中人 1 的策略 α_i 优超于策略 α_k,记为 $\alpha_i>\alpha_k$;若 $a_{ij}\leqslant a_{ik}(i=1,2,\cdots,m)$,则称局中人 2 的策略 β_j 优超于策略 β_k,记为 $\beta_j>\beta_k$.

性质 10.2.4 (优超原理)给定纯策略矩阵对策 $G=(S_1,S_2,\boldsymbol{A})$,若 $\alpha_i>\alpha_k$,则可将策略 α_k 从策略集合 S_1 中去掉,并将矩阵 $\boldsymbol{A}$ 的第 k 行去掉,不影响 G 的纯策略解;若 $\beta_j>\beta_k$,则可将策略 β_k 从策略集合 S_2 中去掉,并将矩阵 $\boldsymbol{A}$ 的第 k 列去掉,不影响 G 的纯策略解.

显然,利用优超原理可降低收益矩阵的阶数,进而降低矩阵对策的规模.

例 10.2.1 求解矩阵对策 $G=(S_1,S_2,\boldsymbol{A})$,其中 $S_1=\{\alpha_1,\alpha_2,\alpha_3\}$,$S_2=\{\beta_1,\beta_2,\beta_3\}$,
$$\boldsymbol{A}=\begin{pmatrix}4&1&2\\-3&0&4\\3&-1&0\end{pmatrix}.$$

解 因$\max\limits_i\min\limits_j\{a_{ij}\}=\max\{\underline{1},-3,-1\}=1=a_{12}$,$\min\limits_j\max\limits_i\{a_{ij}\}=\min\{4,\underline{1},4\}=1=a_{12}$,故 G 的纯策略解为(α_1,β_2),局中人 1、2 的最优纯策略分别为 α_1,β_2,且 $v(G)=1$.

例 10.2.2 "齐王与田忌赛马"对策问题有无最优策略?

解 这是一个矩阵对策 $G=(S_1,S_2,\boldsymbol{A})$,其中 $S_1=\{\alpha_1,\alpha_2,\alpha_3,\alpha_4,\alpha_5,\alpha_6\}$,$S_2=\{\beta_1,\beta_2,\beta_3,\beta_4,\beta_5,\beta_6\}$,
$$\boldsymbol{A}=\begin{pmatrix}3&1&1&1&1&-1\\1&3&1&1&-1&1\\1&-1&3&1&1&1\\-1&1&1&3&1&1\\1&1&-1&1&3&1\\1&1&1&-1&1&3\end{pmatrix}.$$

因$\min\limits_j\{a_{ij}\}=\max\{-1,-1,-1,-1,-1,-1\}=-1$,$\min\limits_j\max\limits_i\{a_{ij}\}=\min\{3,3,3,3,3,3\}=3$,故 G 无纯策略解,当然也无最优纯策略.

例 10.2.3 某病人可能患有 β_1,β_2,β_3 三种疾病,医生可开的药有 α_1,α_2 两种. 两种药对不同疾病的治愈率如下:

治愈率 疾病 药	β_1	β_2	β_3
α_1	0.5	0.4	0.6
α_2	0.7	0.1	0.8

问医生应开哪种药最为稳妥？

解 这是一个矩阵对策 $G=(S_1,S_2,\boldsymbol{A})$，其中局中人1、2分别为医生、病人，策略集合分别为 $S_1=\{\alpha_1,\alpha_2\}$，$S_2=\{\beta_1,\beta_2,\beta_3\}$，收益矩阵为 $\boldsymbol{A}=\begin{pmatrix}0.5 & 0.4 & 0.6\\ 0.7 & 0.1 & 0.8\end{pmatrix}$.

因 $\max\limits_i\min\limits_j\{a_{ij}\}=\max\{0.4,0.1\}=0.4=a_{12}$，$\min\limits_j\max\limits_i\{a_{ij}\}=\min\{0.5,0.4,0.8\}=0.4=a_{12}$，故 G 的纯策略解为 (α_1,β_2)，局中人1的最优纯策略为 α_1. 因此，医生给病人开药 α_1 最为稳妥.

例 10.2.4 （储煤问题）某单位计划在秋季购买一批煤炭，以供冬季取暖之用. 根据往年经验知，在较暖、正常、较冷气温条件下消耗煤的数量分别为10t、15t、20t. 在秋季时，煤价为100元/t；在冬季时，煤价会随气温的变化而变化，较暖、正常、较冷气温条件下的煤价分别为100元/t、150元/t、200元/t. 问：在没有当年冬季准确的气温预报的情况下，该单位应在秋季购煤多少，才能使冬季取暖费用最少？

解 显然，这是一个对策问题，其中局中人1、2分别为单位、气温条件；局中人1的策略集合为 $S_1=\{\alpha_1,\alpha_2,\alpha_3\}$，其中 $\alpha_1=$（在秋季购煤10t），$\alpha_2=$（在秋季购煤15t），$\alpha_3=$（在秋季购煤20t）；局中人2的策略集合为 $S_2=\{\beta_1,\beta_2,\beta_3\}$，其中 $\beta_1=$（冬季气温较暖），$\beta_2=$（冬季气温正常），$\beta_3=$（冬季气温较冷）；局中人1的收益为

$H_1(\alpha_1,\beta_1)=100\times10=1000$，$H_1(\alpha_1,\beta_2)=100\times10+150\times(15-10)=1750$，

$H_1(\alpha_1,\beta_3)=100\times10+200\times(20-10)=3000$；

$H_1(\alpha_2,\beta_1)=100\times15=1500$，$H_1(\alpha_2,\beta_2)=100\times15=1500$，

$H_1(\alpha_2,\beta_3)=100\times15+200\times(20-15)=2500$；

$H_1(\alpha_3,\beta_1)=100\times20=2000$，$H_1(\alpha_3,\beta_2)=100\times20=2000$，

$H_1(\alpha_3,\beta_3)=100\times20=2000$.

故收益矩阵为

$$\boldsymbol{A}=\begin{pmatrix}1000 & 1750 & 3000\\ 1500 & 1500 & 2500\\ 2000 & 2000 & 2000\end{pmatrix}$$

于是，得矩阵对策 $G=(S_1,S_2,\boldsymbol{A})$.

因 $\max\limits_i\min\limits_j\{a_{ij}\}=\max\{1000,1500,2000\}=2000$，$\min\limits_j\max\limits_i\{a_{ij}\}=\min\{2000,2000,3000\}=2000$，故 G 的纯策略解为 (α_3,β_1) 或 (α_3,β_2)，局中人1的最优纯策略为 α_3，且 $v(G)=2000$. 因此，该单位应在秋季购煤20t，才能使冬季取暖费用最少，且最少费用为2000元.

10.3 矩阵对策的混合策略

"剪子,包袱,锤游戏"和"齐王与田忌赛马"问题都没有最优纯策略,即都不存在纯策略纳什均衡.那么,类似这样的矩阵对策中的局中人应怎样选择自己的最优策略呢?一个自然的想法是:每个局中人都以某种概率分布来选择其各个策略.

给定(纯策略)矩阵对策 $G=(S_1,S_2,\boldsymbol{A})$,其中 $S_1=\{\alpha_1,\alpha_2,\cdots,\alpha_m\}$, $S_2=\{\beta_1,\beta_2,\cdots,\beta_n\}$, $\boldsymbol{A}=(a_{ij})_{m\times n}$.设局中人1分别以概率 $x_1,x_2,\cdots,x_m$ $\left(\sum\limits_{i=1}^{m}x_i=1;x_i\geqslant 0,i=1,2,\cdots,m\right)$ 来选择策略 $\alpha_1,\alpha_2,\cdots,\alpha_m$,局中人2分别以概率 $y_1,y_2,\cdots,y_n$ $\left(\sum\limits_{j=1}^{n}y_j=1;y_j\geqslant 0,j=1,2,\cdots,n\right)$ 来选择策略 $\beta_1,\beta_2,\cdots,\beta_n$,则根据概率论上二维随机变量的数学期望的定义知,局中人1的期望收益为 $E(x,y)=\sum\limits_{i=1}^{m}\sum\limits_{j=1}^{n}a_{ij}x_iy_j=x^{\mathrm{T}}Ay$,其中 $x=(x_1,x_2,\cdots,x_m)^{\mathrm{T}}$, $y=(y_1,y_2,\cdots,y_n)^{\mathrm{T}}$.

引入符号:

$$S_1^*=\left\{x=(x_1,x_2,\cdots,x_m)^{\mathrm{T}}\;\middle|\;\sum_{i=1}^{m}x_i=1;x_i\geqslant 0,i=1,2,\cdots,m\right\}$$

$$S_2^*=\left\{y=(y_1,y_2,\cdots,y_n)^{\mathrm{T}}\;\middle|\;\sum_{j=1}^{n}y_j=1;y_j\geqslant 0,j=1,2,\cdots,n\right\}$$

$E=E(x,y)$, $x\in S_1^*$, $y\in S_2^*$.

定义 10.3.1 称 $G^*=(S_1^*,S_2^*,E)$ 为一个混合策略(mixed strategy)矩阵对策,或纯策略矩阵对策 $G=(S_1,S_2,A)$ 的混合扩充;S_1^*, S_2^* 分别为局中人1、2的混合策略集合,$\forall x\in S_1^*$, $y\in S_2^*$ 分别为局中人1、2的混合策略;(x,y) 为一个混合局势,$S_1^*\times S_2^*=\{(x,y)\mid x\in S_1^*,y\in S_2^*\}$ 为混合局势集合;$E=E(x,y)$, $(x,y)\in S_1^*\times S_2^*$ 为局中人1的期望收益函数.

定义 10.3.2 给定一个混合策略矩阵对策 $G^*=(S_1^*,S_2^*,E)$,若∃混合局势 $(x,y)\in S_1^*\times S_2^*$,使 $\max\limits_{x\in S_1^*}\min\limits_{y\in S_2^*}\{E(x,y)\}=\min\limits_{y\in S_2^*}\max\limits_{x\in S_1^*}\{E(x,y)\}=E(x^*,y^*)$,则称 (x^*,y^*) 是 G^* 的一个混合策略解,x^*, y^* 分别为局中人1、2的最优混合策略(optimal mixed strategy),$E(x^*,y^*)$ 为 G^* 的值,记为 $v(G^*)=E(x^*,y^*)$.

定理 10.3.1 混合策略矩阵对策 $G^*=(S_1^*,S_2^*,E)$ 存在混合策略解 ⇔ ∃混合局势 $(x^*,y^*)\in S_1^*\times S_2^*$,使 $\forall(x,y)\in S_1^*\times S_2^*$,有 $E(x,y^*)\leqslant E(x^*,y^*)\leqslant E(x^*,y)$.

矩阵对策的混合策略纳什均衡的求解有特殊方法.下面介绍混合策略矩阵对策 $G^*=(S_1^*,S_2^*,E)$ 的线性规划解法.

给定纯策略矩阵对策 $G=(S_1,S_2,\boldsymbol{A})$ 的混合扩充,即混合策略矩阵对策 $G^*=(S_1^*,S_2^*,\boldsymbol{E})$,不失一般性.设 $\boldsymbol{A}>O$,即 $a_{ij}>0,i=1,2,\cdots,m;j=1,2,\cdots,n$;否则,可利用性质10.2.3(2)使之满足要求.

设局中人1先选择一个混合策略 x,则局中人2会相应地选择某一混合策略 y^*,使 E

$(x,y^*)=\min\limits_{y\in S_2^*}\{E(x,y)\}$；接下来，局中人 1 当然也会相应地选择某一混合策略 x^*，使 $E(x^*,y^*)=\max\limits_{x\in S_1^*}\{E(x,y^*)\}=\max\limits_{x\in S_1^*}\{\min\limits_{y\in S_2^*}\{E(x,y)\}\}=\max\limits_{x\in S_1^*}\min\limits_{y\in S_2^*}\{E(x,y)\}$.

由期望收益 $E(x,y)$ 的定义，有

$$\min_{y\in S_2^*}\{E(x,y)\}=\min_{y\in S_2^*}\left\{\sum_{i=1}^{m}\sum_{j=1}^{n}a_{ij}x_iy_j\right\}=\min_{y\in S_2^*}\left\{\sum_{j=1}^{n}\left(\sum_{i=1}^{m}a_{ij}x_i\right)y_j\right\}\overset{g_j=\sum_{i=1}^{m}a_{ij}x_i}{=}\min_{y\in S_2^*}\left\{\sum_{j=1}^{n}g_jy_j\right\}\overset{\Delta}{=}u.$$

令 $g_k=\min\limits_{1\leqslant j\leqslant n}\{g_j\}$，则 $\sum\limits_{j=1}^{n}g_jy_j\geqslant\sum\limits_{j=1}^{n}g_ky_j=g_k\sum\limits_{j=1}^{n}y_j=g_k\cdot 1=g_k$

又当 $(y_1,\cdots y_k,\cdots,y_n)=(0,\cdots 1,\cdots,0)$ 时，$\sum\limits_{j=1}^{n}g_jy_j=g_k$

故 $u=\min\limits_{j\in S_2^*}\left\{\sum\limits_{j=1}^{n}g_jy_j\right\}=g_k=\min\limits_{1\leqslant j\leqslant n}\{g_j\}=\min\limits_{1\leqslant j\leqslant n}\left\{\sum\limits_{i=1}^{m}a_{ij}x_i\right\}$.

从而，$E(x^*,y^*)=\max\limits_{x\in S_1^*}\{u\}$. 于是，求局中人 1 的最优混合策略 x^* 等价于在约束条件"$u=\min\limits_{1\leqslant j\leqslant n}\left\{\sum\limits_{i=1}^{m}a_{ij}x_i\right\}\Rightarrow\sum\limits_{i=1}^{m}a_{ij}x_i\geqslant u,j=1,2,\cdots,n;\sum\limits_{i=1}^{m}x_i=1;x_i\geqslant 0,i=1,2,\cdots,m$"下，求局中人 1 的一个混合策略 x^*，使 $E(x^*,y^*)=\max\limits_{x\in S_1^*}\{u\}$，即等价于求解线性规划问题

$$P_1:\begin{cases}\max & u\\ \text{s.t.} & \sum\limits_{i=1}^{m}a_{ij}x_i\geqslant u,j=1,2,\cdots,n\\ & \sum\limits_{i=1}^{m}x_i=1\\ & x_i\geqslant 0,i=1,2,\cdots,m\end{cases}.$$

显然，$(x_1,x_2,\cdots,x_m)=(1,0,\cdots,0)$，$u=\min\limits_{j\leqslant 1\leqslant n}\{a_{1j}\}\in K(P_1)$，所以 $K(P_1)\neq\varnothing$.

由对收益矩阵的约定 $\boldsymbol{A}>O$ 知，$u>0$.

令 $x'_i=\dfrac{x_i}{u},i=1,2,\cdots,m$，则 $\sum\limits_{i=1}^{m}a_{ij}x_i\geqslant u\Leftrightarrow\sum\limits_{i=1}^{m}a_{ij}x'_i\geqslant 1$，$\sum\limits_{i=1}^{m}x_i=1\Leftrightarrow\sum\limits_{i=1}^{m}x'_i=\dfrac{1}{u}$.

于是

$$P_1\Leftrightarrow P:\begin{cases}\min & \sum\limits_{i=1}^{m}x'_i\\ \text{s.t.} & \sum\limits_{i=1}^{m}a_{ij}x'_i\geqslant 1,j=1,2,\cdots,n\\ & x'_i\geqslant 0,i=1,2,\cdots,m\end{cases}.$$

同理，求局中人 2 的最优混合策略 y^* 等价于求解线性规划问题

$$D:\begin{cases}\max & \sum\limits_{j=1}^{n}y'_j\\ \text{s.t.} & \sum\limits_{j=1}^{n}a_{ij}y'_j\leqslant 1,i=1,2,\cdots,m\\ & y'_j\geqslant 0,j=1,2,\cdots,n\end{cases}.$$

设求出 P 的最优解为 $x^*=(x'_1,x'_2,\cdots,x'_m)^{\mathrm T}$,$D$ 的最优解为 $y^*=(y'_1,y'_2,\cdots,y'_n)^{\mathrm T}$,则 $v(G^*)=\dfrac{1}{\sum\limits_{i=1}^{m}x'_i}=\dfrac{1}{\sum\limits_{j=1}^{n}y'_j}$,$G^*$ 的混合策略解为 $v(G^*)(x^*,y^*)$.

至此,混合策略矩阵对策得到彻底解决.

显然,P 和 D 互为对偶问题,故在实际计算时,只需求出 P 和 D 之一的最优解,即可根据对偶理论得到另一个的最优解.

定理 10.3.2 (矩阵对策的基本定理)任一纯策略矩阵对策的混合扩充必存在混合策略解.

证明 P 和 D 互为对偶问题,而且由上述分析过程知,它们都可行,故由对偶理论知,它们都存在最优解,且最优值相等. 再由上述分析过程知,P 的最优值为 $\dfrac{1}{\max\limits_{x\in S_1^*}\min\limits_{y\in S_2^*}\{E(x,y)\}}$,$D$ 的最优值也为 $\dfrac{1}{\min\limits_{y\in S_2^*}\max\limits_{x\in S_1^*}\{E(x,y)\}}$.

于是,$\dfrac{1}{\max\limits_{x\in S_1^*}\min\limits_{y\in S_2^*}\{E(x,y)\}}=\dfrac{1}{\min\limits_{y\in S_2^*}\max\limits_{x\in S_1^*}\{E(x,y)\}}\Rightarrow\max\limits_{x\in S_1^*}\min\limits_{y\in S_2^*}\{E(x,y)\}=\min\limits_{y\in S_2^*}\max\limits_{x\in S_1^*}\{E(x,y)\}$.

故由定义 10.3.1 知,混合策略矩阵对策必存在混合策略解.

例 10.3.1 求解纯策略矩阵对策 $G=(S_1,S_2,\boldsymbol A)$ 的混合扩充 $G^*=(S_1^*,S_2^*,E)$,其中 $S_1=\{\alpha_1,\alpha_2,\alpha_3\}$,$S_2=\{\beta_1,\beta_2,\beta_3\}$,$\boldsymbol A=\begin{pmatrix}1&2&1\\1&1&2\\3&1&3\end{pmatrix}$.

解 利用优超原理降低收益矩阵 $\boldsymbol A$ 的阶数:

$$\boldsymbol A=\begin{pmatrix}1&2&1\\1&1&2\\3&1&3\end{pmatrix}\xrightarrow{\beta_1>\beta_3}\begin{pmatrix}1&2\\1&1\\3&1\end{pmatrix}\xrightarrow{\alpha_1>\alpha_2}\begin{pmatrix}1&2\\3&1\end{pmatrix}$$

先求局中人 2 的最优混合策略:

构造线性规划问题

$$D:\begin{cases}\max & y_1+y_2\\ \text{s.t.} & y_1+2y_2\leqslant 1\\ & 3y_1+y_2\leqslant 1\\ & y_1,y_2\geqslant 0\end{cases}$$

化为标准形

$$\begin{cases}\max & y_1+y_2\\ \text{s.t.} & y_1+2y_2+y_3=1\\ & 3y_1+y_2+y_4=1\\ & y_1,y_2,y_3,y_4\geqslant 0\end{cases}$$

取初始可行基为 $\boldsymbol B=(P_3,P_4)=\boldsymbol I_2$.

x_B	y_1	y_2	y_3	y_4	$\bar{b}$
y_3	1	②	1	0	1
y_4	3	1	0	1	1
z	-1	-1	0	0	0

$\longrightarrow$

x_B	y_1	y_2	y_3	y_4	$\bar{b}$
y_2	$\frac{1}{2}$	1	$\frac{1}{2}$	0	$\frac{1}{2}$
y_4	$\textcircled{\frac{5}{2}}$	0	$-\frac{1}{2}$	1	$\frac{1}{2}$
z	$-\frac{1}{2}$	0	$\frac{1}{2}$	0	$\frac{1}{2}$

$\longrightarrow$

x_B	y_1	y_2	y_3	y_4	$\bar{b}$
y_2	0	1	$\frac{3}{5}$	$-\frac{1}{5}$	$\frac{2}{5}$
y_1	1	0	$-\frac{1}{5}$	$\frac{2}{5}$	$\frac{1}{5}$
z	0	0	$\frac{2}{5}$	$\frac{1}{5}$	$\frac{3}{5}$

因此,D 的最优解为$\left(\frac{1}{5},\frac{2}{5}\right)^{\mathrm{T}}$,最优值为$\frac{3}{5}$;$P$ 的最优解为$\left(\frac{2}{5},\frac{1}{5}\right)^{\mathrm{T}}$,最优值为$\frac{3}{5}$. 从而,$v(G^*)=\frac{5}{3}$, G^* 的混合策略解为 $x^*=\frac{5}{3}\left(\frac{2}{5},0,\frac{1}{5}\right)^{\mathrm{T}}=\left(\frac{2}{3},0,\frac{1}{3}\right)^{\mathrm{T}}$, $y^*=\frac{5}{3}\left(\frac{1}{5},\frac{2}{5},0\right)^{\mathrm{T}}=\left(\frac{1}{3},\frac{2}{3},0\right)^{\mathrm{T}}$.

练习 10

1. 求解矩阵对策 $G=(S_1,S_2,\boldsymbol{A})$,其中 $S_1=\{\alpha_1,\alpha_2,\alpha_3,\alpha_4\}$,$S_2=\{\beta_1,\beta_2,\beta_3,\beta_4\}$,

$$\boldsymbol{A}=\begin{pmatrix}6 & 5 & 6 & 5\\ 1 & 4 & 2 & -1\\ 8 & 5 & 7 & 5\\ 0 & 2 & 6 & 2\end{pmatrix}.$$

2. 求"剪子,包袱,锤游戏"对策问题有无最优纯策略?

3. 求解矩阵对策 $G=(S_1,S_2,\boldsymbol{A})$,其中 $S_1=\{\alpha_1,\alpha_2,\alpha_3\}$,$S_2=\{\beta_1,\beta_2,\beta_3\}$,

$$\boldsymbol{A}=\begin{pmatrix}7 & 2 & 9\\ 2 & 9 & 0\\ 9 & 0 & 11\end{pmatrix}.$$

4. 某公司计划将 30 万元流动资金投资于三个不同的项目 A_1, A_2, A_3. 市场预测表明,三个项目的预测利润与下一年的社会经济发展状况密切相关,而且有如下预测利润:

利润 项目 \ 经济	差	中	优
A_1	2	0	2
A_2	0	3	1
A_3	1	2	1

问:该公司应如何决定其投资方案?

5. 求“齐王与田忌赛马”的混合策略解.

6. 甲、乙两方处于战争状态. 乙方有 B_1, B_2, B_3 三种型号的飞机可用于攻击甲方,甲方有 A_1, A_2, A_3 三种防空系统可用于设防. 不同防空系统击落不同型号飞机的概率如下:

概率 防空 \ 飞机	B_1	B_2	B_3
A_1	0.1	0.4	0.3
A_2	0.4	0.1	0.6
A_3	0.3	0.2	0.5

问:甲方应如何选择其防空系统?

第11章 存贮论

存贮论(Storage Theory,Inventory Theory)是运筹学中最早应用定量方法和技术的分支之一. 早在1915年,F. Harris就针对银行货币的存贮问题建立了一个确定性的存贮费用模型,并得到了最佳批量公式. 1934年,R. H. Wilson重新得出了这个公式,后被称为经济订购批量(Economical Ordering Quantity,EOQ)公式. 1958年,T. M. Whitin撰写了《存贮管理的理论》一书,存贮论开始成为一个独立的运筹学分支.

11.1 存贮模型

存贮现象是普遍存在的. 存贮就是将一些物资存储起来以备将来使用. 例如一个商店为保持经营活动的连续性,必须存贮一定数量的货物. 如果库存量不足,就会缺货,造成经济损失;如果库存量太大,就会增加存储费用,使商店利润减少. 因此,必须制定最合理最经济的存贮策略,这也是存贮论所要研究的内容.

存贮过程包括三个阶段:进货,存贮,需求.

存贮模型的三个要素如下:

1. 存贮策略

存贮策略就是要确定应该隔多长时间进一次货以及每次进货的数量. 这里要用到下列术语:

(1) 进货周期:两次进货之间的时间间隔.

(2) 批次:一年中进货的次数.

(3) 批量:每一次进货的数量.

而进货方式对存贮有影响,一般有下面两种进货方式:

(1) 货物以某种速度进入存贮. 如在重汽集团的发动机车间和总装车间,当每台发动机被生产出来后,即可供给总装车间,而不必等全部发动机都生产出来再供给总装车间.

(2) 货物整批进入存贮. 如商店中某种商品的存贮减少到一定数量时,就可一次性购进若干数量的商品.

2. 有关费用

(1) 订购费:进一次货所需的固定费用,与进货量无关,但与批次有关,如差旅费、手续费、通信费等.

(2) 购进费:与进货量有关的费用,包括货款(成本费)、运费等.

(3) 保管费:在货物从入库到出库的整个过程中,直接因保管库存而需的费用,包括保险费、照明费、仓库租金、保养费、损耗费等,与货物的性质及存贮量有关.

(4) 短缺费:库存货物供不应求时造成的机会经济损失.

(5) 存贮费:整个存贮过程(进货,存贮,需求)所需的总费用.

由存贮过程的三个阶段知，存贮费 = 订购费 + 购进费 + 保管费 + 短缺费.

3. 目标函数

存贮模型的目标函数就是存贮费. 存贮论就是要确定一个使存贮费最小的存贮策略，即最优存贮策略.

存贮模型中常用的几个符号：

R：一年中的货物需求量；

D：单位货物的购进费；

S：（进一次货所需的）订购费；

E：单位货物的年均短缺费；

I：单位货物的年均保管费；

C：一年的存贮费；

n：一年的进货批次；

θ：进货周期；

Q：批量（quantity）.

在上述符号中，有如下关系：

$$\begin{cases} n \cdot \theta = 1(\text{年}) \\ n \cdot Q = R \end{cases} \Rightarrow n = \frac{R}{Q}, \theta = \frac{1}{n} = \frac{Q}{R}.$$

11.2 第一类存贮模型

运筹学在解决问题时，常按研究对象不同而构造相应的模型. 为使模型简单且易于理解和计算，我们常作一些相关的假设，而假设条件的改变，就会得到不同的模型. 存贮论的模型有多种，这里只介绍两类存贮模型.

本节介绍第一类存贮模型，又称经济订购批量存贮模型.

模型假设：

（1）进货能力无限（订货量可一次得到满足）；

（2）不允许缺货（短缺费，即缺货的机会损失为∞）；

（3）一年中任一时刻的货物需求量服从均匀分布 $U[0,R]$（单位时间内的需求量为常数）；

（4）当货物的存贮量降为 0 时，可立即得到补充（滞后时间和生产时间近似为 0）（图 11.2.1）.

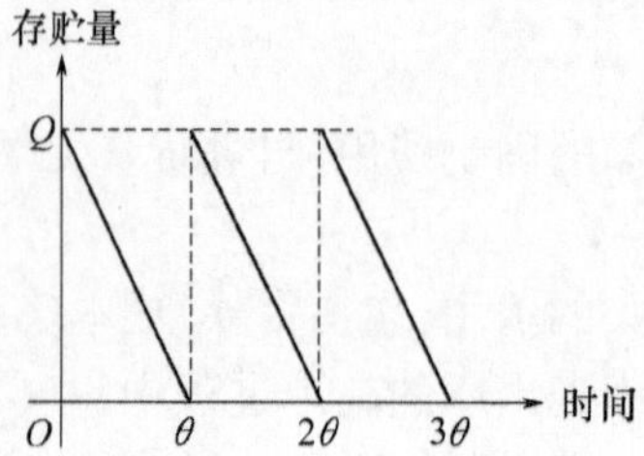

图 11.2.1

不妨先来考察第一个进货周期$[0,\theta]$. 令 $V(t)$ = 在进货周期$[0,\theta]$内的任一时刻 t

时货物的存贮量，则由模型假设(2)知，时刻 t 时货物的需求量为$\frac{t}{\theta}\cdot\frac{R}{n}=\frac{Rt}{n\theta}=\frac{Rt}{1}=Rt$. 所以 $V(t)=Q-Rt,t\in[0,\theta]$.

于是，在第一个进货周期$[0,\theta]$内的存贮量为

$$\int_0^\theta V(t)\,\mathrm{d}t=\int_0^\theta (Q-Rt)\,\mathrm{d}t=\left(Qt-\frac{R}{2}t^2\right)\Big|_0^\theta=Q\theta-\frac{R}{2}\theta^2.$$

从而，在一年内的存贮量为

$$n\cdot\left(Q\theta-\frac{R}{2}\theta^2\right)=Q\cdot n\theta-\frac{R}{2}\theta\cdot n\theta=Q-\frac{R}{2}\theta=Q-\frac{R}{2}\cdot\frac{Q}{R}=Q-\frac{Q}{2}=\frac{Q}{2}.$$

从而，一年的保管费为 $I\cdot\frac{Q}{2}=\frac{QI}{2}$;

显然，一年的订购费为 $n\cdot S=\frac{R}{Q}\cdot S=\frac{RS}{Q}$；一年的购进费为 $D\cdot nQ=nQ\cdot D=RD$.

再由模型假设(1),(2)知，短缺费为0，故一年的存贮费 = 订购费 + 购进费 + 保管费，即

$C(Q)=\frac{RS}{Q}+\frac{QI}{2}+RD.$

易求 $C'(Q)=-\frac{RS}{Q^2}+\frac{I}{2},C''(Q)=\frac{2RS}{Q^3}$.

令 $C'(Q)=-\frac{RS}{Q^2}+\frac{I}{2}=0$，得 $Q_0=\sqrt{\frac{2RS}{I}}$.

因 $C''(Q_0)=\frac{2RS}{Q_0^3}=I\sqrt{\frac{I}{2RS}}>0$，故 $Q_0=\sqrt{\frac{2RS}{I}}$是 $C(Q)$的最小值点.

此时，$n=\frac{R}{Q_0}=\sqrt{\frac{RI}{2S}},\theta=\frac{1}{n}=\sqrt{\frac{2S}{RI}}$.

至此，得到使存贮费用最少的最佳批量即经济订购批量公式（EOQ 公式）为 $Q_0=\sqrt{\frac{2RS}{I}}$.

经济订购批量的直观解释：如图 11.2.2 所示，一年的存贮费 $C(Q)=\frac{RS}{Q}+\frac{QI}{2}$，其中年订购费$\frac{RS}{Q}$随 Q 的增大而减少，年保管费$\frac{QI}{2}$随 Q 的增大而增大，故当年订购费与年保管费相等时，年存贮费最大. 即当$\frac{RS}{Q}=\frac{QI}{2}\Rightarrow Q_0=\sqrt{\frac{2RS}{I}}$时，年存贮费最大.

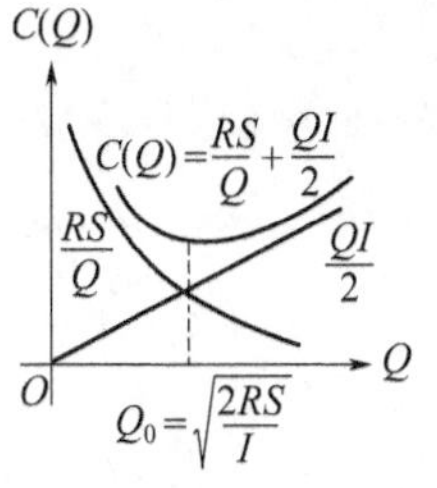

图 11.2.2

例 11.2.1 某农机公司每年需向“潍柴”购买 500 台柴油机. 订购费为 750 元/次. 每台柴油机的年保管费为 12 元. 潍柴可随时供货，农机公司不允许缺货. 问：该农机公司每年订货的最优批次应为多少？

解 显然，此问题可归结为第一类存贮模型，$S=750,R=500,I=12$.

由经济订购批量公式知，最优批量为 $Q=\sqrt{\frac{2RS}{I}}=\sqrt{\frac{2\times500\times750}{12}}=250$，故最优批次

为 $n=\frac{R}{Q}=\frac{500}{250}=2$.

例 11.2.2 某文具店出售一种中性笔,其单价为 5 元,每支日保管费为单价的 0.1%. 订购费为 10 元/次. 市场对该中性笔的日需求量为 100 支. 生产该中性笔的厂家的生产能力无限,文具店不允许缺货. 问:该文具店每年应分几批进货,才能使一年的存贮费最少(一年按 365 天计)?

解 显然,此问题可归结为第一类存贮模型,$R=100\times365=36500$,$I=5\times0.1\%\times365=1.825$,$S=10$.

由经济订购批量公式知,最优批量为 $Q=\sqrt{\frac{2RS}{I}}=\sqrt{\frac{2\times36500\times10}{1.825}}\approx632$

故最优批次为 $n=\frac{R}{Q}\approx\frac{36500}{632}=58$.

即该玩具店每年应分 58 次进货,才能使一年存贮费最小,且最小存贮费为 $\sqrt{2RIS}=\sqrt{2\times36500\times1.825\times10}\approx1154$.

11.3 第二类存贮模型

模型假设:

(1) 允许缺货(短缺的货物待进货后不入库存贮而直接进行补偿).

(2) 一年中任一时刻的货物需求量服从均匀分布 $U[0,R]$(图 11.3.1).

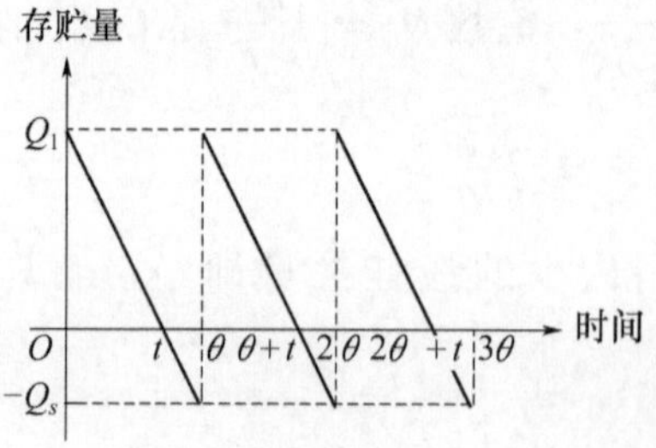

图 11.3.1

先考察第一个进货周期$[0,\theta]$. 设在进货周期$[0,\theta]$内已被满足的货物需求量为 Q_1,最大缺货量为 Q_s,则批量为 $Q=Q_1+Q_s$.

仿第一类存贮模型的分析,在第一个进货周期$[0,\theta]$内的存贮量为 $S_{\triangle tOQ_1}=\frac{1}{2}tQ_1$,缺货量为 $S_{\Delta}=\frac{1}{2}(\theta-t)Q_s$.

因此,一年内的存贮量为 $n\cdot\frac{1}{2}tQ_1=\frac{1}{2}ntQ_1$,缺货量为 $n\cdot\frac{1}{2}(\theta-t)Q_s=\frac{1}{2}n(\theta-t)Q_s$.

从而,一年内的保管费为 $I\cdot\frac{1}{2}ntQ_1=\frac{1}{2}ntIQ_1$,短缺费为 $E\cdot\frac{1}{2}n(\theta-t)Q_s=\frac{1}{2}n(\theta-t)EQ_s$.

又一年内的订购费为 nS,购进费为 DR.

因此,一年内的存贮费为 $C=\frac{1}{2}ntIQ_1+\frac{1}{2}n(\theta-t)EQ_s+nS+DR$.

由模型假设(2)知，$Q=R\cdot\frac{\theta}{1}=R\theta\Rightarrow\theta=\frac{Q}{R}$，$Q_1=R\cdot\frac{t}{1}=Rt\Rightarrow t=\frac{Q_1}{R}$.

将 θ、t 代入 C，得

$$\begin{aligned}C&=\frac{1}{2}n\cdot\frac{Q_1}{R}\cdot IQ_1+\frac{1}{2}n\left(\frac{Q}{R}-\frac{Q_1}{R}\right)EQ_s+nS+DR\\&=\frac{nIQ_1^2}{2R}+\frac{nE(Q-Q_1)}{2R}Q_s+nS+DR.\end{aligned}$$

将 $Q=Q_1+Q_s\Rightarrow Q_s=Q-Q_1$ 代入 C，得

$$\begin{aligned}C&=\frac{nIQ_1^2}{2R}+\frac{nE(Q-Q_1)}{2R}\cdot(Q-Q_1)+nS+DR\\&=\frac{nIQ_1^2}{2R}+\frac{nE(Q-Q_1)^2}{2R}+nS+DR.\end{aligned}$$

将 $R=nQ\Rightarrow n=\frac{R}{Q}$ 代入 C，得

$$\begin{aligned}C(Q,Q_1)&=\frac{\frac{R}{Q}\cdot IQ_1^2}{2R}+\frac{\frac{R}{Q}\cdot E(Q-Q_1)^2}{2R}+\frac{R}{Q}\cdot S+DR\\&=\frac{IQ_1^2}{2Q}+\frac{E(Q-Q_1)^2}{2Q}+\frac{RS}{Q}+DR.\end{aligned}$$

令

$$\begin{cases}\dfrac{\partial C}{\partial Q}=\dfrac{EQ^2-(E+I)Q_1^2-2RS}{2Q^2}=0\\[2ex]\dfrac{\partial C}{\partial Q_1}=\dfrac{(I+E)Q_1-EQ}{Q}=0\end{cases}$$

得驻点为 $Q=\sqrt{\frac{2RS(I+E)}{IE}}$，$Q_1=\sqrt{\frac{2RSE}{I(I+E)}}$.

由问题的实际意义知，$Q=\sqrt{\frac{2RS(I+E)}{IE}}$，$Q_1=\sqrt{\frac{2RSE}{I(I+E)}}$ 是 $C(Q,Q_1)$ 的最小值点.

此时，$n=\frac{R}{Q}=\sqrt{\frac{RIE}{2S(I+E)}}$，$\theta=\frac{1}{n}=\sqrt{\frac{2S(I+E)}{RIE}}$，$t=\frac{Q_1}{R}=\sqrt{\frac{2SE}{RI(I+E)}}$，

$$Q_s=Q-Q_1=Q-\frac{E}{I+E}Q=\frac{I}{I+E}Q=\frac{I}{I+E}\sqrt{\frac{2RS(I+E)}{IE}}=\sqrt{\frac{2RSI}{E(I+E)}}.$$

说明 (1) 当不允许缺货时，$E\to+\infty$. 此时，$Q\to\sqrt{\frac{2RS}{I}}$，$Q_1\to\sqrt{\frac{2RS}{I}}$，$Q_s\to0$，这与第一类存贮模型的结果是一致的.

(2) 在第一类存贮模型中，一年内的存贮量为 $\frac{Q}{2}=\frac{1}{2}\sqrt{\frac{2RS}{I}}=\sqrt{\frac{RS}{2I}}$；在第二类存贮模型中，一年内的存贮量为 $\frac{1}{2}ntQ_1=\frac{1}{2}\cdot\sqrt{\frac{RIE}{2S(I+E)}}\cdot\sqrt{\frac{2SE}{RI(I+E)}}\cdot\sqrt{\frac{2RSE}{I(I+E)}}=$

$\left(\frac{E}{I+E}\right)^{\frac{3}{2}}\sqrt{\frac{RS}{2I}}<\sqrt{\frac{RS}{2I}}$. 这表明:允许缺货后,一年内的存贮量得以减少,从而可降低保管费.

(3) 关系:$Q_1=\frac{E}{I+E}Q, Q_s=Q-Q_1=\frac{I}{I+E}Q$.

例 11.3.1 某石材制品厂每年对大理石的需求量为 1040m^3,允许缺货,短缺费为 500 元/年·m^3. 每次的订购费为 2040 元,每立方米大理石的年保管费为 170 元.(1) 试为该厂制定一个最优进货策略;(2) 缺货量最多应为多少?

解 显然,此问题可归结为第二类存贮模型,$R=1040, S=2040, I=170, E=500$.

(1) 最优批量为 $Q=\sqrt{\frac{2RS(I+E)}{IE}}=\sqrt{\frac{2\times1040\times2040\times(170+500)}{170\times500}}\approx183$.

(2) $Q_1=\frac{E}{I+E}Q=\frac{500}{500+170}\times183\approx137$,故最大缺货量为 $Q_s=Q-Q_1=46$.

其实,除了上文提到的两个存贮模型外,我们只需对模型的假设进行适当的修改,就可以得到其他存贮模型,详细内容请读者自己查阅相关资料,此处不再赘述.

练习 11

1. 浪潮集团需从市场购进一种电子元件,年购进量为 4800 个. 元件的单价为 40 元/个,单个元件的年保管费为单价的 25%. 订购费为 10 元/次. 设此种元件的生产供应能力无限,浪潮集团不允许缺货. 问:浪潮集团每年订货的最优批次是多少?

2. 某个建筑工地每月需水泥 1200t,不允许缺货. 水泥的价格为 1500 元/t,每吨水泥的月保管费为价格的 2%,订购费为 1800 元/次. 问:该工地每年购进水泥的最优批次是多少?

3. 某厂每年需购进 48000 个某种型号的电子管,不允许缺货. 该电子管的市场价格为 5 元/个,年保管费为生产成本的 25%,订购费为 1000 元/次. 问:该该厂每年购进此种型号的电子管的最优批次是多少?

4. 某家副食店每周需从食品公司需购进 3000 箱“康师傅”方便面,不允许缺货. 每箱方便面的年保管费为 6 元,其中含冷藏费 3 元,包装费 2 元. 每次的订购费为 25 元,其中含采购员的差旅费 12 元,手续费 13 元. 方便面的价格为每箱 30 元. 试为该副食店制定一个最优进货策略.

5. 某超市对某商品的日需求量为 100 件,不允许缺货,而且生产厂家可随时足额供应. 商品的单价为 5 元,每次的订购费为 10 元,每天的保管费为单价的 0.1%. 问:该超市应怎样组织进货,才最经济?

6. “三联”家电商场专营 Canon 牌数码相机,市场需求均匀,且年需求量为 1000 架. 每次的订购费为 50 元,每架相机的年保管费为 1 元.(1)若商场不允许缺货,试求最优订购批量;(2)若商场允许缺货,单价相机的短缺费为 0.5 元. 试求最优订购批量.

第 12 章　排 队 论

排队论(queuing theory)是研究排队系统(又称为随机服务系统)的数学理论和方法,是运筹学的一个重要分支.

1909 年,丹麦哥本哈根电话公司的 A. K. Erlang 对电话拥挤现象进行了研究,并发表了《概率与电话通话理论》(Probability and Theory of Telephone),开创了排队论研究的先河.

排队论,亦称随机服务系统理论(又称排队系统)或等待线理论,是研究因随机因素的影响而产生的排队现象,以便对随机服务系统进行最优设计和控制的理论. 排队问题的表现形式往往是拥挤现象,随着生产与服务的日益社会化,由排队引起的拥挤现象会越来越普遍.

本章主要研究排队模型 $M/M/1/\infty$,其他一些较复杂的排队模型仅作简单介绍.

12.1　排 队 模 型

一、排队系统的特征

在日常生活中,人们会遇到各种各样的排队问题,比如到图书馆借书,去火车站购票、去医院看病等. 其共同的特点是:在一个排队服务系统中包含有一个或多个"服务设施",有许多需要进入服务系统的"被服务者"或"顾客",当被服务者进入系统后不能立即得到服务,就出现了排队现象.

关于排队,队列可能是有形的,如在火车站售票处买票,也可能是无形的,如电话订票;顾客可能是人,如在银行等待取款的顾客,也可能是物,如等待进港的船只;服务台可能是人,如售票员,也可能是物,如机场跑道;顾客数可能有限,如等待买票的人,也可能无限,如泄洪问题中的上游来水. 为了一致起见,下面将要求得到服务的对象统称为"顾客",将提供服务的服务者称为"服务设施"或"服务台".

任一排队系统都是一个随机聚散服务系统,这里"聚"表示顾客的到达,"散"表示顾客的离去,所谓随机性则是排队系统的一个普遍特点,是指顾客的到达情况(如相继到达时间间隔)与每个顾客接受服务的时间往往是事先无法确切知道的,或者说是随机的.

二、排队系统的描述

顾客到达服务台是随机的. 顾客到达服务台时,若服务台空闲,则立刻接受服务;否则,顾客应等待至服务台空闲时,再接受服务. 顾客接受服务后即离开服务台.

实际中的排队系统各有不同,但概括起来都由 3 个基本要素组成.

(1) 输入过程:说明顾客按怎样的规律到达系统,包括顾客到达的规律,如顾客数

(有限或无限);顾客到达的方式(批量或单个);单位时间内到达的顾客数的概率分布(常约定为泊松分布)等.

(2) 排队规则:包括服务台是否允许排队、顾客的排队意愿、服务顺序(如先到先服务、后到先服务、随机服务、优先权服务,常约定为先到先服务)等.

(3) 服务机制:包括服务台的数目、多服务台服务时的连接方式(串连或并连)、服务时间的概率分布(常约定为指数分布)等.

相当一部分排队系统在运行了一定时间后,都会趋于一个平稳状态,也即一个正常的、稳定的运行状态. 如当储蓄所早上开门时,顾客很少,为过渡期;此后,业务活动渐渐进入平稳状态. 显然,当排队系统处于平稳状态时,队长的分布、等待时间的分布和系统所处的时刻均无关,而且系统初始状态的影响也会消失,因此任意时刻时的顾客的数目的变化率等于0. 本章主要讨论平稳状态时的排队系统,既统计平衡性质下的系统.

三、排队系统的符号表示和数量指标

1953年,D. G. Kendall引入了一种目前在排队论中广泛使用的"Kendall记号",其一般形式为:单位时间内到达的顾客数的分布 / 服务时间的分布/服务台的数目 / 排队系统允许的最大顾客数.

研究排队系统的目的是通过了解系统运行的情况,对系统进行调整和控制,使得系统处于最优运行状态. 描述一个排队系统运行状况的主要数量指标有:

(1) 平均队长:排队系统内的平均顾客数,用 L 表示.

(2) 平均排队队长:排队等待的平均顾客数,用 L_q 表示.

(3) 平均停留时间:顾客停留在排队系统内的平均时间,用 W 表示.

(4) 平均排队时间:顾客排队等待接受服务的平均时间 W_q.

本章要用到几个符号:

λ:平均到达率,即单位时间内到达的平均顾客数(与顾客到达的平均时间间隔互为倒数).

μ:平均服务率,即单位时间内接受服务的平均顾客数(与顾客的平均服务时间互为倒数).

$\rho=\dfrac{\lambda}{\mu}$:服务强度,即平均到达率与平均服务率之比.

p_n:在平稳状态时,排队系统中有 n 个顾客的概率.

12.2 $M/M/1/\infty$ 模型

本节介绍排队模型 $M/M/1/\infty$,其中前一个 M 表示单位时间(1h)内到达的顾客数 X 独立同分布于泊松分布 $p(\lambda)$,后一个 M 表示服务台对顾客的服务时间 Z 独立同分布于指数分布 $E(\mu)$,1表示仅有1个服务台,∞ 表示排队系统允许的最大顾客数无限制.

一、任意时刻 t 的状态为 n 的概率

因 $X\sim p(\lambda)$,故 $p(X=k)=\dfrac{\lambda^k}{k!}e^{-\lambda},k=0,1,2,\cdots$,而且可以证明:在时间 $[t,t+\Delta t]$ 内

到达的顾客数 $Y \sim p(\lambda\Delta t)$，即 $p(Y=k)=\dfrac{(\lambda\Delta t)^k}{k!}\mathrm{e}^{-\lambda\Delta t}, k=0,1,2,\cdots$.

因 $Z \sim E(\mu)$，故 $p(Z<t)=\begin{cases}1-\mathrm{e}^{-\mu t}, & t>0 \\ 0, & t\leqslant 0\end{cases}$.

令 $p_n(t)=p\{$在时刻 t 时，排队系统内有 n 个顾客$\}$，$n=0,1,2,\cdots$，则 $p_n(t+\Delta t)=p$ $\{$在时刻 $t+\Delta t$ 时，排队系统内有 n 个顾客$\}$，$\sum\limits_{n=0}^{\infty}p_n(t)=1$.

令 $A=\{$在时刻 $t+\Delta t$ 时，排队系统内有 n 个顾客$\}$，

$B_1=\{$在时刻 t 时，排队系统内有$(n-1)$个顾客$\}$，

$B_2=\{$在时刻 t 时，排队系统内有 n 个顾客$\}$，

$B_3=\{$在时刻 t 时，排队系统内有$(n+1)$个顾客$\}$，则由 $p_n(t)$的定义知，$p(B_1)=p_{n-1}(t)$，$p(B_2)=p_n(t)$，$p(B_3)=p_{n+1}(t)$.

$p(A\mid B_1)=p\{$在时刻$(t+\Delta t)$时，排队系统内有 n 个顾客 $\mid$ 在时刻 t 时，排队系统内有$(n-1)$个顾客$\}$

$=p\{$在时间$[t,t+\Delta t]$内，有 1 个顾客到达，无顾客接受完服务后离开$\}$

$$=p(Y=1)=\frac{(\lambda\Delta t)^1}{1!}\mathrm{e}^{-\lambda\Delta t}=\lambda\Delta t\cdot\mathrm{e}^{-\lambda\Delta t}=\lambda\Delta t[1-\lambda\Delta t+o(-\lambda\Delta t)]$$

$=\lambda\Delta t-\lambda^2(\Delta t)^2+\lambda\Delta t\cdot o(-\lambda\Delta t)=\lambda\Delta t+o(\Delta t), \Delta t\to 0$;

$p(A\mid B_3)=p\{$在时刻 $t+\Delta t$ 时，排队系统内有 n 个顾客 $\mid$ 在时刻 t 时，排队系统内有$(n+1)$个顾客$\}$

$=p\{$在时间$[t,t+\Delta t]$内，无顾客到达，有 1 个顾客接受完服务后离开$\}$

$=p(Z<\Delta t)=1-\mathrm{e}^{-\mu\Delta t}=1-[1-\mu\Delta t+o(-\mu\Delta t)]=\mu\Delta t-o(-\mu\Delta t)$

$=\mu\Delta t+o(\Delta t), \Delta t\to 0$;

$p(A\mid B_2)=p\{$在时刻$(t+\Delta t)$时，排队系统内有 n 个顾客 $\mid$ 在时刻 t 时，排队系统内有 n 个顾客$\}$

$=p\{$在时间$[t,t+\Delta t]$内，既无顾客到达，也无顾客接受完服务后离开$\}$

$$=p(\overline{(A\mid B_1)\cup(A\mid B_3)})=1-p((A\mid B_1)\cup(A\mid B_3))\overset{\text{互斥}}{=}1-p(A\mid B_1)-p(A\mid B_3)$$

$=1-[\lambda\Delta t+o(\Delta t)]-[\mu\Delta t+o(\Delta t)]=1-(\lambda+\mu)\Delta t-2o(\Delta t)$

$=1-(\lambda+\mu)\Delta t+o(\Delta t), \Delta t\to 0$.

此处 B_1,B_2,B_3 虽不构成完备事件组，但不难证明，$p(A|B_k)(k\geqslant 2)$都是 Δt 的无穷小量$(\Delta t\to 0)$，故仍采用 $p(A|B_2)=1-p(A|B_1)-p(A|B_3)$来求解 $p(A|B_2)$!.

由全概率公式，有

$$\begin{aligned}p_n(t+\Delta t)&=p(A)=p(B_1)p(A|B_1)+p(B_2)p(A|B_2)+p(B_3)p(A|B_3)\\&=p_{n-1}(t)\cdot[\lambda\Delta t+o(\Delta t)]+p_n(t)\cdot[1-(\lambda+\mu)\Delta t+o(\Delta t)]+\\&\quad p_{n+1}(t)\cdot[\mu\Delta t+o(\Delta t)]\end{aligned}$$

$$=\lambda\Delta t\cdot p_{n-1}(t)+[1-(\lambda+\mu)\Delta t]\cdot p_n(t)+\mu\Delta t\cdot p_{n+1}(t)+[p_{n-1}(t)+p_n(t)+p_{n+1}(t)]\cdot o(\Delta t)$$

$$=\lambda\Delta t\cdot p_{n-1}(t)+[1-(\lambda+\mu)\Delta t]\cdot p_n(t)+\mu\Delta t\cdot p_{n+1}(t)+o(\Delta t) \quad (12.2.1)$$

于是,有

$$\frac{p_n(t+\Delta t)-p_n(t)}{\Delta t}=\frac{\lambda\Delta t\cdot p_{n-1}(t)+[1-(\lambda+\mu)\Delta t]\cdot p_n(t)+\mu\Delta t\cdot p_{n+1}(t)+o(\Delta t)-p_n(t)}{\Delta t}$$

$$=\frac{\lambda\Delta t\cdot p_{n-1}(t)-(\lambda+\mu)\Delta t\cdot p_n(t)+\mu\Delta t\cdot p_{n+1}(t)+o(\Delta t)}{\Delta t}$$

$$=\lambda p_{n-1}(t)-(\lambda+\mu)p_n(t)+\mu p_{n+1}(t)+\frac{o(\Delta t)}{\Delta t}$$

$$\frac{\mathrm{d}p_n(t)}{\mathrm{d}t}=\lim_{\Delta t\to 0}\frac{p_n(t+\Delta t)-p_n(t)}{\Delta t}=\lim_{\Delta t\to 0}\left[\lambda p_{n-1}(t)-(\lambda+\mu)p_n(t)+\mu p_{n+1}(t)+\frac{o(\Delta t)}{\Delta t}\right]$$

$$=\lim_{\Delta t\to 0}[\lambda p_{n-1}(t)-(\lambda+\mu)p_n(t)+\mu p_{n+1}(t)]+\lim_{\Delta t\to 0}\frac{o(\Delta t)}{\Delta t}$$

$$=\lambda p_{n-1}(t)-(\lambda+\mu)p_n(t)+\mu p_{n+1}(t)+0$$

$$=\lambda p_{n-1}(t)-(\lambda+\mu)p_n(t)+\mu p_{n+1}(t),n\geqslant 1 \quad (12.2.2)$$

当 $n=0$ 时,$A=\{$在时刻 $t+\Delta t$ 时,排队系统内有 0 个顾客$\}$,

$B_1=\{$在时刻 t 时,排队系统内有 -1 个顾客$\}=\varnothing$,

$B_2=\{$在时刻 t 时,排队系统内有 0 个顾客$\}$,

$B_3=\{$在时刻 t 时,排队系统内有 1 个顾客$\}$,

则 $p(B_1)=p(\varnothing)=0,p(B_2)=p_0(t),p(B_3)=p_1(t);p(A|B_1)=p(\varnothing)=0$;

$p(A|B_3)=p\{$在时刻$(t+\Delta t)$时,排队系统内有 0 个顾客|在时刻 t 时,排队系统内有 1 个顾客$\}$

$=p\{$在时间$[t,t+\Delta t]$内,无顾客到达,有 1 个顾客接受完服务后离开$\}$

$=p(Z<\Delta t)=1-\mathrm{e}^{-\mu\Delta t}=1-[1-\mu\Delta t+o(-\mu\Delta t)]=\mu\Delta t-o(-\mu\Delta t)$

$=\mu\Delta t+o(\Delta t),\Delta t\to 0$;

$p(A|B_2)=p\{$在时刻 $t+\Delta t$ 时,排队系统内有 0 个顾客|在时刻 t 时,排队系统内有 0 个顾客$\}$

$=p\{$在时间$[t,t+\Delta t]$内,无顾客到达(不可能有顾客接受完服务后离开)$\}$

$=p(Y=0)=\dfrac{(\lambda\Delta t)^0}{0!}\mathrm{e}^{-\lambda\Delta t}=\mathrm{e}^{-\lambda\Delta t}=1-\lambda\Delta t+o(-\lambda\Delta t)=1-\lambda\Delta t+o(\Delta t),\Delta t\to 0.$

由全概率公式,有

$$p_0(t+\Delta t)=p(A)=p(B_1)p(A|B_1)+p(B_2)p(A|B_2)+p(B_3)p(A|B_3)$$

$$=0\cdot\lambda\Delta t+p_0(t)\cdot[1-\lambda\Delta t+o(\Delta t)]+p_1(t)\cdot[\mu\Delta t+o(\Delta t)]$$

$$=p_0(t)\cdot(1-\lambda\Delta t)+\mu p_1(t)\cdot\Delta t+[p_0(t)+p_1(t)]\cdot o(\Delta t)$$

$$=p_0(t)\cdot(1-\lambda\Delta t)+\mu p_1(t)\cdot\Delta t+o(\Delta t).$$

于是,有

$$\frac{p_0(t+\Delta t)-p_0(t)}{\Delta t}=\frac{p_0(t)\cdot(1-\lambda\Delta t)+\mu p_1(t)\cdot\Delta t+o(\Delta t)-p_0(t)}{\Delta t}$$

$$=\frac{-\lambda p_0(t)\Delta t+\mu p_1(t)\Delta t+o(\Delta t)}{\Delta t}=-\lambda p_0(t)+\mu p_1(t)+\frac{o(\Delta t)}{\Delta t}.$$

$$\frac{\mathrm{d}p_0(t)}{\mathrm{d}t}=\lim_{\Delta t\to 0}\frac{p_0(t+\Delta t)-p_0(t)}{\Delta t}=\lim_{\Delta t\to 0}\left[-\lambda p_0(t)+\mu p_1(t)+\frac{o(\Delta t)}{\Delta t}\right]$$

$$=\lim_{\Delta t\to 0}[-\lambda p_0(t)+\mu p_1(t)]+\lim_{\Delta t\to 0}\frac{o(\Delta t)}{\Delta t}$$

$$=-\lambda p_0(t)+\mu p_1(t)+0=-\lambda p_0(t)+\mu p_1(t). \quad (12.2.3)$$

在顾客流平稳状态时，有$\begin{cases}\dfrac{\mathrm{d}p_n(t)}{dt}=0, n\geqslant 1\\ \dfrac{\mathrm{d}p_0(t)}{\mathrm{d}t}=0\end{cases}$，即

$$\begin{cases}\lambda p_{n-1}(t)-(\lambda+\mu)p_n(t)+\mu p_{n+1}(t)=0, n\geqslant 1\\ -\lambda p_0(t)+\mu p_1(t)=0\end{cases} \quad (12.2.4)$$

令 $\rho=\dfrac{\lambda}{\mu}<1$，代入式(12.2.4)，得

$$\begin{cases}\rho p_{n-1}(t)-(\rho+1)p_n(t)+p_{n+1}(t)=0, n\geqslant 1 & (12.2.5)\\ -\rho p_0(t)+p_1(t)=0 & (12.2.6)\end{cases}$$

(6) $\Rightarrow p_1(t)=\rho p_0(t)$;

(5) $\Rightarrow \rho[p_{n-1}(t)-p_n(t)]=p_n(t)-p_{n+1}(t)\Rightarrow\dfrac{p_{n+1}(t)-p_n(t)}{p_n(t)-p_{n-1}(t)}=\rho, n\geqslant 1.$

令 $a_n=p_n(t)-p_{n-1}(t)$，则$\dfrac{a_{n+1}}{a_n}=\rho, n\geqslant 1.$

于是，$\{a_n\}_{n=1}^{\infty}$为等比数列，且首项为 $a_1=p_1(t)-p_0(t)=\rho p_0(t)-p_0(t)=(\rho-1)p_0(t)$，通项为 $a_n=a_1\rho^{n-1}=(\rho-1)p_0(t)\rho^{n-1}, n\geqslant 1$. 即 $p_n(t)-p_{n-1}(t)=(\rho-1)p_0(t)\rho^{n-1}, n\geqslant 1$.

于是，有

$$\begin{aligned}p_n(t)-p_{n-1}(t)&=(\rho-1)p_0(t)\rho^{n-1}\\ p_{n-1}(t)-p_{n-2}(t)&=(\rho-1)p_0(t)\rho^{n-2}\\ &\vdots\\ p_2(t)-p_1(t)&=(\rho-1)p_0(t)\rho\\ p_1(t)-p_0(t)&=(\rho-1)p_0(t).\end{aligned}$$

将各式两边分别相加，得

$$\begin{aligned}p_n(t)-p_0(t)&=(\rho-1)p_0(t)(1+\rho+\cdots+\rho^{n-2}+\rho^{n-1})\\ &=(\rho-1)p_0(t)\cdot\frac{1-\rho^n}{1-\rho}=p_0(t)(\rho^n-1)\end{aligned}$$

$$\Rightarrow p_n(t)=\rho^n p_0(t), n\geqslant 1$$

于是，$1=\sum\limits_{n=0}^{\infty}p_n(t)=\sum\limits_{n=0}^{\infty}\rho^n p_0(t)=p_0(t)\sum\limits_{n=0}^{\infty}\rho^n=p_0(t)\cdot\frac{1}{1-\rho}\Rightarrow p_0(t)=1-\rho.$

故 $p_n(t)=\rho^n(1-\rho), n\geqslant 1$. 故 $p_n(t)=\rho^n(1-\rho), n\geqslant 0$.

这里，$p_n(t)$为排队系统在平稳状态时的任意时刻 t 时有 n 个顾客的概率，与 t 无关，所以在平稳状态时，有 $p_n=\rho^n(1-\rho), n\geqslant 0$.

二、平稳状态下的数量指标

平稳状态时排队系统的若干数量指标：

(1) 至少有 k 个顾客的概率：

$$\sum_{n=k}^{\infty}p_n=\sum_{n=k}^{\infty}\rho^n(1-\rho)=(1-\rho)\sum_{n=k}^{\infty}\rho^n=(1-\rho)\cdot\frac{\rho^k}{1-\rho}=\rho^k.$$

(2) 平均队长：

$$L=\sum_{n=0}^{\infty}np_n=\sum_{n=1}^{\infty}np_n=\sum_{n=1}^{\infty}n\rho^n(1-\rho)=(1-\rho)\sum_{n=1}^{\infty}n\rho^n=\rho(1-\rho)\sum_{n=1}^{\infty}n\rho^{n-1}$$

$$=\rho(1-\rho)\sum_{n=1}^{\infty}(\rho^n)'=\rho(1-\rho)\left(\sum_{n=1}^{\infty}\rho^n\right)'=\rho(1-\rho)\cdot\left(\frac{\rho}{1-\rho}\right)'$$

$$=\rho(1-\rho)\cdot\frac{1-\rho-\rho\cdot(-1)}{(1-\rho)^2}=\rho(1-\rho)\cdot\frac{1}{(1-\rho)^2}=\frac{\rho}{1-\rho}.$$

(3) 平均排队队长：

$$L_q=\sum_{n=1}^{\infty}(n-1)p_n=\sum_{n=1}^{\infty}np_n-\sum_{n=1}^{\infty}p_n=\sum_{n=0}^{\infty}np_n-\left(\sum_{n=0}^{\infty}p_n-p_0\right)=L-(1-p_0)$$

$$=L-1+p_0=L-1+(1-\rho)=L-\rho=\frac{\rho}{1-\rho}-\rho=\frac{\rho^2}{1-\rho}=\rho L.$$

(4) 平均停留时间：

由泊松分布知，在平均停留时间 W 内到达的平均顾客数为 $\lambda\cdot W$. 所以 $L=\lambda W$. 于是，平均停留时间为 $W=\frac{L}{\lambda}$.

(5) 平均排队时间：

由普哇松分布知，在平均排队时间 W_q 内到达的平均顾客数为 $\lambda\cdot W_q$. 所以 $L_q=\lambda W_q$. 于是，平均排队时间为 $W_q=\frac{L_q}{\lambda}$.

关系：$L_q=\rho L, W_q=\rho W$.

里特(J. D. C. Little)公式：$W=\frac{L}{\lambda}, W_q=\frac{L_q}{\lambda}$.

(6) 服务台空闲(排队系统中在顾客到达前没有顾客，顾客到达后不需排队等待即可接受服务)的概率：$p_0=1-\rho$.

服务台繁忙(排队系统中在顾客到达前已有顾客，顾客到达后需排队等待再接受服务)的概率：$\sum_{n=1}^{\infty} p_n = 1 - p_0 = 1 - (1 - \rho) = \rho$.

根据排队系统的这些数量指标，管理者就可采取措施改进服务，减少顾客的排队等待时间，以提高服务质量.

例 12.2.1 在火车站某一售票口，单位时间内到达的顾客数服从普哇松分布，且平均时间间隔为 20min；售票口对顾客的服务时间服从指数分布，且平均服务时间为 15min. 试求此排队系统在 1h 内的下列数量指标：(1)顾客到达后，不需排队的概率；(2)顾客不少于 5 人的概率；(3)顾客的平均人数；(4)顾客的平均排队人数；(5)顾客的平均停留时间；(6)顾客的平均排队时间.

解 显然，这是一个 $M/M/1/\infty$ 排队模型，且 $\lambda = \frac{60}{20} = 3$，$\mu = \frac{60}{15} = 4$，$\rho = \frac{\lambda}{\mu} = 0.75$.

(1) $p\{$顾客到达后，不需等待$\} = p\{$排队系统内有 0 个顾客$\} = p_0 = 1 - \rho = 1 - 0.75 = 0.25$；

(2) $p\{$顾客不少于 5 人$\} = \rho^5 = (0.75)^5 = 0.2373046875$；

(3) 顾客的平均人数 $L = \frac{\rho}{1-\rho} = \frac{0.75}{1-0.75} = 3$；

(4) 顾客的平均排队人数 $L_q = \rho L = 0.75 \times 3 = 2.25$；

(5) 顾客的平均停留时间 $W = \frac{L}{\lambda} = \frac{3}{3} = 1$；

(6) 顾客的平均排队时间 $W_q = \rho W = 0.75 \times 1 = 0.75$.

例 12.2.2 某打磨车间只有一台打磨机，单位时间内被送达的工件数服从泊松分布，且平均时间间隔为 12min；打磨时间服从指数分布，且平均打磨时间为 6min. 试求此排队系统在 1h 内的下列数量指标：(1)工件被送达后，需等待的概率；(2)若此打磨机损坏，需新购一台打磨机. 问：新购打磨机的平均打磨时间应为多少，才能使工件的平均等待时间不超过 1min?

解 这是一个 $M/M/1/\infty$ 排队模型，$\lambda = \frac{60}{12} = 5$，$\mu = \frac{60}{6} = 10$，$\rho = \frac{\lambda}{\mu} = \frac{5}{10} = 0.5$.

(1) $p\{$顾客到达后，需等待$\} = 1 - p_0 = \rho = 0.5$；

(2) 设新购打磨机的平均打磨时间为 $x$min，则 $\mu = \frac{60}{x}$，$\rho = \frac{\lambda}{\mu} = \frac{x}{12}$.

于是，$L = \frac{\rho}{1-\rho} = \frac{\frac{x}{12}}{1-\frac{x}{12}} = \frac{x}{12-x}$，$W = \frac{L}{\lambda} = \frac{\frac{x}{12-x}}{5} = \frac{x}{5(12-x)}$，

$W_q = \rho W = \frac{x}{12} \cdot \frac{x}{5(12-x)} = \frac{x^2}{60(12-x)}$.

要使 $W_q \leqslant \frac{1}{60}$，即 $\frac{x^2}{60(12-x)} \leqslant \frac{1}{60} \Rightarrow x \leqslant 3$.

故新购打磨机的平均打磨时间至多为 3min 时，即可满足要求.

例 12.2.3 某邮局仅有一个办理特快专递的窗口，邮局办公室以 3min 为一个时段，统计了 100 个段中到达该窗口的顾客数，另外还统计了 100 位顾客的服务时间，数据

如下：

到达的顾客数	0	1	2	3	4	5	6						
时段数	14	27	27	18	9	4	1						
服务时间/s	6	18	30	42	54	66	78	90	102	144	135	165	190
顾客数	33	22	15	10	6	4	3	2	1	1	1	1	1

求：(1)顾客到达后需排队等待服务的概率；(2)顾客的平均等待时间.

解 这是一个 $M/M/1/\infty$ 排队模型.

在一个时段内到达的平均顾客数为

$$\frac{1}{100}(0\times14+1\times27+2\times27+3\times18+4\times9+5\times4+6\times1)=1.97$$

在 1min 内到达的平均顾客数为$\frac{1.97}{3}\approx0.657$，所以 $\lambda=0.657\times60=39.42$.

每位顾客的平均服务时间为

$$\frac{1}{100}(6\times33+18\times22+30\times15+42\times10+54\times6+$$
$$66\times4+78\times3+90\times2+102\times1$$
$$144\times1+135\times1+165\times1+190\times1)=31.72(\mathrm{s})$$

所以$\mu=\frac{3600}{31.72}\approx113.49$，$\rho=\frac{\lambda}{\mu}=\frac{39.42}{113.49}\approx0.348$.

(1) 顾客到达后需排队等待服务的概率为 $1-p_0=\rho=0.348$；

(2) $L=\frac{\rho}{1-\rho}=\frac{0.348}{0.652}\approx0.533$，$L_q=\rho L=0.348\times0.533\approx0.168$，

$$W_q=\frac{L_q}{\lambda}=\frac{0.168}{39.42}\approx0.0047(\mathrm{h})=0.282(\mathrm{min}).$$

例 12.2.4 某私人诊所仅有一位医生，平均每 20min 有 1 位病人前来就诊，医生为病人诊断的平均时间为 15min. 问：该诊所应至少为病人准备多少个座位，才能使得病人到达诊所时没有座位的概率不超过 1%？（注：lg0.75 = −0.1249）

解 这是一个 $M/M/1/\infty$ 排队模型，且 $\lambda=3$，$\mu=4$，$\rho=\frac{\lambda}{\mu}=0.75$.

设应准备的座位数为 x，则此问题⇔排队系统中有 $\geqslant x+1$ 个人的概率 $\leqslant1\%$，即 $\sum\limits_{n=x+1}^{\infty}p_n=\rho^{x+1}=0.75^{x+1}\leqslant0.01$.

两边取常用对数得，$(x+1)\lg0.75\leqslant\lg0.01=-2\Rightarrow x\geqslant\frac{-2}{\lg0.75}-1=\frac{-2}{-0.1249}-1\approx15.01$，

故该诊所应至少为病人准备 15 个座位才能满足要求.

三、排队系统的最优化问题

系统优化问题，又称为系统控制问题或系统运营问题，其基本目的是使系统处于最优

或最合理的状态.具体而言,可以大致分为:

(1) 静态最优化(系统设计最优化):在服务系统建立前,根据一定的质量指标,找出系统的某些重要参数(数量指标)的最优值,以使系统设计得最经济.

(2) 动态最优化(系统控制最优化):在服务系统建立后,寻求使其某一质量指标达到最优的运营机制.

以上所说的"质量指标"主要是指系统的总费用,即服务台的服务费用与顾客的等待费用之和.一般地,增大服务台的服务费用(为提高服务水平而增加的成本)会降低顾客的等待费用(因等待而造成的损失).显然,会存在一个使系统的总费用最小的"参数点".

令 c_s:单位时间内单个服务台对单个顾客的服务费用;

c_q:单位时间内单个顾客的等待费用;

则系统的总费用为

$$C = c_s \cdot \mu + c_q \cdot L = c_s\mu + c_q \cdot \frac{\rho}{1-\rho} = c_s\mu + c_q \cdot \frac{\frac{\lambda}{\mu}}{1-\frac{\lambda}{\mu}} = c_s\mu + \frac{\lambda c_q}{\mu - \lambda}.$$

令 $\frac{\mathrm{d}C}{\mathrm{d}\mu} = c_s - \frac{\lambda c_q}{(\mu-\lambda)^2} = 0$,得 $\mu^* = \lambda + \sqrt{\frac{c_q}{c_s}\lambda}$(最优服务率).

即在排队系统 $M/M/1/\infty$ 中,只需令服务台在单位时间内服务的顾客数为 μ^*,即可使系统的总费用最小.

例 12.2.5 某理发店仅有一位理发师,平均每隔 20min 就有一位顾客前来理发;理发师为每位顾客理发的平均时间为 15min,并收费 3 元;每位顾客每在理发店等待 1h 就损失 9 元.问:为维持理发店的最佳经济效益,理发师有无必要提高自己的业务技术?

解 这是一个 $M/M/1/\infty$ 排队模型,$\lambda=3$,$\mu=4$,$\rho=\frac{\lambda}{\mu}=0.75$,$c_s=3$,$c_q=9$.

因为最优服务率应为 $\mu^* = \lambda + \sqrt{\frac{c_q}{c_s}\lambda} = 3 + \sqrt{\frac{9}{3}\cdot 3} = 6$,所以理发师有必要将为每位顾客服务的平均时间缩短为 $\frac{1}{6}$h = 10min.

12.3 其他排队模型

本节介绍其他一些常用的排队模型.

1. $M/M/s/\infty$ 模型

M:单位时间(1h)内到达的顾客数独立同分布于泊松分布 $p(\lambda)$.

M:服务台对顾客的服务时间独立同分布于指数分布 $E(\mu)$.

s:服务台的数目,$s \geqslant 2$.

∞:排队系统允许的最大顾客数无限制.

这种多服务台模型是指顾客的相继到达时间服从参数为 λ 的泊松分布,服务台多于一台,每个服务台服务时间相互独立,且服从参数为 μ 的负指数分布,当顾客到达时,若有空闲的服务台则可以马上接受服务,否则便排成一个队列等待,等待空间为无限.

在本模型中:

(1) 在平稳状态时,排队系统中有 n 个顾客的概率为

$$p_n=\begin{cases}\dfrac{1}{\sum\limits_{k=0}^{s-1}\dfrac{(\rho s)^k}{k!}+\dfrac{(\rho s)^s}{(1-\rho)s!}}, & n=0\\ \dfrac{(\rho s)^n}{n!}p_0, & 1\leqslant n\leqslant s\\ \dfrac{\rho^n s^s}{s!}p_0, & n\geqslant s+1\end{cases}$$

其中 $$\rho=\frac{\lambda}{\mu s}.$$

易见,当 $s=1$ 时,上述结论与 $M/M/1/\infty$ 模型是一致的.

(2) 服务台空闲的概率: $p_0=\dfrac{1}{\sum\limits_{k=0}^{s-1}\dfrac{(\rho s)^k}{k!}+\dfrac{(\rho s)^s}{(1-\rho)s!}}$;

服务台繁忙的概率为 $(1-p_0)$.

(3)有关数量指标:

队长: $L=\rho s+\dfrac{\rho}{(1-\rho)^2}p_s$.

排队队长: $L_q=\dfrac{\rho}{(1-\rho)^2}p_s$.

停留时间: $W=\dfrac{L}{\lambda}$.

排队时间: $W_q=\dfrac{L_q}{\lambda}$.

例 12.3.1 某医院的外科注射室有两位值班护士,单位时间内来注射的病号数服从泊松分布,且平均时间间隔为 3min;病号的注射时间服从指数分布,且平均注射时间为 5min. 试求一个病号到注射室注射时平均花费的时间.

解 此问题是一个 $M/M/2/\infty$ 模型,且 $s=2,\lambda=\dfrac{60}{3}=20,\mu=\dfrac{60}{5}=12,\rho=\dfrac{\lambda}{\mu s}=\dfrac{20}{24}=\dfrac{5}{6}$.

于是

$$p_0=\frac{1}{1+\rho s+\dfrac{(\rho s)^s}{(1-\rho)s!}}=\frac{1}{1+\dfrac{10}{6}+\dfrac{\left(\dfrac{10}{6}\right)^2}{\dfrac{1}{6}\times 2!}}=\frac{1}{11},p_s=\frac{(\rho s)^s}{s!}p_0=\frac{\left(\dfrac{10}{6}\right)^2}{2!}\times\frac{1}{11}=\frac{25}{198}$$

$$L=\rho s+\frac{\rho}{(1-\rho)^2}p_s=\frac{10}{6}+30\,\frac{25}{198}=\frac{60}{11},W=\frac{L}{\lambda}=\frac{3}{11}(\mathrm{h})\approx 16.34(\mathrm{min})$$

2. *M/M/1/k* 模型

M:单位时间(1h)内到达的顾客数独立同分布于泊松分布 $p(\lambda)$.

M:服务台对顾客的服务时间独立同分布于指数分布 $E(\mu)$.

1:仅有一个服务台.

k:排队系统中仅允许有 $k(1\leqslant k<+\infty)$ 个顾客,即当顾客到达时,若排队系统中已有 k 个顾客,则该顾客立即离开.

这种模型也称为单服务台混合制模型,是指顾客的相继到达时间服从参数为 λ 的泊松分布,服务台个数为1,每个服务台服务时间相互独立,且服从参数为 μ 的负指数分布,系统空间为 k.

在本模型中:

(1) 在平稳状态时,排队系统中有 n 个顾客的概率为

$$p_0=\begin{cases}\dfrac{1-\rho}{1-\rho^{k+1}}, & \rho\neq 1\\ \dfrac{1}{k+1}, & \rho=1\end{cases};\ p_n=\begin{cases}\dfrac{\rho^n(1-\rho)}{1-\rho^{k+1}}, & \rho\neq 1\\ \dfrac{1}{k+1}, & \rho=1\end{cases},1\leqslant n\leqslant k$$

这里,$\rho=\dfrac{\lambda}{\mu s}$.

(2) 服务台空闲的概率为 p_0;繁忙的概率为 $(1-p_0)$.

(3) 顾客到达后,不能进入排队系统的概率为 p_k,能进入排队系统的概率为 $(1-p_k)$.

(4) 有关数量指标:

$$\text{队长}:L=\begin{cases}\dfrac{\rho[1-(k+1)\rho^k+k\rho^{k+1}]}{(1-\rho)(1-\rho^{k+1})}, & \rho\neq 1\\ \dfrac{k}{2}, & \rho=1\end{cases}.$$

$$\text{排队队长}:L_q=\begin{cases}\dfrac{\rho^2}{1-\rho}-\dfrac{(k+\rho)\rho^{k+1}}{1-\rho^{k+1}}, & \rho\neq 1\\ \dfrac{k(k-1)}{2(k+1)}, & \rho=1\end{cases}.$$

停留时间:$W=\dfrac{L}{\lambda_e}$.

排队时间:$W_q=\dfrac{L_q}{\lambda_e}$.

这里,$\lambda_e=\lambda(1-p_k)$ 为有效到达率.

例 12.3.2 某加油站仅有一个加油机,而且受场地所限,最多只能同时停放4辆汽车.单位时间内来加油的汽车数服从普哇松分布,且平均时间间隔为2min;加油机为汽车加油的时间服从指数分布,且平均加油时间为2min.试求:(1)汽车到达加油站即可立即加油的概率;(2)加油站场地空闲的概率;(3)汽车在加油站的平均停留时间.

解 此问题是一个 $M/M/1/4$ 模型,且 $s=1,k=4,\lambda=\dfrac{60}{2}=30,\mu=\dfrac{60}{2}=30,\rho=\dfrac{\lambda}{\mu s}=$

$\frac{30}{30}=1$. 于是，$p_0=\frac{1}{5}$；$p_n=\frac{1}{5}$，$n=1,2,3,4$.

（1）$p_0=\frac{1}{5}$.

（2）$1-p_4=\frac{4}{5}$.

（3）$L=\frac{k}{2}=2$，$\lambda_e=\lambda(1-p_4)=30\times\frac{4}{5}=24$，所以 $W=\frac{L}{\lambda_e}=\frac{2}{24}=\frac{1}{12}(\text{h})=5(\text{min})$.

3. *M/M/s/k* 模型

M：单位时间（1h）内到达的顾客数独立同分布于泊松分布 $p(\lambda)$.

M：服务台对顾客的服务时间独立同分布于指数分布 $E(\mu)$.

s：服务台的数目，$s\geqslant 2$.

k：排队系统中仅允许有 $k(1\leqslant k<+\infty)$ 个顾客，即当顾客到达时，若排队系统中已有 k 个顾客，则该顾客立即离开.

当 $k=s$ 时，排队规则采取损失制，即当某顾客到达时，若所有服务台都繁忙，则该顾客立即离开；当 $k\geqslant s$ 时，排队规则采取混合制.

这种模型也称为多服务台混合制模型，是指顾客的相继到达时间服从参数为 λ 的泊松分布，服务台个数为 s，每个服务台服务时间相互独立，且服从参数为 μ 的负指数分布，系统空间为 k.

在本模型中：

（1）在平稳状态时，排队系统中有 n 个顾客的概率为

$$p_n=\begin{cases}\dfrac{1}{\sum\limits_{i=0}^{s-1}\dfrac{(\rho s)^i}{i!}+\sum\limits_{i=s}^{k}\dfrac{s^s\rho^i}{s!}}, & n=0\\[2ex] \dfrac{(\rho s)^n}{n!}p_0, & 1\leqslant n\leqslant s\\[2ex] \dfrac{\rho^n s^s}{s!}p_0, & s+1\leqslant n\leqslant k\end{cases}$$

这里，$\rho=\frac{\lambda}{\mu s}$.

（2）顾客到达后，不能进入排队系统的概率为 p_k，能进入排队系统的概率为 $(1-p_k)$.

（3）有关数量指标：

队长：$L=\sum\limits_{n=0}^{k}np_n=\cdots$.

排队队长：$L_q=\sum\limits_{n=0}^{k-s}np_{s+n}=\cdots$.

停留时间：$W=\frac{L}{\lambda_e}$.

排队时间：$W_q=\frac{L_q}{\lambda_e}$.

这里，$\lambda_e = \lambda(1 - p_k)$为有效到达率.

例 12.3.3 某火车站的问询处设有三部电话机，单位时间内打来的电话数（包括接通的和未接通的）服从泊松分布，且平均时间间隔为 2min；通话时间服从指数分布，且平均通话时间为 3min. 试问：打来的电话能接通的概率是多少？

解 因问讯处仅有三部电话机，故当这三部电话机都同时占线时，后打来的电话将无法接通，故此问题是一个 $M/M/3/3$ 模型，且 $s = k = 3, \lambda = \frac{60}{2} = 30, \mu = \frac{60}{3} = 20, \rho = \frac{\lambda}{\mu s} = \frac{30}{60} = \frac{1}{2}$.

于是，
$$p_0 = \frac{1}{\sum_{i=0}^{2} \frac{(\rho s)^i}{i!} + \frac{3^3\left(\frac{1}{2}\right)^3}{3!}} = \frac{1}{1 + \rho s + \frac{(\rho s)^2}{2!} + \frac{9}{16}} = \frac{1}{1 + \frac{3}{2} + \frac{9}{8} + \frac{9}{16}} = \frac{16}{67}$$

$$p_3 = \frac{(\rho s)^3}{3!} p_0 = \frac{\left(\frac{3}{2}\right)^3}{3!} \times \frac{16}{67} = \frac{9}{67} \approx 0.134$$

故能接通的概率为 $1 - p_3 = 0.866$.

练习 12

在图书馆的某一借书窗口，单位时间内到达的学生数服从泊松分布，且平均时间间隔为 1.2min；窗口对学生的服务时间服从指数分布，且平均服务时间为 0.75min. 试求此排队系统在 1h 内的下列数量指标：(1)学生到达后，不需等待的概率；(2)学生的平均人数；(3)学生的平均等待人数；(4)学生的平均停留时间；(5)学生的平均等待时间.

第13章 统筹方法

统筹方法是利用数学方法和网络图来研究、分析工程项目的合理组织、协调管理的一种科学管理方法.这一方法于20世纪50年代产生于美国.1956年,美国杜邦公司为协调公司不同业务部门的系统规划,利用网络方法制订了第一套网络计划,称为关键路线法(Critical Path Method, CPM).1958年,美国海军武器局在制订“北极星”导弹研制计划时,同样利用了网络方法,但更注重于对各项任务安排的评价和审查,称为计划评审技术(Program Evaluation and Review Technique,PERT).

1965年,著名数学家华罗庚先生在我国大力推广应用CPM和PERT两种方法(初中语文收录有华罗庚的科普文章《统筹方法》),并根据其主要特点:统筹安排,将二者合称为统筹方法,又称为网络计划技术(network planning technique).

20世纪60年代,钱塘江大桥的修建和“引滦入津”工程等重大工程都广泛地使用了统筹方法,并获得了极为显著的经济效益.

1991年,我国发布《网络计划技术》三个国家标准(术语,画法和应用程序),将网络计划技术的研究和应用提升到了新水平.

国外多年实践表明:应用网络计划技术组织与管理生产一般可缩短时间20%,降低成本10%.目前,基于统筹方法的项目管理软件Project已经开发并成为进行项目管理的强有力的工具.

13.1 统筹图

1. 基本概念

工序:一项有具体内容(人、物、财等的投入),需要经过一定时间才能完成的生产过程(有开始、延续和结束时间).如修建一座大楼,可分为设计、挖地基、打地基、主体工程、上顶、安装水电暖气设备、室内装修等工序.

工序是生产过程中的一些相对独立和相互关联的任务.相邻的两个工序,前者称为后者的紧前工序,后者称为前者的紧后工序.

事项:生产过程的始点,终点以及其中的两道或两道以上工序的交点.

某一工序的开工时刻称为开工事项,完工时刻称为完工事项. 一个生产过程的最初开工时刻称为总开工事项,最终完工时刻称为总完工事项.

在统筹图中,一般用弧来表示工序,用弧的起点和终点分布来表示工序的开工事项和完工事项.

如图13.1.1所示,A,B为工序,且A是B的紧前工序,B是A的紧后工序. ①、②、③为事项,其中①为总开工事项,③为总完工事项;②既为工序A的完工事项,又为工序B的开工事项.

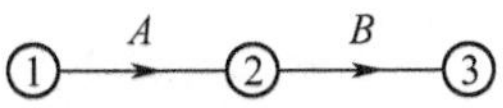

图 13.1.1

工序时间:完成一个工序所需的时间. 一般的,工序(i,j)的工序时间记为$t(i,j)$.

显然,工序时间在工序开工之前难以准确地确定. 一般地,可根据以下经验公式$t=\dfrac{a+b+4c}{6}$来估计,其中a为乐观时间(一切顺利时,完成工序的最少可能的时间),b为悲观时间(遇到意想不到的困难时,完成工序的最多可能的时间),c为最可能时间(一般情况下,完成工序的时间).

2. 统筹图

统筹方法的基础是画出统筹图.

统筹图:将一个生产过程中各工序之间相互制约的先后顺序关系从左至右表示出来,所得到的由顶点和弧构成的网络图.

显然,从图论的观点看,统筹图即为一张赋权有向图.

统筹图反映一个生产过程的全貌和各工序之间的关系.

3. 统筹图的制作步骤

(1) 工序的分解:将一个生产过程分解为若干个工序,确定各工序之间的相互关系,并以表格表示出来.

这一步骤需要工程技术人员与统筹工作者共同完成.

如某项建筑工程可分解为7道工序,各工序间的先后关系及工序时间可列表(工序分解表)如下:

工序代号	工序名称	紧前工序	工序时间
A	设计	—	8
B	挖地基	A	20
C	打地基	B	10
D	主体工程	C	60
E	上顶	D	13
F	安装水电暖气	D	15
G	室内装修	E,F	20

显然,工序名称无关紧要,可用工序代号来表示工序.

(2) 画图:用弧来表示工序,用弧的两个顶点(圈起的数字)来表示工序的两个事项. 根据步骤1得到的工序分解表,由第一个工序开始,按照各工序的先后顺序,从左至右,直至最后一个工序为止,画出一个图.

如某生产过程可分解为如下工序:

工序	紧前工序
A	—
B	—
C	A,B
D	C
E	C

据此,画图如下:

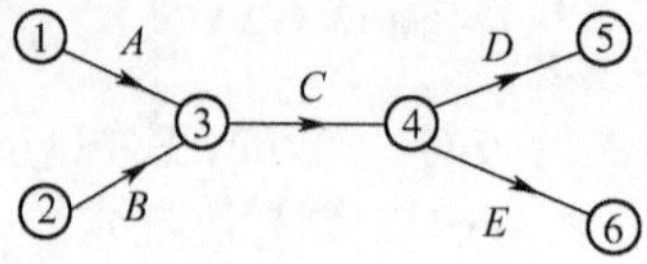

统筹图的绘制规则:

① 图中不能含有有向圈;否则,会致使工序的先后顺序混乱,此时,应重新分解工序.

如某生产过程可分解为5个工序,且画图如下:

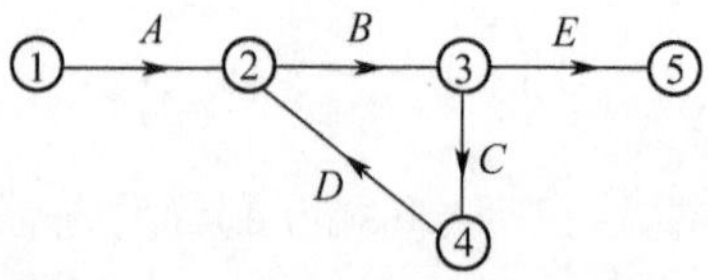

显然,图中含有一个有向圈②→③→④→②,致使工序 B,C,D 的先后顺序混乱,故应重新分解工序.

② 图中任意两个顶点之间不能有重弧;否则,会致使工序的先后顺序混乱,此时,应引入虚工序,并令虚工序的工序时间为0.

虚工序用虚线表示,仅起到衔接前后工序之间先后关系的作用,不占用时间.

如某生产过程可分解为如下工序:

工序	紧前工序
A	—
B	A
C	A
D	B
E	B,C
F	D,E

据此,画图如下:

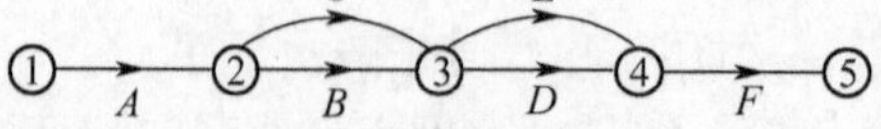

显然,图中的顶点②与③,③与④之间有重弧,致使工序 D 的紧前工序为 B,C,与原来工序之间的先后顺序不符.为此,引入虚工序,将上图修改如下:

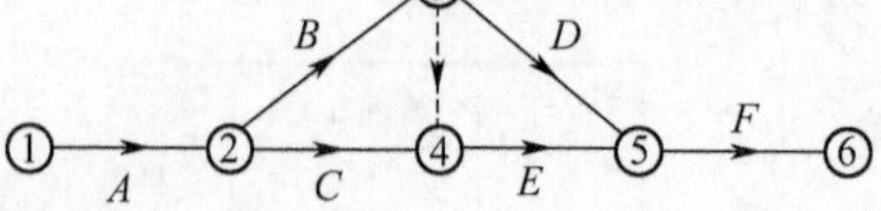

③ 图中只能有一个总开工事项和一个总完工事项;否则,应将所有总开、完工事项分别合并为一个总开、完工事项.

如

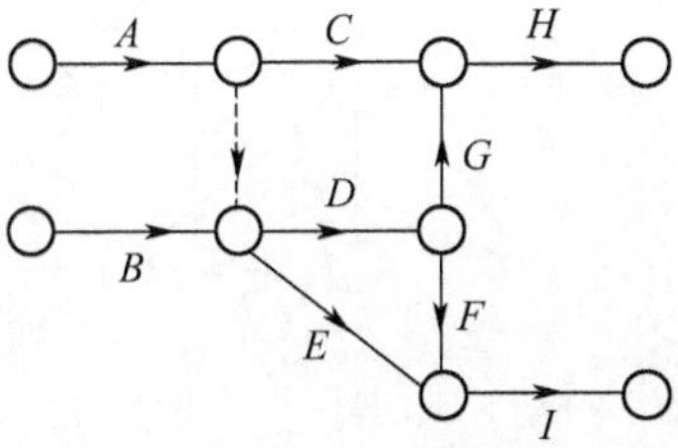

显然,图中含有两个总开工事项和两个总完工事项,应合并之:

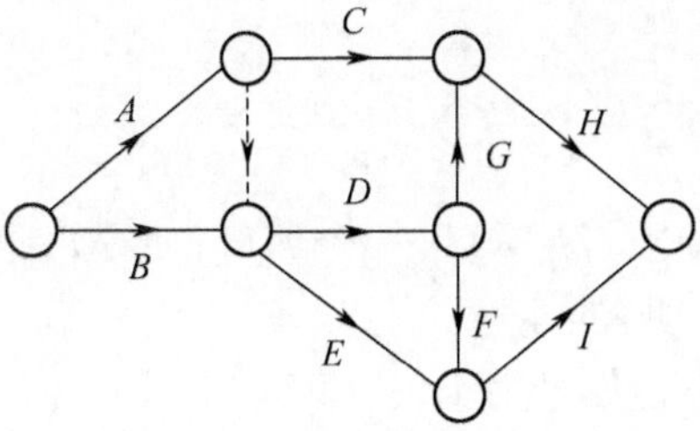

④ 平行作业的处理:为加快某一工序的进行,可将其分解为两个或两个以上的工序同时进行,是为平行作业. 对平行作业的处理,可借助虚工序.

如

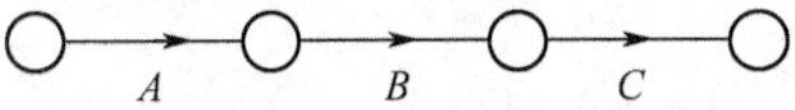

为加快工序 B 的进行,将 B 分解为 B_1,B_2,B_3 三个工序同时进行:

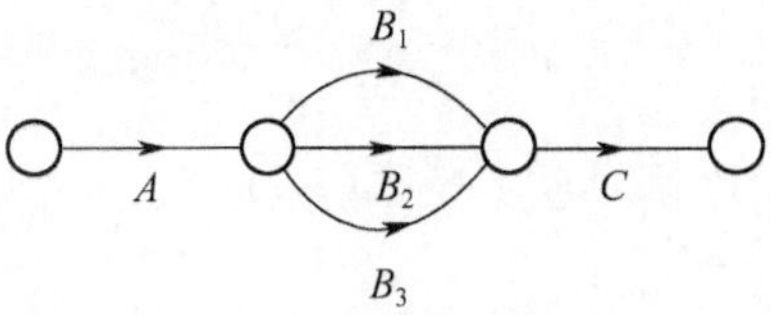

但图中含有重弧,故根据规则②,引入虚工序,改正为

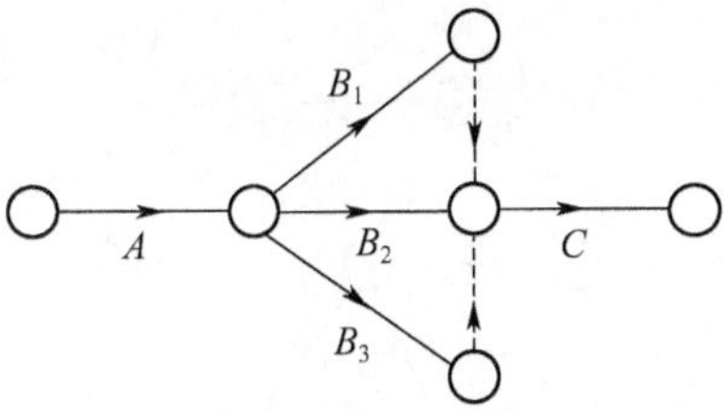

⑤ 交叉作业的处理:为加快生产过程的进度,常常在一个工序尚未完成时,就开始进行其紧后工序,是为交叉作业. 对交叉作业的处理,可借助虚工序和增加事项.

如

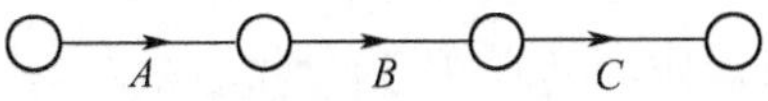

若令 $A=A_1+A_2,B=B_1+B_2,C=C_1+C_2$,则

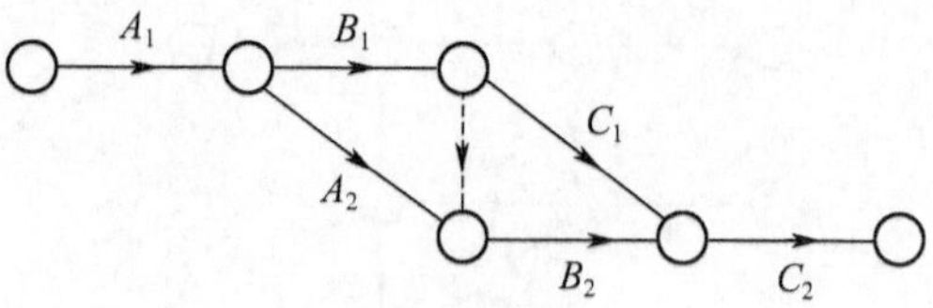

若令 $A=A_1+A_2+A_3$,$B=B_1+B_2+B_3$,则

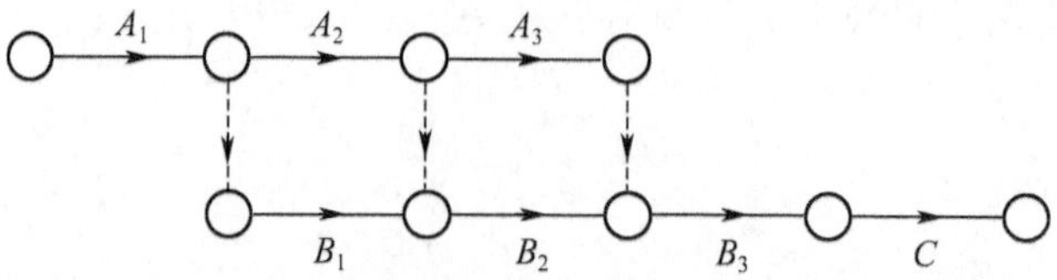

(3) 编号:给图的每个顶点(事项)以一个编号,使得每条弧(工序)的起点(开工事项)的编号小于终点(完工事项)的编号.

编号的方法:将总开工事项编号为①,去掉①的所有出弧;从剩下的顶点中选取一个无入弧的顶点,并编号为②;……. 重复上述步骤,直到图的所有顶点均被编号为止.

如

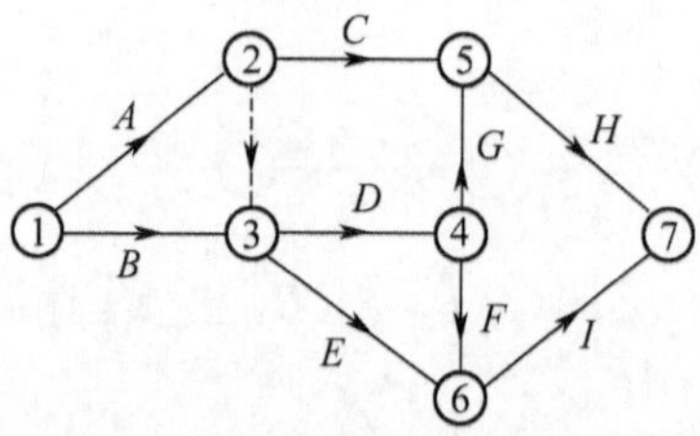

显然,图的编号未必唯一.

在编号后的图中,每个工序都对应一条弧(i,j),且 $i<j$. 以后,工序可简称为工序(i,j),而不必再指明工序名称.

在编号后的图中,每条弧赋予一个权,以表示工序时间,即得统筹图.

如

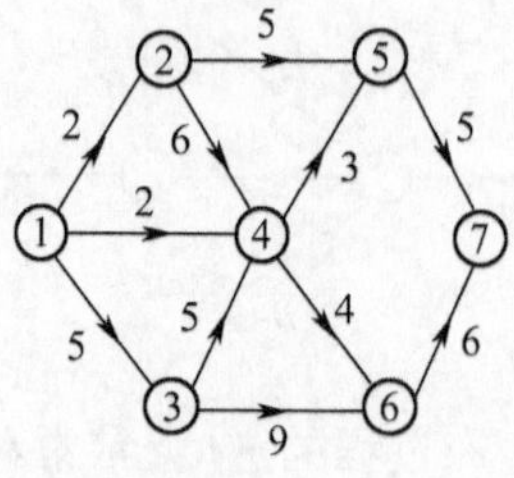

13.2 统筹图中有关参数的计算

统筹图中从总开工事项对应的顶点① 到总完工事项对应的顶点ⓝ的最长的有向路称为关键路线(critical path),华罗庚先生称其为主要矛盾线,其上各工序称为关键工序,各工序的工序时间之和称为关键路线的长度.

如对统筹图

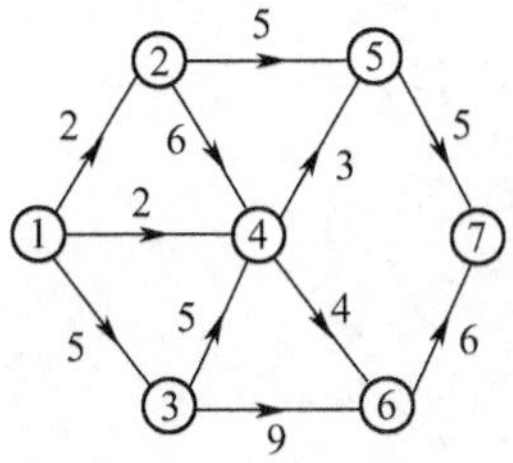

从总开工事项对应的顶点①到总完工事项顶点⑦对应的的各有向路及长度分别为

有向路	长度
①→②→⑤→⑦	2+5+5=12
①→②→④→⑤→⑦	2+6+3+5=16
①→②→④→⑥→⑦	2+6+4+6=18
①→④→⑤→⑦	2+3+5=10
①→④→⑥→⑦	2+4+6=12
①→③→④→⑤→⑦	5+5+3+5=18
①→③→④→⑥→⑦	5+5+4+6=20
①→③→⑥→⑦	5+9+6=20

易见，①→③→④→⑥→⑦和①→③→⑥→⑦都是关键路线，其长度为 20. 这表明：只要适当安排其他非关键工序，整个生产过程一定可在 20 天内完工. 因此，在组织施工时，为保证工程按时或提前完工，必须抓紧关键工序的进度.

关键路线的长度就是生产过程的最早可能的完工期，简称为完工期.

在关键路线上，一个关键工序的开工事项即为其紧前工序的完工事项. 关键工序完工事项的延长或缩短必将导致生产过程的完工期的推迟和提前. 在非关键路线上，工序的开工可在其紧前工序完工后的一定时间范围内推迟，而不影响生产过程的完工期.

统筹方法的根本任务就是本着"向关键路线要时间，向非关键路线要资源"的指导思想，制订出最优的生产计划.

关键路线的求解：标号法，步骤如下：

设统筹图中各顶点分别编号为①，②，…，ⓝ.

(1) 给顶点①以标号 $t(1)=0$.

(2) 按照统筹图中各顶点的编号顺序，依次给顶点②，…，ⓝ以标号 $t(2),\cdots,t(n)$，其中 $t(i)=\max\limits_{k<i}\{t(k)+t(k,i)\}$，$i=2,3,\cdots,n$，$t(k,i)$ 是工序 (k,i) 的工序时间，并将取最大值的弧 (k,i) 改为粗线.

(3) 当顶点ⓝ被标号时，去掉所有细线对应的顶点，即得一条关键路线，且其长度为 $t(n)$.

注：(1) 顶点ⓘ的标号 $t(i)$ 恰是以顶点ⓘ为开工事项的工序的最早可能开工时间. 特别地，$t(n)$ 是生产过程的完工期.

(2) 求统筹图的关键路线的标号法与求解最短路问题的 Dijkstra 算法既有所类似，又有根本区别：①标号法是求最长路，而 Dijkstra 算法是求最短路；②对标号法，下一个待标号的顶点是在计算前按照各顶点的编号顺序依次确定下来的，而对 Dijkstra 算法，下一个待标号的顶点是在上一个顶点被标号后，对尚未被标号的顶点通过搜索确定的.

例 13.2.1 在下面的统筹图中找一条关键路线：

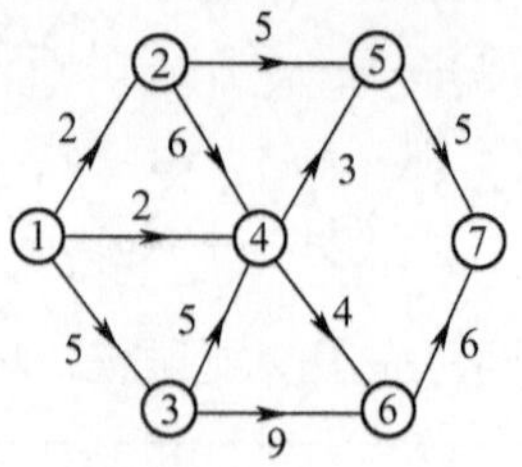

解 利用标号法，得

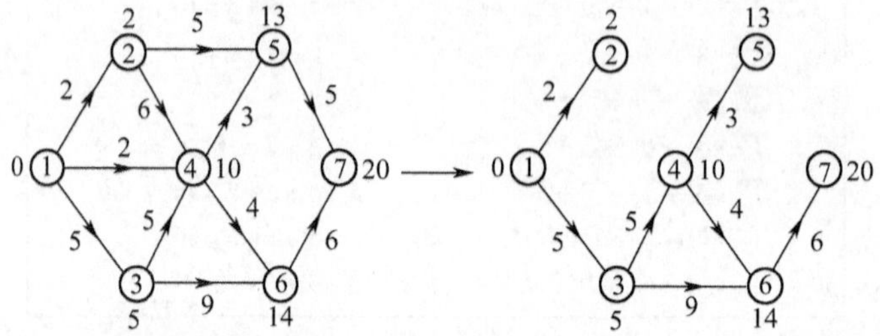

因此，关键路线有两条，分别为①→③→④→⑥→⑦和①→③→⑥→⑦，其长度为 20.

统筹图中有关参数的计算过程如下.

利用统筹方法计算出有关数据，有利于管理人员掌握全局，抓住关键，处理生产过程中出现的各种问题，科学地组织整个生产过程.

1. 事项的最早可能开工时间

当事项 j 的所有紧前工序都完工时，j 的所有紧后工序即可开工，此时刻称为 j 的最早可能开工时间(Probably Earliest Starting Time)，记为 $t_{ES}(j)$.

规定：$t_{ES}(1)=0$.

计算公式：$\begin{cases} t_{ES}(1)=0; \\ t_{ES}(j)=\max\limits_{i<j}\{t_{ES}(i)+t(i,j)\}, j=2,\cdots,n. \end{cases}$

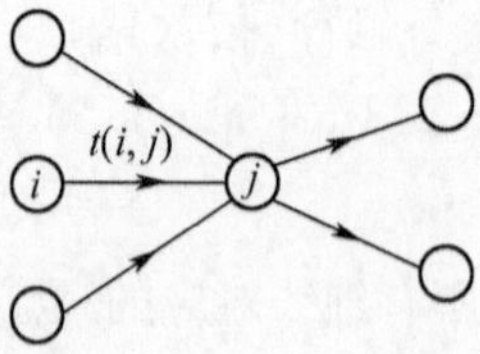

2. 事项的最晚必须完工时间

事项 i 必须在某一时刻完工，否则整个生产过程都将会被推迟，此时刻称为事项 i 的最晚必须完工时间(Necessarily Latest Finishing Time)，记为 $t_{LF}(i)$.

显然，$t_{LF}(n)=t_{ES}(n)$.

计算公式：$\begin{cases} t_{LF}(n) = t_{ES}(n); \\ t_{LF}(i) = \min\limits_{j>i}\{t_{LF}(j) - t(i,j)\}, i = 1,\cdots,n-1. \end{cases}$

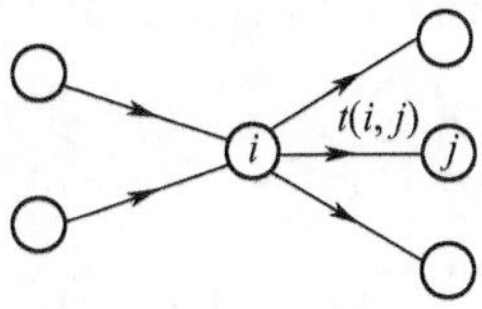

3. 工序的最早可能开工时间

当工序(i,j)的所有紧前工序都完工时，(i,j)即可开工，此时刻称为(i,j)的最早可能开工时间(Probably Earliest Starting Time)，记为 $t_{ES}(i,j)$.

显然，$t_{ES}(i,j) = t_{ES}(i)$.

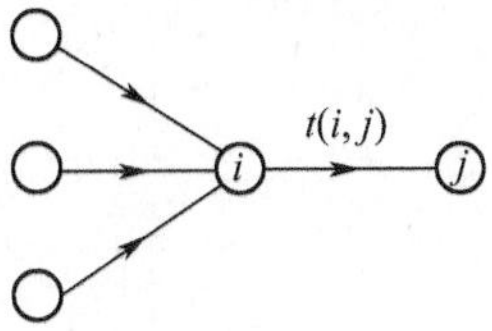

4. 工序的最早可能完工时间

工序(i,j)必须在某一时刻完工，否则整个生产过程都将会被推迟，此时刻称为(i,j)的最早可能完工时间(Probably Earliest Finishing Time)，记为 $t_{EF}(i,j)$.

显然，$t_{EF}(i,j) = t_{ES}(i,j) + t(i,j) = t_{ES}(i) + t(i,j)$.

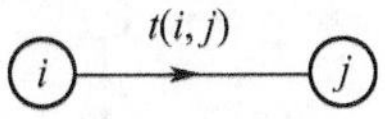

5. 工序的最晚必须完工时间

工序(i,j)必须有一个最晚的完工时刻，否则整个生产过程都将会被推迟，此时刻称为(i,j)的最晚必须完工时间(Necessarily Latest Finishing Time)，记为 $t_{LF}(i,j)$.

显然，$t_{LF}(i,j) = t_{LF}(j)$.

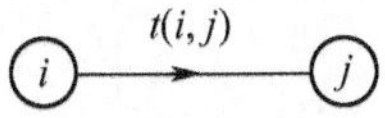

6. 工序的最晚必须开工时间

工序(i,j)必须有一个最晚的开工时刻，以不影响其紧后工序的开工，此时刻称为(i,j)的最晚必须开工时间(Necessarily Latest Starting Time)，记为 $t_{LS}(i,j)$.

显然，$t_{LS}(i,j) = t_{LF}(i,j) - t(i,j)$.

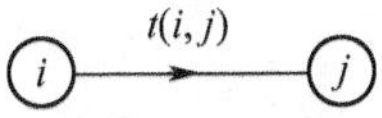

7. 工序的总时差

在不影响整个工程的完工时间的前提下，工序(i,j)可以推迟完工的时间称为其总时差，记为 $R(i,j)$.

显然，$R(i,j) = t_{LS}(i,j) - t_{ES}(i,j)$.

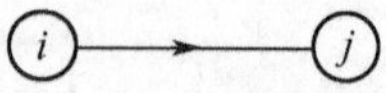

8. 工序的单时差

在不影响其紧后工序的最早可能开工时间的前提下，工序(i,j)可以推迟完工的时间称为其单时差，记为$r(i,j)$.

显然，$r(i,j)=t_{\mathrm{ES}}(j)-t_{\mathrm{EF}}(i,j)$.

总时差和单时差统称为工序的时差，它表明工序的机动时间. 关键工序的机动时间为0(因为关键工序必须按期完工).

例 13.2.2 试为下面的统筹图编号并计算有关参数：

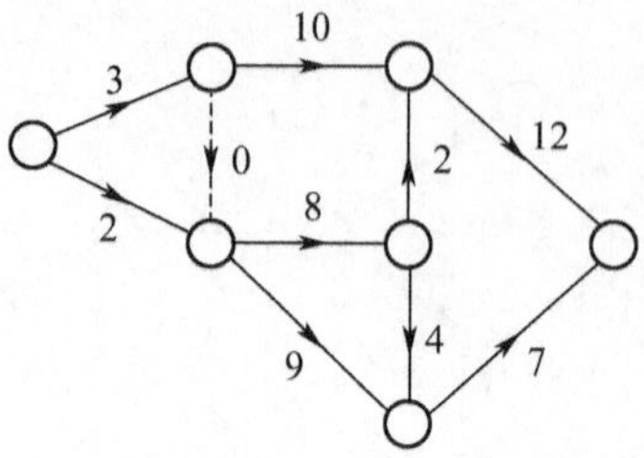

解 编号：

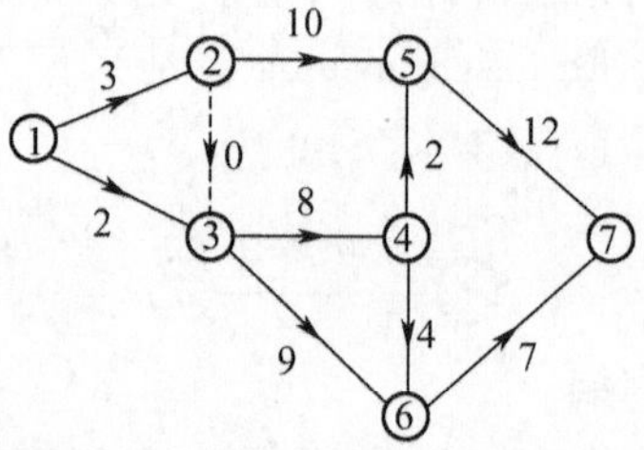

(1) 事项的最早可能开工时间：

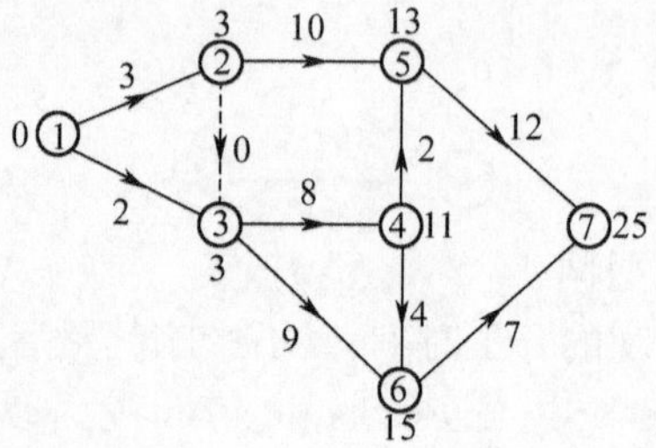

(2) 事项的最晚必须完工时间：

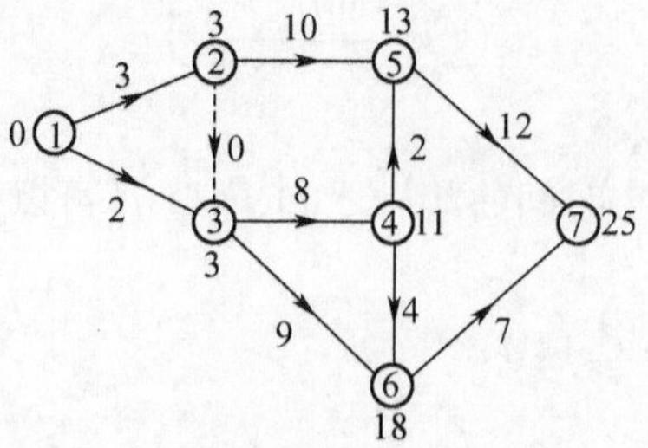

（3）工序的最早可能开工时间：

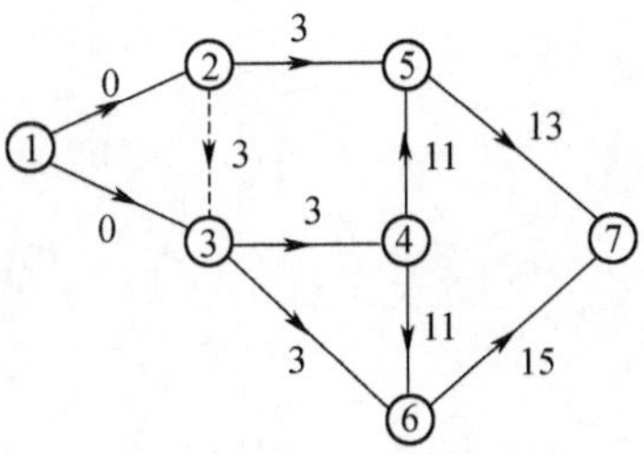

（4）工序的最早可能完工时间：

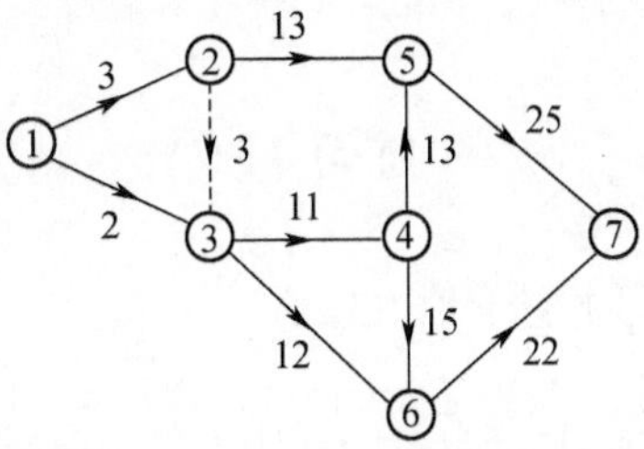

（5）工序的最晚必须完工时间：

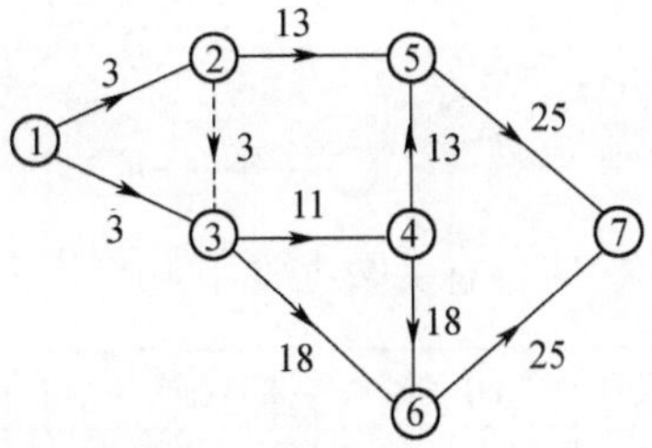

（6）工序的最晚必须开工时间：

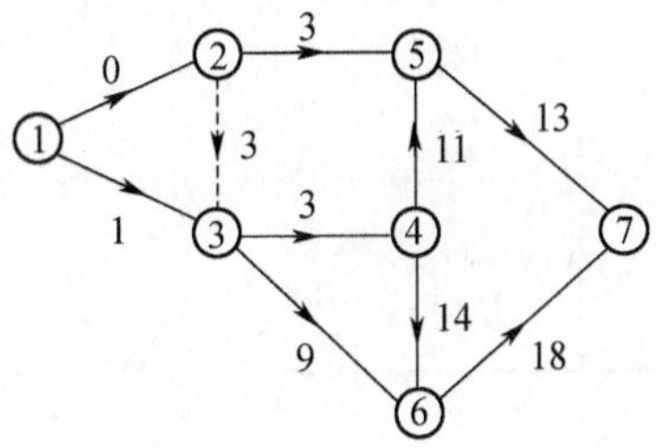

（7）关键路线：有两条，分别为①→②→⑤→⑦和①→②→③→④→⑤→⑦，长度为25.

（8）工序的总时差：

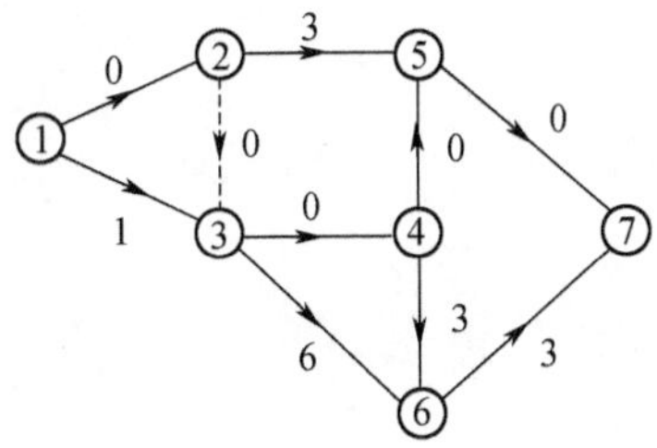

（9）工序的单时差：

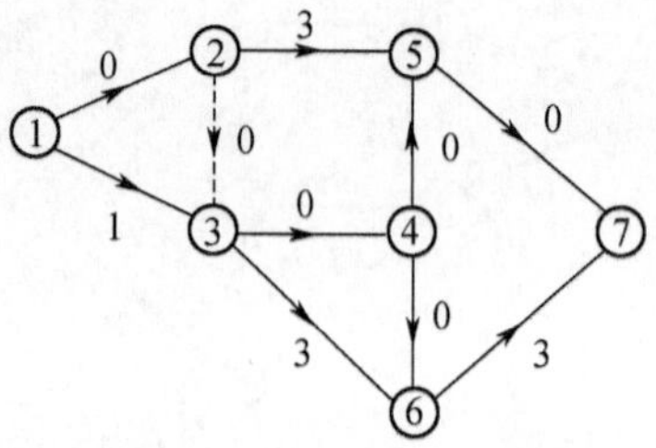

练习 13

1. 试为下面的统筹图编号并计算有关参数：

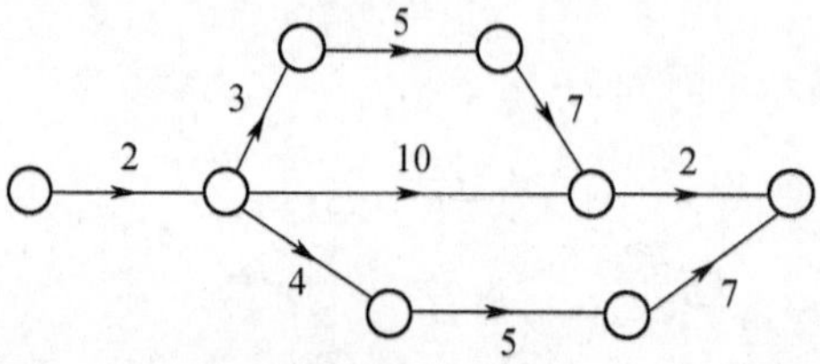

2. 某项工程可分解为 7 道工序,有关数据如下：

工序代号	工序名称	紧前工序	工序时间
A	设计	—	8
B	挖地基	A	20
C	打地基	B	10
D	主体工程	C	60
E	上顶	D	13
F	安装水电暖气	D	15
G	室内装修	E,F	20

（1）画出统筹图并编号;（2）计算出有关参数;（3）找出关键路线及关键工序;（4）求出此工程的最少完工时间.

参考答案

练习1

1. 设该工厂生产产品 B_j 的数量为 $x_j, j=1,2,\cdots,n$，则可建立如下线性规划模型：

$$\begin{cases}\max \quad z = \sum_{j=1}^{n} c_j x_j \\ \text{s.t.} \quad \sum_{j=1}^{n} a_{ij}x_j \leqslant b_i, i = 1,2,\cdots,m \\ \qquad x_j \geqslant 0, j = 1,2,\cdots,n\end{cases}$$

2. 设配料时原料 B_j 的用量为 $x_j, j=1,2,\cdots,n$，则可建立如下线性规划模型：

$$\begin{cases}\min \quad z = \sum_{j=1}^{n} b_j x_j \\ \text{s.t.} \quad \sum_{j=1}^{n} c_{ij}x_j \geqslant a_i, i = 1,2,\cdots,m \\ \qquad x_j \geqslant 0, j = 1,2,\cdots,n\end{cases}$$

3. (1) 最优解为$(1,4)^{\mathrm{T}}$，最优值为 -3. (2)最优解为$(4,2)^{\mathrm{T}}$，最优值为 16. (3)最优解为$(4,1)^{\mathrm{T}}$，最优值为 -14. (4)无界.

4. (1)
$$\begin{cases}\min \quad z = 2x_1 + 3x_2 \\ \text{s.t.} \quad x_1 + 2x_2 + x_3 = 8 \\ \qquad 4x_1 + x_4 = 16 \\ \qquad 4x_2 + x_5 = 12 \\ \qquad x_1, x_2, x_3, x_4, x_5 \geqslant 0\end{cases}$$

(2)
$$\begin{cases}\min \quad z = -x_1 + x'_2 - x''_2 \\ \text{s.t.} \quad 2x_1 - x'_2 + x''_2 - x_3 = -2 \\ \qquad x_1 - 2x'_2 + 2x''_2 + x_4 = 2 \\ \qquad x_1 + x'_2 - x''_2 + x_5 = 5 \\ \qquad x_1, x'_2, x''_2, x_3, x_4, x_5 \geqslant 0\end{cases}$$

5. (1) $\begin{cases}\min & z=2x_1-x_2\\ \text{s.t.} & 3x_1+2x_2+x_3=18\\ & -x_1+4x_2+x_4=8\\ & x_1,x_2,x_3,x_4\geqslant 0\end{cases}$

(2) 将 LP 的所有基、对应的基本解及基本可行解的判断列表如下：

基	基本解	基本解对应的目标函数值	是否基本可行解
$\boldsymbol{B}_1=(\boldsymbol{P}_1,\boldsymbol{P}_2)=\begin{pmatrix}3&2\\-1&4\end{pmatrix}$	$\boldsymbol{x}^1=(4,3,0,0)^{\mathrm{T}}$	$z_1=5$	是
$\boldsymbol{B}_2=(\boldsymbol{P}_1,\boldsymbol{P}_3)=\begin{pmatrix}3&1\\-1&0\end{pmatrix}$	$\boldsymbol{x}^2=(-8,0,42,0)^{\mathrm{T}}$	$z_2=-16$	否
$\boldsymbol{B}_3=(\boldsymbol{P}_1,\boldsymbol{P}_4)=\begin{pmatrix}3&0\\-1&1\end{pmatrix}$	$\boldsymbol{x}^3=(6,0,0,14)^{\mathrm{T}}$	$z_3=12$	是
$\boldsymbol{B}_4=(\boldsymbol{P}_2,\boldsymbol{P}_3)=\begin{pmatrix}2&1\\4&0\end{pmatrix}$	$\boldsymbol{x}^4=(0,2,14,0)^{\mathrm{T}}$	$z_4=-2$	是
$\boldsymbol{B}_5=(\boldsymbol{P}_2,\boldsymbol{P}_4)=\begin{pmatrix}2&1\\4&0\end{pmatrix}$	$\boldsymbol{x}^5=(0,9,0,-28)^{\mathrm{T}}$	$z_5=-9$	否
$\boldsymbol{B}_6=(\boldsymbol{P}_3,\boldsymbol{P}_4)=\begin{pmatrix}1&0\\0&1\end{pmatrix}=I_2$	$\boldsymbol{x}^6=(0,0,18,8)^{\mathrm{T}}$	$z_6=0$	是

比较各基本可行解对应的目标函数值，得 LP 的最优解为 $\boldsymbol{x}^4=(0,2,14,0)^{\mathrm{T}}$，最优值为 $z_4=-2$.

(3) 最优解为$(0,2)^{\mathrm{T}}$，最优值为 -2.

6. 易知 $\boldsymbol{x}=(2,4,3,0,0)^{\mathrm{T}}$ 是可行解. 因 $x_4=x_5=0$，且矩阵 $\boldsymbol{B}=(P_1,P_2,P_3)=\begin{pmatrix}1&0&1\\1&2&0\\0&1&0\end{pmatrix}$是非奇异的，故 $\boldsymbol{x}$ 是基本解，从而 $\boldsymbol{x}$ 是基本可行解.

7. 因 $\boldsymbol{x}^1$ 是 LP_1 的最优解，又显然有 $\boldsymbol{x}^2\in K(LP_1)$，故 $\boldsymbol{c}_1^{\mathrm{T}}\boldsymbol{x}^2\geqslant\boldsymbol{c}_1^{\mathrm{T}}\boldsymbol{x}^1\Rightarrow\boldsymbol{c}_1^{\mathrm{T}}(\boldsymbol{x}^1-\boldsymbol{x}^2)\leqslant 0$；同理，$\boldsymbol{c}_2^{\mathrm{T}}\boldsymbol{x}^1\geqslant\boldsymbol{c}_2^{\mathrm{T}}\boldsymbol{x}^2\Rightarrow-\boldsymbol{c}_2^{\mathrm{T}}(\boldsymbol{x}^1-\boldsymbol{x}^2)\leqslant 0$. 二式相加得$(\boldsymbol{c}_2^{\mathrm{T}}-\boldsymbol{c}_1^{\mathrm{T}})(\boldsymbol{x}^2-\boldsymbol{x}^1)\leqslant 0$.

8. 设 $\boldsymbol{x}^1$ 是 P_1 的一个最优解，则 $A\boldsymbol{x}^1=\boldsymbol{b}\Rightarrow\lambda\boldsymbol{b}=\lambda\boldsymbol{A}\boldsymbol{x}^1=\boldsymbol{A}(\lambda\boldsymbol{x}^1)$. 令 $\boldsymbol{x}^2=\lambda\boldsymbol{x}^1$，则 $\boldsymbol{x}^2$ 是 P_2 的一个最优解，且二者的最优值满足关系：$f=\mu\boldsymbol{c}^{\mathrm{T}}\boldsymbol{x}^2=\mu\boldsymbol{c}^{\mathrm{T}}(\lambda\boldsymbol{x}^1)=\lambda\mu(\boldsymbol{c}^{\mathrm{T}}\boldsymbol{x}^1)=\lambda\mu\cdot z$.

9. (1) 单纯形表为

$\boldsymbol{x}_B$	x_1	x_2	x_3	x_4	$\bar{b}$
x_3	3	2	1	0	18
x_4	−1	4	0	1	8
z	−2	1	0	0	0

(2) 单纯形表为

x_B	x_1	x_2	x_3	x_4	$\bar{b}$
x_3	$-\frac{1}{4}$	1	0	$\frac{1}{4}$	2
x_4	$\frac{7}{2}$	0	1	$-\frac{1}{2}$	14
z	$-\frac{7}{4}$	0	0	$-\frac{1}{4}$	-2

10. $4\leqslant\lambda\leqslant5$.

11. (1) $\gamma\geqslant0$. (2) $\gamma\geqslant0;\beta_1,\beta_2\leqslant0$. (3) $\gamma\geqslant0,\beta_1,\beta_2<0$. (4) $\gamma\geqslant0;\beta_1,\beta_2\leqslant0,\beta_1\beta_2=0$. (5) $\gamma\geqslant0,\beta_2>0,\alpha_1\leqslant0$. (6) $\gamma\geqslant0,\beta_1\beta_2>0$,且当 $\beta_2>0$ 时,$\alpha_1>0;\alpha_3>0$,且 $\frac{\gamma}{4}\geqslant\frac{3}{\alpha_3}$.

12. (1) $a=2,b=0,c=0,d=1,e=\frac{4}{5},f=0,g=-5$.

(2) 当前基本可行解是最优解.

(3) LP 为

$$
\begin{cases}
\min \quad z=-5x_1-3x_2 \\
\text{s. t.} \quad -\frac{1}{5}x_1-\frac{4}{25}x_2\leqslant\frac{8}{5} \\
\qquad x_1+\frac{4}{5}x_2\leqslant2 \\
\qquad x_1,x_2\geqslant0
\end{cases}
$$

13. 最终的单纯形表为

x_B	x_1	x_2	x_3	x_4	x_5	x_6	$\bar{b}$
x_1	1	0	0	1	0	0	10
x_2	0	1	0	-1	1	0	5
x_3	0	0	1	0	$-\frac{1}{3}$	$\frac{1}{3}$	5
z	0	0	0	-1	$-\frac{7}{3}$	$-\frac{2}{3}$	-15

14. 初始可行基为 $B=(P_4,P_5)=I_2$,反向转轴两次,得

$$
\begin{cases}
\min \quad z=-7x_1-4x_2-8x_3 \\
\text{s. t.} \quad \frac{9}{2}x_1+x_2+4x_3\leqslant8 \\
\qquad \frac{5}{2}x_1+x_2+2x_3\leqslant5 \\
\qquad x_1,x_2,x_3\geqslant0
\end{cases}
$$

15. 设在某次转轴时,取枢轴元为 b_{rk},则 x_r 为出基变量,x_k 为进基变量,x_k 的检验数 $r_k>0$(如下图所示).

$\boldsymbol{x}_B$	x_r	x_k	$\bar{b}$
x_r	1	b_{rk} (circled)	
z	0	r_k >0	

转轴后,x_r 的检验数 $-\dfrac{r_k}{b_{rk}}<0$(如下图所示).

$\boldsymbol{x}_B$	x_r	x_k	$\bar{b}$
x_k	$\dfrac{1}{b_{rk}}$	1	
z	$-\dfrac{r_k}{b_{rk}}$ <0	0	

因此,x_r 不可能再次被取作进基变量.

16. 由 $z=z_0-\sum\limits_{j=m+1}^{n}r_jx_j$ 知,(1)若 $r_j=0(j=m+1,\cdots,n)$,则所有可行解对应的目标函数值均为 $z=z_0$,故它们都是最优解;(2)若 $\exists r_k>0(m+1\leqslant k\leqslant n)$,则当 $x_k\to+\infty$ 时,$z=z_0-r_kx_k\to-\infty$;(3)若 $\exists r_k<0(m+1\leqslant k\leqslant n)$,则当 $x_k\to-\infty$ 时,$z=z_0-r_kx_k\to-\infty$.

17. (1)最优解为 $\left(\dfrac{6}{5},\dfrac{6}{5}\right)^{\mathrm{T}}$,最优值为 $-\dfrac{12}{5}$.(2)最优解为 $(4,2)^{\mathrm{T}}$,最优值为 -14.(3)最优解为 $\left(\dfrac{5}{2},\dfrac{1}{2}\right)^{\mathrm{T}}$,最优值为 $\dfrac{3}{2}$.(4)最优解为 $(2,0,0,1,2)^{\mathrm{T}}$,最优值为 0.

18. (1)最优解为 $\left(\dfrac{1}{2},0,\dfrac{1}{4},0,0\right)^{\mathrm{T}}$,最优值为 $\dfrac{31}{4}$.(2)不可行.(3)最优解为 $\left(\dfrac{87}{5},\dfrac{41}{5},10\right)^{\mathrm{T}}$,最优值为 $-\dfrac{22}{5}$.(4)最优解为 $(4,1,9)^{\mathrm{T}}$,最优值为 -2.

练 习 2

1. (1)$\begin{cases}\min & f=8y_1+16y_2+12y_3\\ \text{s.t.} & y_1+4y_2 \geqslant 2\\ & 2y_1+4y_3 \geqslant 3\\ & y_1,y_2,y_3\geqslant 0\end{cases}$

$$(2)\begin{cases}\max & f=5y_1-4y_2+4y_3\\ \text{s.t.} & -y_1-2y_2\leqslant -2\\ & y_1+y_3\leqslant 3\\ & -3y_1-2y_2+y_3\leqslant -5\\ & y_1+y_2+y_3\leqslant 1\\ & y_1,y_2\geqslant 0\end{cases}$$

2. 提示：证二者都可行即可.

3. (1)最优解为 $\boldsymbol{y}=(y_1,y_2)^{\mathrm{T}}=\left(\frac{4}{5},\frac{3}{5}\right)^{\mathrm{T}}$，最优值为 5. (2)松弛互补定理. 最优解为 $\boldsymbol{x}=(1,0,0,0,1)^{\mathrm{T}}$，最优值为 5.

4. 证明对偶问题不可行，同时原问题可行，故原问题无上界.

5. (1) 由前两个不等式约束条件知，对偶问题不可行. (2)无最优解.

6. $8=\boldsymbol{c}^{\mathrm{T}}\hat{\boldsymbol{x}}\leqslant z^*=f^*\leqslant\boldsymbol{b}^{\mathrm{T}}\hat{\boldsymbol{y}}=8.4$.

7. $\boldsymbol{x}=(x_1,x_2,x_3,x_4)^{\mathrm{T}}=(0,0,4,4)^{\mathrm{T}}$.

8. $k=1,y=(0,2)^{\mathrm{T}}$.

9. 对偶问题为 $\begin{cases}\max & f=\sum_{i=1}^{m}b_iy_i\\ \text{s.t.} & \sum_{i=1}^{m}a_{ij}y_i\leqslant c_j,j=m+1,\cdots,n\\ & y_i\leqslant 0,i=1,\cdots,m\end{cases}$. 显然，可取 $B=(P_1,P_2,\cdots,P_m)=I_m$ 为原问题的一个可行基，对应的基本可行解为 $\boldsymbol{x}^*=(b_1,b_2,\cdots,b_m,0,\cdots,0)^{\mathrm{T}}$，目标函数值为 $z=0$；又因检验数为 $r_j=c_j>0(j=m+1,\cdots,n)$，故 $\boldsymbol{x}^*$ 是原问题的惟一最优解. 由强对偶定理知，对偶问题也有唯一最优解，且此最优解为 $\boldsymbol{y}^*=(0,\cdots,0)^{\mathrm{T}}$.

10. (1)最优解为 $(0,1)^{\mathrm{T}}$，最优值为 1. (2)最优解为 $(250,100)^{\mathrm{T}}$，最优值为 800. (3)最优解为 $\left(0,\frac{1}{4},0\right)^{\mathrm{T}}$，最优值为 $\frac{1}{4}$. (4)最优解为 $\left(0,\frac{1}{4},\frac{1}{2}\right)^{\mathrm{T}}$，最优值为 $\frac{17}{2}$.

11. 产品 A、B 的产量分别为 250kg、100kg.

12. (1) $x_1=20,x_2=24$；(2) $y_1=0,y_2=1.36,y_3=0.52$；(3)有必要；(4) 不低于 3.96.

13. $\theta\leqslant 3$.

14. (1)最优解变为 $(5,0,3)^{\mathrm{T}}$. (2)最优解为 $\left(0,1,\frac{5}{2}\right)^{\mathrm{T}}$. (3)最优解为 $\left(0,1,\frac{1}{2}\right)^{\mathrm{T}}$. (4)最优解为 $(5,0,3)^{\mathrm{T}}$.

练 习 3

1. 设 $x_j=\begin{cases}1, & \text{投资项目 } j\\ 0, & \text{否则}\end{cases}$，则可建模如下：

$$
\begin{cases}
\max \quad z = \sum_{j=1}^{n} c_j x_j \\
\text{s.t.} \quad \sum_{j=1}^{n} a_j x_j \leqslant B \\
\qquad x_j = 0,1, j = 1,\cdots,n
\end{cases}
$$

2. 令 $x_j = \begin{cases} 1, & \text{建设港口 } A_j \\ 0, & \text{否则} \end{cases}$,则可建模如下:

(1) $\begin{cases} \max \quad z = 20x_1 + 25x_2 + 20x_3 + 40x_4 + 45x_5 \\ \text{s.t.} \quad 100x_1 + 150x_2 + 125x_3 + 200x_4 + 250x_5 \leqslant 750 \\ \qquad x_1, x_2, x_3, x_4, x_5 = 0,1 \end{cases}$

(2) 增加约束条件 $x_3 \leqslant x_2$ 即可. 这是因为:当 $x_3 = 1$(建设港口 A_3)时,必有 $x_2 = 1$(建设港口 A_2).

(3) 增加约束条件 $x_2 + x_3 \geqslant 1$ 即可.

(4) 增加约束条件 $x_2 + x_3 = 1$ 即可.

3. (1)最优解为$(2,2)^{\mathrm{T}}$,最优值为 -14. (2)最优解为$(4,3)^{\mathrm{T}}$,最优值为 -55. (3)最优解为$(4,1)^{\mathrm{T}}$,最优值为 -14.

4. (1)最优解为$(1,0,1,0,1)^{\mathrm{T}}$,最优值为 51. (2)最优解为$(2,1)^{\mathrm{T}}$,最优值为 -3. (3)最优解为$(4,2)^{\mathrm{T}}$,最优值为 340.

练 习 4

1. (1) 最优解为 $x_{13} = 12, x_{14} = 4, x_{21} = 8, x_{24} = 2, x_{32} = 14, x_{34} = 8$,其余 $x_{ij} = 0$,最优值为 244.

(2) 最优解为 $x_{12} = 25, x_{13} = 15, x_{21} = 50, x_{23} = 10, x_{33} = 10, x_{34} = 35$,其余 $x_{ij} = 0$,最优值为 1505.

2. 最优解为 $x_{12} = 56, x_{22} = 41, x_{23} = 41, x_{31} = 72, x_{32} = 5$,其余 $x_{ij} = 0$.

3. (1) 最优解为 $x_{11} = 150, x_{12} = 150, x_{23} = 200$,其余 $x_{ij} = 0$,最优值为 2500.

(2) 最优解为 $x_{12} = 200, x_{21} = 100, x_{23} = 200$,其余 $x_{ij} = 0$,最优值为 2400.

4. (1) 最优解为 $x_{11} = x_{25} = x_{33} = x_{42} = x_{54} = 1$,其余 $x_{ij} = 0$,最优值为 28.

(2) 最优解为 $x_{13} = x_{22} = x_{31} = x_{44} = x_{55} = 1$,其余 $x_{ij} = 0$,最优值为 34.

练 习 5

1. (1)$K_{vs} = \left[1, \frac{3}{2}\right]$;(2) 有效解(也是绝对最优解)为 $x = (0,6)^{\mathrm{T}}$.

2. 多目标规划模型为

$$
\begin{aligned}
\max \quad & z = 0.8x_1 + 0.5x_2 + 0.5x_3 + 0.2x_4 + 0.5x_5 + 0.2x_6 - 0.1x_7 - 0.1x_8 + 0.2x_9 \\
\text{s.t.} \quad & x_1 + x_2 + x_3 + x_4 + x_5 \geqslant 2 \\
& x_3 + x_5 + x_6 + x_8 + x_9 \geqslant 3 \\
& x_4 + x_6 + x_7 + x_9 \geqslant 2 \\
& x_1 + x_2 - 2x_3 \geqslant 0
\end{aligned}
$$

$$-x_4+x_7\geqslant 0$$

$$x_1+x_2-2x_5\geqslant 0$$

$$-x_6+x_7\geqslant 0$$

$$-x_8+x_5\geqslant 0$$

$$x_1+x_2-2x_9\geqslant 0$$

$$x_1,x_2,x_3,x_4,x_5,x_6,x_7,x_8,x_9=0,1$$

此模型可利用 LINGO 软件来解.

3. (1) K_{vs}是以点 $A(2,4)$ 和 $B\left(\frac{10}{3},\frac{10}{3}\right)$为端点的线段;(2) K_{vs} 是以$(0,0)$,$(1,0)$,$\left(\frac{3}{2},\frac{1}{2}\right)$和$(0,2)$为顶点的四边形区域.

4. 多阶段单纯形表为

$\boldsymbol{x}_B$	x_1	x_2	d_1^-	d_1^+	d_2^-	d_2^+	d_3^-	d_3^+	$\bar{b}$
d_1^-	3	4	1	−1	0	0	0	0	20
d_2^-	4	3	0	0	1	−1	0	0	30
d_3^-	1	③	0	0	0	0	1	−1	12
z_1	−3	−4	0	2	0	0	0	0	−20
z_2	4	3	0	0	0	0	0	0	30

5. (1)有效解为 $x=(30,15)^{\mathrm{T}}$;(2)有效解为 $x=(6,0)^{\mathrm{T}}$.

6. 目标规划模型为

$$\begin{cases}\min & z=P_1(d_1^++d_2^+)+P_2d_3^-+P_3d_4^- \\ \text{s.t.} & 4x_1+5x_2+d_1^--d_1^+=80 \\ & 4x_1+2x_2+d_2^--d_2^+=48 \\ & 80x_1+100x_2+d_3^--d_3^+=800 \\ & x_1+x_2+d_4^--d_4^+=7 \\ & x_1,x_2,d_i^-,d_i^+\geqslant 0, i=1,2,3,4\end{cases}$$

有效解为 $\boldsymbol{x}=(0,8)^{\mathrm{T}}$.

练 习 6

1. 最短路为 $A\to B_2\to C_1\to D$,路长为 7.

2. 最优方案为:前两年将拥有的机器全部分配到 B 车间,最后一年将拥有的机器全部分配到 A 车间.

3. 最优解为 $\boldsymbol{x}=(2,1,0)^{\mathrm{T}}$,最优值为 13.

4. 最优解为$\boldsymbol{x}=\left(\frac{c}{n},\frac{c}{n},\cdots,\frac{c}{n}\right)^{\mathrm{T}}$,最优值为$\left(\frac{c}{n}\right)^{n}$.

5. 最优解为$(0,0,9)^{\mathrm{T}}$,最优值为162.

6. 最优解为$\boldsymbol{x}=(0,0,10)^{\mathrm{T}}$,最优值为200.

7. 最短路线为$v_1\to v_3\to v_4\to v_5\to v_2\to v_1$,长度为37.

练 习 7

1. 设投资到第j个项目的资金为$x_j(j=1,2,\cdots,n)$,则

$$\begin{cases}\max & \dfrac{\sum\limits_{j=1}^{n}c_jx_j}{\sum\limits_{j=1}^{n}a_jx_j}\\ \text{s.t.} & \sum\limits_{j=1}^{n}a_jx_j\leqslant b\\ & x_j\geqslant 0,j=1,2,\cdots,n\end{cases}$$

2. (1)$(0,0)^{\mathrm{T}}$;(2)$(2,0)^{\mathrm{T}}$;(3)$(3,3)^{\mathrm{T}}$.

3. (1)$x^*=3$;(2)$(0,0,0)^{\mathrm{T}}$;(3)$x^*=3$;(4)$(1,2)^{\mathrm{T}}$.

4. (1)$(0,0)^{\mathrm{T}}$;(2)$(1,1)^{\mathrm{T}}$.

5. (1)$x^*=1$;(2)$\left(\frac{2}{3},\frac{1}{3}\right)^{\mathrm{T}}$.

练 习 8

1. C_n^2.

2. 图为

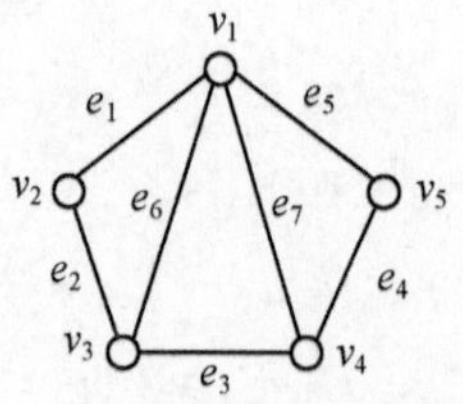

关联矩阵为

$$\boldsymbol{M}=\begin{pmatrix}1&0&0&0&1&1&1\\1&2&0&0&0&0&0\\0&1&1&0&0&1&0\\0&0&1&1&1&0&1\\0&0&0&1&1&0&1\end{pmatrix}$$

3. 对端点在 X、Y 中的边分别进行计数得，$\varepsilon(G)=k|X|$、$\varepsilon(G)=k|Y|$，故 $k|X|=k|Y|$.

4. (反证法)假设 G 中各顶点的度数均不相等，则各顶点的度数为 $1,2,3,\cdots,\nu-1,\nu$，于是 $\Delta=\nu$；但由 G 为简单图知，$\Delta\leqslant\nu-1$，矛盾.

5. 能，分别为

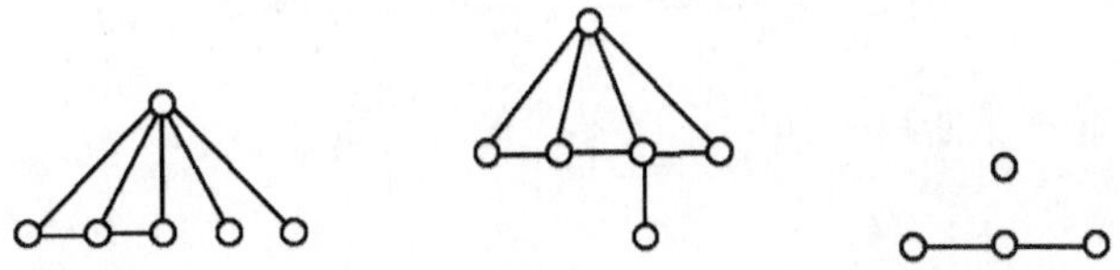

6. (1)(反证法)假设 G 不连通，$\omega(G)=\omega\geqslant 2$，$G$ 的所有连通分支为 $G_1,G_2,\cdots,G_\omega$，则 $\nu(G_i)\geqslant 1, i=1,2,\cdots,\omega$，$\sum_{i=1}^{\omega}\nu(G_i)=\nu$. 由此，$\nu(G_i)\leqslant\nu-1, i=1,2,\cdots,\omega$. 于是，

$$\varepsilon(G)=\sum_{i=1}^{\omega}\varepsilon(G_i)\leqslant\sum_{i=1}^{\omega}\varepsilon(K_{\nu(G_i)})=\sum_{i=1}^{\omega}C^2_{\nu(G_i)}=\sum_{i=1}^{\omega}\frac{\nu(G_i)(\nu(G_i)-1)}{2}\leqslant\sum_{i=1}^{\omega}\frac{(\nu-1)(\nu(G_i)-1)}{2}=\frac{(\nu-1)}{2}\sum_{i=1}^{\omega}(\nu(G_i)-1)=\frac{(\nu-1)}{2}\left(\sum_{i=1}^{\omega}\nu(G_i)-\omega\right)=\frac{(\nu-1)}{2}(\nu-\omega)\overset{\omega\geqslant 2}{\leqslant}\frac{(\nu-1)}{2}(\nu-2)=C^2_{\nu-1}$$，矛盾.

(2) $G=K_{\nu-1}+K_1$.

7. 6,6.

8. 只需证树中除两个悬挂点外的顶点的度均为 2. (反证法)假设树中存在度 >2 的顶点，则 $2(\nu-1)=2\varepsilon=\sum_{v\in V}d(v)>1\times 2+2(\nu-2)\Rightarrow 0>0$，矛盾.

9. (1) 握手定理. (2)设烷烃的分子式为 C_nH_m，将碳、氢原子视为顶点，原子之间的化学键视为边，则烷烃的分子结构是一个含有 n 个 4 度顶点，m 个 1 度顶点的树. 由图论第一定理得，$m+4n=2(m+n-1)$，故 $m=2n+2$.

10. $C_v^2-(v-1)$.

11. (1) 因 G 连通，故 G 有支撑树 T. 于是，$\varepsilon(G)\geqslant\varepsilon(T)=\nu(T)-1=\nu(G)-1$. (2)当连通图 G 无圈，即 G 是树时，$\varepsilon=\nu-1$.

12. 略.

13. (1) 森林的每一个连通分支都连通且无圈.

(2) "$\Rightarrow$"设 F 是森林，其各连通分支为 $T_1,T_2,\cdots,T_\omega$，则由(1)知，$T_1,T_2,\cdots,T_\omega$ 都是树，故 $\varepsilon(F)=\sum_{i=1}^{\omega}\varepsilon(T_i)=\sum_{i=1}^{\omega}[\nu(T_i)-1]=\sum_{i=1}^{\omega}\nu(T_i)-\omega=\nu(F)-\omega$.

"$\Leftarrow$"设 $\varepsilon=\nu-\omega$，下证 F 无圈. 不妨设 F 无孤立点. (对 ν 作数归法)当 $\nu=1$ 时，$\omega=1$，$\varepsilon=\nu-\omega=0$，无圈；设当 $\nu=k-1$ 时，无圈性成立，则当 $\nu=k$ 时，F 至少有一个悬挂点 v. 显然，$\nu(F-v)=k-1$. 所以由归纳假设知，$F-v$ 无圈. 当然，F 也无圈.
故综上知，F 无圈，从而 F 是森林.

14.

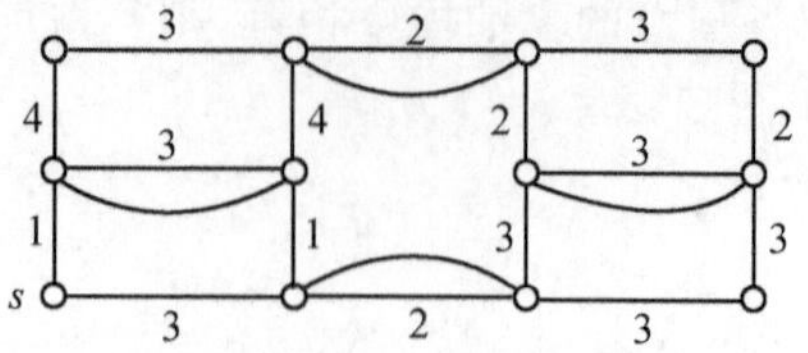

15. 北京—东京—莫斯科—纽约—巴黎—伦敦—北京.

16. 略.

17. v_2 或 v_5.

18. 化为最短路问题,由 Dijkstra 算法知,两条最短路分别为:人狼羊菜—狼菜—人狼菜—狼—人狼羊—羊—人羊—空;人狼羊菜—狼菜—人狼菜—菜—人羊菜—羊—人羊—空.

19. 略.

练习 9

1. A_2、A_1、A_2、A_2、A_2.

2. 二、三、二(或三)、二、一(或三).

3. 400 件.

4. 120 件.

5. (1)该公司应求助于咨询服务.(2)如咨询意见可投资开发,则可投资于开发事业,如咨询意见不宜投资开发,则应将该多余资金存入银行.

练习 10

1. 最优纯策略解为(α_1,β_2),$(\alpha_1,\beta_4)$$(\alpha_3,\beta_2)$$(\alpha_3,\beta_4)$.

2. 无.

3. 混合策略解为 $\boldsymbol{x}^* = \boldsymbol{y}^* = \left(\frac{1}{4},\frac{1}{2},\frac{1}{4}\right)^{\mathrm{T}}$.

4. 混合策略解为 $\boldsymbol{x}^* = \left(\frac{1}{3},0,\frac{2}{3}\right)^{\mathrm{T}}$,三个项目的投资金额分别为 10 万、0 万、20 万.

5. 混合策略解为 $\boldsymbol{x}^* = \boldsymbol{y}^* = \left(\frac{1}{6},\frac{1}{6},\frac{1}{6},\frac{1}{6},\frac{1}{6},\frac{1}{6}\right)^{\mathrm{T}}$.

6. 解不等式组 $\begin{cases} 0.1x_1+0.4x_2+0.3x_3 \leqslant v \\ 0.4x_1+0.1x_2+0.6x_3 = v \\ 0.3x_1+0.6x_2+0.5x_3 = v \\ x_1+x_2+x_3 = 1 \\ x_1,x_2,x_3 \geqslant 0 \end{cases}$,得混合策略解为 $\boldsymbol{x}^* = \left(\frac{5}{6},\frac{1}{6},0\right)^{\mathrm{T}}$,故选择 A_1.

练 习 11

1. 49.
2. 38.
3. 6.
4. 最优批次为 19.
5. (1)最优批次为 19;(2)最优批次为 13.
6. 最优批次为 58.
7. (1)第一类存贮模型,最优批量为 317;(2)第二类存贮模型,最优批量为 548.

练 习 12

(1) 0.375;(2)1.7;(3)1.04;(4)2min;(5)1.25min.

练 习 13

略.

附录　LINGO 软件介绍

LINGO,全称为 Linear Interactive and General Optimizer(线性交互式通用优化器),是美国芝加哥(Chicago)大学学者 Linus Scharge 在 1980 年研制开发的最优化计算软件,后来他成立了 LINDO 系统公司(LINDO System Inc.),其网址为 http://www.lindo.com. 该公司主要开发最优化软件包,包括 LINDO、LINGO、What's Best 等,其中 LINDO(Linear Interactive and Discrete Optimizer)在 6.1 版后即不再更新,并全部纳入 LINGO.

LINGO 功能强大:数学建模语言(几十个内部函数)、数据功能(可从 Excel、数据库、文本文件中导入数据)、集合的概念(可用一个简单语句表达一系列相似的约束条件,输入方便简练)、计算速度快.

LINGO 版本众多:Demo(演示版,变量数不超过 300)、Solver Suit(正式版,变量数不超过 500)、Super(高级版,变量数不超过 2000)、Hyper(超级版,变量数不超过 8000)、Industrail(工业版,变量数不超过 32000)、Extended(扩展版,变量数无限制)等,目前最新版本为 14.0.

全球 500 强企业中有一半以上使用 LINGO.

LINGO 适用于线性规划、非线性优化、整数规划、二次规划等最优化问题的求解.

1) LINGO 的基本语法

(1) 以 model 开始,以 end 结束.

(2) s.t. 不出现.

(3) 变量不区分大小写,以字母开头.

(4) 所有变量都假定是非负的.

(5) 变量可放在约束条件右端,数字也可以放在约束条件左边.

(6) 每一语句必须以";"结尾.

(7) 注释语句以"!"开始,以";"结束.

(8) ">"代替">=","<"代替"<=".

(9) 目标函数直接记作"max="、"min=".

(10) 每行可有多个语句,语句可以断行.

2) LINGO 函数

(1) 基本运算符:算术运算符、逻辑运算符和关系运算符.

(2) 数学函数:三角函数和常规的数学函数.

(3) 金融函数:两种金融函数.

(4) 概率函数:大量与概率相关的函数.

(5) 变量界定函数:用来定义变量的取值范围.

(6) 集操作函数:对集的操作提供帮助.

(7) 集循环函数:遍历集的元素,执行一定的操作.

(8) 数据输入输出函数:允许模型和外部数据源相联系,进行数据的输入输出.

(9) 辅助函数:各种杂类函数.

3) 逻辑运算符

#not# 一元运算符,否定该操作数的逻辑值.

#eq# 若两个运算数相等,则为 true,否则为 false.

#ne# 若两个运算符不相等,则为 true,否则为 false.

#gt# 若左边的运算符严格大于右边的运算符,则为 true,否则为 false.

#ge# 若左边的运算符大于或等于右边的运算符,则为 true,否则为 false.

#lt# 若左边的运算符严格小于右边的运算符,则为 true,否则为 false.

#le# 若左边的运算符小于或等于右边的运算符,则为 true,否则为 false.

#and# 若两个参数都为 true,则为 true,否则为 false.

#or# 若两个参数都为 false,则为 false,否则为 true.

4) 变量限制函数

@bnd(l, x, u) 有界变量

@free(x) 自由变量

@bin(x) 0-1 变量

@gin(x) 整数变量

注:LINGO 默认所有变量都是非负的,如需改变,应另外定义.

5) 数学函数

@abs(x) 返回 x 的绝对值

@sin(x) 返回 x 的正弦值(x 采用弧度制)

@cos(x) 返回 x 的余弦值

@tan(x) 返回 x 的正切值

@exp(x) 返回常数 e 的 x 次方

@log(x) 返回 x 的自然对数

@lgm(x) 返回 x 的 gamma 函数的自然对数

@sign(x) x<0 时,返回 -1;否则,返回 1

@floor(x) 返回 x 的整数部分

@smax(x1,x2) 返回 x1,x2 中的最大值

@smin(x1,x2) 返回 x1,x2 中的最小值

LINGO 的安装可在 Windows 操作系统下较为简便地完成,运行后会得到如下窗口:

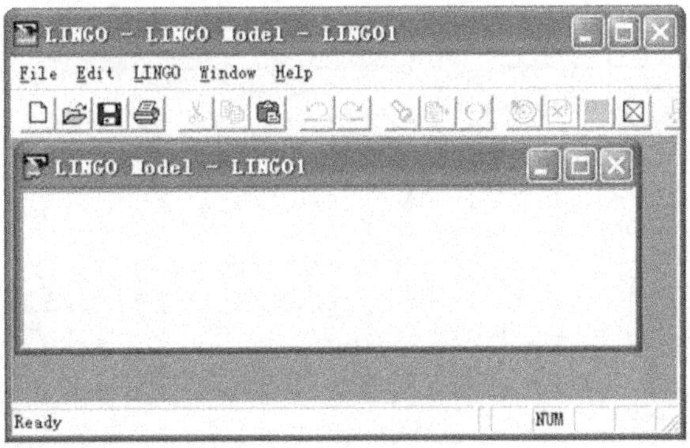

外层是主框架窗口，包含了所有菜单命令和工具条，其他所有窗口都包含在主窗口之下. 主窗口的标题为 LINGO Model - LINGO1，是 LINGO 的默认模型窗口，建立的模型都要在该窗口内编码实现.

例如，为求解线性规划问题

$$
\begin{cases}
\max & z = 2x_1 + 3x_2 \\
\text{s.t.} & x_1 + 2x_2 \leqslant 8 \\
 & 4x_1 \leqslant 16 \\
 & 4x_2 \leqslant 12 \\
 & x_1, x_2 \geqslant 0
\end{cases}
$$

可在模型窗口中输入如下程序代码：

```
max = 2 * x1 + 3 * x2;
x1 + 2 * x2 < = 8;
4 * x1 < = 16;
4 * x2 < = 12;
```

然后单击工具条上的按钮，即返回如下结果：

（1）求解状态（LINGO Solver Status）：

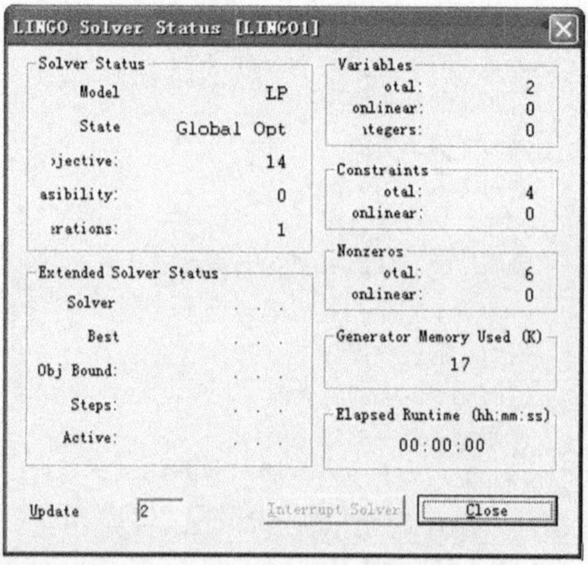

（2）解的报告（Solution Report）：

```
Global optimal solution found.
Objective value:                              14.00000
Total solver iterations:                             1
                Variable           Value        Reduced Cost
                      X1        4.000000            0.000000
                      X2        2.000000            0.000000
                     Row    Slack or Surplus      Dual Price
```

```
1        14.00000          1.000000
2        0.000000          1.500000
3        0.000000          0.1250000
4        4.000000          0.000000
```

报告表明：

Global optimal solution found：LINGO 求出全局最优解.

Objective value：最优值为 14.

Total solver iterations：总迭代次数 1.

Variable、Value：最优解为 X1 = 4，X2 = 2.

Reduced Cost：缩减成本系数(最优解中变量的 Reduced Cost 的值自动取为 0).

Row：模型中的行号.

Slack or Surplus：松弛或剩余，即约束条件两边的差. 对于"≤"型不等式，右减左的差称为 Slack(松弛)；对于"≥"型不等式，左减右的差称为 Surplus(剩余). 当左右相等时，松弛或剩余的值为 0. 当约束条件无法成立时(无可行解)，松弛或剩余的值为负值.

Dual Price：影子价格.

Row	Slack or Surplus	Dual Price
2	0.000000	1.500000
3	0.000000	0.1250000
4	4.000000	0.000000

意义：原料 1 的影子价格为 1.5，意指其供应量已被用尽，若将其供应量增加 1，则最大利润将增加 1.5；原料 2 的影子价格为 0.125，意指其供应量已被用尽，若将其供应量增加 1，则最大利润将增加 0.125；原料 3 的影子价格为 0，意指其供应量还剩余 4，即使再增加其供应量，也不会使最大利润增大.

(3) Range Report(敏感性分析)：首先设置菜单 LINGO、Options、General Solver、Dual Computations：Prices & Ranges，Save、OK；然后在 LINGO Model 窗口下浏览菜单 LINGO、Range，返回如下结果：

```
Ranges in which the basis is unchanged:
                         Objective Coefficient Ranges
                     Current          Allowable        Allowable
      Variable       Coefficient      Increase         Decrease
            X1       2.000000         INFINITY         0.5000000
            X2       3.000000         1.000000         3.000000
                            Righthand Side Ranges
           Row       Current          Allowable        Allowable
                       RHS            Increase          Decrease
             2       8.000000         2.000000         4.000000
             3       16.00000         16.00000         8.000000
             4       12.00000         INFINITY         4.000000
```

Ranges in which the basis is unchanged：基不发生改变的范围.

Objective Coefficient Ranges：目标函数的系数的变化范围.

Current Coefficient：系数的当前值.

Allowable Increase：允许上调的幅度.

Allowable Decrease：允许下调的幅度.

Variable	Current Coefficient	Allowable Increase	Allowable Decrease
X1	2.000000	INFINITY	0.5000000
X2	3.000000	1.000000	3.000000

意义：当目标函数中变量 X1 的系数在(2 - 0.5,2 + INFINITY) = (1.5, + ∞)范围内变化时，最优解不变；当目标函数中变量 X2 的系数在(3 - 3,3 + 1) = (0,4)范围内变化时，最优解不变.

Righthand Side Ranges：(在 Reduced Cost 和 Dual Price 都不改变时)约束条件的右侧常数的变化范围.

Current RHS：右侧常数的当前值.

Allowable Increase：允许上调的幅度.

Allowable Decrease：允许下调的幅度.

Row	Current RHS	Allowable Increase	Allowable Decrease
2	8.000000	2.000000	4.000000
3	16.00000	16.00000	8.000000
4	12.000000	INFINITY	4.000000

意义：当约束条件 1 的右侧常数 b1 在(8 - 4,8 + 2) = (4,10)范围内变化时，最优解不变；当约束条件 2 的右侧常数 b2 在(16 - 8,16 + 16) = (8,32)范围内变化时，最优解不变；当约束条件 3 的右侧常数 b3 在(12 - 4,12 + INFINITY) = (8, + ∞)范围内变化时，最优解不变.

在实际问题建模的时候，总会遇到一群或多群相联系的对象，如工厂、消费者群体、交通工具等，LINGO 允许把这些相联系的对象聚合成集(set). 集是 LINGO 建模语言的基础，是程序设计最强有力的基本构件. 借助于集，能够用一个单一的、长的、简明的复合公式表示一系列相似的约束，从而可以快速方便地表达规模较大的模型，最大限度的发挥 LINGO 建模语言的优势.

例如，对上述线性规划问题，可利用"集"编写如下通用的 LINGO 程序：

```
model:
sets:
  constraint/1..3/:b;
  variable/1..2/:c,x;
  matrix(constraint,variable):A;
endsets
max = @ sum(variable:c * x);
```

```
@ for(constraint(i):
  @ sum(variable(j):A(i,j) * x(j)) < =b(i));
data:
  c =2,3;
  b =8,16,12;
  A =1,2,
    4,0,
    0,4;
enddata
end
```

显然,利用“集”编写程序的好处是当模型变化时,易于修改,延展性强.

下面通过若干例子来说明 LINGO 在求解最优化问题上的重要应用.

1. 线性规划问题

算例 1:

$$\begin{cases} \min & z = 4x_1 + x_2 + x_3 \\ \text{s. t.} & 2x_1 + x_2 + 2x_3 = 4 \\ & 3x_1 + 3x_2 + x_3 = 3 \\ & x_1, x_2, x_3 \geqslant 0 \end{cases}$$

程序:

```
min =4 * x1 +x2 +x3;
2 * x1 +x2 +2 * x3 =4;
3 * x1 +3 * x2 +x3 =3;
```

或:

```
model:
sets:
  constraint/1..2/:b;
  variable/1..3/:c,x;
  matrix(constraint,variable):A;
endsets
min =@ sum(variable:c * x);
@ for(constraint(i):
  @ sum(variable(j):A(i,j) * x(j)) =b(i));
data:
  c =4,1,1;
  b =4,3;
  A =2,1,2,
3,3,1;
enddata
end
```

结果:

```
Global optimal solution found.
```

```
Objective value:                                  2.200000
Total solver iterations:                               1
                  Variable           Value        Reduced Cost
                        X1        0.000000            2.600000
                        X2       0.4000000            0.000000
                        X3        1.800000            0.000000
                       Row    Slack or Surplus      Dual Price
                         1        2.200000           -1.000000
                         2        0.000000          -0.4000000
                         3        0.000000          -0.2000000
```

据此知,最优解为 X1 = 0,X2 = 0.4,X3 = 1.8,最优值为 2.2.

算例 2:运输问题

三个发点、四个收点;供应量为 15、25、5,需求量为 5、15、15、10;单位费用矩阵为$\begin{pmatrix} 10 & 6 & 20 & 11 \\ 12 & 7 & 9 & 20 \\ 6 & 14 & 16 & 18 \end{pmatrix}$.

程序:

```
model:
sets:
source/sr1..sr3/:supply;
sink/sk1..sk4/:demand;
links(source,sink):c,x;
endsets
data:
supply=15,25,5;
demand=5,15,15,10;
c=10,6,20,11
  12,7,9,20
  6,14,16,18;
enddata
min=@sum(links(i,j):c(i,j)*x(i,j));
@for(source(i):@sum(sink(j):x(i,j)) = supply(i));
@for(sink(j):@sum(source(i):x(i,j))=demand(j));
end
```

结果:仅列出主要部分

```
Global optimal solution found.
Objective value:                                  375.0000
Total solver iterations:                                 6
                  Variable           Value        Reduced Cost
              X( SR1, SK1)        0.000000            0.000000
              X( SR1, SK2)        5.000000            0.000000
              X( SR1, SK3)        0.000000            12.00000
```

```
X( SR1, SK4)        10.00000          0.000000
X( SR2, SK1)        0.000000          1.000000
X( SR2, SK2)        10.00000          0.000000
X( SR2, SK3)        15.00000          0.000000
X( SR2, SK4)        0.000000          8.000000
X( SR3, SK1)        5.000000          0.000000
X( SR3, SK2)        0.000000          12.00000
X( SR3, SK3)        0.000000          12.00000
X( SR3, SK4)        0.000000          11.00000
```

据此知,最优解为 X12 = 5, X14 = 10, X22 = 10, X22 = 10, X23 = 15, X31 = 5,最优值为 375.

2. 纯整数规划问题

算例:

$$\begin{cases} \max & z = 20x_1 + 10x_2 \\ \text{s. t.} & 5x_1 + 4x_2 \leqslant 24 \\ & 2x_1 + 5x_2 \leqslant 13 \\ & x_1, x_2 \geqslant 0, \text{整数} \end{cases}$$

程序:

```
max=20*x1+10*x2;
5*x1+4*x2<24;
2*x1+5*x2<13;
@gin(x1);
@gin(x2);
```

或:

```
model:
sets:
  constraint/1..2/:b;
  variable/1..2/:c,x;
  matrix(constraint,variable):A;
endsets
max=@ sum(variable:c*x);
@ for(constraint(i):
  @ sum(variable(j):A(i,j)*x(j))<=b(i));
@ for(variable:@ gin(x));
data:
  c=20,10;
  b=24,13;
  A=5,4,
  2,5;
enddata
end
```

结果:仅列出主要部分

```
Global optimal solution found.
Objective value:                              90.00000
Objective bound:                              90.00000
Infeasibilities:                              0.000000
Extended solver steps:                               0
Total solver iterations:                             0
                  Variable           Value        Reduced Cost
                        X1        4.000000           -20.00000
                        X2        1.000000           -10.00000
```

据此知,最优解为 X1 =4,X2 =1,最优值为 90.

3. 0 -1 规划问题

算例 1:背包问题

$$\begin{cases} \max & z = 7x_1 + 5x_2 + 9x_3 + 6x_4 + 3x_5 \\ \text{s. t.} & 56x_1 + 20x_2 + 54x_3 + 42x_4 + 15x_5 \leqslant 100 \\ & x_1, x_2, x_3, x_4, x_5 = 0, 1 \end{cases}$$

程序:

```
max =7 * x1 +5 * x2 +9 * x3 +6 * x4 +3 * x5;
56 * x1 +20 * x2 +54 * x3 +42 * x4 +15 * x5 < =100;
@bin(x1);@bin(x2);@bin(x3);@bin(x4);@bin(x5);
```

或:

```
model:
sets:
WP/WP1..WP5/:A,c,x;
endsets
data:
A =56 20 54 42 15;
c =7 5 9 6 3;
enddata
max =@ sum(WP:c * x);
@ sum(WP:A * x) < =100;
@ for(WP:@ bin(x));
end
```

结果:仅列出主要部分

```
Global optimal solution found.
Objective value:                              17.00000
Extended solver steps:                               0
Total solver iterations:                             0
                  Variable           Value        Reduced Cost
                        X1        0.000000           -7.000000
                        X2        1.000000           -5.000000
```

```
X3          1.000000          -9.000000
X4          0.000000          -6.000000
X5          1.000000          -3.000000
```

据此知，最优解为 X1 = 0，X2 = 1，X3 = 1，X4 = 0，X5 = 1，最优值为 17.

算例 2：指派问题

$$n=5，单位费用矩阵为\begin{pmatrix}4 & 8 & 7 & 15 & 12\\ 7 & 9 & 17 & 14 & 10\\ 6 & 9 & 12 & 8 & 7\\ 6 & 7 & 14 & 6 & 10\\ 6 & 9 & 12 & 10 & 6\end{pmatrix}.$$

程序：

```
model:
sets:
Worker/W1..W5/;
Job/J1..J5/;
links(Worker,Job):c,x;
endsets
data:
c =4,8,7,15,12,
7,9,17,14,10,
6,9,12,8,7,
6,7,14,6,10,
6,9,12,10,6;
enddata
min =@ sum(links:c * x);
@ for(Worker(i):@ sum(Job(j):x(i,j)) =1);
@ for(Job(j):@ sum(Worker(i):x(i,j)) =1);
@ for(links:@ bin(x));
end
```

结果：仅列出主要部分

```
Global optimal solution found.
Objective value:                                34.00000
Extended solver steps:                                 0
Total solver iterations:                               0
                Variable          Value        Reduced Cost
               X( W1, J1)        0.000000          4.000000
               X( W1, J2)        0.000000          8.000000
               X( W1, J3)        1.000000          7.000000
               X( W1, J4)        0.000000          15.00000
               X( W1, J5)        0.000000          12.00000
               X( W2, J1)        0.000000          7.000000
               X( W2, J2)        1.000000          9.000000
```

```
X( W2, J3)      0.000000        17.00000
X( W2, J4)      0.000000        14.00000
X( W2, J5)      0.000000        10.00000
X( W3, J1)      1.000000        6.000000
X( W3, J2)      0.000000        9.000000
X( W3, J3)      0.000000        12.00000
X( W3, J4)      0.000000        8.000000
X( W3, J5)      0.000000        7.000000
X( W4, J1)      0.000000        6.000000
X( W4, J2)      0.000000        7.000000
X( W4, J3)      0.000000        14.00000
X( W4, J4)      1.000000        6.000000
X( W4, J5)      0.000000        10.00000
X( W5, J1)      0.000000        6.000000
X( W5, J2)      0.000000        9.000000
X( W5, J3)      0.000000        12.00000
X( W5, J4)      0.000000        10.00000
X( W5, J5)      1.000000        6.000000
```

据此知,最优解为 X13 = X22 = X31 = X44 = X55 = 1,最优值为 34.

4. 混合整数规划问题

算例:旅行售货员问题

4 个城市,距离矩阵为$\begin{pmatrix} +\infty & 8 & 5 & 6 \\ 6 & +\infty & 8 & 5 \\ 7 & 9 & +\infty & 5 \\ 9 & 7 & 8 & +\infty \end{pmatrix}$.

程序:

```
model:
sets:
city/1..4/:u;
link(city,city):dist,x;
endsets
data:
dist =999  8    5    6
      6    999  8    5
      7    9    999  5
      9    7    8    999;
enddata
n =@ size(city);
min =@ sum(link:dist * x);
@ for(city(k):@ sum(city(i) |i #ne# k:x(i,k)) =1;
        @ sum(city(j) |j #ne# k:x(k,j)) =1;);
@ for(city(i):@ for(city(j) |j #gt# 1 #and# i #ne# j:u(i) - u(j) + n * x(i,j) < =
```

```
n-1);) ;
@ for(city(i):u(i) < =n-1);
@ for(link:@ bin(x));
end
```

结果:仅列出主要部分

```
Global optimal solution found.
Objective value:                              23.00000
Objective bound:                              23.00000
Infeasibilities:                              0.000000
Extended solver steps:                               0
Total solver iterations:                             9
                 Variable         Value       Reduced Cost
                 X( 1, 1)      0.000000          0.000000
                 X( 1, 2)      0.000000          8.000000
                 X( 1, 3)      1.000000          5.000000
                 X( 1, 4)      0.000000          6.000000
                 X( 2, 1)      1.000000          6.000000
                 X( 2, 2)      0.000000          0.000000
                 X( 2, 3)      0.000000          8.000000
                 X( 2, 4)      0.000000          5.000000
                 X( 3, 1)      0.000000          7.000000
                 X( 3, 2)      0.000000          9.000000
                 X( 3, 3)      0.000000          0.000000
                 X( 3, 4)      1.000000          5.000000
                 X( 4, 1)      0.000000          9.000000
                 X( 4, 2)      1.000000          7.000000
                 X( 4, 3)      0.000000          8.000000
                 X( 4, 4)      0.000000          0.000000
```

据此知,最优解为 X13 =0,X34 =1,X42 =1,X21 =0,最优值为 23. 即最优路线为 1 - 3 - 4 - 2 - 1,最短路程为 23.

注 在上述程序中,用相对比较大的正数 999 来表示 $+\infty$;实际上,亦可用 0 来表示 $+\infty$,请读者思考一下为什么?

5. 非线性规划问题

算例:

$$\begin{cases}\min & z = x_1^2 + x_2^2 \\ \text{s.t.} & x_1 + x_2 \geqslant 1 \\ & x_1, x_2 \leqslant 1\end{cases}$$

程序:

```
min = x1^2 + x2^2;
x1 + x2 > =1;
x1 < =1;
```

```
x2 < =1;
```

结果:仅列出主要部分

```
Global optimal solution found.
Objective value:                              0.5000000
Extended solver steps:                                0
Total solver iterations:                              4
                    Variable          Value        Reduced Cost
                          X1      0.5000000           0.000000
                          X2      0.5000000           0.000000
```

据此知,最优解为 X1 =0.5,X2 =0.5,最优值为0.5.

6. 多目标规划问题

算例1:

$$\begin{cases} \min & f_1(x_1,x_2,x_3) = 2100x_1 + 4800x_2 \\ \max & f_2(x_1,x_2,x_3) = 3600x_1 + 6500x_2 \\ \text{s.t.} & x_1 \leqslant 5 \\ & x_2 \leqslant 8 \\ & x_1 + x_2 \geqslant 9 \\ & x_1,x_2 \geqslant 0 \end{cases}$$

程序:

```
min = (2100 * x1 + 4800 * x2)/(3600 * x1 + 6500 * x2);
x1 < =5;
x2 < =8;
x1 + x2 > =9;
```

结果:仅列出主要部分

```
Local optimal solution found.
Objective value:                              0.6750000
Infeasibilities:                               0.000000
Extended solver steps:                                5
Total solver iterations:                             20
                    Variable          Value        Reduced Cost
                          X1       5.000000           0.000000
                          X2       4.000000           0.000000
```

据此知,最优解为 X1 =5,X2 =4.

算例2:

$$\begin{cases} \min & f_1(x_1,x_2,x_3) = 2100x_1 + 4800x_2 \\ \max & f_2(x_1,x_2,x_3) = 3600x_1 + 6500x_2 \\ \text{s.t.} & x_1 \leqslant 5 \\ & x_2 \leqslant 8 \\ & x_1 + x_2 \geqslant 9 \\ & x_1,x_2 \geqslant 0 \end{cases}$$

程序：

```
max = @ smin( -2100 * x1 -4800 * x2,3600 * x1 +6500 * x2);
x1 < =5;
x2 < =8;
x1 + x2 > =9;
```

结果：仅列出主要部分

```
Linearization components added:
Constraints:              5
Variables:                3
Integers:                 2
Global optimal solution found.
Objective value:                              -29700.00
Objective bound:                              -29700.00
Infeasibilities:                               0.000000
Extended solver steps:                                0
Total solver iterations:                              1
                      Variable          Value        Reduced Cost
                            X1       5.000000            0.000000
                            X2       4.000000            0.000000
```

据此知，最优解为 X1 =5，X2 =4.

7. 目标规划

算例：

$$
\begin{cases}
\min & z = P_1 d_1^+ + P_2 d_2^+ + P_3 d_3^- \\
\text{s. t.} & 4x_1 + x_2 + d_1^- - d_1^+ = 25 \\
& 3x_1 + 2x_2 + d_2^- - d_2^+ = 45 \\
& 5x_1 + 3x_2 + d_3^- - d_3^+ = 60 \\
& x_1, x_2, d_1^-, d_1^+, d_2^-, d_2^+, d_3^-, d_3^+ \geqslant 0
\end{cases}
$$

程序：

```
min =999999 * d12 +999 * d22 + d31;
4 * x1 + x2 + d11 - d12 =25;
3 * x1 +2 * x2 + d21 - d22 =45;
5 * x1 +3 * x2 + d31 - d32 =60;
```

结果：

```
Global optimal solution found.
Objective value:                               0.000000
Infeasibilities:                               0.000000
Total solver iterations:                              3
                      Variable          Value        Reduced Cost
                           D12       0.000000            999999.0
                           D22       0.000000            999.0000
```

```
D31        0.000000        1.000000
 X1        2.142857        0.000000
 X2        16.42857        0.000000
D11        0.000000        0.000000
D21        5.714286        0.000000
D32        0.000000        0.000000
```

据此知,有效解为 X1 = 2.142857, X2 = 16.42857.

8. 二次规划问题

算例:

$$
\begin{cases}
\min \quad z = \dfrac{1}{2}x_1^2 + x_2^2 - x_1x_2 - 2x_1 - 6x_2 \\
\text{s.t.} \quad x_1 + x_2 \leqslant 2 \\
-x_1 + 2x_2 \leqslant 2 \\
2x_1 + x_2 \leqslant 3 \\
x_1, x_2 \geqslant 0
\end{cases}
$$

程序:

```
min = 0.5 * x1^2 + x2^2 - x1 * x2 - 2 * x1 - 6 * x2;
x1 + x2 < = 2;
 - x1 + 2 * x2 < = 2;
2 * x1 + x2 < = 3;
```

结果:仅列出主要部分

```
Local optimal solution found.
Objective value:                          -8.222222
Infeasibilities:                           0.000000
Extended solver steps:                            5
Total solver iterations:                         25
                 Variable        Value        Reduced Cost
                       X1    0.6666667            0.000000
                       X2     1.333333            0.000000
```

据此知,(局部)最优解为 X1 = 0.6666667, X2 = 1.333333,最优值为 -8.222222.

9. 图与网络优化问题

算例 1:最短路问题

无向图,边权矩阵为

c_{ij}	1	2	3	4	5	6
1	-	7	12	21	31	44
2	-	-	7	12	21	31
3	-	-	-	7	12	21
4	-	-	-	-	7	12
5	-	-	-	-	-	7
6	-	-	-	-	-	-

求从顶点 1 到顶点 6 的最短路.

程序:

```
model:
sets:
  nodes/1..6/;
    arcs(nodes, nodes) |&1 #lt# &2:c,x;
endsets
data:
  c =7 12 21 31 44
        7 12 21 31
           7 12 21
               7 12
                  7;
enddata
n=@ size(nodes);
min=@ sum(arcs:c*x);
@ for(nodes(i) |i #ne# 1 #and# i #ne# n:
  @ sum(arcs(i,j):x(i,j))=@ sum(arcs(j,i):x(j,i)));
@ sum(arcs(i,j) |i #eq# 1:x(i,j))=1;
end
```

结果:仅列出主要部分

```
Global optimal solution found.
Objective value:                              31.00000
Total solver iterations:                             0
                   Variable           Value        Reduced Cost
                   X( 1, 2)        1.000000            0.000000
                   X( 1, 3)        0.000000            0.000000
                   X( 1, 4)        0.000000            2.000000
                   X( 1, 5)        0.000000            7.000000
                   X( 1, 6)        0.000000            13.00000
                   X( 2, 3)        0.000000            2.000000
                   X( 2, 4)        1.000000            0.000000
                   X( 2, 5)        0.000000            4.000000
                   X( 2, 6)        0.000000            7.000000
                   X( 3, 4)        0.000000            0.000000
                   X( 3, 5)        0.000000            0.000000
                   X( 3, 6)        0.000000            2.000000
                   X( 4, 5)        0.000000            2.000000
                   X( 4, 6)        1.000000            0.000000
                   X( 5, 6)        0.000000            0.000000
```

据此知,最短路为 1→2→4→6,长度为 31.

算例 2:最小数问题

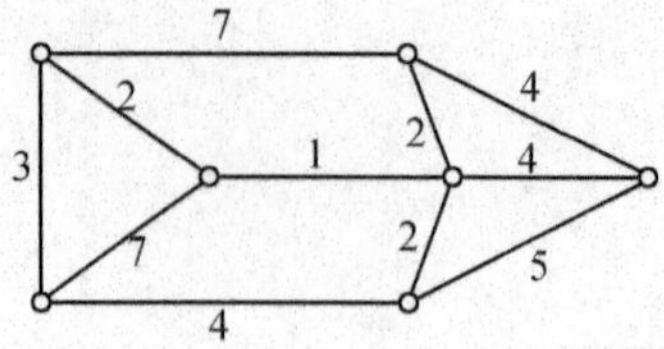

程序:

```
model:
sets:
    node/1..7/:u;
    link(node, node):w,x;
endsets
data:
     w=0 3 2 7 100 100 100
        3 0 7 100 100 4 100
        2 7 0 100 1 100 100
        7 100 100 0 2 100 4
        100 100 1 2 0 2 4
        100 4 100 100 2 0 5
        100 100 100 4 4 5 0;
enddata
min=@sum(link:w*x);
@sum(node(j)|j #gt#1: x(1,j))>=1;
@for(node(j)|j #gt#1:@sum( node(i)|i #ne# j: x(i, j))=1;);
n=@size(node);
@for(link(i,j)|i #ne# j:u(i)-u(j)+n*x(i,j)<=n-1);
@for(link: @bin(x));
end
```

注 程序中用较大的数100表示相应的两个顶点之间不存在边.

结果:仅列出主要部分

```
Global optimal solution found.
Objective value:                         14.00000
Extended solver steps:                          1
Total solver iterations:                       50
                Variable        Value      Reduced Cost
                X( 1, 1)     0.000000         0.000000
                X( 1, 2)     1.000000         3.000000
                X( 1, 3)     1.000000         2.000000
                X( 1, 4)     0.000000         7.000000
                X( 1, 5)     0.000000         100.0000
                X( 1, 6)     0.000000         100.0000
                X( 1, 7)     0.000000         100.0000
                X( 2, 1)     0.000000         3.000000
```

X(2, 2)	0.000000	0.000000
X(2, 3)	0.000000	7.000000
X(2, 4)	0.000000	100.0000
X(2, 5)	0.000000	100.0000
X(2, 6)	0.000000	4.000000
X(2, 7)	0.000000	100.0000
X(3, 1)	0.000000	2.000000
X(3, 2)	0.000000	7.000000
X(3, 3)	0.000000	0.000000
X(3, 4)	0.000000	100.0000
X(3, 5)	1.000000	1.000000
X(3, 6)	0.000000	100.0000
X(3, 7)	0.000000	100.0000
X(4, 1)	0.000000	7.000000
X(4, 2)	0.000000	100.0000
X(4, 3)	0.000000	100.0000
X(4, 4)	0.000000	0.000000
X(4, 5)	0.000000	2.000000
X(4, 6)	0.000000	100.0000
X(4, 7)	0.000000	4.000000
X(5, 1)	0.000000	100.0000
X(5, 2)	0.000000	100.0000
X(5, 3)	0.000000	1.000000
X(5, 4)	1.000000	2.000000
X(5, 5)	0.000000	0.000000
X(5, 6)	1.000000	2.000000
X(5, 7)	1.000000	4.000000
X(6, 1)	0.000000	100.0000
X(6, 2)	0.000000	4.000000
X(6, 3)	0.000000	100.0000
X(6, 4)	0.000000	100.0000
X(6, 5)	0.000000	2.000000
X(6, 6)	0.000000	0.000000
X(6, 7)	0.000000	5.000000
X(7, 1)	0.000000	100.0000
X(7, 2)	0.000000	100.0000
X(7, 3)	0.000000	100.0000
X(7, 4)	0.000000	4.000000
X(7, 5)	0.000000	4.000000
X(7, 6)	0.000000	5.000000

```
X( 7, 7)     0.000000          0.000000
```

据此知,最小树为

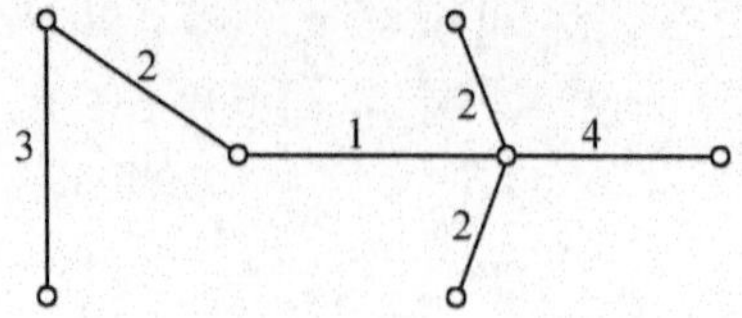

长度为14.

算例3:最大流问题

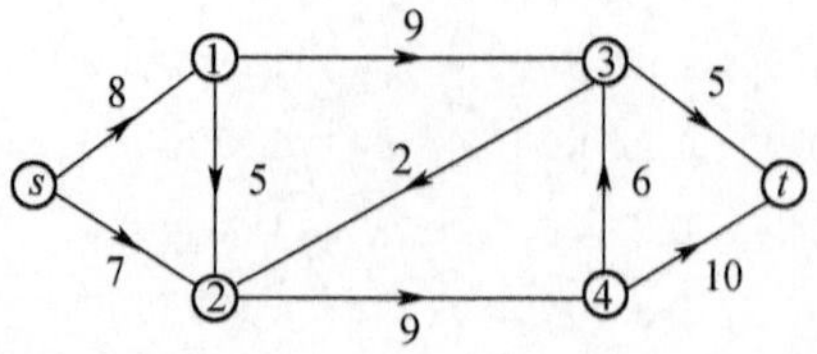

程序:

```
model:
sets:
  nodes/s,1,2,3,4,t/;
  arcs(nodes, nodes)/s,1  s,2  1,2  1,3  2,4  3,2  3,t  4,3  4,t/: c, f;
endsets
data:
  c=8 7 5 9 9 2 5 6 10;
enddata
max=flow;
@ for(nodes(i) |i #ne# 1 #and# i #ne# @ size(nodes):
   @ sum(arcs(i,j):f(i,j)) - @ sum(arcs(j,i):f(j,i)) =0);
@ sum(arcs(i,j) |i #eq# 1: f(i,j)) = flow;
@ for(arcs:@ bnd(0,f,c));
end
```

结果:仅列出主要部分

```
Global optimal solution found.
Objective value:                                   14.00000
Total solver iterations:                                  4
                   Variable          Value        Reduced Cost
                   F( S, 1)        8.000000           0.000000
                   F( S, 2)        6.000000           0.000000
                   F( 1, 2)        3.000000           0.000000
                   F( 1, 3)        5.000000           0.000000
                   F( 2, 4)        9.000000          -1.000000
                   F( 3, 2)        0.000000           0.000000
                   F( 3, T)        5.000000          -1.000000
```

```
F( 4, 3)          0.000000              1.000000
F( 4, T)          9.000000              0.000000
```

据此知,最大流为

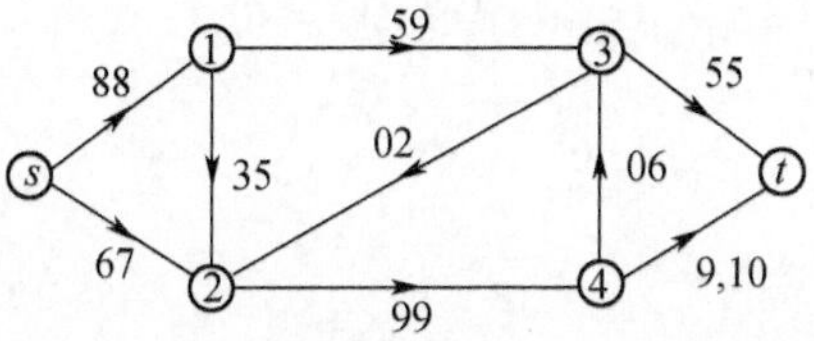

除最优化计算外,LINGO 还具有数据拟合、解方程组等其他功能.

算例1:利用以下数据拟合录像带转过的时间 t 与计数器的读数 n 之间的关系 $t = an^2 + bn$:

n	0	617	1141	1601	2019	2403	2760	3096	3413	3715
t	0	10	20	30	40	50	60	70	80	90
n	4004	4280	4545	4803	5051	5291	5525	5752	6061	—
t	100	110	120	130	140	150	160	170	184	—

程序:

```
model:
sets:
recorder/r1..r19/:n,t;
endsets
data:
n=0,617,1141,1601,2019,2403,2760,3096,3413,3715,4004,4280,4545,4803,5051,
5291,5525,5752,6061;
t=0,10,20,30,40,50,60,70,80,90,100,110,120,130,140,150,160,170,184;
enddata
min=@sum(recorder:(a*(n^2)+b*n-t)^2);
end
```

结果:仅列出主要部分

```
Global optimal solution found.
Objective value:                     0.1000818E-01
Objective bound:                     0.1000818E-01
Infeasibilities:                       0.000000
Extended solver steps:                      2
Total solver iterations:                 3223
              Variable          Value        Reduced Cost
                     A     0.2611393E-05     0.4752936E-05
                     B     0.1452963E-01       0.000000
```

据此知,$t = 0.000002611393n^2 + 0.01452963$.

算例 2:解线性方程组$\begin{cases}6x_1+4x_2+7x_3+3x_4=19\\2x_1+9x_2+4x_3+x_4=26\\x_1+9x_2+3x_3+8x_4=17\\8x_1+6x_2+4x_3+2x_4=40\end{cases}$

程序:

```
6 * x1 +4 * x2 +7 * x3 +3 * x4 =19;
2 * x1 +9 * x2 +4 * x3 +x4 =26;
x1 +9 * x2 +3 * x3 +8 * x4 =17;
8 * x1 +6 * x2 +4 * x3 +2 * x4 =40;
@ free(x1);@ free(x2);@ free(x3);@ free(x4);
```

或:

```
model:
sets:
  RC/1..4/:x,b;
  matrix(RC,RC):A;
endsets
@ for(RC(i):
  @ sum(RC(j):A(i,j) * x(j)) = b(i);
  @ free(x));
data:
  b = 19, 26, 17, 40;
  A = 6, 4, 7, 3,
        2, 9, 4, 1,
        1, 9, 3, 8,
        8, 6, 4, 2;
enddata
```

结果:

```
Feasible solution found.
Infeasibilities:                              0.000000
Total solver iterations:                             4
                                Variable         Value
                                      X1      4.000000
                                      X2      3.000000
                                      X3     -2.000000
                                      X4     -1.000000
```

据此知,解为 X1 =4,X2 =3,X3 = -2,X4 = -1.

LINGO 与外部文件之间的数据传递

LINGO 能在程序运行时读取其他文件中的数据,并将计算结果导出到其他文件中,极大地便利了程序的编写和运行. 此处借助前面述及的运输问题来介绍如何实现 LINGO 与外部文件之间的数据传递.

算例:某运输问题的有关数据如下表所列:

单位费用	收点 1	收点 2	收点 3	收点 4	供应量
发点 1	10	6	20	11	15
发点 2	12	7	9	20	25
发点 3	6	14	16	18	5
需求量	5	15	15	10	—

完整形式的程序 TP1. lg4:

```
model:
sets:
sources/sr1 sr2 sr3/:supply;      ! 完全形式;
sinks/sk1..sk4/:demand;     ! 简略形式;
links(sources,sinks):cost,volume;
endsets
data:
supply=15,25,5;
demand=5 15 15 10;    ! 逗号可省略;
cost=10  6  20  11
      12 7 9 20
      6 14 16 18;
enddata
min=@sum(links:cost*volume);
@for(sources(i):@sum(sinks(j):volume(i,j))=supply(i));
@for(sinks(j):@sum(sources(i):volume(i,j))=demand(j));
end
```

结果:仅列出主要部分

```
Global optimal solution found.
Objective value:                        375.0000
Infeasibilities:                        0.000000
Total solver iterations:                       6
                    Variable        Value        Reduced Cost
           VOLUME( SR1, SK1)     0.000000            0.000000
           VOLUME( SR1, SK2)     5.000000            0.000000
           VOLUME( SR1, SK3)     0.000000            12.00000
           VOLUME( SR1, SK4)     10.00000            0.000000
           VOLUME( SR2, SK1)     0.000000            1.000000
           VOLUME( SR2, SK2)     10.00000            0.000000
           VOLUME( SR2, SK3)     15.00000            0.000000
           VOLUME( SR2, SK4)     0.000000            8.000000
           VOLUME( SR3, SK1)     5.000000            0.000000
           VOLUME( SR3, SK2)     0.000000            12.00000
           VOLUME( SR3, SK3)     0.000000            12.00000
```

```
VOLUME( SR3, SK4)          0.000000               11.00000
```

1. 直接通过 Windows 剪贴板从 Word、Excel、文本文件传递数据

命令:复制(Ctrl C) + 粘贴(Ctrl V)

程序 TP2. lg4:

```
model:
sets:
sources/sr1 sr2 sr3/:supply;
sinks/sk1..sk4/:demand;
links(sources,sinks):cost,volume;
endsets
data:
supply=15,25,5;
demand=5 15 15 10;
cost=
```

10	6	20	11
12	7	9	20
6	14	16	18

```
;
enddata
min=@ sum(links:cost*volume);
@ for(sources(i):@ sum(sinks(j):volume(i,j))=supply(i));
@ for(sinks(j):@ sum(sources(i):volume(i,j))=demand(j));
end
```

2. 利用 LINGO 函数实现数据传递

1) 从文本文件中导入数据

命令:@file('fname. txt'),其中文本文件 fname. txt 应与 LINGO 程序文件在同一目录中.

如文本文件 data1. txt 中存有如下数据:

```
! sources;
sr1 sr2 sr3 ~
! sinks;
sk1 sk2 sk3 sk4 ~
! supply;
15 25 5 ~
! demand;
5 15 15 10 ~
! cost;
10 6 20 11
12 7 9 20
6 14 16 18
```

编写程序 TP3. lg4:

```
model:
```

```
sets:
sources/@ file('data1.txt')/:supply;
sinks/@ file('data1.txt')/:demand;
links(sources,sinks):cost,volume;
endsets
data:
supply=@ file('data1.txt');
demand=@ file('data1.txt');
cost=@ file('data1.txt');
enddata
min=@ sum(links:cost*volume);
@ for(sources(i):@ sum(sinks(j):volume(i,j))=supply(i));
@ for(sinks(j):@ sum(sources(i):volume(i,j))=demand(j));
end
```

如此,则 data1. txt 中的数据将被导入 TP3. lg4 中.

注 从 Word 文件中导入数据时,可先将数据导入到文本文件中.

2) 将程序执行结果导出到文本文件中

命令:@ text('fname. txt') = 决策变量名

如无特别指定,文本文件 fname. txt 将被默认保存在 LINGO 程序文件的当前工作目录中.

编写程序 TP4. lg4:

```
model:
sets:
sources/@ file('data1.txt')/:supply;
sinks/@ file('data1.txt')/:demand;
links(sources,sinks):cost,volume;
endsets
data:
supply=@ file('data1.txt');
demand=@ file('data1.txt');
cost=@ file('data1.txt');
@ text('data2.txt')=volume;
enddata
min=@ sum(links:cost*volume);
@ for(sources(i):@ sum(sinks(j):volume(i,j))=supply(i));
@ for(sinks(j):@ sum(sources(i):volume(i,j))=demand(j));
end
```

如此,则 TP4. lg4 的执行结果将被导出到 data2. txt 中.

3) 从 Excel 文件中导入数据

命令:数据名 = @ ole('fname. xls','数据块名'),其中 Excel 文件 fname. xls 应与 LINGO 程序文件在同一目录中。

数据块的定义:在 Excel 文件中选定数据区域后,选择菜单“插入 - 名称 - 定义…”即可进行定义.

如 Excel 文件 data3. xls 中存有如下数据:

supply:			
15	25	5	
demand:			
5	15	15	10
cost:			
10	6	20	11
12	7	9	20
6	14	16	18

在 data3. xls 中分别定义数据块"supply""demand""cost"后,编写程序 TP5. lg4:

```
model:
sets:
sources/sr1 sr2 sr3/:supply;
sinks/sk1..sk4/:demand;
links(sources,sinks):cost,volume;
endsets
data:
supply=@ole('data3.xls','supply');
demand=@ole('data3.xls','demand');
cost=@ole('data3.xls','cost');
enddata
min=@sum(links:cost*volume);
@for(sources(i):@sum(sinks(j):volume(i,j))=supply(i));
@for(sinks(j):@sum(sources(i):volume(i,j))=demand(j));
end
```

如此,则 data3. xls 中的数据将被导入 TP5. lg4 中.

注 执行程序 TP5. lg4 时,data3. xls 必须处于打开状态;从 Word 文件中导入数据时,可先将数据导入到 Excel 文件中.

4)将程序执行结果导出到 Excel 文件中

命令:@ole('fname. xls','数据块名')=决策变量名,其中保存决策变量的数据块应预先在 Excel 文件 fname. xls 中加以定义.

如无特别指定,Excel 文件 fname. xls 将被默认保存在 LINGO 程序文件的当前工作目录中。

编写程序 TP6. lg4:

```
model:
sets:
```

```
sources/sr1 sr2 sr3/:supply;
sinks/sk1..sk4/:demand;
links(sources,sinks):cost,volume;
endsets
data:
supply=@ole('data3.xls','supply');
demand=@ole('data3.xls','demand');
cost=@ole('data3.xls','cost');
@ole('data4.xls','volume')=volume;
enddata
min=@sum(links:cost*volume);
@for(sources(i):@sum(sinks(j):volume(i,j))=supply(i));
@for(sinks(j):@sum(sources(i):volume(i,j))=demand(j));
end
```

如此,则 TP6. lg4 的执行结果将被导出到 data4. xls 中.

注 执行程序 TP6. lg4 时,data3. xls 和 data4. xls 都必须处于打开状态.

除 LINGO 外,MATLAB 软件也具有很强的计算最优化问题的功能,读者可以参阅有关书籍.

参考文献

[1] 魏国华,王芬. 线性规划. 北京:高等教育出版社,1989.

[2] 管梅谷,郑汉鼎. 线性规划. 济南:山东科学技术出版社,1983.

[3] 魏权龄,胡显佑,严颖. 运筹学通论(修订版). 北京:中国人民大学出版社,2009.

[4]《运筹学》教材编写组. 运筹学(第3版). 北京:清华大学出版社,2005.

[5] 刁在筠,郑汉鼎,刘家壮,刘桂真. 运筹学(第2版). 北京:高等教育出版社,2001.

[6] 胡运权,郭耀煌. 运筹学教程(第3版). 北京:清华大学出版社,2007.

[7] 薛毅,耿美英. 运筹学与实验. 北京:电子工业出版社,2008.

[8] 朱道立,徐庆,叶耀华. 运筹学. 北京:高等教育出版社,2006.

[9] 陈宝林. 最优化理论与算法(第2版). 北京:清华大学出版社,2005.

[10] 谢金星,薛毅. 优化建模与LINGO/LINDO软件. 北京:清华大学出版社,2006.

[11] Hillier F S, Lieberman G J. Introduction to Operations Research(第八版). New York:MacGraw - Hill Publishing Company,1990.